“十三五”国家重点出版物出版规划项目
现代机械工程系列精品教材
北京高等教育精品教材

流体传动与控制基础

第3版

彭熙伟　郑戌华　王　涛　张百海　编著
李运华　主审

机械工业出版社

本书旨在介绍液压传动与气压传动的基础知识。全书共分10章，内容包括液压传动概述，液压流体力学基础，典型液压元件的结构、工作原理和特点，液压基本回路，液压传动系统的设计计算与应用实例，气压传动的基础知识，气动元件与基本回路，以及气压传动在工业自动化生产线中的具体应用。

本书可作为自动化、机械电子工程、机械设计制造及自动化等机电类专业的教材，也可作为成人高校、电大、自学考试等机电类专业的教材，还可供从事液压与气压传动的工程技术人员参考。

本书配有多媒体课件、教案大纲及其他辅助学习资料，向授课教师免费提供，需要者可登录机工教育服务网（www.cmpedu.com）下载。

图书在版编目（CIP）数据

流体传动与控制基础 / 彭熙伟等编著. --3版. 北京 : 机械工业出版社，2024. 7. --（现代机械工程系列精品教材）（北京高等教育精品教材）. -- ISBN 978-7-111-76147-1

Ⅰ. TH137

中国国家版本馆CIP数据核字第20242MS680号

机械工业出版社（北京市百万庄大街22号　邮政编码100037）

策划编辑：段晓雅　　责任编辑：段晓雅

责任校对：闫玥红　丁梦卓　　封面设计：张　静

责任印制：单爱军

保定市中画美凯印刷有限公司印刷

2024年9月第3版第1次印刷

184mm×260mm · 16.25印张 · 398千字

标准书号：ISBN 978-7-111-76147-1

定价：52.80元

电话服务

客服电话：010-88361066

010-88379833

010-68326294

网络服务

机　工　官　网：www.cmpbook.com

机　工　官　博：weibo.com/cmp1952

金　　　书　网：www.golden-book.com

机工教育服务网：www.cmpedu.com

前言

本书是在彭熙伟等编著的北京高等教育精品教材《流体传动与控制基础》（第 2 版）的基础上，以习近平新时代中国特色社会主义思想为指导，将培养德智体美劳全面发展的社会主义建设者和接班人的目标与全面贯彻党的教育方针、落实立德树人根本任务相融合，紧密围绕党和国家事业发展对人才培养的新要求，将学科专业发展新成就、科学技术最新突破和应用成果充实到教材中，挖掘思政元素，总结作者多年来工程教育专业建设和教育教学改革经验进行修订的。

本书的修订以工程应用为主线，以加强基本概念、基本理论、基本方法以及理论与工程实践相结合为指导思想，基本保持了第 2 版的体系和特点，对各章节的具体内容进行了适当的调整、增删与更新，扩充了习题，并增加了液压传动与气压传动学科、行业的新知识、新技术、新成果等内容。此外，还与派克汉尼汾管理（上海）有限公司［Parker Hannifin Management（Shanghai）Corp］进行了合作，本书中 65 幅图片和部分视频资料出自该公司的产品样本和相关技术资料，使本书在内容上体现了先进性、工程性、应用性和教学适用性。

本书具有以下特点：

1）旨在提供液压传动与气压传动工程应用的基础知识，为自动化、机械电子工程、机械设计制造及自动化等机电类专业的技术基础课程——“液压传动与气压传动”的教学而编写，以拓宽和加强学生的技术基础知识，增强适应能力，满足现代制造业对高素质专业人才的需要。

2）主要阐述流体动力的基本概念、基本理论和基本方法，着重介绍流体动力系统的工作过程和实际应用，深度和广度均满足自动化等机电类专业培养目标的要求。

3）对液压流体力学基础知识的阐述，力求物理概念准确、简练、清晰，而不拘泥于抽象的流体力学方程推导，为液压元件和液压系统的学习提供必要的基础知识。

4）对液压泵、执行元件的阐述，突出不同类型元件的基本概念、原理、特点、基本特性的计算和应用，而不拘泥于机械结构、设计的介绍和静动态特性的理论分析。

5）对液压阀的阐述，突出各种常规阀的基本概念、原理、特点，并结合回路应用。同时，基于液压技术进步和工程实际应用，介绍了先进的插装阀、电液比例阀的技术内容。

6）对液压基本回路和传动系统的阐述，突出典型回路和系统的主要特征、特性及其分析方法，分析过程简练、清晰，满足自动化专业工程技术的应用要求。

7）考虑到自动化专业学生有限的机械知识，本书大量采用直观的实物照片、实物剖切示意图和简洁的原理图，而不是同类书所采用的复杂的机械结构剖视图，对流体动力元件、系统进行介绍，以增强直观的感性认识，提高可读性。

8）对于气压传动，考虑到与液压传动的共性，侧重于介绍气压传动基础知识和气动元件、气动回路的特点及应用。

9）遵循少而精的原则取材，图文并茂，深入浅出，并编排有例题和习题，以使学生更好地掌握流体传动与控制技术的基础知识。

10）液压气动图形符号等采用现行国家标准 GB/T 786.1—2021。

本书由彭熙伟、郑戍华、王涛、张百海编著。彭熙伟、郑戍华编写第 1、3~8 章；王涛编写第 9、10 章；张百海编写第 2 章。本书由彭熙伟进行统稿，由北京航空航天大学李运华教授担任主审。

党的二十大报告提出，要“推进教育数字化，建设全民终身学习的学习型社会、学习型大国”。为了更好地帮助读者学习，本书配有多媒体课件，部分章节扫描二维码可观看视频资料，并在中国大学 MOOC 平台上线了“液压与气压传动”课程，为学生自主学习提供个性化、实时化、泛在化的优质“课程型”教材。

本书在编写过程中，得到了派克汉尼汾管理（上海）有限公司、SMC（中国）有限公司的大力支持和帮助，派克汉尼汾液压集团亚太副总裁侯奕飞先生、中国船舶重工集团公司 707 研究所陈建萍研究员也给予了很大的帮助，在此一并表示衷心的感谢。

由于编写本书的工作量大，时间短，加上编著者水平有限，书中难免有不妥之处，欢迎广大读者批评指正。

北京理工大学

彭熙伟

目录

第1章 液压传动概述

1.1 液压传动的定义及发展概况

1.1.1 何谓液压传动

1. 何谓动力传动

在回答何谓液压传动之前，首先要说明什么是传动。顾名思义，传动就是以一种受控的方式传递动力，也就是传递能量。泛泛地说，采用机械元件（机构）传递动力的称为机械传动，通过电气元件传递动力的称为电气传动，而用液体作为介质利用其压力能传递动力的就称为液压传动，采用气体作为工作介质利用其压力能传递动力的就称为气压传动。传动除基本的能量传递功能外，还包括能量的分配和力及运动的变换等功能。图 1-1 所示为动力传动系统的基本结构框图。

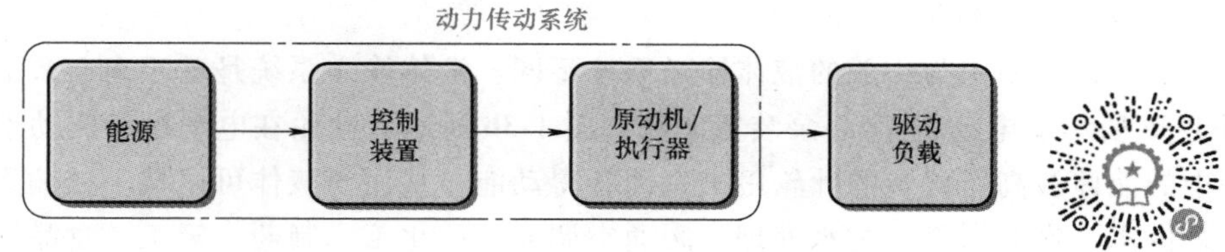

图 1-1　动力传动系统的基本结构框图

在现代工业生产中，动力的传动与控制有四种基本方式，即液压传动与控制、气压传动与控制、电气传动与控制、机械传动与控制。每种传动方式都是把输入的动力能进行传递、转换和控制后，通过工作装置做功而对外输出机械能。图 1-2 所示为电气传动系统的基本结构框图。发电机提供电能，以电流为载体，通过输电线导体传递电能，再通过继电器、接触器、传感器、按钮、开关等控制装置调节传递的电流，最后，通过电动机把电能转换为机械能，从而驱动负载旋转运动。

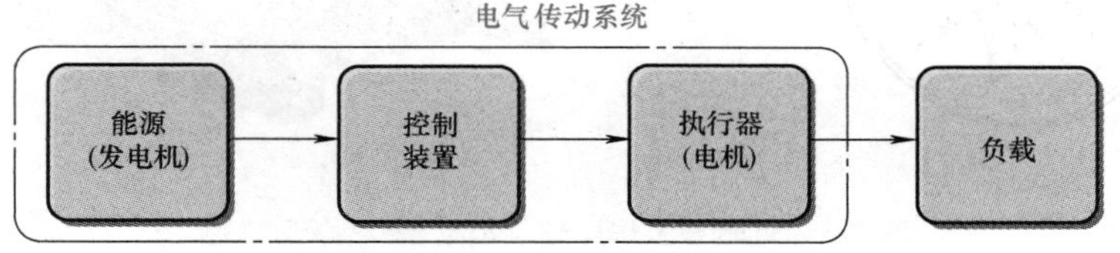

图 1-2　电气传动系统的基本结构框图

各种传动方式都有其优、缺点，生产过程总是选用最适合的动力传动方式，有的也可能是几种传动方式的组合应用。四种动力传动方式的系统性能对比见表 1-1。

表 1-1　四种动力传动方式的系统性能对比

系统性能	机械传动	电气传动	液压传动	气压传动
能量产生	内燃机、电动机	水力、火力、风能或太阳能发电装置	电动机、内燃机	电动机、内燃机
能量传递载体	刚性和弹性物体	电子流	液压油	空气
能量传递距离	一般不超过几十米	超过 1000km	最大 100m	最大 1000m
能量消耗	一般	一般	高	很高
输出力	效率低，体积大	需要把旋转运动转换为直线运动，效率低，体积大	液压缸输出大的力，工作行程长	气缸输出有限的力，但需要高速运动
输出转矩的部件	齿轮、链轮、带轮	电动机	液压马达	气动马达
功率质量比	小	一般	大	较大
转矩惯量比	小	一般	大	较大
刚度	大	一般	大	一般
动态响应	一般	较好	好	较好
抗污染能力	强	强	一般	一般
相对成本	低	低	一般	低

2. 液压传动的概念

液压传动系统与一般的液体输送系统不同。液体输送系统是基于离心泵的工作原理，如图 1-3a 所示。电动机-离心泵装置实物如图 1-3b 所示。叶轮在电动机的驱动下旋转，流入泵体中的液体被高速旋转的叶轮甩出去而获得动能，从而使液体可以从一处输送到另一处，如建筑供水、农业灌溉、污水处理、暖通空调或一些化工、制药、轻工、食品等原料的输送系统等。离心泵输出液体的压力大小取决于叶轮的旋转速度和输出时管路流动所受的阻力。由于在离心泵的进口和出口之间没有密封隔离带，故当出口压力随着流动阻力的增大而增大

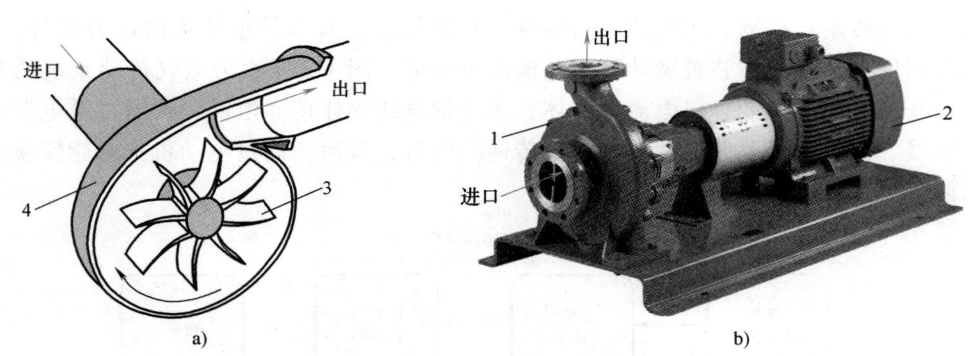

图 1-3　离心泵工作原理及电动机-离心泵装置

a）工作原理　b）电动机-离心泵装置

1—离心泵　2—电动机　3—叶轮　4—泵体

时，离心泵的输出流量将减少。实际上，有可能发生离心泵虽连续旋转而完全不输出流量的情况。正因为如此及其他的原因，离心泵很难应用于传递动力的液压系统中。

通常的液压传动是基于容积式液压泵的工作原理。如图 1-4a 所示的齿轮泵，主动齿轮在电动机的驱动下旋转，从动齿轮随主动齿轮转动，齿轮泵每转一周就输出一定体积的液体。输出液体的压力取决于输出流量所受的阻力，在不计泄漏损失的情况下，输出流量与输出液体的压力无关。在电动机的驱动下，齿轮泵连续旋转就可连续输出液体，即把齿轮泵旋转的机械能转换为液体的压力能，通过液体的压力能可传递动力。

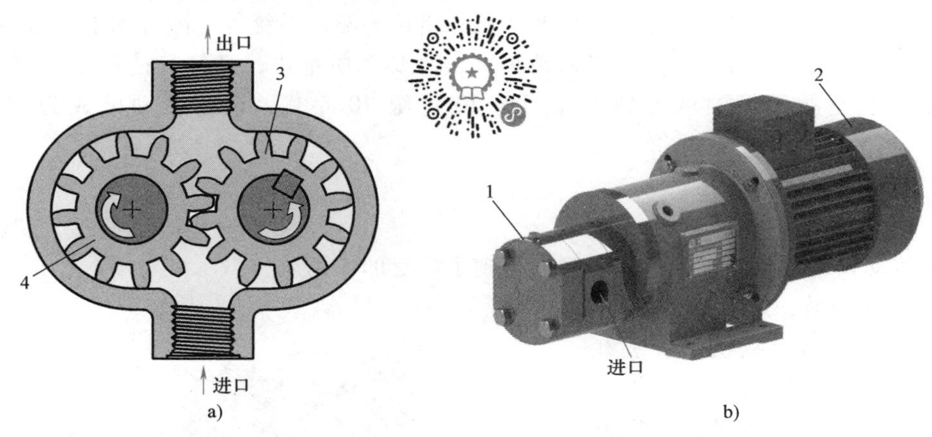

图 1-4 齿轮泵工作原理及电动机-齿轮泵装置

a）工作原理 b）电动机-齿轮泵装置

1—齿轮泵 2—电动机 3—主动齿轮 4—从动齿轮

简而言之，液压传动是以液体为工作介质，进行能量的转换、传递、分配和控制的一门技术科学。而液压传动系统的功能则是把机械能变成液体的压力能，借助受压液体通过执行元件对外做功。

1.1.2 发展概况

液体静压传动技术起源于著名的“帕斯卡原理”，这个原理在 1650 年由法国人帕斯卡（Pascal）提出来，即“作用在封闭液体上的压力，可以无损失地传递到各个方向，并与作用面保持垂直”。该原理解释了为什么用锤子敲击充满了液体的玻璃瓶的瓶塞时，会使该玻璃瓶的瓶底破裂。由于液体基本上是不可压缩的，因此作用在瓶塞上的力被传送到玻璃瓶内的各个部位，如图 1-5 所示，结果在大面积上受到的力要比该瓶塞上受到的力大得多。例如，瓶塞的面积是 $1cm^2$，瓶底的面积是 $20cm^2$，则瓶塞上作用 100N 的力所产生的压力就是 $100N/cm^2$，这个压力无损失地传递到玻璃瓶的瓶底，作用在瓶底 $20cm^2$ 的面积上并产生 2000N 的作用力。因此，在瓶塞上作用一个中等大小的力就有可能使瓶底破碎。帕斯卡原理描述了封闭的液体在传递动力、放大力和控制运动中的应用，后来人们利用这一原理制成了水压机。

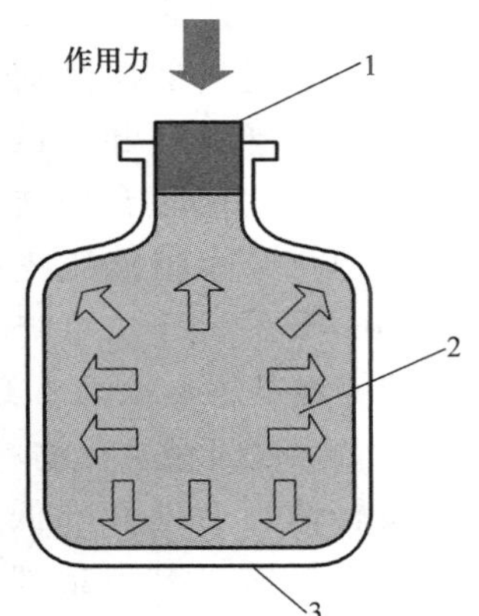

图 1-5 压力传递到封闭液体中的各处

1—瓶塞 2—不可压缩的液体 3—瓶底

1738年，瑞士物理学家伯努利（Bernoulli）在做了许多试验后，提出了流体流动时必定遵循能量守恒定律，即“伯努利定律”。伯努利定律和帕斯卡原理奠定了流体静压传动的理论基础。18世纪末，英国工程师约瑟夫·布拉马（Joseph Bramah）首次在伦敦用水作为工作介质把流体静压传动应用于“水压机”。而使用油作为传动介质，又解决了密封问题，对液压传动的发展具有划时代的意义。1906年美国弗吉尼亚号军舰上火炮采用液压传动驱动，由此开拓了液压传动广泛应用于工业各个领域的先河。第二次世界大战期间，军事装备对反应迅速、动作准确、输出功率大的液压传动和控制装置的需求，促使液压技术迈上了新的台阶，如舰艇和飞机的操作系统，以及声呐和雷达的驱动系统等。随着加工能力和材料强度的不断提高，液压系统的压力也不断地提高，大功率质量比，又使其在行走机械、航海、交通运输和航空航天等领域得到青睐。到20世纪70年代，液压传动已成为“工业的肌肉”。

1.1.3 液压传动的应用

液压传动在现代化的工业生产各领域得到了广泛的应用。

1. 在工程机械、起重运输中的应用

工程机械包括挖掘机械、装载机械、推土机械、压路机械、桩土机械、凿岩机械和钢筋混凝土机械等，主要用于土方、石方、铺路等施工过程，可以大大减轻劳动强度，提高工效和劳动生产率。图1-6所示为徐工集团制造的XE7000E大型液压挖掘机。通过液压缸的直线运动完成挖掘机铲土、卸土的控制，通过液压马达完成转台回转的位置控制。XE7000E大型液压挖掘机斗容高达36m^3，一斗下去可铲起60t的矿石，这标志着中国在这一领域已经达到了世界先进水平，成为继日本、德国、美国之后，第四个能够生产这一级别液压挖掘机的国家。

图1-6 XE7000E大型液压挖掘机

起重运输机械也称物料搬运机械，主要用于生产过程中的物料搬运，可显著提高生产率，减轻体力劳动和降低生产成本。起重运输机械主要包括液压升降台、叉车、液压起重机和液压绞车等。图1-7所示为液压汽车起重机，液压缸支腿用于起重作业时承受整车负载，使轮胎不接触地面；回转液压马达控制起重机平台的回转；伸缩液压缸控制吊臂的伸缩；吊臂液压缸控制吊臂仰角的高低；卷筒液压马达驱动卷筒旋转完成重物的升降控制。徐工集团

图1-7 液压汽车起重机

制造的 XCA3000 轮式起重机，起重量可达到 3000t，可用于风电、桥梁等建设项目施工，在 160m 的起吊高度下，可实现 190t 的极限吊重，刷新了轮式起重机最高最大吊重的世界纪录。

2. 在农林领域中的应用

液压传动在联合收割机、拖拉机、大型农机具和牧业机械等农业机械中，主要用于农机操作系统、转向系统和驱动系统的控制等，它可使农业机械操作灵活，并实现自动控制，因而可提高劳动生产率、机器的使用性能和经济效益。图 1-8 所示为谷物联合收割机，在田间作业可一次完成切割、脱粒、分离和清选等操作。液压操作系统控制联合收割机割台的升降、拨禾轮的升降和水平调节、脱粒滚筒的无级变速等；液压转向系统控制转向机构实现机器转向；液压驱动系统可无级变速控制机器的行走。中国一拖集团研发的大型高效谷物联合收割机东方红 YT6668，每秒喂入量可达 15kg，作业效率高达每天 500 亩（1 亩 = 666.6m^2），填补了国内大喂入量高端收割机的空白。

图 1-8 谷物联合收割机

此外，液压传动还在木材采运、木材加工、人造板机械和营林机械等林业机械中得到广泛应用。

3. 在塑料、橡胶和轻工机械中的应用

在某些以易燃易爆的溶剂、粉末等作为原材料或产品的化工厂中，其生产过程可能会产生各种易燃、易爆的粉尘、蒸气或气体。而这类生产过程中电气设备产生的电弧、电火花和发热等，都有可能引起燃烧或爆炸事故。因此，在化工机械中采用液压传动与控制实现生产过程的机械化、自动化更为安全和可靠，如注塑机、切胶机、压制机、硫化机和加压过滤机等。图 1-9 所示为注塑机，用于热塑性塑料的成型加工，能一次成型外形复杂、尺寸精确的塑料制品。目前，我国已研制成功最大锁模力 9000t 的超大型注塑机，解决了国内超大型透明塑料件成型难的问题，达到了全球同行业的领先水平。

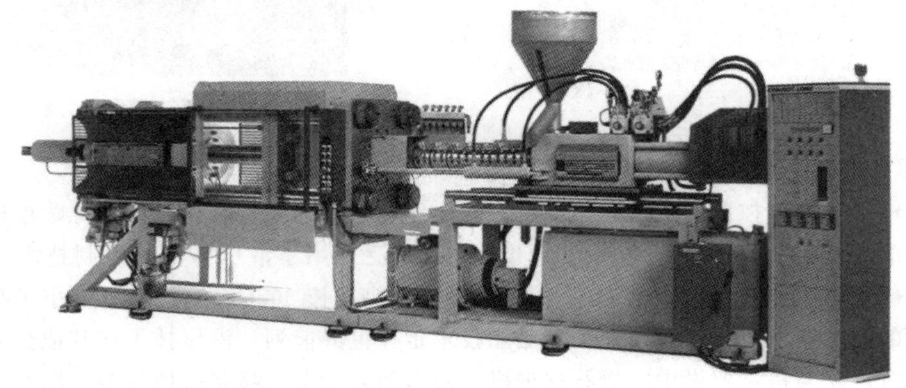

图 1-9 注塑机

此外，液压传动与控制还在其他轻工机械中得以广泛应用，如造纸工业中的纸张超级压光机、卷纸张力控制机、纸边纠偏控制机；陶瓷坯料滚压成型机；氮肥厂的造气自动机；皮革削匀机、皮革液压剖层机；香皂研磨机；纺织机械中的整经机和浆纱机等。

4. 在运动模拟器中的应用

液压传动与控制具有控制精度高、响应速度快、加速能力强的性能特点，因而在要求达到多种运动控制的模拟器中获得了重要的应用。运动模拟器能产生或模拟与实际工况相一致的工作条件（环境），以此来测试产品的性能，进行疲劳试验和科学研究等，从而降低成本，节省时间和提高效率，如飞行模拟器、舰船运动模拟器、汽车道路模拟器和航天仿真设备等。图 1-10 所示为飞行模拟器，可用于飞行员的培训和飞行仿真研究等。

5. 在重工业中的应用

在重工业生产过程中，要使用大量的机械和设备。这些机械和设备的特点是大型化、重型化，并能适应恶劣的工作环境，自动化程度高。液压传动与控制的特点正适合于这些工作性能的要求。例如，冶金工业的高炉炉顶加料装置、轧机的压下装置、轧辊的平衡和换辊装置、带钢卷取和跑偏控制装置等；金属加工中的高压造型机、压铸机和射压造型机等；锻压机械中的锻机、剪板机、液压机和对向成型机等。图 1-11 所示为中国二重集团研制的 8 万 t 模锻压力机，总重约 2.2 万 t，最大压力达到了 10 万 t，主要用于轻金属及其合金、镍基和铁基等高温合金的大型模锻件制造，可为我国航空、舰船、航天、兵器、电力工业、核工业行业提供高性能的模锻产品。

图 1-10　飞行模拟器

图 1-11　8 万 t 模锻压力机

6. 在交通运输中的应用

在运输船舶中，控制船舶航向的舵机，减小船舶横摇的减摇装置，可调螺距推进器，甲板机械上的起货机、起锚机和舱口盖启闭装置等广泛采用了液压传动与控制技术。图 1-12 所示为中船重工武船集团制造的 40 万 t 超大型矿砂船，长 362m，宽 65m，缩小了我国与日本、韩国的技术差距，推动我国超大型船舶技术走在世界前列。液压技术在其他交通运输中的应用还有道路与桥梁建设中的岩石掘进机、液压凿岩台车、喷浆机械手等，以及汽车工程中的汽车动力转向、制动系统、轿车自动变速系统等。

7. 在航空航天工业中的应用

液压技术的快速响应、高功率质量比、高精度和高加速能力的特点，使其在航空航天工业中的应用极其广泛。图 1-13 所示为中国商飞公司制造的 C919 大型客机，发动机的转速与推力控制、起落架收放、发电机的恒速装置和方向舵、升降舵、副翼的偏转控制等均采用了液压技术。C919 大型客机研制成功，标志着我国具备了自主研制世界一流大型客机的能力，是中国大飞机事业发展的重要里程碑。此外，液压技术在航天工程中的运载火箭、地面设备、航天飞机、导弹、人造卫星等也有广泛的应用。

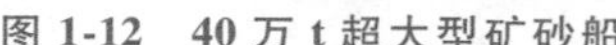
图 1-12 40 万 t 超大型矿砂船

图 1-13 C919 大型客机

8. 在发电设备中的应用

自汽轮发电机组进入实用阶段起就开始采用液压传动技术来控制它的转速。由于汽轮机的工作蒸汽压力高、流量大，相应地要求驱动蒸汽阀门执行机构的力也很大，而且要求阀门动作迅速，因此汽轮发电机组的控制系统都采用液压传动技术来调节汽阀的开度，以保证机组的转速维持在规定范围内，从而保证供电频率的准确和机组自身的安全。水力发电设备中的水轮机也有类似阀门执行机构调节水流和导叶角度。

近年来，由于风力发电没有燃料问题，也不会产生辐射或空气污染，因此正在世界上形成一股热潮。液压传动技术在大功率的风力发电机组控制系统中得到了重要应用。如图 1-14 所示的风力发电机，风力带动风车叶片旋转，再通过增速机将旋转的速度提升，使发电机发电。采用液压传动技术的环节有：对叶片进行变桨距控制可以调节功率，对转体进行偏航驱动与制动可以跟随风向的变化，对主传动制动及风轮锁定可以保证停机的安全等。目前，我国自主研制的风力发电机组陆上单机容量达 11MW，海上单机容量达 18MW，标志着我国超

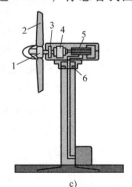

a)

b)

c)

图 1-14 风力发电机及结构原理

a）风力发电机组 b）风力发电机 c）风力发电机结构原理

1—变桨距系统 2—叶片 3—制动盘 4—增速机 5—发电机 6—偏航系统

大型风力发电机组研发和制造能力达到世界领先水平。

9. 其他领域的应用

液压传动在其他领域的应用还有很多，例如，“蓝鲸 1 号”海洋钻井平台、三峡五级船闸液压启闭机、东风 41 战略导弹发射车以及煤炭采掘机械、建筑材料机械、金属切削机床、机器人、液压打桩锤等控制系统中的应用等。

总之，液压传动与控制在现代工业生产的各领域获得了广泛的应用。21 世纪以来，液压技术在高压、高速、大功率、高效节能、低噪声、延长使用寿命、高度集成化等方面取得了重大进展。液压技术与传感技术、微电子技术密切结合，发展成为包括传动、控制和检测在内的一门完整的自动化技术。

1.2　液压传动的基本原理、组成及特点

1.2.1　液压传动的基本原理

液压传动系统的工作原理是帕斯卡原理，最早由英国工程师约瑟夫·布拉马（Joseph Bramah）把这一原理应用到水压机上，如图 1-15 所示。一个 500N 的作用力施加在面积为 1cm^2 的小活塞上，这样，密闭液体内部各处的压力均为 500N/cm^2，即大活塞每平方厘米上也受到 500N 的作用力，若大活塞面积为 10cm^2，则大活塞可以撑起的重力为

$$\text{重力}=\text{压力}\times\text{面积}$$

即
$$\frac{500\text{N}}{1\text{cm}^2}\times 10\text{cm}^2=5000\text{N}$$

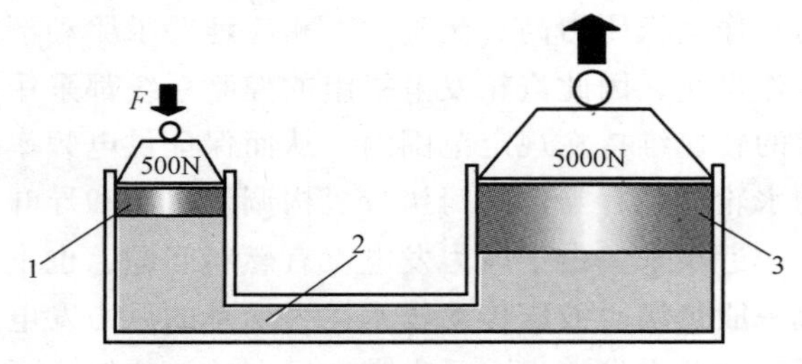

图 1-15　帕斯卡原理示意图

1—小活塞　2—液体　3—大活塞

显然，若大活塞面积为 100cm^2，则大活塞可以撑起 50000N 的重力。

图 1-15 的工作原理也可以这样描述：500N 的作用力 F 在 1cm^2 面积上产生的压力等于 5000N 的作用力在 10cm^2 面积上产生的压力。由于两个活塞底面的压力相等，因此活塞没有运动，处于平衡状态。如果小活塞上再施加一个较小的外力，即仅仅用来克服两个活塞的摩擦力和液体在管路流动所产生的黏性阻力，使小活塞下降，则压差的作用就使管路中的液体流动并推动大活塞上升。小活塞下降 10cm，大活塞将上升 1cm。也就是说，大活塞的运动是小活塞推动液体移动的结果。此时，较小的输入力被转换为较大的输出力。但输入的能量仍等于输出的能量，即输入的力乘以小活塞位移，等于输出的力乘以大活塞位移。这符合能量守恒的基本定律。

1.2.2　液压传动系统的组成

现以液压千斤顶为例，阐明液压传动系统的基本构成。图 1-16a 所示为液压千斤顶的工作原理。液压千斤顶由油箱 1、单向阀 2 和 4、手摇泵 3、液压缸 5 和放油阀 6 等组成。当手摇泵手柄向上提起时，手摇泵 3 的活塞向上运动，其下腔产生真空，单向阀 4 关闭，单向

阀 2 在大气压力的作用下开启，同时油箱 1 中的液体被吸入腔中。而当压下手摇泵手柄时，手摇泵 3 下腔中液体受压，关闭单向阀 2，压力升高到一定值使单向阀 4 开启，液体进入液压缸 5，并推动负载向上运动，达到抬起重物的目的。连续上下摇动手摇泵手柄，液压缸 5 升起高度就会增加。而当要放下重物时，只要打开手动放油阀 6，使液压缸 5 中的液压油流回油箱 1 即可。

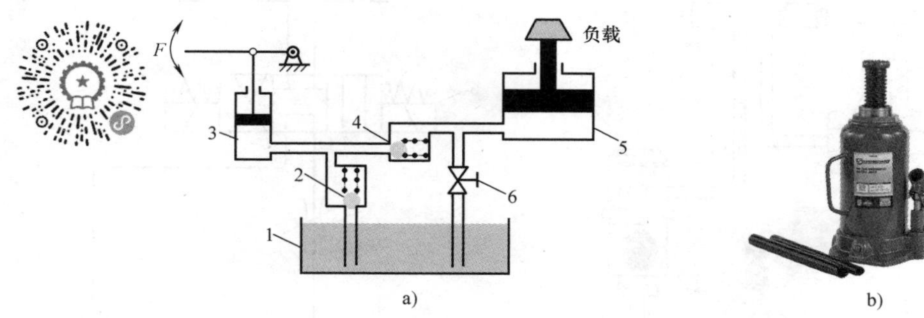

图 1-16　液压千斤顶的工作原理

a）工作原理　b）液压千斤顶

1—油箱　2、4—单向阀　3—手摇泵　5—液压缸　6—放油阀

作为最简单的液压传动系统，液压千斤顶包含了液压传动系统的各个基本组成部分：

1）液压能源——手摇泵。

2）执行元件——液压缸。

3）控制元件——单向阀、放油阀。

4）液压辅件——油箱、连接件、管路等。

从能量转换和传递的角度看，一个基本的液压传动系统工作原理图如图 1-17 所示。液压泵把机械能转换成液体的压力能，液体压力能经过管路系统的传递和液压阀的控制，最后通过执行元件液压缸（对于旋转运动，则是液压马达）把液体的压力能转换成机械能对外输出做功；系统中的辅助元件过滤器用来保证油液的清洁度，而油箱则用来盛油，以便于油液的循环利用。在图 1-17a 中，液压系统的各元件采用了形象的图形表示，它直观，容易理解，但难以绘制。在实际工作中，通常采用图形符号来绘制液压系统原理图，如图 1-17b 所示。图中的元件符号只表示元件职能，不表示元件的结构和参数。使用图形符号，可使液压系统简单、明了，而且便于绘制。

1.2.3　液压传动的特点

1. 液压传动的优点

同电气传动相比，除了应用场合有所不同以外（如一些防爆场合不宜采用电动机），液压传动尚有其独到之处，这里仅就其性能上的优点阐述如下：

1）液压缸执行元件易于实现直线往复运动，并能输出较大的力。

2）电动机的输出转矩与电流成正比，其大小受磁饱和损耗限制。而液压马达输出的转矩（对液压缸而言是输出的力）与压差成正比，其大小只受元件结构强度限制。因而液压传动装置体积小、质量小，即通常所说的功率质量比大，可达 4kW/kg 以上，在行走机械和

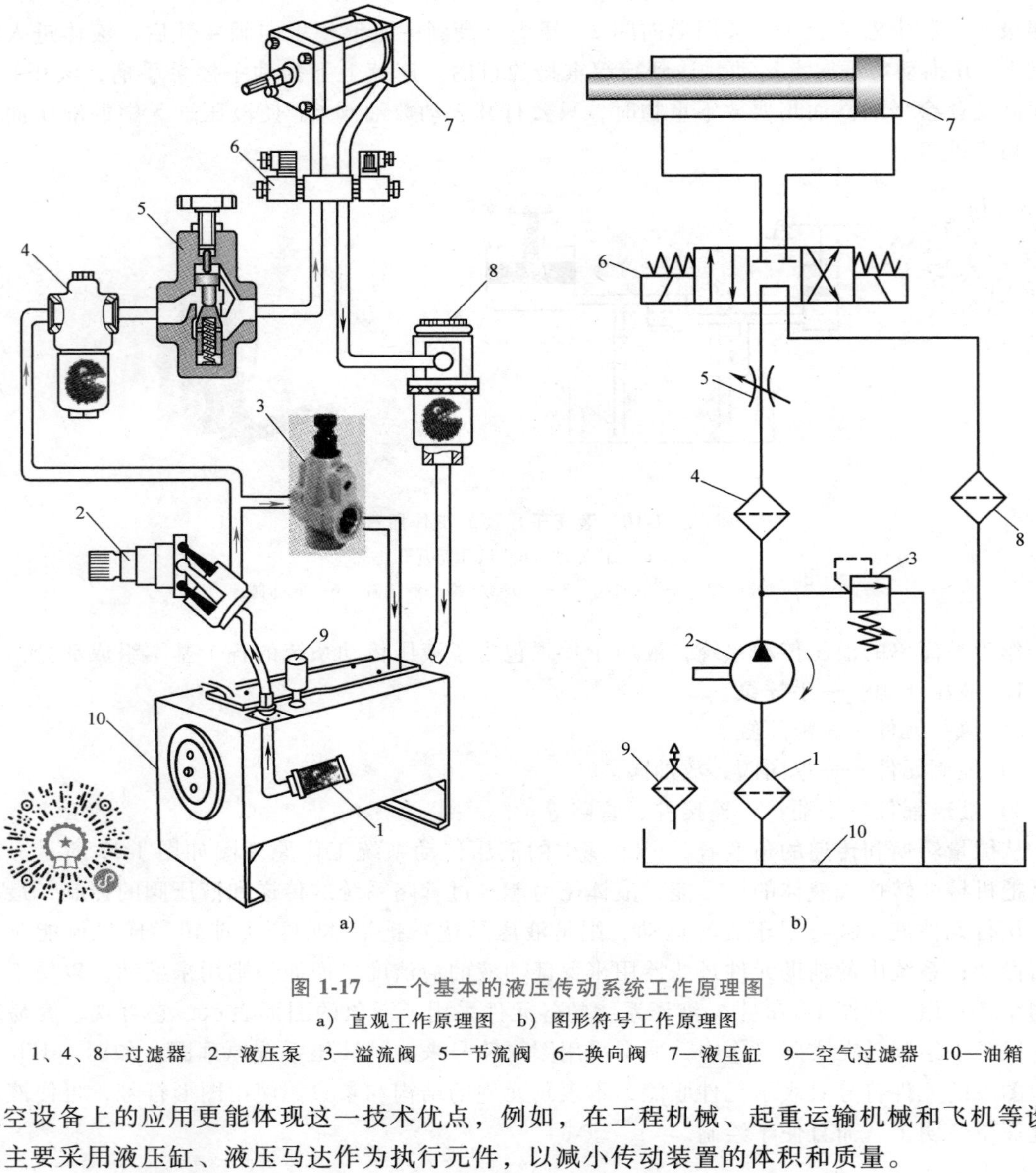

图 1-17 一个基本的液压传动系统工作原理图

a）直观工作原理图 b）图形符号工作原理图

1、4、8—过滤器 2—液压泵 3—溢流阀 5—节流阀 6—换向阀 7—液压缸 9—空气过滤器 10—油箱

航空设备上的应用更能体现这一技术优点，例如，在工程机械、起重运输机械和飞机等设备上主要采用液压缸、液压马达作为执行元件，以减小传动装置的体积和质量。

3）电动机就电压-速度而言，可以简化为一阶惯性环节；而液压执行元件就流量-速度而言，是一个固有频率很高的二阶振荡环节。因而采用液压执行元件的机构响应速度快，可以高速起动、制动和换向。同时其转矩与惯量比也比较大，因而其加速能力较强，这在伺服系统的应用中可以提高系统的增益，增大频宽。

4）液压传动系统所产生的功率损失可通过工作介质——液压油比较方便地带到热交换器和油箱中散发。

5）由于采用液压油作为工作介质，元件能自行润滑，延长了使用寿命。

6）低速大转矩液压马达低速运转平稳，输出转矩大，并可直接与工作机构连接，使传动装置紧凑。

7）液压传动装置易于实现过载保护，并且能在很大范围内实现无级调速。

8）液压传动装置的刚度较大，因此，加上负载后，速度的变化较小。

2. 液压传动的缺点

液压传动和电气或机械传动相比，虽然有突出的优点，但也存在一些缺点。

1）液压能源的获取不如电气能源获取方便（这一点对于行走机械和航空设备而言还体现不出来）。

2）液压传动系统的制造成本相对较高。

3）在能量的转换和传递过程中因功率损失而使总效率降低，因此一般不宜用于远距离传动。

4）液压传动系统对油液的清洁度要求较高，使用和维护要求有较高的技术水平。

5）液压传动系统性能对油温变化敏感，工作油温需要保持在一定的范围内。

总的来说，液压传动与其他传动方式相比，因其显著的技术优点而在现代化生产的各个行业获得了广泛的应用，它的某些缺点随着科技的进步也正逐步得到改进。

1.3 液压传动的工作介质

1.3.1 工作介质的主要功能和基本性能

1. 主要功能

液压油是液压传动的工作介质，它在液压传动系统中的主要功能有：

1）传递动力。

2）润滑元件，从而延长元件的使用寿命。

3）把系统产生的热量带到热交换器和油箱中散发，起散热的作用，从而减少油液的温升，保证液压传动系统的性能。

2. 基本性能

液压油要想实现传递动力、润滑元件和散热的功能，应具有以下的基本性能：

（1）黏度适当　黏度是选择工作介质所要考虑的重要因素。黏度过高，油液的内摩擦力增加，使管路的压降和功率损失增加，油液温升快；黏度过低，液压泵、液压马达等元件和系统的泄漏增加。因此，工作介质必须有合适的黏度范围。同时，在温度、压力变化下，液压油的黏度变化均要小。

液压油的黏度用运动黏度 ν 表示，国际单位是 m^2/s。而在实际应用中，运动黏度单位常用 mm^2/s（cSt，厘斯）表示。按国家标准 GB/T 3141—1994 的规定，液压油产品的牌号用黏度的等级表示，即用该液压油在 40℃时的运动黏度值表示。一般比较常用的液压油黏度等级有 22、32、46、68 和 100 等，例如牌号为 HM46（ISO 标准）的液压油，字母“H”表示液压油，字母“M”表示抗磨液压油，数字“46”表示该液压油在 40℃时的运动黏度值是 $46mm^2/s$。通常，在高压或高温工作条件下，为保证元件的寿命和减少泄漏，应采用高牌号液压油；而在低压或低温工作条件下，为减少功率损失，应采用低牌号液压油。

（2）润滑性良好　为减少磨损，提高液压元件的寿命，要求工作介质对液压元件内部的摩擦副有良好的润滑性。

(3) 氧化安定性好　工作介质与空气接触，特别是在高温、高压工作条件下，容易氧化、变质。氧化后酸值增加会增强腐蚀性，氧化生成的黏稠物质会堵塞过滤器，妨碍部件的动作。因此，要求它具有良好的氧化安定性。

(4) 与材料的相容性好　工作介质对金属的腐蚀会产生腐蚀颗粒，使液压元件磨损增加和引起故障；而它对密封件的影响是使密封材料溶胀软化或使其硬化，从而导致密封失效。因此，要求工作介质与系统中的金属和密封材料的相容性好。

(5) 抗乳化性和抗泡沫性好　工作介质如果混入水分，在工作过程中油被分散在水中，很容易形成乳化液，使工作介质变质或生成沉淀物，降低了润滑性。因此，要求它具有良好的抗乳化性。抗泡沫性是指空气混入工作介质后会产生气泡，从而使系统产生异常的噪声、振动。因此，要求工作介质具有良好的抗泡沫性，产生的泡沫易消失，使动力传递稳定，避免工作介质加速氧化。

对工作介质的其他要求还有：体积模量高，即压缩性小；抗燃性好；传热性良好；无毒性、无臭味等。

1.3.2　工作介质的种类

液压传动的工作介质主要有石油基液压油和难燃液压油两大类。

1. 石油基液压油

(1) 普通液压油（HL 液压油）　普通液压油以精制矿物油为基础，加入抗氧、抗腐、抗泡、防锈等添加剂调和而成，用于一般液压系统，适用于 0℃ 以上工作环境的低压液压系统。HL 液压油具有较好的橡胶密封适应性，其最高使用温度为 80℃。

(2) 抗磨液压油（HM 液压油）　抗磨液压油除具有普通液压油的抗氧、抗腐、抗泡、防锈等添加剂外，还有抗磨剂，以提高液压元件在高压工作条件下的抗磨性。工作环境温度为-10~40℃。HM 液压油与丁腈橡胶具有良好的适应性。

(3) 液压-导轨油（HG 液压油）　液压-导轨油的性能与普通液压油的性能相同，用作机床导轨的润滑油时，在低速情况下，具有良好的防爬性能，适用于机床液压和导轨润滑合用液压油的系统。

(4) 低温液压油（HV、HS 液压油）　低温液压油除具有良好的抗磨性外，还具有较好的黏温特性和低温使用性能，适合于户外低温环境下的液压系统。HV 液压油使用温度在-30℃以上，HS 液压油主要用于使用温度在-30℃以下的液压系统。HV 液压油和 HS 液压油由于基础油组成不同，所以不能混装混用，以免影响使用性能。

2. 难燃液压油

难燃液压油因具有抗燃性，故一般适用于要求防火的液压系统。使用较多的难燃液压油主要有：水-乙二醇液、磷酸酯液等合成型液压油。

(1) 水-乙二醇液（HFC 液压油）　水-乙二醇液由 35%~55%（质量分数）的水、20%~40%（质量分数）的乙二醇和其他各种添加剂等合成，具有良好的抗燃性和水解稳定性，适用于要求防火的液压系统，其使用温度范围为-30~60℃。其缺点是抗磨性能较弱，一般用于工作压力在 20MPa 以下的液压系统。

(2) 磷酸酯液（HFDR 液压油）　磷酸酯液是一种性能优良的难燃液压油，其闪点达 230℃以上，自燃点高，氧化安定性好，润滑性好，使用温度范围为-54~135℃，可适用于

压力小于 40MPa 的高压液压系统。其缺点是水解稳定性差，国外进口、价格昂贵，有毒性，废液难以处理，并且与某些密封材料（如丁腈橡胶）的相容性差。

其他难燃液压油还有合成酯型难燃液压油、油包水乳化液和水包油乳化液等。例如，中国石化长城润滑油自主研发的 4632 酯型难燃液压油，使用温度范围为-20~135℃，无毒性、可生物降解，工作压力可达 40MPa，可替代磷酸酯型难燃液压油。

3. 专用液压油

为满足特殊液压机械和特殊场合的使用需要，国内还生产了其他专用液压油。

（1）航空液压油（也称红油） 航空液压油按 50℃黏度一般分 10 号、15 号和 20 号三种，油中加有增加黏度指数和润滑性的添加剂，具有优良的低温流动性、低温稳定性、高温抗氧化安定性，凝点可达-70℃，工作温度范围一般为-55~125℃，主要用于飞机、导弹、火箭等航空航天设备。

（2）舰船液压油 考虑舰船特殊的工作环境，在基础油中加入增黏、抗氧、防锈、抗磨、抗泡剂调制而成，具有良好的润滑性、耐蚀性和一定的抗磨性能，适合于各种舰船液压系统。

（3）炮用液压油 炮用液压油因液压油中加入增黏、抗氧、防锈剂而得，具有优良的低温流动性和良好的抗氧、防锈等性能，凝点低，相当于低凝 HL 液压油，适用于各种火炮液压系统及坦克稳定器。

其他专用液压油还有汽轮机液压油、数控机床液压油和适合于轿车转向、自动变速、减振的自动变速箱油 ATF 等。

1.3.3 液压油的选择和使用维护

正确选择并合理使用维护液压油，对提高液压系统的工作性能及工作可靠性、延长元件和系统的使用寿命具有重要意义。

1. 液压油的选择

液压油的选择主要包括两方面：液压油品种的选择和液压油黏度的选择。

（1）液压油品种的选择 液压油品种可优先选用液压泵产品推荐的液压油，如确无推荐的液压油，可以根据液压传动系统的工作压力、工作温度和经济性等综合因素来选择。

工作压力主要对液压油的抗磨性提出要求。高压系统的液压元件，必须选择抗磨性优良的 HM 液压油。按液压系统工作压力选用液压油时，压力<7MPa 选用 HL（叶片泵则用 HM）液压油，压力 7~14MPa 选用 HL、HM、HV 液压油，压力>14MPa 选用 HM、HV 液压油。

工作温度主要对液压油的黏温性和热安定性提出要求，工作温度为-10~80℃选用 HL、HM 液压油，低于-10℃选用 HV、HS 液压油，工作温度>80℃选用优质的 HM、HV、HS 液压油。

经济性主要指的是考虑使用时间、换油期和价格。矿油型液压油润滑性和缓蚀性好，黏度等级范围较宽，因而在液压系统中应用很广。据统计，目前有 90%以上的液压系统采用矿油型液压油作为工作介质。

（2）液压油黏度的选择 确定了液压油品种之后，就要选择液压油的黏度等级（液压油的牌号）。黏度等级的选择十分重要，因为黏度对液压系统工作的稳定性、可靠性、效率、温升以及磨损都有显著影响。黏度高的液压油流动时产生的阻力较大，克服阻力所消耗的功率较大，功率又将转化为热量造成油温上升；黏度太低，会使液压泵、液压马达等元件泄漏量增大，系统容积效率降低，也会造成系统温升加快。

液压油的黏度等级，首先根据液压泵产品推荐的液压油黏度等级范围，再综合考虑液压系统的工作压力和工作温度来选择。工作压力和工作温度高的液压系统要选用黏度较高的液压油，可以获得较好的润滑性；相反，工作压力和工作温度较低的液压系统，应选用较低的黏度，这样可节省能耗。液压油黏度一般可按表 1-2 进行选择。

表 1-2　不同液压泵类型及工作压力下推荐的液压油黏度等级

液压泵类型	工作压力/MPa	黏度等级(40℃)	
		工作温度(<50℃)	工作温度(50~80℃)
叶片泵	<6.3	32、46	46、68
	>6.3	46、68	68、100
齿轮泵	<6.3	32、46	46、68
	>6.3	46、68	68、100
径向柱塞泵	<6.3	32、46、68	68、100、150
	>6.3	68、100	100、150
轴向柱塞泵	<6.3	32、46	68、100
	>6.3	46、68	100、150

2. 液压油的使用维护

液压油作为液压传动系统的工作介质，在工作过程中承受高温、高压、剪切等物理作用以及氧化、分解等化学作用而产生变质。另外，工作和维护过程中环境中的粉尘和水分的侵入等，会造成工作介质的污染与性能劣化。由于工作介质的性能降低和污染，将引发液压系统故障。因此，需要正确使用和维护工作介质。

1）确保液压系统工作时油液温度在合理的工作范围，长时间工作在高温下，液压油很快会氧化变质，产生有机酸和污渣沉淀物，导致润滑性、抗氧化性和抗腐蚀性变差。一般地面固定设备油温在 40℃左右，移动设备油温不高于 60℃。

2）加强系统密封，规范系统拆卸维护操作，防止粉尘和水分进入。

3）在湿热的气候下，在油箱呼气孔装干燥器，防止油箱呼气带入水分。

4）加强对液压油的杂质、水分、酸值、运动黏度变化率等指标的监测，确保油品的污染度保持在 NAS8 级以下，根据换油指标及时更换新油。

5）注入系统的新液压油必须经过过滤，过滤的精度不允许低于系统的过滤精度。

6）定期清洗油箱。补充油液时应选择同一牌号的液压油，否则可能导致液压油性能劣化。

习题

1-1　何谓液压传动？

1-2　液压传动系统与液体输送系统有何不同？

1-3　一般动力传动系统有哪几个组成部分？画出系统结构框图。

1-4 在应用液压传动时，重要的基本定律有哪两个？其意义何在？

1-5 在液压传动系统中，采用液压油作为工作介质有什么重要意义？

1-6 现代工业生产过程中有哪几种基本的动力传动与控制方式？各有什么特点？

1-7 列举现代工业生产过程中四种基本的动力传动与控制方式。

1-8 要获得很大的输出力输出，应采用哪种动力传动方式？

1-9 液压传动与其他传动方式相比，有哪些优点？列举五种液压传动应用实例。

1-10 液压传动有哪些缺点？

1-11 液压传动系统由哪几部分组成？

1-12 液压油的作用是什么？列举四种液压油及其应用场合。

1-13 液压油的牌号表示什么含义？

1-14 主要的难燃液压油有哪些？有什么特点？

1-15 选用液压油有哪些考虑因素？

1-16 液压系统中，液压油的黏度等级是如何确定的？

1-17 为什么在严寒的低温环境条件下，一般要选用低温液压油？

1-18 为什么在高压工作条件下，液压系统一般要选用抗磨液压油？

1-19 液压油长时间在高温下工作，对液压油的性能有什么影响？

1-20 液压油使用维护需要注意哪些方面？

第2章

液压流体力学基础

液压传动与控制以液体为工作介质进行能量的转换、控制和传递，因此，了解液体的基本性质，掌握液体平衡和运动的主要力学规律，对于正确理解和掌握液压传动的基本原理及合理设计和使用液压系统都是十分重要的。

2.1　液体的主要物理性质

2.1.1　液体的密度

单位体积液体的质量称为液体的密度，即

$$\rho=\frac{m}{V} \tag{2-1}$$

式中，ρ 为液体的密度（kg/m^3）；m 为液体的质量（kg）；V 为液体的体积（m^3）。

液体的密度随压力的升高而增大，随温度的升高而减小。但是，由于压力和温度的变化对密度的影响都很小，因此，一般情况下液体的密度可视为常数。一般液压油的密度为 $850\sim900kg/m^3$。

2.1.2　液体的黏性

1. 黏性的物理意义

当液体在外力作用下流动时，由于液体分子间的吸引力而产生阻碍液体运动的内摩擦力，这种性质称为液体的黏性。

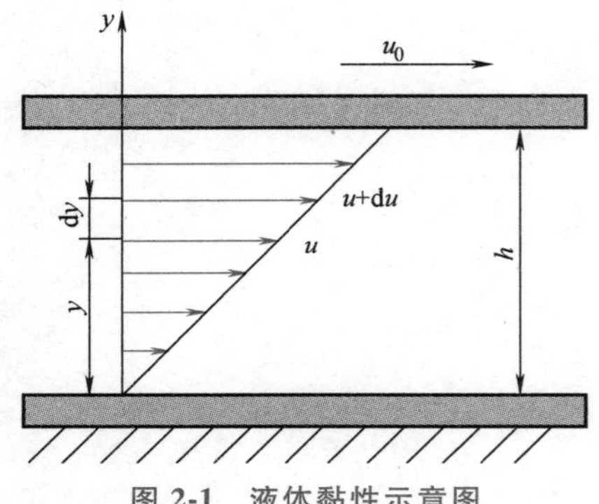

图 2-1　液体黏性示意图

以图 2-1 为例，若间距为 h 的两平行平板间充满液体，下平板不动，而上平板以速度 u_0 向右运动。由于液体有黏性，紧贴于上平板上的液体黏附于上平板上，其速度与上平板相同，即为 u_0。紧贴于下平板上的液体黏附在下平板上，速度为零。而中间液体的速度则从下到上逐渐递增。当两平行平板之间的距离较小时，中间液体的速度呈线性分布。

1686 年英国科学家牛顿给出了表征液体内摩擦力的定律，液体流动时相邻液层间的内摩擦力 F_f 与液体性质有关，与液体层的接触面积 A、液体层间的相对流速成正比，与液体层间的距离 dy 成反比，即

$$F_f=\mu A\frac{du}{dy} \tag{2-2}$$

式中，比例系数μ称为液体的动力黏度（Pa·s）；du/dy称为速度梯度（1/s）。

若以τ表示液体层间的切应力，即单位面积上的内摩擦力，则式（2-2）可表示为

$$\tau=\mu\frac{du}{dy} \tag{2-3}$$

这就是牛顿液体内摩擦定律，把符合牛顿公式的流体称为牛顿流体。

由式（2-3）可知，在静止液体中，速度梯度$du/dy=0$，故其内摩擦力为零。也就是说，静止液体不呈现黏性，液体只有在流动情况下才显示出黏性。

2. 黏性的表示方法

液体黏性的大小可用黏度来表示。常用的黏度有三种：动力黏度、运动黏度和相对黏度。

动力黏度μ又称绝对黏度，从物理意义上讲，即面积各为$1cm^2$和相距1cm的两层液体，当其中的某层液体以1cm/s的速度与另一层液体做相对运动时所产生的摩擦力。动力黏度直接表示了液体的黏性，即内摩擦力的大小。

在计算中经常采用运动黏度，它是同温度下液体的动力黏度与它的密度的比值，国际单位是m^2/s，用ν表示，即

$$\nu=\frac{\mu}{\rho} \tag{2-4}$$

运动黏度是这种液体在重力作用下流动阻力的度量，由于它的量纲只与长度和时间有关，故称为运动黏度。

由于动力黏度和运动黏度都难以直接测量，因此，工程上采用另一种可用仪器直接测量的黏度单位，即相对黏度。相对黏度又称条件黏度，它是使用特定的黏度计在规定条件下可以直接测量的黏度。由于测定条件不同，各国采用的相对黏度单位也不同。中国、德国和俄罗斯等一些国家采用恩氏黏度，美国采用赛氏黏度，英国采用雷氏黏度。

恩氏黏度常用符号“*E*”表示，单位为条件度（°E）。恩氏黏度与运动黏度的换算关系为

$$\nu=\left(7.31°\mathrm{E}-\frac{6.31}{°\mathrm{E}}\right)\times10^{-6}(\mathrm{m^2/s}) \tag{2-5}$$

3. 温度和压力对黏性的影响

温度变化使液体的内聚力发生变化，因此，液体的黏度对温度的变化十分敏感。当温度升高时，液体分子间的吸引力减小，黏度降低。油的黏度随温度变化的性质称为黏温特性，通常用黏度指数（VI）来表示。不同种类的液压油有不同的黏温特性，黏度指数VI高，表示在一个宽的温度范围内，该液体的黏度变化小。例如，军用飞机液压系统，环境工作温度在从万米高空的-18℃到地面40℃的范围内变化，就需要选用高黏度指数VI的液压油，以保证液压系统在非常宽的环境温度变化下能够可靠地工作。

一般液压元件都推荐了液压油的黏度和油温工作范围。例如，齿轮泵液压油的油温工作范围一般是-15~80℃，推荐的液压油黏度范围一般是$10\sim300m^2/s$。

液压油的黏度在不同温度下的值可由相关的黏温特性曲线查得。图2-2所示为HM液压油的黏温特性曲线。例如，HM46抗磨液压油，40℃时运动黏度平均值是$46mm^2/s$，查黏温

特性曲线可知，30℃时运动黏度将增加到 $85mm^2/s$，50℃时运动黏度将下降为 $29mm^2/s$，可见温度对黏度的影响非常大。

压力对液压油黏度的影响远远小于温度对液压油黏度的影响。当压力增大时，液体分子间的间距减小，分子间的吸引力增大，因此液体的黏度也会增大。但是这种影响在压力小于 30MPa 时并不明显，可以忽略不计。

液压油的黏性对液压传动系统的性能有很大的影响，包括液体在管路中的流动阻力、液压功率损失及液压控制系统阻尼等。因此，在液压系统工作中，保持液压油的黏度在一个合适的范围非常重要。

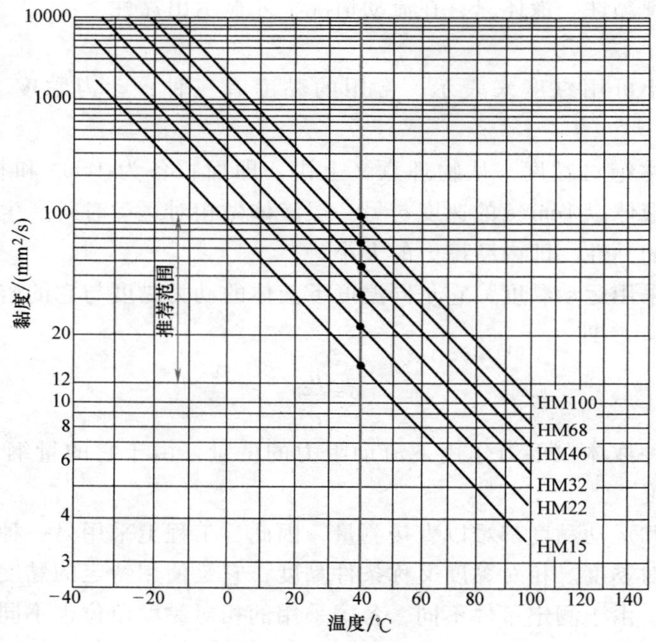

图 2-2 HM 液压油的黏温特性曲线

2.1.3 液体的可压缩性

液体分子间有一定间隙，受压后体积会缩小，这种性质称为液体的压缩性。

液体体积的变化量与压力变化量的关系可表示为

$$\Delta V=-\frac{1}{K}\Delta pV \tag{2-6}$$

式中，V 为液体的原始体积（m^3）；ΔV 为体积的变化量（m^3）；Δp 为压力的变化量（Pa）；K 为液体的有效体积模量（Pa）。

液压系统在一般的压力和温度条件下，液体的压缩性可以忽略不计，但在液压元件或系统的动态分析时，则必须考虑液压油的压缩性。纯液压油的有效体积模量的平均值为 1400~2000MPa。当液压油中混入空气时，体积模量会降低至 700~1400MPa。计算时可根据液压油的实际情况取值。

2.1.4 液体的热膨胀性

当单位体积液体的温度变化1℃时，其体积所产生的变化值，称为液体的热膨胀性。

液体体积的变化量与温度变化量的关系可表示为

$$\Delta V=\alpha V\Delta T \tag{2-7}$$

式中，V为液体的原始体积（m^3）；ΔT为温度的变化量（℃）；ΔV为体积的变化量（m^3）；α为体胀系数，对于普通的矿物液压油，$\alpha=0.0007K^{-1}$。

2.2 液体静力学基础

液体静力学主要研究液体处于静止状态或相对静止状态下的力学规律和这些规律的实际应用。这里所说的相对静止，是指液体内部各质点之间没有相对运动，至于液体整体，完全可以像刚体一样做各种运动。

2.2.1 压力及其性质

液体内部某点单位面积所受的法向力称为压力。当液体内部某点在ΔA面积上作用的法向力为ΔF时，该点的压力定义为

$$p=\lim_{\Delta A\to 0}\frac{\Delta F}{\Delta A} \tag{2-8}$$

液体静止时的压力称为静压力。静压力有如下两个性质：

1）静止液体内任一点所受到的各方向静压力都相等，而与作用面的空间方向无关。

2）静压力的作用方向垂直于承受压力的面，并和承受压力面的内法线方向相同。

2.2.2 重力场中静止液体的压力分布

重力场中静止液体内某点的压力为

$$p=p_a+\rho gh \tag{2-9}$$

式中，p_a为液面处的压力；h为液体中的点到液面的距离，即该点的深度。

根据式（2-9），重力场中静止液体的压力分布有如下结论：

1）静止液体中任一点处的压力由两部分组成：一部分为液面上的压力p_a，另一部分为该点以上液体自重产生的压力ρgh。

2）静止液体内的压力随深度呈线性规律变化。

3）离液面深度相同的各点压力相等。由压力相等的所有点组成的面称为等压面。在重力场中，静止液体的等压面为一组水平面。

例2-1 海水密度为1020kg/m^3，海平面大气压为p_a，计算海水深200m处承受的压力。

解 根据式（2-9），可得

$$p=p_a+\rho gh=p_a+1020\text{kg/m}^3\times 9.8\text{m/s}^2\times 200\text{m}=p_a+1999200\text{N/m}^2$$

2.2.3 帕斯卡原理

在液压传动技术中，由外力所引起的液面的压力比由于重力引起的压力大得多，因此后者可忽略不计。这样，式（2-9）可写成

$$p = p_a = 常数 \tag{2-10}$$

这就是说，在密闭容器内，施加在液体边界上的压力等值地传递到液体各点，这就是帕斯卡原理。根据这一原理，可以得出液体不仅能传递力，而且还能放大或缩小力，并能获得任意方向的力。

2.2.4 压力的表示方法及单位

压力的表示方法有两种：一种是以绝对真空作为基准所表示的压力，称为绝对压力；另一种是以大气压力 p_a 作为基准所表示的压力，称为相对压力。由于大多数测压仪表所测得的压力都是相对压力，所以相对压力也称为表压力。绝对压力与相对压力的关系为

$$绝对压力 = 相对压力 + 大气压力$$

如果液体中某点处的压力小于大气压力，这时该点处的绝对压力比大气压力小的那部分数值称为真空度，即

$$真空度 = 大气压力 - 绝对压力$$

绝对压力、相对压力和真空度之间的关系如图 2-3 所示。

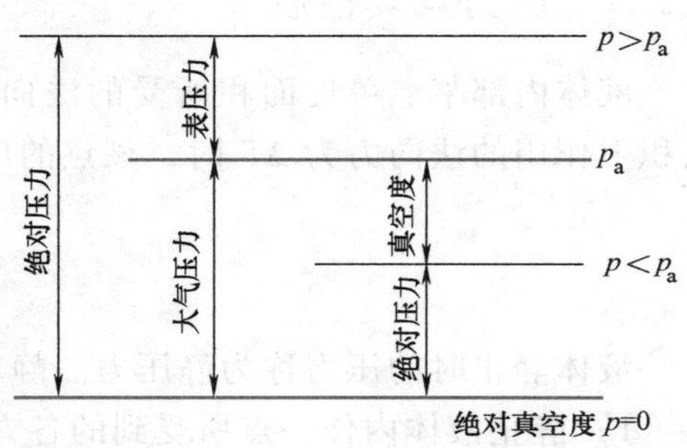

图 2-3 绝对压力、相对压力和真空度的关系

压力的单位为帕（Pa），$1\text{Pa}=1\text{N/m}^2$。由于帕的单位很小，在工程上常采用兆帕（MPa）作为压力的单位。习惯上有时也使用非法定计量单位巴（bar），美国习惯使用 psi 作单位，意为磅力/平方英寸。常用压力单位之间的换算关系为

$$1\text{MPa} = 10^6\text{Pa}$$

$$1\text{bar} = 10^5\text{Pa}$$

$$1\text{kgf/cm}^2 = 9.81\times10^4\text{Pa}$$

$$1\text{psi} = 0.0689\text{bar}$$

2.3 液体动力学方程

在液压传动中，液压油总是在不断地流动着，由于重力、惯性力、黏性摩擦力等的影响，其内部各点的运动状态是不相同的。下面讨论流体动力学的三个基本方程，即连续性方程、伯努利方程和动量方程。前两个方程用来解决压力、流速与流量之间的关系，而动量方程用来解决流动液体和固体壁面之间相互作用力的计算问题。

2.3.1 液体流动的基本概念

1. 理想液体和定常流动

由于液体具有黏性，而且黏性只有在液体流动时才表现出来，因此研究流动液体时必须

考虑黏性的影响。由于液体中的黏性问题非常复杂，为便于分析和计算，可先假设液体没有黏性，然后再考虑黏性的影响，并通过实验等办法对上述结果进行修正。为此，把既没有黏性又不可压缩的液体称为理想液体，而把事实上既有黏性又可压缩的液体称为实际液体。

液体在流动时，如果任意点上的压力、流速和密度等运动参数不随时间而变化，则这种流动称为定常流动；反之，称为非定常流动。

2. 过流断面、流量和平均流速

与液体流动方向垂直的横截面称为过流断面。

单位时间内流过过流断面的体积称为体积流量（本书简称流量），用符号 q 来表示。流过过流断面 A 的流量可表示为

$$q=\int_A u\mathrm{d}A \tag{2-11}$$

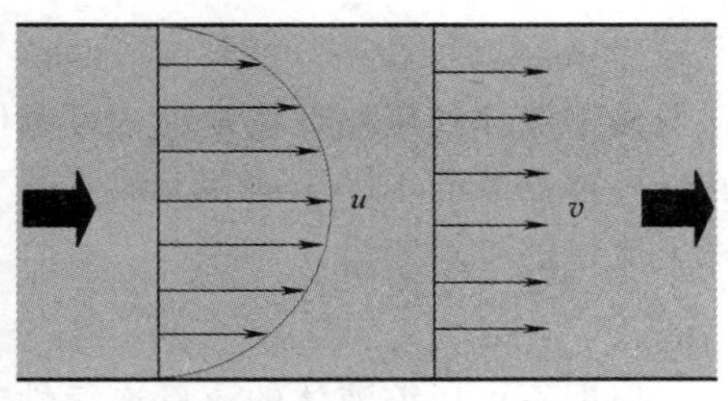

图 2-4　管道中流动液体的流速分布

由于液体具有黏性，过流断面上各点液体的速度不尽相同。所以，通常以过流断面上的平均流速 v 来代替实际流速 u，如图 2-4 所示。平均流速 v 与流过过流断面 A 的流量 q 的关系为

$$q=vA \tag{2-12}$$

2.3.2　连续性方程

连续性方程表示液体动力学中质量守恒这一客观规律。

设不可压缩液体在非等截面管中做定常流动，如图 2-5 所示。过流断面 1 和 2 的面积分别为 A_1 和 A_2，平均流速分别为 v_1 和 v_2。

对于理想液体，根据质量守恒定律，单位时间内液体流过断面 1 的质量一定等于流过断面 2 的质量，即

$$\rho v_1A_1=\rho v_2A_2=常数$$

两边除以密度 ρ 得

$$v_1A_1=v_2A_2=q=常数 \tag{2-13}$$

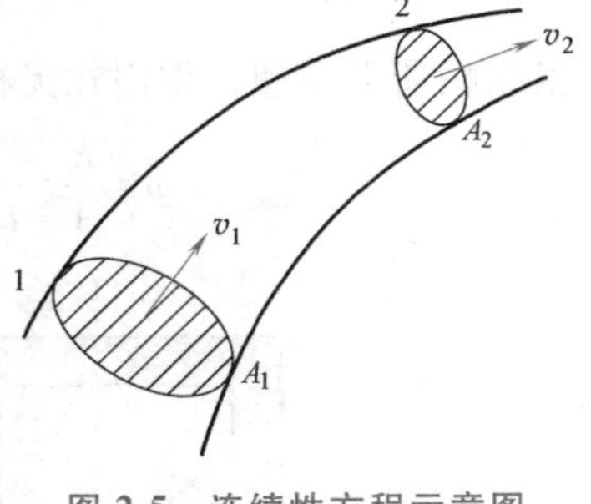

图 2-5　连续性方程示意图

式（2-13）即为液体的流量连续性方程，它说明在定常流动中，通过所有过流断面上的流量都是相等的，并且断面平均流速与断面面积成反比。在流量恒定的条件下，管道中流动液体的流量、流速和断面面积的关系如图 2-6 所示。

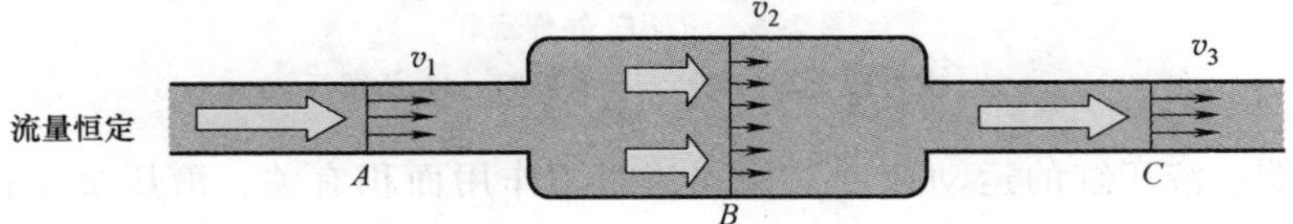

图 2-6　流量、流速和断面面积的关系

在图 2-6 中，流量恒定的液体通过不同截面面积的管路时，流速不相同。截面面积 A 比截面面积 B 小，因此流体通过截面面积 A 的平均流速 v_1 大，而通过截面面积 B 的平均流速 v_2 小；而截面面积 C 与截面面积 A 相等，因此通过截面面积 C 的平均流速 v_3 等于通过截面面积 A 的平均流速 v_1。

下面举一例子来说明液体的流量连续性方程在液压系统设计、计算中的应用。

例 2-2　图 2-7 所示为液压缸外伸运动。液压缸无杆腔输入油液，活塞在油液压力的作用下推动活塞杆外伸。液压缸缸筒内径 $D=90\text{mm}$。若输入液压缸无杆腔的液体流量 $q_1=30\text{L/min}$，液压缸外伸运动承受的负载力 $F=40000\text{N}$。求液压缸活塞杆外伸的运动速度 v，以及液压缸无杆腔压力 p。

解　液压缸缸筒的断面面积 A 为

$$A=\frac{\pi D^2}{4}$$

由于液体的压缩性非常小，可看作不可压缩。因此，活塞杆外伸运动速度 v 就是无杆腔任一过流断面Ⅰ—Ⅰ面积上液体的平均流速。则活塞杆外伸运动时，Ⅰ—Ⅰ过流断面面积上流过的平均流量 q_2 为

$$q_2=Av$$

根据不可压缩液体的流量连续性方程，输入液压缸的流量 q_1 应等于Ⅰ—Ⅰ过流断面面积上流过的平均流量 q_2，即

$$q_1=q_2=Av$$

因此，液压缸活塞杆外伸的运动速度 v 为

$$v=\frac{q_1}{A}=\frac{(30\times10^{-3}/60)\,\text{m}^3/\text{s}}{(\pi\times0.09^2/4)\,\text{m}^2}=0.079\text{m/s}$$

根据帕斯卡原理，作用在无杆腔活塞上的压力 p 为

$$p=\frac{F}{A}=\frac{4\times10^4\text{N}}{(1/4\times\pi\times0.09^2)\,\text{m}^2}=6.29\times10^6\text{Pa}\approx6.3\text{MPa}$$

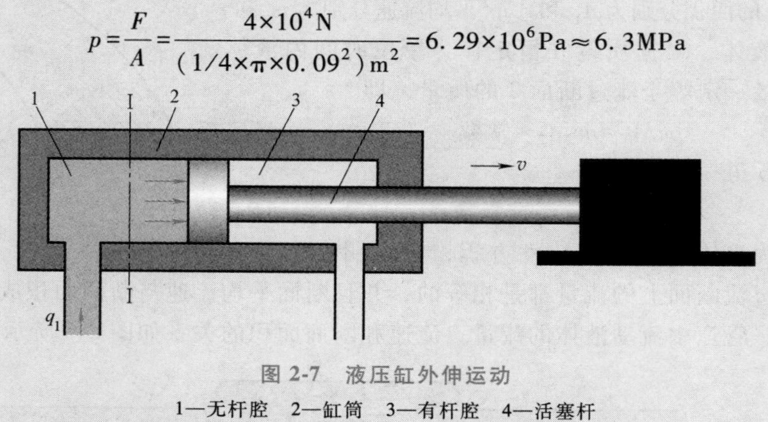

图 2-7　液压缸外伸运动

1—无杆腔　2—缸筒　3—有杆腔　4—活塞杆

例 2-2 表明：液压缸的运动速度与输入流量、作用面积有关，液压缸工作压力与负载力、作用面积有关。

2.3.3　伯努利方程

伯努利方程表示了液体动力学中能量守恒这一客观规律。

1. 理想液体的伯努利方程

理想液体因无黏性，又不可压缩，因此在管内做稳定流动时没有能量损失。根据能量守

恒定律，同一管道每一断面的总能量都是相等的。

如图 2-8 所示，任取两个断面 A_1 和 A_2，它们距基准水平面的距离分别为 z_1 和 z_2，断面平均流速分别为 v_1 和 v_2，压力分别为 p_1 和 p_2。

根据能量守恒定律得

$$z_1+\frac{p_1}{\rho g}+\frac{v_1^2}{2g}=z_2+\frac{p_2}{\rho g}+\frac{v_2^2}{2g} \tag{2-14}$$

由于两个断面是任意取的，因此式（2-14）又可表示为

$$z+\frac{p}{\rho g}+\frac{v^2}{2g}=常数 \tag{2-15}$$

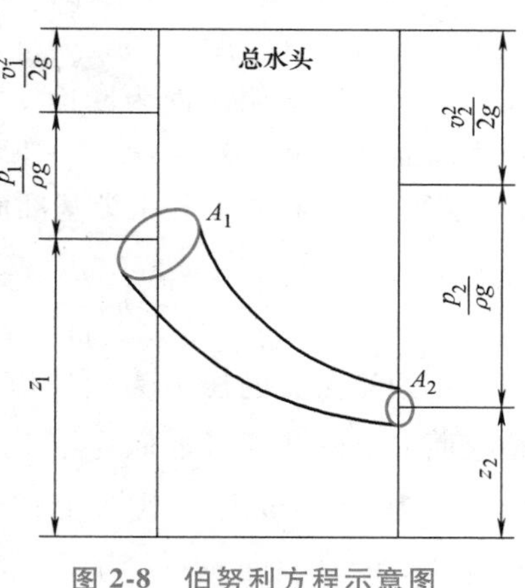

图 2-8　伯努利方程示意图

式（2-14）和式（2-15）即为理想液体的伯努利方程。其物理意义为：理想液体在定常流动时，各断面上具有的总比能由比位能、比压能和比动能组成，三者可相互转化，但三者之和保持不变。由于式（2-15）中各项都有长度量纲，通常分别称它们为位置水头、压力水头和速度水头。因此，伯努利方程也可解释为位置水头、压力水头和速度水头之和（即总水头）保持不变。

由伯努利方程可知，如果流量一定，则管路中任何一点所具有的位能、压力能和动能的总和是不变的。当管路直径发生变化时，流速就发生变化，因而动能或是增大，或是减小；然而，能量既不能创造，也不能消减，因此，动能的变化必然转换成压力的升高或降低，如图 2-9 所示。

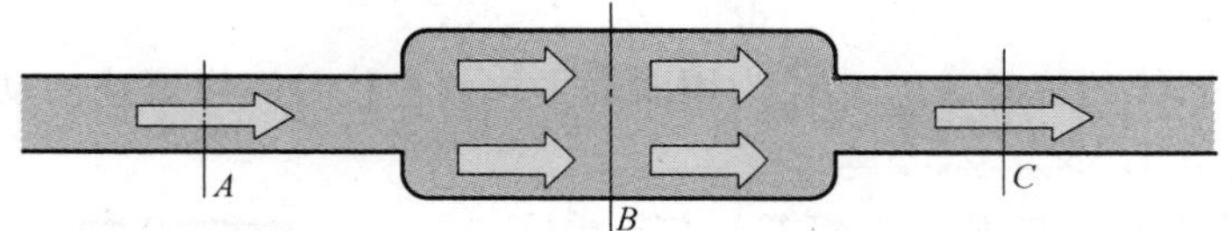

图 2-9　流量不变的情况下，位能、压力能和动能的总和也不变

在图 2-9 所示的管路液流流动中，A 断面面积小，流速高，动能增加，所以压力低；B 断面面积增大，流速减慢，动能下降，压力升高；摩擦损耗忽略不计，当 C 断面的流速变成和 A 断面相同时，压力又变成和 A 的压力一样。

2. 实际液体的伯努利方程

实际液体在管道中流动时，流速在过流断面上的分布不是均匀的。如果用平均流速来表示动能，则需引入动能修正系数 α，层流时 $\alpha=2$，湍流时 $\alpha=1$；同时由于黏性的存在，流动过程中要消耗一部分能量，即存在水头损失 h_w。因此，实际液体的伯努利方程为

$$z_1+\frac{p_1}{\rho g}+\frac{\alpha_1 v_1^2}{2g}=z_2+\frac{p_2}{\rho g}+\frac{\alpha_2 v_2^2}{2g}+h_w \tag{2-16}$$

伯努利方程揭示了液体流动过程中的能量变化关系，用它可对液压系统中的一些基本问题进行分析、计算。

例 2-3 图 2-10 所示为液压泵吸油工作过程。液压泵在油箱液面上的高度为 h。求液压泵进油口的真空度。

解 选取油箱液面为断面Ⅰ—Ⅰ，液压泵进油口处为断面Ⅱ—Ⅱ。对断面Ⅰ—Ⅰ和断面Ⅱ—Ⅱ列伯努利方程，并以断面Ⅰ—Ⅰ为基准面，则

$$\frac{p_1}{\rho g}+\frac{\alpha_1 v_1^2}{2g}=h+\frac{p_2}{\rho g}+\frac{\alpha_2 v_2^2}{2g}+h_w$$

式中，油箱液面的压力为大气压 p_a，即 $p_1=p_a$，而油箱液面的下降速度可近似为零，$v_1=0$。进油管路的压力损失为 $\Delta p_w=\rho g h_w$。代入上式经简化后，可得液压泵进油口的真空度 p_a-p_2 为

$$p_a-p_2=\rho gh+\rho\frac{\alpha_2 v_2^2}{2}+\rho g h_w$$

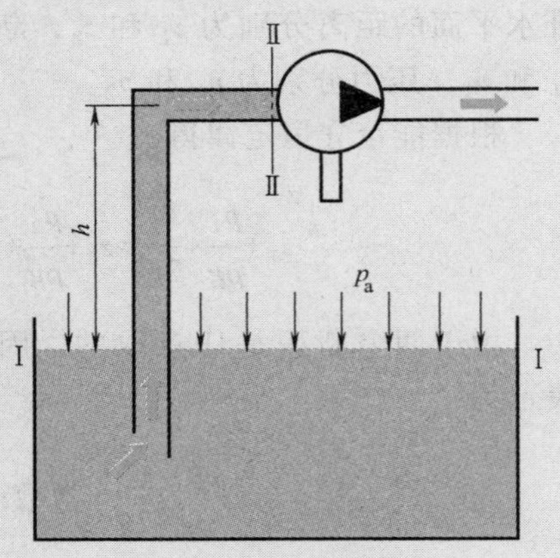

图 2-10 液压泵吸油工作过程

2.3.4 动量方程

动量方程表示了动量定理这一客观规律在液体动力学中的应用。动量方程可以用来计算流动液体作用于限制其流动的固体壁面上的总作用力。

在定常流动中，取两断面之间的液体为控制体，流入、流出控制体的速度矢量分别为 $\boldsymbol{v}_1$、$\boldsymbol{v}_2$，则壁面对控制体的作用力为

$$\boldsymbol{F}=\frac{\mathrm{d}(m\boldsymbol{v})}{\mathrm{d}t}=\rho q\beta_2\boldsymbol{v}_2-\rho q\beta_1\boldsymbol{v}_1 \tag{2-17}$$

式中，q 为流过控制体的流量；β_1、β_2 为用断面平均流速代替真实流速的动量修正系数，湍流时取 1，层流时取 1.33。

液体对壁面的作用力与 $\boldsymbol{F}$ 大小相等，方向相反。

为了便于计算，通常将动量方程写成空间坐标的投影形式，即

$$\begin{cases}F_x=\rho q\beta_2 v_{2x}-\rho q\beta_1 v_{1x}\\F_y=\rho q\beta_2 v_{2y}-\rho q\beta_1 v_{1y}\\F_z=\rho q\beta_2 v_{2z}-\rho q\beta_1 v_{1z}\end{cases} \tag{2-18}$$

在液压系统的分析、计算中，当对滑阀进行理论分析和设计计算时，若考虑液流流经阀腔时动量发生变化而引起的液动力，则需要借助动量方程进行求解。

例 2-4 如图 2-11 所示，若液流流经滑阀的流量为 q，当液流从 A 流向 B，或从 B 流向 A 时，动量要发生变化，求作用在阀芯上的液动力。

解 取进、出油口之间的液体为控制体，根据式（2-18）可列出图 2-11a 中控制体在阀芯轴线 x 方向上的动量方程式，即求得作用在控制体上的液动力 F 为

$$\begin{aligned}F&=\rho q(-\beta_2 v_2\cos\theta-\beta_1 v_1\cos 90°)\\&=-\rho q\beta_2 v_2\cos\theta\end{aligned}$$

则滑阀阀芯所受的稳态液动力 F' 为

$$F' = -F = \rho q\beta_2 v_2\cos\theta$$

F' 为正值，即 F' 的方向是阀芯右移、使阀口关闭的方向。

当液流反方向流动时，如图 2-11b 所示，控制体在阀芯轴线 x 方向上的动量方程为

$$\begin{aligned} F &= \rho q(\beta_2 v_2\cos 90° - \beta_1 v_1\cos\theta) \\ &= -\rho q\beta_1 v_1\cos\theta \end{aligned}$$

则滑阀阀芯所受的稳态液动力 F' 为

$$F' = -F = \rho q\beta_1 v_1\cos\theta$$

F' 为正值，即 F' 的方向也是阀芯右移、使阀口关闭的方向。

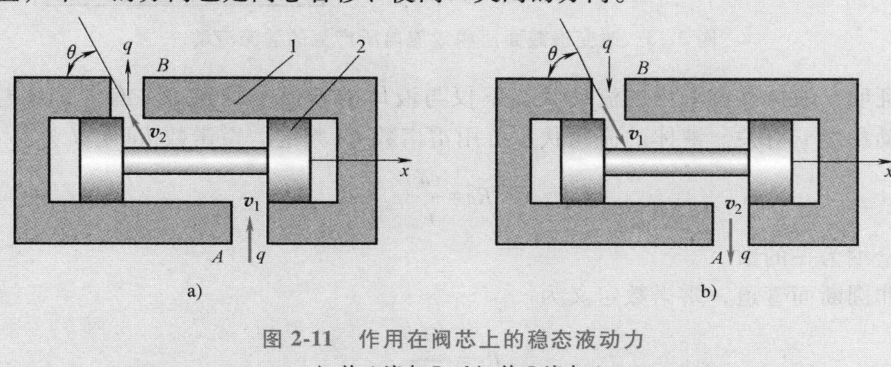

图 2-11　作用在阀芯上的稳态液动力

a）从 A 流向 B　b）从 B 流向 A

1—阀体　2—阀芯

2.4　液体在管道中的流动状态和压力损失

在实际液体的伯努利方程中，gh_w 表示液体在流动时所产生的机械能损失，在液压系统中，这种能量损失主要表现为液体的压力损失。这些损失的能量将使油液发热，泄漏增加，系统效率降低。因此，在设计液压系统时，要正确计算压力损失，并找出减小压力损失的途径，这对于减少发热、提高系统效率和性能都有重要意义。

通常，压力损失与液体在管道中的流动状态有关。

2.4.1　液体的流动状态

英国物理学家雷诺（Osborne Reynolds）通过大量试验，发现液体在管道中流动时存在层流和湍流两种流动状态。不同的流动状态对压力损失的影响也不相同。

层流是指液体中质点沿管道做直线运动而没有横向运动，液体的流动呈直线性，而且平行于管道轴线，如图 2-12 所示。

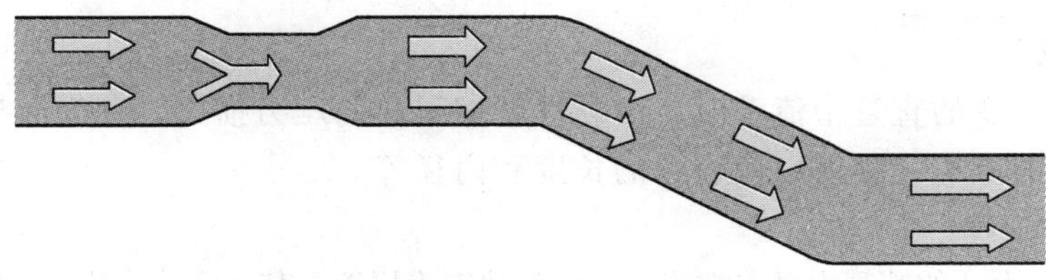

图 2-12　层流流线是平行的

湍流是指液体中质点除沿管道轴线方向运动外，还沿横向运动，呈杂乱无章的状态。湍流是由突然改变流向或横截面面积，或是流速太高所引起的，如图 2-13 所示。液体在湍流流动的情况下，将使液体流动的摩擦力增大，管路的压力损失增加。

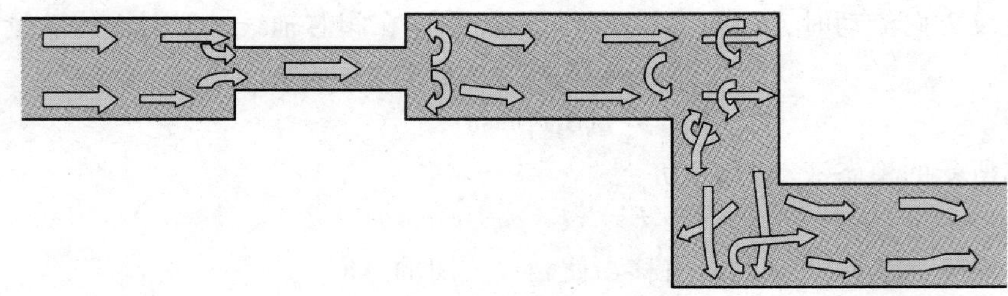

图 2-13 改变横截面面积或流向所产生的湍流流动

试验证明，液体在圆管内的流动状态不仅与液体的断面平均速度 v 有关，还与管径 d、液体的运动黏度 ν 有关。液体的流动状态可用雷诺数 Re 判定。雷诺数 Re 定义为

$$Re=\frac{vd}{\nu} \tag{2-19}$$

它是一个量纲为一的数。

对于非圆断面管道，雷诺数定义为

$$Re=\frac{vD_{\mathrm{H}}}{\nu} \tag{2-20}$$

式中，D_{H} 为当量直径，可按下式求得

$$D_{\mathrm{H}}=\frac{4A}{\chi} \tag{2-21}$$

式中，A 为过流断面面积；χ 为湿周长度，即过流断面上与液体接触的固体壁面的周长。

液体由层流转变为湍流或由湍流转变为层流的雷诺数称为临界雷诺数，记作 Re_{cr}；当雷诺数 $Re<Re_{\mathrm{cr}}$ 时为层流流动；当雷诺数 $Re=Re_{\mathrm{cr}}$ 时为临界过渡状态；当雷诺数 $Re>Re_{\mathrm{cr}}$ 时为湍流流动。对于液体在光滑金属圆管中的流动，其临界雷诺数 $Re_{\mathrm{cr}}=2320$。常见液流管道的临界雷诺数见表 2-1。

表 2-1 常见液流管道的临界雷诺数

管道的形状	临界雷诺数 Re_{cr}	管道的形状	临界雷诺数 Re_{cr}
光滑的金属圆管	2320	带沉割槽的同心环状缝隙	700
橡胶软管	1600～2000	带沉割槽的偏心环状缝隙	400
光滑的同心环状缝隙	1100	圆柱形滑阀阀口	260
光滑的偏心环状缝隙	1000	锥阀阀口	20～100

2.4.2 沿程压力损失

液体在直径不变的直管中流动时，由黏性摩擦引起的压力损失，称为沿程压力损失。它主要取决于液体的流速、黏度以及管道的长度和内径等。

1. 流速分布规律

设液体在直径为 d 的圆管中做定常流动，流动状态为层流，其速度分布为 u，如图 2-14 所示。

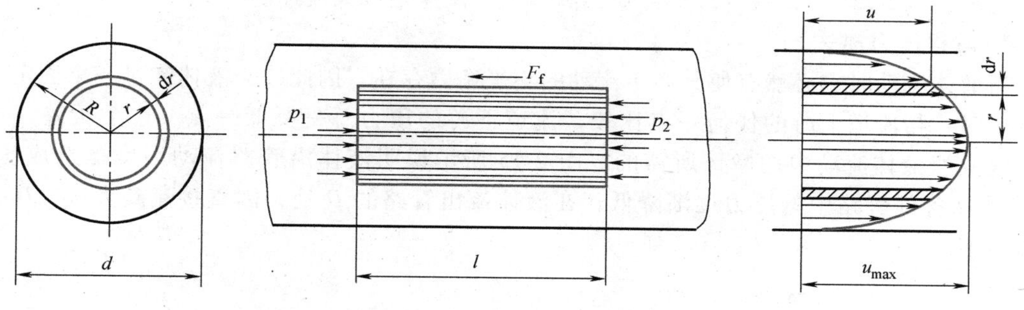

图 2-14 圆管层流流动

在液流中取一微小圆柱体，其长度为 l，半径为 r，作用在两端的压力分别为 p_1、p_2。根据牛顿内摩擦定律，圆柱体侧面所受切应力为

$$\tau=\mu\frac{\mathrm{d}u}{\mathrm{d}r}$$

该圆柱体的受力平衡方程为

$$(p_1-p_2)\pi r^2=-\mu\frac{\mathrm{d}u}{\mathrm{d}r}2\pi rl=F_f$$

令 $\Delta p=p_1-p_2$，由上式得

$$\frac{\mathrm{d}u}{\mathrm{d}r}=-\frac{\Delta p}{2\mu l}r$$

对上式积分并考虑边界条件：当 $r=R$ 时，$u=0$，得到流速分布

$$u=\frac{\Delta p}{4\mu l}(R^2-r^2) \tag{2-22}$$

可以看出，液体在圆管中做层流运动时，速度在半径方向上按抛物线规律分布。在轴线上，即 $r=0$ 处流速最大，其值为

$$u_{\max}=\frac{\Delta p}{4\mu l}R^2=\frac{d^2}{16\mu l}\Delta p \tag{2-23}$$

2. 流量

通过管道的流量为

$$q=\int_0^{\frac{d}{2}}2\pi ur\mathrm{d}r=\int_0^{\frac{d}{2}}\frac{\Delta p}{4\mu l}(R^2-r^2)2\pi r\mathrm{d}r=\frac{\pi d^4}{128\mu l}\Delta p \tag{2-24}$$

该流量公式又称为哈根-泊肃叶（Hagen-Poiseuille）公式，说明圆管中的流量与管径的四次方成正比，可见管径对流量的影响很大。

3. 平均流速

管道内液体的平均流速为

$$v=\frac{q}{A}=\frac{1}{\frac{\pi d^2}{4}}\frac{\pi d^4}{128\mu l}\Delta p=\frac{d^2}{32\mu l}\Delta p \tag{2-25}$$

比较式（2-23）、式（2-25）可知，液体平均流速是最大流速的1/2。

4. 沿程压力损失

当液体流动时，必然有使其产生流动的不平衡力存在。因此，当液体流过一个固定直径的管子时，与流道上游的任何一点比较，流道下游的压力总是要低一点。这个压差（即压降）是克服液体流动中的摩擦所需的。图2-15所示说明液体沿管路流动因摩擦造成压差，从 A 至 D 各处管路中的压力逐渐降低；在液体流出管路的 D 处，因直接流到大气，D 处的压力为零。

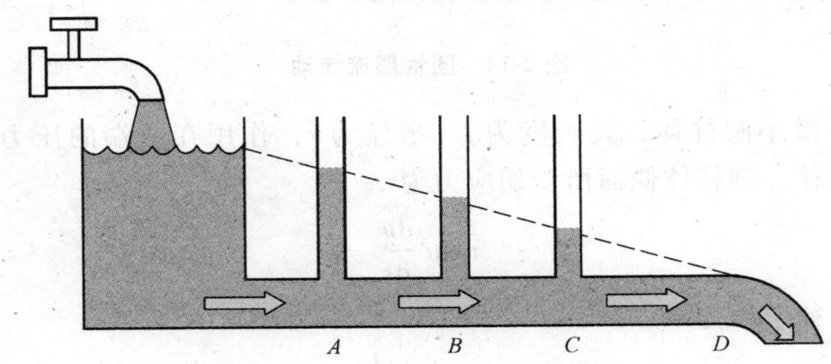

图2-15 液体沿管路流动因摩擦造成压差

液体沿管路流动，其沿程压力损失 Δp_λ 可由式（2-25）得

$$\Delta p_\lambda = \frac{32\mu l v}{d^2} \tag{2-26}$$

由式（2-26）可以看出，当圆管中的液体流动为层流时，其沿程压力损失与管长、流速和液体黏度成正比，而与管径的二次方成反比。整理式（2-26）并考虑 $Re=vd/\nu$，可得

$$\Delta p_\lambda = \frac{64}{Re}\frac{l}{d}\frac{\rho v^2}{2} = \lambda\frac{l}{d}\frac{\rho v^2}{2} \tag{2-27}$$

式中，λ 为沿程压力损失系数。

式（2-27）适用于层流和湍流。层流时，沿程压力损失系数的理论值为 $\lambda=64/Re$，实际值则要大一些，如油液在金属管道中流动时取 $\lambda=75/Re$，在橡胶管道中流动时取 $\lambda=80/Re$。

湍流时，一般用经验公式确定沿程压力损失系数。在湍流中靠近壁面存在一个层流边界层，当雷诺数 Re 较小时，层流边界层较厚，因而管壁的粗糙度 Δ 将不影响流体的流动，沿程压力损失系数 λ 仅与雷诺数 Re 有关，即 $\lambda=f(Re)$，这种情况称为水力光滑管。随着雷诺数 Re 的增加，管壁粗糙度值大于层流边界层厚度时，管壁粗糙度对液体的湍流流动产生影响，这时，沿程压力损失系数 λ 与雷诺数 Re 以及管壁的相对粗糙度 Δ/d 都有关系，即

$$\lambda = f(Re, \Delta/d)$$

当 $3\times10^3<Re<10^5$ 时，$\lambda=0.3164Re^{-0.25}$。

当 $10^5<Re<3\times10^6$ 时，$\lambda=0.032+0.221Re^{-0.237}$。

当 $Re>3\times10^6$ 时，$\lambda=\left(2\lg\frac{d}{2\Delta}+1.74\right)^{-2}$。

沿程压力损失系数 λ 随雷诺数 Re 以及管壁的相对粗糙度 Δ/d 而变化的关系也可由莫迪

（L. F. Moody）曲线查得，详见有关工程手册。

管壁粗糙度 Δ 值与材料和制造工艺有关，计算时可考虑下列 Δ 取值：铸铁管取 0.25mm，无缝钢管取 0.04mm，冷拔铜管取 0.0015～0.01mm，橡胶软管取 0.03mm。

例 2-5　密度 $\rho=900\text{kg/m}^3$ 的液压油，运动黏度 $\nu=46\text{mm}^2/\text{s}$，在金属管道中流动，流量 $q=60\text{L/min}$，管路长度 $l=30\text{m}$，液压油在管路中流动的速度 $v=5\text{m/s}$，那么管路的内径 d 多大合适？管路的沿程压力损失 Δp 是多少？

解　根据流量的连续性方程

$$q=vA=v\frac{\pi d^2}{4}$$

可以计算管路内径为

$$d=\sqrt{\frac{4q}{v\pi}}=\sqrt{\frac{4\times60\times10^{-3}\text{m}^3/(60\text{s})}{5\text{m/s}\times3.14}}\approx0.016\text{m}$$

管路的沿程压力损失系数为

$$\lambda=\frac{75}{Re}=\frac{75}{vd/\nu}=\frac{75}{\dfrac{5\text{m/s}\times0.016\text{m}}{46\times10^{-6}\text{m}^2/\text{s}}}=43.125\times10^{-3}$$

管路的沿程压力损失为

$$\Delta p=\lambda\frac{l}{d}\frac{\rho v^2}{2}=43.125\times10^{-3}\times\frac{30\text{m}}{0.016\text{m}}\times\frac{900\text{kg/m}^3\times(5\text{m/s})^2}{2}=909668\text{Pa}\approx0.91\text{MPa}$$

2.4.3 局部压力损失

管路中流动的液体，当管路断面突然缩小、扩大或改变方向时，将引起液流呈现湍流流动，如图 2-13 所示。液流在湍流流动的情况下，会产生旋涡，使液体流动的摩擦力增大，管路的压力损失增加，由此而造成的压力损失称为局部压力损失。

局部压力损失为

$$\Delta p_\xi=\xi\frac{\rho v^2}{2}\tag{2-28}$$

式中，ξ 为局部压力损失系数。

局部压力损失系数一般通过试验来确定，也可从有关手册中查取。

在液压系统中，液体流经液压阀和辅助元件时所产生的工作压差也可视为局部压力损失。图 2-16 所示为液体流经液压阀的局部装置，若已知通过额定流量 q_n 时的压降为 $p_v=p_1-p_2$，根据式（2-28）可以计算通过流量 q 时的局部压力损失为

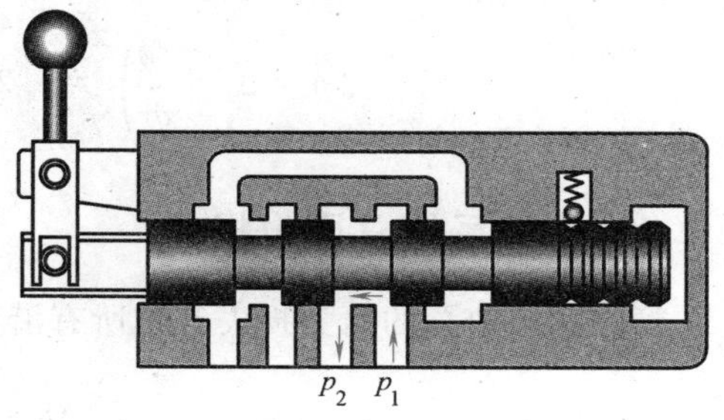

图 2-16　液体流经液压阀的局部装置

$$\Delta p_q=p_v\left(\frac{q}{q_n}\right)^2\tag{2-29}$$

例 2-6　如图 2-16 所示，密度 $\rho=900\text{kg/m}^3$ 的液压油流经液压换向阀，液体流经滑阀阀口的流速 $v=7\text{m/s}$，阀口的局部阻力系数 $\xi=10$，求液压油流经换向阀的压力损失。

解　根据式（2-28），可得液压油流经换向阀的压力损失为

$$\Delta p_{\xi}=\xi\frac{\rho v^2}{2}=10\times\frac{900\text{kg/m}^3\times(7\text{m/s})^2}{2}=220500\text{Pa}\approx0.22\text{MPa}$$

图 2-17 所示为管接头、单向阀、集成油路块等液压局部装置，液体流经这些局部装置时，管路断面变化、方向改变都将产生局部压力损失，局部压力损失是造成液压系统温度升高的主要原因。

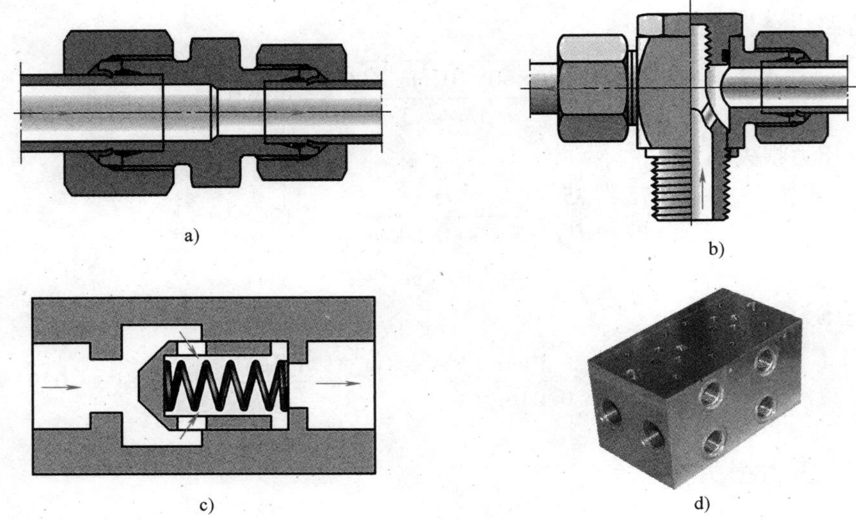

图 2-17　管接头、单向阀及集成油路块

a）直通管接头　b）三通管接头　c）单向阀　d）集成油路块

例 2-7　液体流经液压阀的流量 $q_1=50\text{L/min}$，产生的阀压差 $\Delta p_1=1.2\text{MPa}$。若流经液压阀的流量增加到 $q_2=100\text{L/min}$，求产生的阀压差 Δp_2。

解　根据式（2-29）可得

$$\Delta p_2=\Delta p_1\left(\frac{q_2}{q_1}\right)^2=1.2\text{MPa}\times\left(\frac{100\text{L/min}}{50\text{L/min}}\right)^2=4.8\text{MPa}$$

2.4.4　管路系统总压力损失

管路系统中总的压力损失等于所有沿程压力损失和所有局部压力损失之和，即

$$\Delta p=\sum\Delta p_{\lambda}+\sum\Delta p_{\xi}\tag{2-30}$$

应用式（2-30）计算系统总压力损失时，要求两个相邻局部压力损失之间的距离应大于 10~20 倍管路内径。如果距离过小会互相干扰，使局部阻力系数增大 2~3 倍。

由压力损失计算式（2-27）和式（2-28）可知，减小流速、缩短管路长度、减少管路断面的突变、提高管壁加工质量等，都可减少压力损失。在这些因素中，流速的影响最大，因为压力损失与流速的二次方成正比。因此，在液压传动系统中，管路的流速不应太高。工程中常取下列流速范围：压力管路取 $v=2.5\sim5\text{m/s}$，回油管路取 $v\leqslant2.5\text{m/s}$，吸油管路取 $v=0.5\sim1.5\text{m/s}$，阀口流速取 $v=5\sim8\text{m/s}$。

例 2-8 如图 2-10 所示，已知液压泵在油箱液面上的高度 $h=600\text{mm}$，泵的输出流量 $q=60\text{L/min}$，吸油管为钢管，直径 $d=40\text{mm}$，总长 $l=1000\text{mm}$。设油的运动黏度 $\nu=46\text{mm}^2/\text{s}$，密度 $\rho=900\text{kg/m}^3$。若仅考虑吸油管的沿程压力损失，求液压泵进油口的真空度。

解 首先，计算吸油管的流速 v，即

$$v=\frac{q}{\pi d^2/4}=\frac{60\times10^{-3}/60}{\pi\times0.04^2/4}\text{m/s}\approx0.8\text{m/s}$$

则雷诺数 Re 为

$$Re=\frac{vd}{\nu}=\frac{0.8\text{m/s}\times0.04\text{m}}{46\times10^{-6}\text{m}^2/\text{s}}\approx696$$

由于 $Re=696<2320$，因此吸油管内液体的流动为层流。则沿程压力损失系数 λ 为

$$\lambda=\frac{75}{Re}=\frac{75}{696}\approx0.11$$

故沿程压力损失 Δp_λ 为

$$\Delta p_\lambda=\lambda\frac{l}{d}\frac{\rho v^2}{2}=0.11\times\frac{1\text{m}}{0.04\text{m}}\times\frac{900\text{kg/m}^3\times(0.8\text{m/s})^2}{2}=792\text{Pa}$$

选取油箱液面为断面Ⅰ—Ⅰ，液压泵进油口处为断面Ⅱ—Ⅱ。对断面Ⅰ—Ⅰ和断面Ⅱ—Ⅱ列伯努利方程，并以断面Ⅰ—Ⅰ为基准面，则

$$\frac{p_1}{\rho g}+\frac{\alpha_1 v_1^2}{2g}=h+\frac{p_2}{\rho g}+\frac{\alpha_2 v_2^2}{2g}+\frac{\Delta p_\lambda}{\rho g}$$

式中，$p_1=p_a$，$v_1=0$，$v_2=v$。层流流动，$\alpha_2=2$。代入上式经简化后，可得液压泵进油口的真空度 p_a-p_2 为

$$\begin{aligned}p_a-p_2&=\rho gh+\rho\frac{\alpha_2 v_2^2}{2}+\Delta p_\lambda=900\text{kg/m}^3\times\left[9.8\text{m/s}^2\times0.6\text{m}+\frac{2\times(0.8\text{m/s})^2}{2}\right]+792\text{Pa}\\&=6660\text{Pa}\end{aligned}$$

2.5 液体流经小孔的流量计算

2.5.1 液体流经薄壁小孔的流量计算

薄壁小孔是指小孔长径比（l/d）$\leqslant0.5$ 的孔。如图 2-18 所示的薄壁小孔，列出断面Ⅰ—Ⅰ和Ⅱ—Ⅱ的伯努利方程为

$$\frac{p_1}{\rho g}+\frac{\alpha_1 v_1^2}{2g}+h_1=\frac{p_2}{\rho g}+\frac{\alpha_2 v_2^2}{2g}+h_2+h_w$$

式中，p_1、v_1、h_1 为断面Ⅰ—Ⅰ处的压力、流速和高度；p_2、v_2、h_2 为断面Ⅱ—Ⅱ处的压力、流速和高度；h_w 为由于流束的收缩和扩散造成液体的能量水头损失，收缩的程度取决于雷诺数、孔口及边缘形状、孔口离通道内壁的距离。

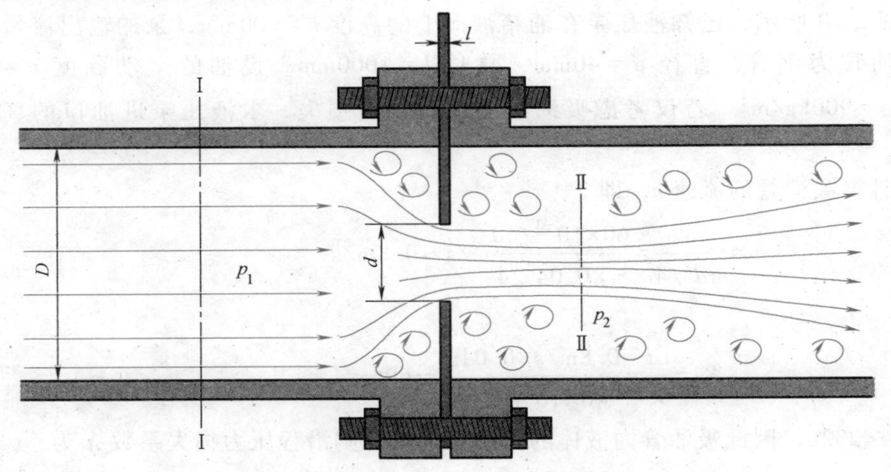

图 2-18　薄壁小孔流量计算简图

设 $h_1=h_2$，因 $D\gg d$，故 v_1 忽略不计。h_w 为局部损失的能量水头。由式（2-28）得

$$h_w=\frac{\xi v^2}{2g}$$

将它代入上式得

$$\frac{p_1}{\rho g}=\frac{p_2}{\rho g}+\frac{\alpha_2 v_2^2}{2g}+\xi\frac{v_2^2}{2g}$$

故

$$v_2=\frac{1}{\sqrt{\alpha_2+\xi}}\sqrt{\frac{2}{\rho}(p_1-p_2)}=C_v\sqrt{\frac{2}{\rho}\Delta p} \tag{2-31}$$

式中，Δp 为小孔前后的压差，即 $\Delta p=p_1-p_2$；α_2 为断面Ⅱ—Ⅱ的动能修正系数，对于完全收缩的孔口，$\alpha_2=1$；C_v 为流速系数，$C_v=1/\sqrt{\alpha_2+\xi}$。

所以，通过小孔的流量 q 为

$$q=v_2A_2=C_cC_vA\sqrt{\frac{2}{\rho}\Delta p}=C_qA\sqrt{\frac{2}{\rho}\Delta p} \tag{2-32}$$

式中，C_c 为断面收缩系数，$C_cA=A_2$；A、A_2 为小孔截面面积及收缩截面面积；ρ 为油液的密度；C_q 为流量系数，$C_q=C_vC_c$。

流量系数值由试验确定，当 $D/d\geqslant 7$ 时，液流完全收缩，$C_q=0.61\sim0.62$；当 $D/d<7$ 时，管壁对液流进入小孔有导向作用，此时液流为不完全收缩，$C_q=0.7\sim0.8$。

由式（2-32）可知，流经薄壁小孔的流量和小孔前后的压差 Δp 的二次方根成正比，并且流经薄壁小孔的流态一般是湍流，故流量与温度基本无关。因此，薄壁小孔常被用作液压

系统中的节流器。

2.5.2　液体流经细长小孔的流量计算

细长小孔一般指小孔长径比 $l/d>4$ 的孔。液体流过细长小孔时，一般为层流状态，故细长小孔的流量公式可用已推导的层流时直管的流量式（2-24），即

$$q=\frac{\pi d^4}{128\mu l}\Delta p$$

由式（2-24）可知，液体流经细长小孔的流量与液体的黏度成反比，即流量受温度影响，并且流量与小孔前后的压差呈线性关系。

2.5.3　液体流经短孔的流量计算

当小孔长径比 $0.5<l/d\leqslant 4$ 时称为短孔。短孔的流量公式仍为式（2-32），但流量系数 C_v 与雷诺数 Re 和 l/d 有关，一般取 $C_q=0.82$。

上述各小孔的流量可以归纳为一个统一的公式，即

$$q=CA\Delta p^m \tag{2-33}$$

式中，对于细长孔，$C=\frac{d^2}{32\mu l}$；对于薄壁孔和短孔，$C=C_q\sqrt{\frac{2}{\rho}}$，且 C_q 与 Re 有关；对于薄壁孔，$m=0.5$，对于细长孔，$m=1$，对于短孔，$0.5<m<1$。

习题

2-1　什么是液体的黏性？其物理意义是什么？

2-2　常用的液体黏度表示方法有哪几种？

2-3　两平行平板间距为 0.2mm，之间充满液体，下板静止不动，上板在 5Pa 压力的作用下以 1m/s 的速度移动，求该液体的黏度。

2-4　液体的黏度与温度、压力分别是什么关系？为什么？

2-5　黏度指数代表了液体的什么性能？

2-6　如果液压系统工作温度范围比较宽，对液压油的黏度指数有什么要求？

2-7　液体的黏度对液压系统的工作性能有什么影响？

2-8　某密闭容器内的液压油在大气压下的体积是 0.05m^3，体积模量为 800MPa。当压力升高到 30MPa 时，其体积变成多少？

2-9　什么是绝对压力、相对压力、表压力、真空度？它们之间的关系是什么？

2-10　液压系统中压力表、压力传感器测得的压力是什么压力？

2-11　流量连续性方程的物理意义是什么？其适用条件是什么？

2-12　伯努利方程的物理意义是什么？该方程的理论式和实际式有何区别？

2-13　雷诺试验可以得出什么重要结论？

2-14　什么是层流流动？

2-15　什么是湍流流动？产生湍流有哪些因素？

2-16　管路中流动液体的流态是如何判别的？

2-17　液压系统工作时，管路中流动液体的雷诺数是 1000，如果液压系统的温度增加，则液压油的黏度降低，那么雷诺数如何变化？

2-18　管路中流动的液体为什么会产生压差？

2-19　为了减少压力损失，液压控制阀的局部阻力系数应当尽可能取最小值吗？为什么？

2-20　如果通过局部装置的流量加倍，是什么因素引起压力损失增加？

2-21　密度 $\rho=900\text{kg/m}^3$ 的液压油，运动黏度 $\nu=32\text{mm}^2/\text{s}$，在金属管道中流动，流量 $q=30\text{L/min}$，管路长度 $l=30\text{m}$，液压油在管路中流动的速度 $v=5\text{m/s}$，那么管路的内径 d 取多大合适？管路的沿程压力损失 Δp 是多少？

2-22　运动黏度为 $4\times10^{-5}\text{m}^2/\text{s}$ 的液体以 3m/s 的速度流过通径为 20mm 的光滑金属圆管，求液流的雷诺数和流态。

2-23　管路中的压力损失有哪些类型？受哪些因素影响？

2-24　哪个因素对管路中的压力损失影响最大？

2-25　管路中管接头产生局部压力损失，如何确定管接头的内径？

第3章

液压动力元件

3.1 概　　述

液压泵是将原动机输入的机械能转换为液体压力能的能量转换元件。在液压系统中，液压泵用来提供液压能，即具有一定压力和流量的液体。因此，液压泵又称为液压能源元件。

3.1.1 基本工作原理与分类

1. 基本工作原理

液压泵按容积变化进行工作，其原理如图 3-1 所示。吸油路单向阀 5 只允许油液单向进入工作腔；排油路单向阀 4 只允许油液从工作腔排出。当柱塞 2 右移时，柱塞 2 和缸体 3 形成的密闭工作腔增大，产生真空，油箱 1 中的油液在大气压的作用下经吸油路单向阀 5 进入密闭工作腔（此时排油路单向阀 4 关闭），这一过程称为吸油；当柱塞左移时，密闭工作腔减小，压力增大，油液受挤压经排油路单向阀 4 排出（此时吸油路单向阀 5 关闭），这一过程称为排油。这样，液压泵每进行一次吸、排油的工作过程，就排出一定体积的液体；当柱塞不断地往复运动，使密闭工作腔的大小发生交替变化时，液压泵就能不断地吸入和排出油液。

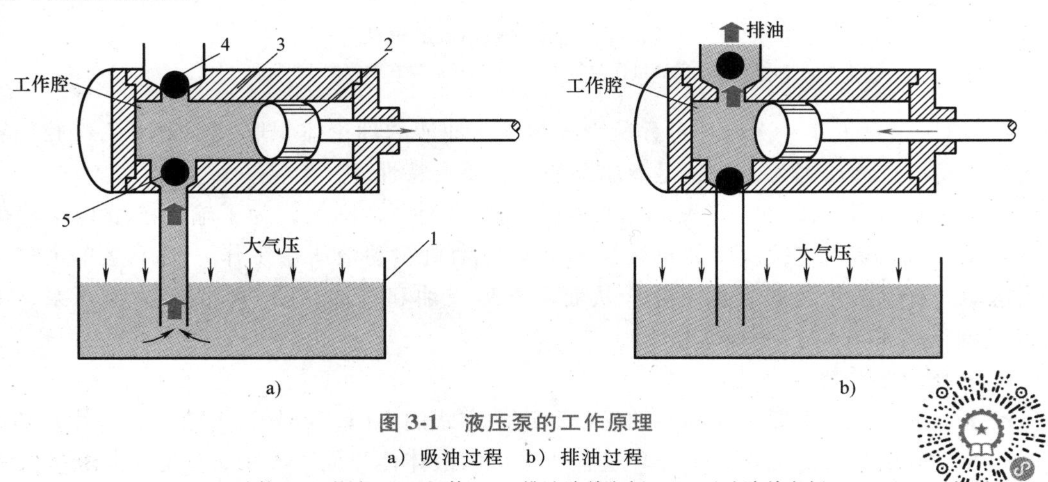

图 3-1　液压泵的工作原理

a）吸油过程　b）排油过程

1—油箱　2—柱塞　3—缸体　4—排油路单向阀　5—吸油路单向阀

根据上述分析，液压泵工作的基本特性可归纳为：

1）液压泵必须有容积大小可交替变化的密闭工作腔。当工作腔增大时，产生真空，油箱中的油液在大气压作用下进入工作腔，称为吸油过程；当工作腔减小时，油液受挤压而排出，称为排油过程。由于液压泵吸油和排油均靠密闭工作腔的容积变化进行，因此称为容积式液压泵。

2）液压泵的密闭工作腔处于吸油状态时，称为吸油腔；处于排油状态时，称为排油腔。液压泵由吸油到排油或由排油到吸油的转换，称为配流。图 3-1 所示的液压泵是通过单向阀 4 和 5 来实现这一要求的，因此称为阀配流。

3）吸油腔的压力，取决于吸油高度和吸油管路压力损失。图 3-2a 所示为液压泵的吸油口在油箱之上，若吸油高度为 h，油液密度为 ρ，则液压泵的吸油腔必须有 ρgh 的真空度才能把油箱中的油“提吸”到液压泵的吸油口。吸油高度越高，管路阻力越大，则吸油腔所需的真空度也越大。而图 3-2b 所示为液压泵的吸油口置于油箱之下，若进油高度为 h，则会产生一个 ρgh 大小的正压力来推动油液进入液压泵的吸油腔。

4）液压泵输出油液的压力是由油液出流流动时所受到的阻力产生。这种阻力主要取决于作用在执行器上的负载、管路中节流阀所产生的节流阻力以及管路的沿程压力损失等，如图 3-2 所示。

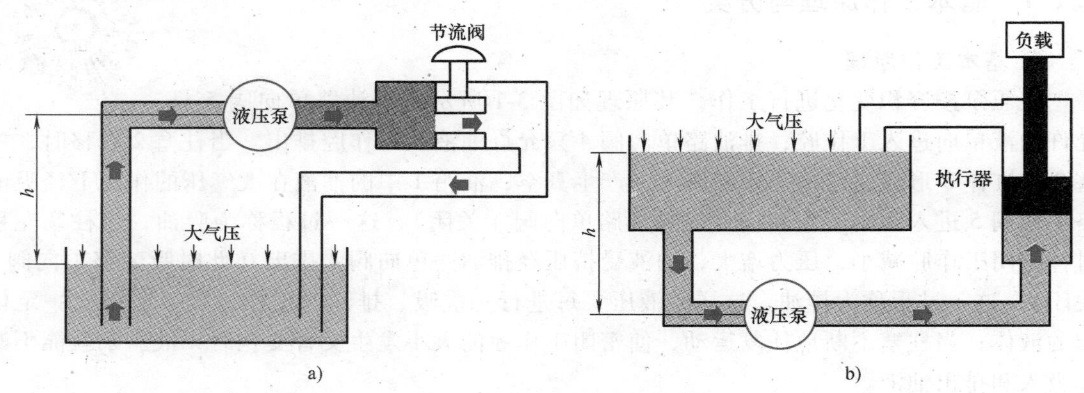

图 3-2　液压泵吸油口的位置

a）吸油口在油箱之上　b）吸油口在油箱之下

5）液压泵每工作一次循环过程所吸入和排出油液的理论体积取决于密闭工作腔的容积变化量，而与排油压力无关，这是液压泵的一个重要特性。

液压泵是基于工作腔的容积变化来吸油和排油的。实际上，为了输出连续而平稳的液体，液压泵通常是由连续旋转的机械运动（如电动机驱动液压泵工作）而不是单个柱塞的往复运动，产生工作腔的容积变化，从而不断地吸油和排油。图 3-3 所示为液压泵、电动机-液压泵装置和它们的图形符号。

2. 液压泵的分类

液压泵按其内部主要运动构件的形状和运动方式的不同，可分为齿轮泵、叶片泵和柱塞泵。此外，液压泵按每工作一个循环过程所排出的液体体积能否改变，还有定量泵和变量泵之分。

3.1.2　液压泵的基本参数

由于液压泵通常是由旋转的机械运动来产生工作容腔的体积变化，因此液压泵的规格由一定转速下的输出流量和额定工作压力来确定，其基本的工作参数是排量、流量、压力和转速。

1. 排量和流量

排量是指液压泵每转一弧度所输出的液体体积，其值是密闭容积几何尺寸的变化量，用 V_i 表示，国际单位为 m^3/rad。在工程上，液压泵的排量常用液压泵每转一周所输出的液体体积来表示，单位是 cm^3/r。

流量是指液压泵在单位时间内所输出的液体体积。流量通常有理论流量、实际流量和额定流量三种。理论流量是指液压泵在单位时间内由密闭容积几何尺寸变化所排出的液体体积，用 q_i 表示，国际单位为 m^3/s。理论流量正比于液压泵的排量 V_i（m^3/rad）和角速度 ω（rad/s），即

$$q_i = V_i\omega \tag{3-1}$$

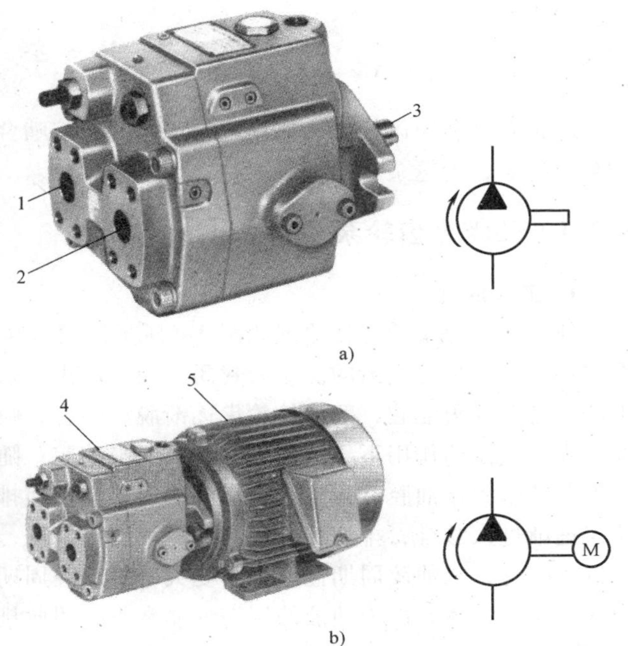

图 3-3 液压泵、电动机-液压泵装置及图形符号

a）液压泵及一般图形符号 b）电动机-液压泵及图形符号

1—排油口 2—吸油口 3—驱动轴 4—液压泵 5—电动机

工程上，液压泵流量的单位为 L/min，转速 n 的单位为 r/min，排量 V_i 的单位为 cm^3/r，则理论流量 q_i 与转速和排量的关系为

$$q_i = 10^{-3}nV_i \tag{3-2}$$

实际流量是指液压泵工作时实际输出的流量，用 q 表示。实际流量一般随液压泵排油压力的升高而减小，这由液压泵的泄漏所致。

额定流量是指液压泵在额定压力、额定转速下连续运行所输出的流量，用 q_n 表示。

2. 压力

液压泵的工作压力是指实际工作时输出油液的压力，其大小取决于外负载及管路的压力损失，用 p 表示。在实际应用中，通常还有额定压力和最高允许压力。

额定压力是指液压泵按试验标准规定能连续运转的最高压力，用 p_n 表示。最高允许压力是指按试验标准规定，允许短暂运行的最高压力，用 p_{max} 表示。

3. 转速

液压泵的额定转速是指在额定压力下，能长时间连续正常运转的最高转速，用 n 表示。在实际应用中，通常还有最高转速和最低转速。

液压泵的最高转速是指在额定压力下，超过额定转速而允许短暂运行的最高转速，用 n_{max} 表示。

液压泵的最低转速是指正常运转所允许的最低转速，用 n_{min} 表示。液压泵的运转速度低于最低转速则难以使液压泵的吸油腔产生一定的真空，从而不能有效地吸油。

3.2 齿 轮 泵

齿轮泵是利用齿轮啮合原理进行工作的。按啮合性质的不同，可将齿轮泵分为外啮合齿轮泵、内啮合齿轮泵和螺杆泵三种。

3.2.1 外啮合齿轮泵

1. 工作原理

外啮合齿轮泵的工作原理如图 3-4 所示。两个啮合的齿轮置于泵体中，两齿间形成的工作腔被泵体及齿轮端面的侧板所封闭。当主动齿轮按图示方向旋转时，从动齿轮由主动齿轮带动旋转。在吸油腔，两齿轮轮齿逐渐脱离啮合，吸油腔的容积增大，形成真空，油箱中的油液在大气压的作用下经吸油管路被吸入吸油腔；随着齿轮的旋转，充满齿间的液体沿泵体内表面被带到排油腔；齿轮啮合形成的密封作用使排油腔和吸油腔不相通；在排油腔，齿轮轮齿逐渐进入啮合，排油腔容积减小，油液受挤压，经排油口排出。齿轮连续旋转，轮齿依次进入啮合，吸油腔周期性地由小变大，排油腔周期性地由大变小，于是齿轮泵便能不断地吸入和排出液体。由于油液的压缩性非常小，因此排油管路上的负载阻力将使排油腔输出有压力的油液。

图 3-4　外啮合齿轮泵的工作原理

1—轮齿进入啮合，排出油液　2—排油压力作用于两齿轮产生很大的径向力　3—主动齿轮
4—齿轮轮齿间的传输油液　5—齿轮脱离啮合产生真空，从油箱吸入油液

图 3-5 所示为外啮合齿轮泵。图 3-5a 所示为泵体与端盖式结构，主动齿轮安装在传动轴上，传动轴由轴承支撑，从动齿轮由主动齿轮带动旋转。图 3-5b 所示为泵体、前端盖、后端盖的三片式结构。

2. 排量和流量

排量是指液压泵每转一弧度所排出的油液体积。设齿轮模数为 m，分度圆直径为 d，齿宽为 B，齿高为 h，齿数为 z，如图 3-6 所示，并认为齿间的容积与轮齿的体积相等，则两个几何尺寸完全相同的外啮合齿轮旋转所排出的油液，可看成齿高 h 的齿轮工作面所扫过的环形体积，即理论排量 V_i 为

$$V_i = \pi dhB$$

又

$$h = 2m, d = mz$$

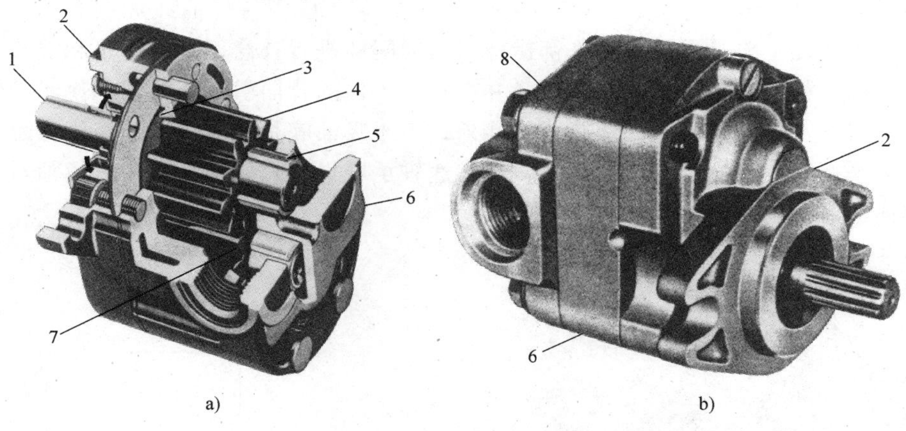

图 3-5 外啮合齿轮泵

a）泵体与端盖式结构 b）泵体、前端盖、后端盖的三片式结构

1—传动轴 2—前端盖 3—侧板 4—主动齿轮 5—轴承 6—泵体 7—从动齿轮 8—后端盖

则
$$V_i = 2\pi z m^2 B \tag{3-3}$$

由式（3-2）可知，当排量一定时，液压泵的理论流量与转速成线性比例关系，转速高，流量大，如图 3-7 所示。

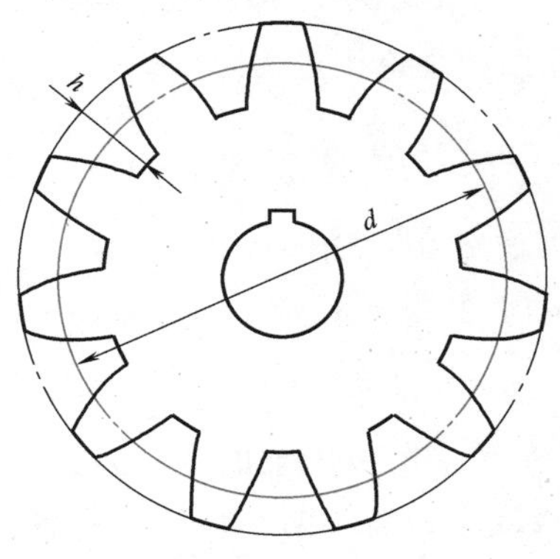

图 3-6 齿轮分度圆、齿高

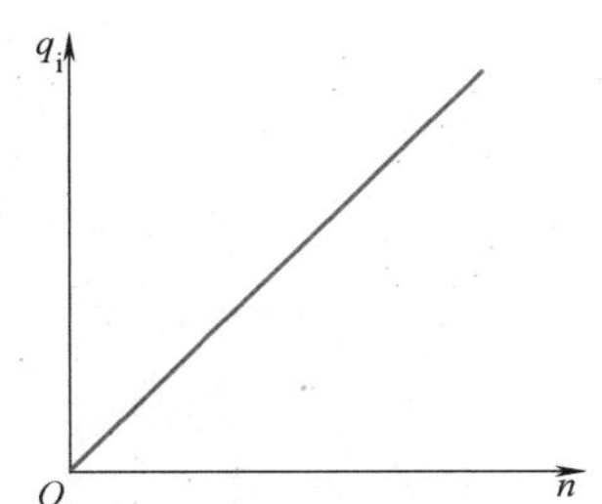

图 3-7 液压泵的流量-转速曲线

液压泵转速的提高受吸油性能的限制，转速过高会引起吸油不充分，液压泵内部运动件间的磨损加剧，并影响使用寿命；而转速过低会使液压泵的输出流量减少，脉动增大，并有可能难以产生真空而使吸油困难，甚至液压泵无液压油输出。因此，液压泵都有一个额定转速。

工程中，齿轮泵的转速范围大多为 500~4000r/min，主要根据工作压力、油液黏度、输出流量和液压泵的排量规格等参数综合确定。

在额定转速下，液压泵的理论流量是常数。由于排油腔是高压，吸油腔是低压，而齿轮侧面有轴向间隙，必然产生从排油腔到吸油腔的油液内泄漏，外啮合齿轮泵运转时有三个间隙会发生泄漏，首先为齿轮顶隙，其次为侧隙，第三为啮合间隙，其中端面侧隙泄漏较大，占总泄漏量的 80%~85%，如图 3-8 所示。因此，液压泵输出的实际流量 q 小于理论流量 q_i，其减小的液体体积称为液压泵的容积损失。

排油压力越高，泄漏越多，容积效率越低，其流量-压力特性曲线如图 3-9 所示。减少外啮合齿轮泵泄漏主要是采用静压平衡措施对端面间隙进行补偿，即在齿轮和端盖之间增加一个补偿零件，如浮动轴套、浮动侧板，并在补偿零件的背面引入压力油，使浮动轴套或浮动侧板压紧齿轮端面，使端面间隙减小。此外，由于吸油腔是低压，排油腔压力越高，齿轮及轴承受不平衡侧向液压力的作用越大，会加速轴承磨损，降低轴承寿命，使轴弯曲，加大齿顶与泵体的磨损。

图 3-8 齿轮泵的油液内泄漏

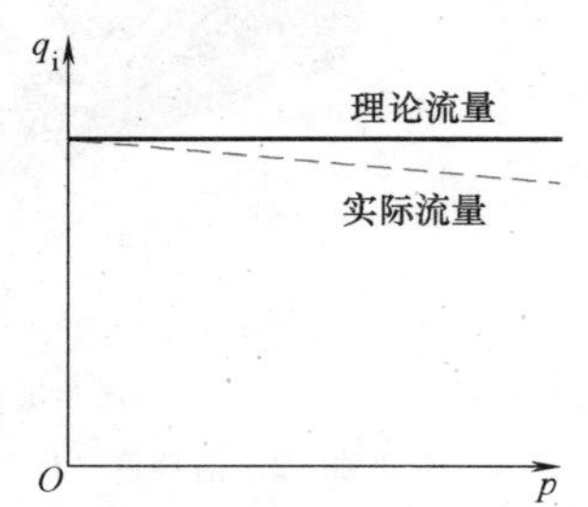

图 3-9 液压泵的流量-压力特性曲线

例 3-1 齿轮泵转速为 1000r/min，空载输出流量为 15.8L/min，在工作压力 10MPa 时的容积效率 η_V 是 90%，求齿轮泵的理论排量，以及工作压力为 10MPa 时的输出流量。

解 空载输出流量可以近似为理论流量，则齿轮泵的理论排量为

$$V_i=\frac{q_i}{n}=\frac{15.8\mathrm{L/min}}{1000\mathrm{r/min}}=15.8\times10^{-3}\mathrm{L/r}=15.8\mathrm{cm^3/r}$$

工作压力为 10MPa 时的容积效率 η_V 是 90%，则输出流量为

$$q=q_i\eta_V=15.8\mathrm{L/min}\times90\%=14.22\mathrm{L/min}$$

3. 双联齿轮泵和多联齿轮泵

除单联齿轮泵外，还有在同一传动轴上配置了两个、三个液压泵的双联泵、三联泵等，以达到节省功率和合理使用的目的。图 3-10a 所示为双联齿轮泵，两个齿轮泵有各自独立的吸油口和排油口。图 3-10b 所示为三联齿轮泵，其中两个液压泵共用一个吸油口，分设两个排油口，而第三个液压泵有独立的吸油口和排油口。

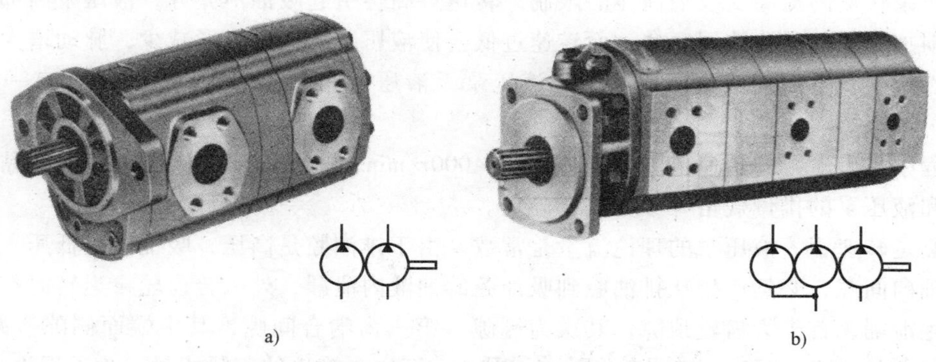

图 3-10 多联齿轮泵

a）双联齿轮泵 b）三联齿轮泵

3.2.2　内啮合齿轮泵

图 3-11 所示为渐开线内啮合齿轮泵的工作原理图和结构剖视图。小的外齿轮置于大的内齿圈中，小齿轮的一侧与内齿圈相啮合，而另一侧通过月牙状隔板与内齿圈隔开。月牙状隔板的作用是把吸油腔和排油腔隔开。当小齿轮被驱动旋转时，内齿圈也随着同向旋转。在吸油腔，当轮齿逐渐脱开啮合时，容腔增大，形成真空，油箱中的油液在大气压的作用下经吸油管路而被吸入；随着齿轮转动，充满小齿轮齿间的油液沿月牙状隔板传送到排油腔；在排油腔，当轮齿逐渐进入啮合时，容腔减小，油液受挤压从排油口排出。小齿轮连续旋转，吸油腔周期性地由小变大，排油腔周期性地由大变小，于是能不断地吸入和排出液体，如图 3-11a 所示。

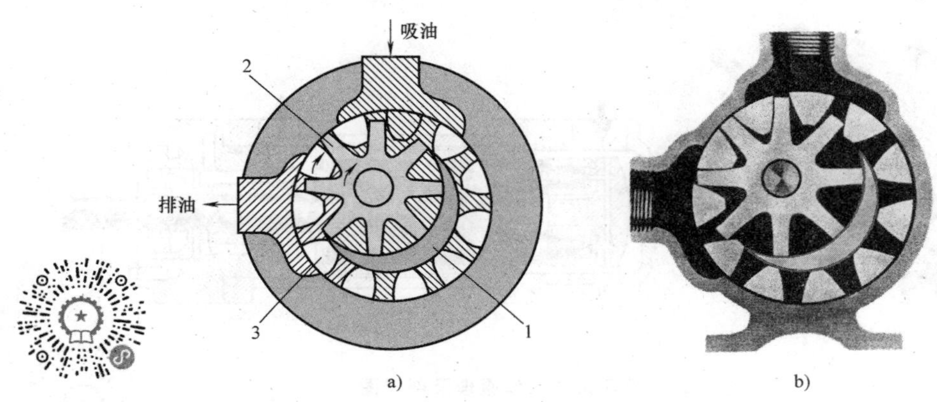

图 3-11　渐开线内啮合齿轮泵

a）工作原理图　b）结构剖视图

1—月牙状隔板　2—小齿轮　3—内齿圈

图 3-12 所示为摆线内啮合齿轮泵的工作原理图和结构剖视图。它由外齿轮、内齿轮、泵体和端盖等组成。小的外齿轮比大的内齿轮少一个齿，两个齿轮的轴心线有偏心距。外齿轮的每一个齿总是与内齿轮的齿面接触，从而形成数个密闭工作腔。当小齿轮转动时，两个齿轮按同一方向旋转，油液首先进入容积周期性增大的工作腔，经过渡区，然后在容积周期性变小的工作腔排油。

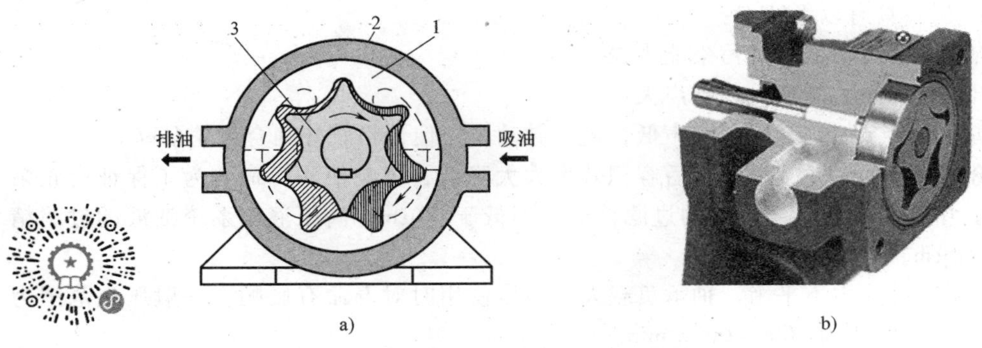

图 3-12　摆线内啮合齿轮泵

a）工作原理图　b）结构剖视图

1—外齿轮　2—泵体　3—内齿轮

内啮合齿轮泵的轴承也受不平衡液压力的作用，排油压力越高，对轴承寿命的影响越大。此外，除单联的内啮合齿轮泵外，实际应用中也有双联、三联的内啮合齿轮泵。

3.2.3　螺杆泵

螺杆泵可分为单螺杆泵和多螺杆泵两种，如图 3-13 所示。双螺杆泵由一个螺旋齿轮（凹螺杆）和一个驱动螺杆（凸螺杆）在壳体内相互啮合传动。多螺杆泵由两个或多个螺旋齿轮与一个驱动螺杆在封闭的壳体内相互啮合传动。当驱动螺杆旋转时，相互啮合的凸凹螺杆与螺杆泵的壳体之间所形成的密闭工作腔逐渐增大，产生一定的真空而吸入油液。随着螺杆转动，充满油液的工作腔不断把油液沿螺杆轴线方向从吸油腔向排油腔输送。

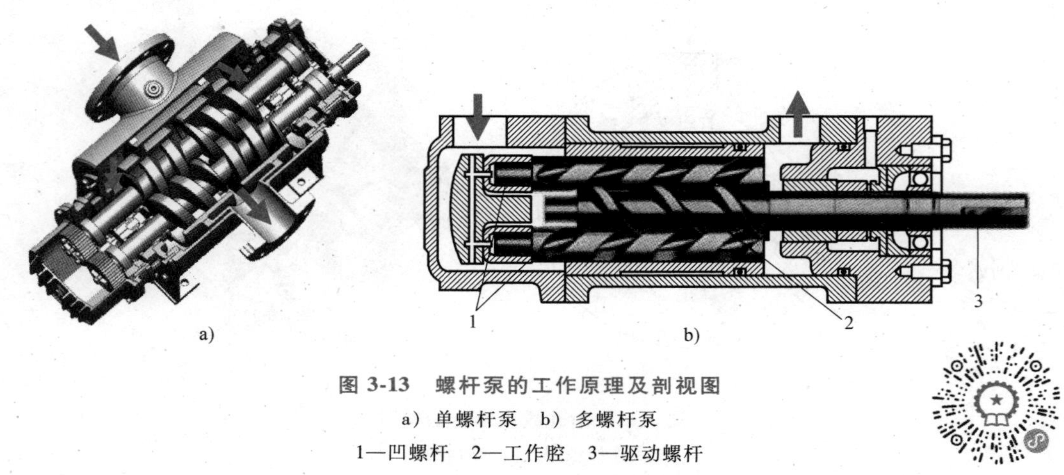

图 3-13　螺杆泵的工作原理及剖视图

a）单螺杆泵　b）多螺杆泵

1—凹螺杆　2—工作腔　3—驱动螺杆

螺杆泵的特点是运转平稳，噪声低，瞬时流量十分均匀，但是轴向尺寸大，通常竖放，减小占地面积，在舰船、机器的润滑系统中应用广泛。由于螺杆泵内油液从吸油到排油是无搅拌提升，因此，也常用于抽送怕搅拌的奶油、啤酒和原油等。但螺杆泵的加工制造要求比较高。

3.2.4　齿轮泵的特点及应用

齿轮式液压泵具有以下特点：

1）结构简单，价格低，抗污染能力强。

2）输出流量、压力脉动大，噪声大。

3）内啮合齿轮泵结构紧凑，噪声低，流量脉动小，但价格较外啮合齿轮泵高。

4）齿轮泵效率低，尤其是磨损后容积效率大大降低，影响使用寿命。为了保证齿轮泵的使用寿命，中低压液压系统油液的过滤精度应不低于 30μm，高压液压系统油液的过滤精度应不低于 10μm。

5）齿轮泵径向受力不平衡，轴承负载大，高压使用时对寿命有影响。一般压力范围为 0.7~20MPa，工作转速为 500~4000r/min。

齿轮泵是比较常见的液压泵，其排量不可变，只能当作定量泵使用。齿轮泵主要应用于对压力、流量特性要求不高的中低压液压系统，如工程机械、农业机械、林业机械和机床等领域。

3.3 叶　片　泵

叶片泵按转子转一周密闭工作腔吸、排油次数不同，分为单作用叶片泵和双作用叶片泵两类。

3.3.1　单作用叶片泵

1. 结构与工作原理

单作用叶片泵主要由转子、定子、叶片、泵体和端盖等组成，工作原理如图 3-14 所示。

转子与定子有偏心距。转子体上开有径向槽，径向槽中安插有可滑动的叶片。当转子旋转时，在离心力作用下，叶片滑出并紧贴定子内表面，由定子、转子、叶片和两侧的配流盘形成若干个密闭工作腔。在吸油腔，叶片逐渐伸出，两叶片间的容腔增大，形成真空，油液经吸油口吸入吸油腔；充满叶片间的液体沿定子内环输送到排油腔；在排油腔，叶片被定子内表面逐渐压进槽内，叶片间的容腔减小，油液受挤压经排油口排出。转子连续旋转，泵就连续吸油和排油。

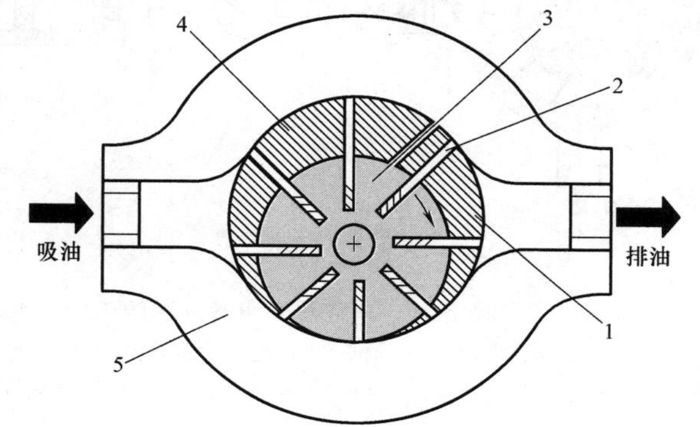

图 3-14　单作用叶片泵的工作原理

1—排油腔　2—叶片　3—转子　4—吸油腔　5—定子

因转子每转一周，两叶片间的工作腔吸、排油各一次，因此称为单作用叶片泵。由于进、排油腔有压差，转子受不平衡径向液压力的作用，所以也称为非平衡式叶片泵。

2. 排量和流量

单作用叶片泵每转一周所排出的液体体积与转子和定子之间的偏心距大小有关。设单作用叶片泵定子内环直径为 D，转子直径为 d，转子厚度为 B，则转子与定子最大偏心距 e_{max} 为

$$e_{max}=\frac{D-d}{2}$$

在不考虑叶片厚度的情况下，单作用叶片泵每转一周所排出的液体体积，即理论排量 V_i 为

$$V_i=\frac{\pi}{4}(D^2-d^2)B=\frac{\pi}{4}(D+d)(D-d)B$$

即

$$V_i=\frac{\pi}{2}(D+d)Be_{max} \tag{3-4}$$

根据液压泵的理论排量 V_i(cm^3/r) 和转速 n(r/min)，可计算理论流量 q_i 为

$$q_i=V_in=\frac{\pi}{2}(D+d)Be_{max}n \tag{3-5}$$

可见单作用叶片泵的理论流量 q_i 与转速 n 和最大偏心距 e_{max} 成正比。如果最大偏心距

是可调节的，则相应的液压泵的输出流量就可调节。根据这一原理，单作用叶片泵的偏心距可设计成可以调节的，称为单作用变量叶片泵。

3. 限压式变量叶片泵

单作用变量叶片泵的排量与转子和定子之间的偏心距大小有关，其工作原理如图 3-15 所示。

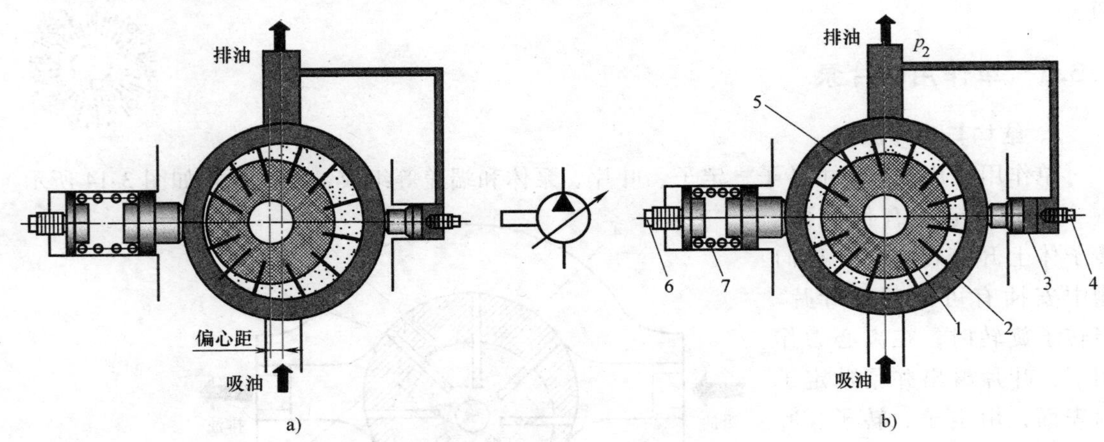

图 3-15 单作用变量叶片泵的工作原理

a）偏心距最大 b）偏心距最小

1—转子 2—定子 3—变量缸 4—流量调节螺钉 5—叶片 6—调压螺钉 7—调压弹簧

转子中心不动，偏心距大小靠定子移动来实现。变量缸后腔引入液压泵的排油，当排油压力 p_2 小于弹簧预压力 p_n 时，定子被弹簧压向转子，偏心距最大，记为 e_{max}，液压泵输出流量最大。即

$$p_2A<kx_0 \tag{3-6}$$

式中，A 为变量缸活塞的有效面积（m^2）；k 为弹簧的刚度（N/m）；x_0 为定子处于最大偏心距时，弹簧的预压缩量（m）。

当排油压力大于弹簧预压力 p_n 时，即

$$p_2A>kx_0 \tag{3-7}$$

一方面柱塞推动定子克服弹簧力向减小偏心距的方向移动，使液压泵的排量减小；另一方面随偏心距的减小，调压弹簧的压缩量增加 Δx，弹簧力增大为 $k(x_0+\Delta x)$；当柱塞上的液压力与弹簧力相等时，定子在新的位置重新平衡，液压泵输出一定的流量。即有

$$p_2A=k(x_0+\Delta x) \tag{3-8}$$

随排油压力继续升高，偏心距继续减小，输出流量减少；当偏心距减小到接近零时，输出流量为零；此时无论外负载怎样加大，液压泵的输出压力也不会增加，所以称为限压式叶片泵，其流量-压力特性曲线如图 3-16 所示。

由流量调节螺钉可设定定子的最大偏心距 e_{max}，即调节最大输出流量，特性曲线的线段 ab 将上下移动。由调压螺钉可调节弹簧预压缩量 x_0，即调节泵的限定压力 p_n，线段 bc 将左右移动。线段 bc 的斜率与弹簧刚度 k 有关。图 3-17 所示为限压式叶片泵的结构剖视图。

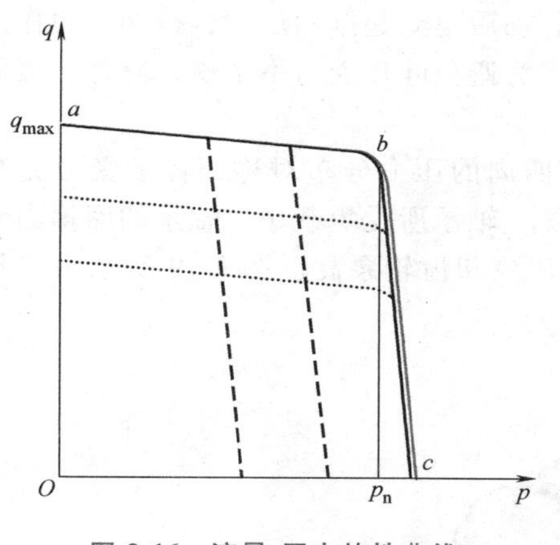

图 3-16 流量-压力特性曲线

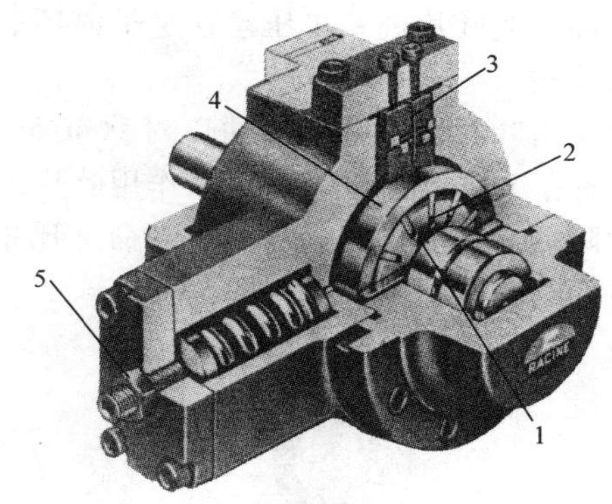

图 3-17 限压式叶片泵的结构剖视图

1—转子 2—叶片 3—轴承座 4—定子 5—调压螺钉

限压式变量叶片泵按负载压力的反馈来调节输出流量。当负载压力低时，叶片泵输出流量大；随着负载压力升高，叶片泵输出流量减少。因此，限压式变量叶片泵适用于负载小时要求快速运动（即要求液压泵提供大流量），而负载大时要求低速运动（即要求液压泵提供小流量）的场合。这样，可有效减少系统的功率损失。

3.3.2 双作用叶片泵

双作用叶片泵与单作用叶片泵功能相同，其工作原理如图 3-18 所示。定子和转子中心重合，定子内环形状近似椭圆。双作用叶片泵有两个内部连通的吸油腔和两个内部连通的排油腔，对称布置。由定子内环、转子、叶片和两侧配流盘形成若干密闭容腔。当转子旋转时，转子槽中的叶片借离心力作用压向定子，把吸、排油腔隔开；吸油腔侧的容腔逐渐增大，形成真空，油液经配流盘上的吸油口吸入其内；而排油腔侧的容腔逐渐缩小，油液受挤压，经配流盘上的排油口排出。转子连续旋转，泵就不断吸油和排油。转子每转一周，各工作容腔吸油和排油各两次，因此称为双作用叶片泵。

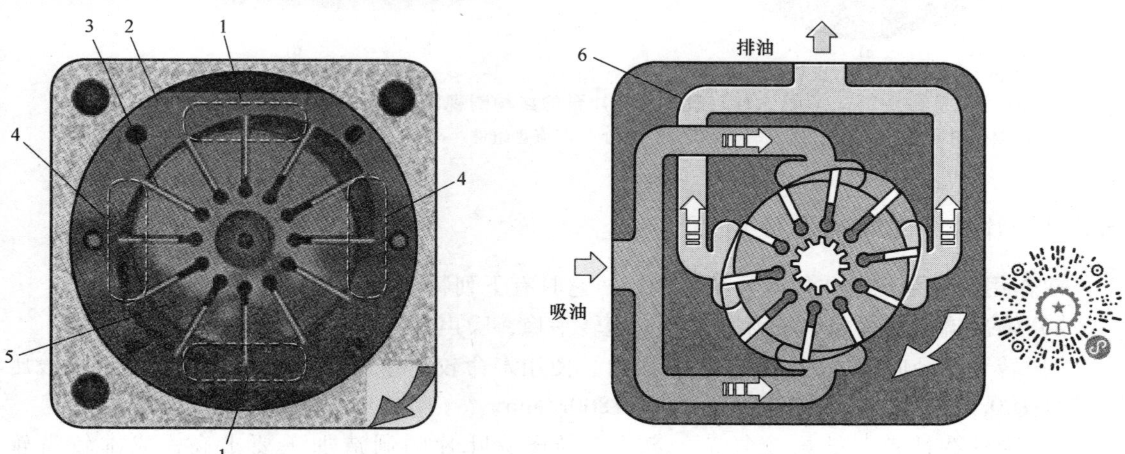

图 3-18 双作用叶片泵的工作原理

1—吸油腔 2—定子 3—叶片 4—排油腔 5—转子 6—排油口对称布置

转子体上的叶片槽底部与排油腔相通，这样，起动后建立起排油压力，排油压力作用于叶片底部，使叶片进一步压紧在定子内环上。另外，为避免叶片受力不平衡，叶片一般向旋转方向前倾。

双作用叶片泵因两个排油口对称布置，转子体四周的压力分布对称，转子受力完全平衡，又称平衡式叶片泵。由于双作用叶片泵受力平衡，轴承所受负载小，轴承的摩擦力和磨损大大降低，其工作压力、使用寿命都比单作用叶片泵和齿轮泵高。图 3-19 所示为双作用叶片泵的结构剖视图及部件图。

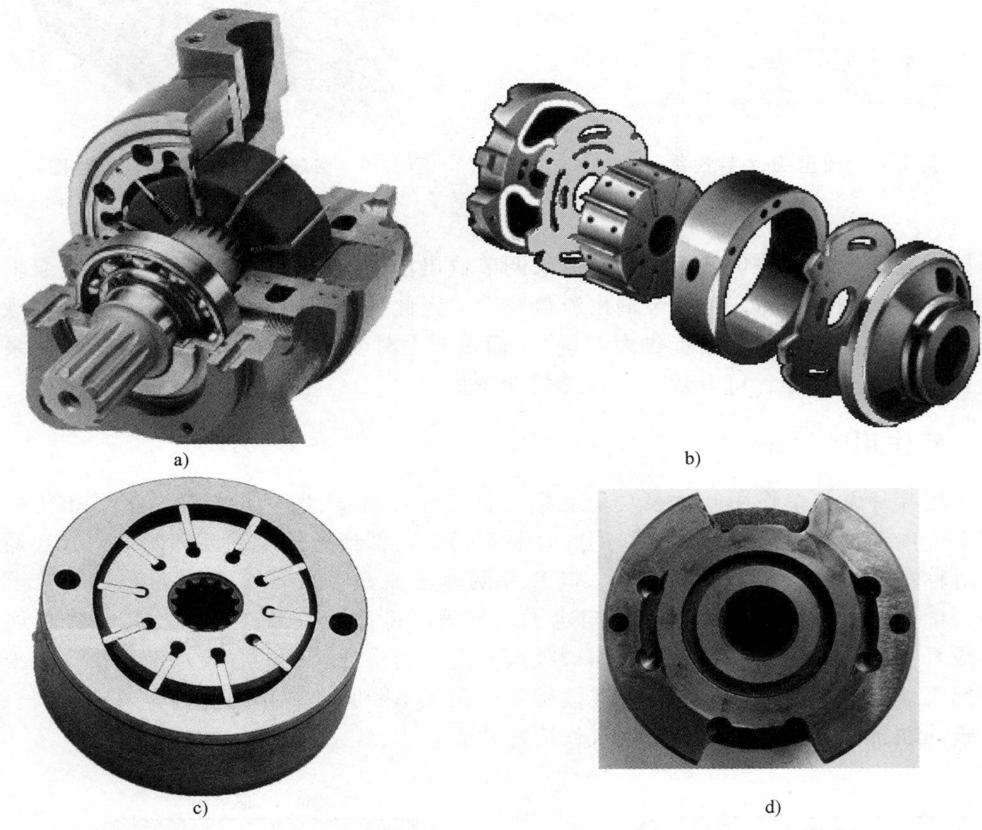

图 3-19　双作用叶片泵的结构剖视图及部件图

a）双作用叶片泵剖视图　b）端盖、定子、转子、配流盘组件　c）转子、定子、叶片组件　d）配流盘

3.3.3　叶片泵的特点及应用

双作用叶片泵比单作用叶片泵性能好，它具有下列特点：

1）输出流量较均匀，压力脉动小，运转平稳，噪声低。

2）转子受径向液压力平衡，工作压力、使用寿命较单作用叶片泵和齿轮泵高。一般压力范围为 0.7~25MPa，工作转速为 600~1800r/min。

3）吸油特性差，结构较复杂，定子、转子、叶片的制造加工要求高，成本较齿轮泵高。

4）叶片在转子槽中有滑动，抗污染能力比齿轮泵差，因此对油液清洁度要求高。为了保证叶片泵的使用寿命，中低压液压系统油液的过滤精度应不低于 10μm，高压液压系统油液的过滤精度应不低于 5μm。

5）双作用叶片泵只能用作定量泵。

影响叶片泵容积效率的因素主要有三个间隙的泄漏：一是转子与两配油盘间的间隙泄漏，二是转子槽与叶片间的间隙泄漏，三是叶片高度与两配油盘的间隙泄漏，三个间隙泄漏量占整个泵内泄漏量的 90% 以上，因此，三个间隙对容积效率的影响很大，故高压的双作用叶片泵在结构上还要采取一些措施，如采用轴向间隙自动补偿装置，以提高容积效率；另外，为了减少叶片和定子内环的磨损，对叶片采用液压平衡，以延长使用寿命。

双作用叶片泵除有单联泵外，也有双联、三联的双作用叶片泵。图 3-20 所示为双联双作用叶片泵。

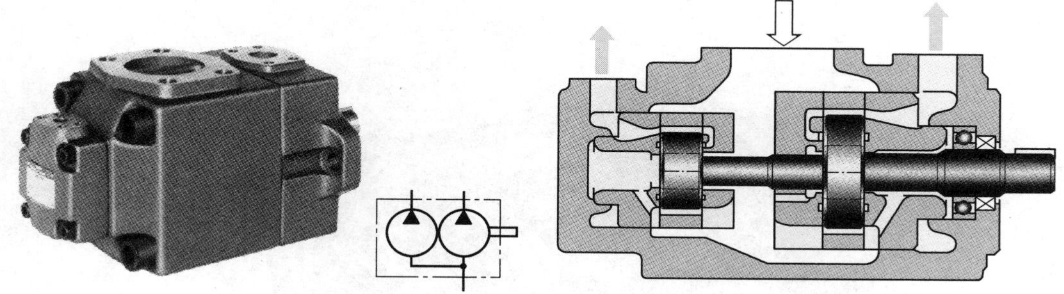

图 3-20　双联双作用叶片泵

单作用叶片泵因转子受力不平衡而影响使用寿命。但是，单作用叶片泵可通过调节偏心距而改变排量，能按负载压力自动调节流量，在功率使用上较为合理，可减少油液发热。因此，单作用叶片泵通常都是变量泵。

叶片泵也是常见的液压泵，广泛应用于中、低压液压系统中，如机床、注射机、起重机械和船舶等工程领域。

3.4　柱　塞　泵

按柱塞的排列和运动形式的不同，可分为轴向柱塞式和径向柱塞式两大类。若按排量是否可变，柱塞泵有定量泵和变量泵之分。

柱塞式液压泵的基本工作原理都是柱塞在柱塞孔中做往复运动，当柱塞外伸时，把油吸入，柱塞内缩时，把油排出去。

3.4.1　轴向柱塞泵

轴向柱塞泵因柱塞沿缸体圆周均布并与缸体的轴线平行而得名。按结构特点不同，轴向柱塞泵可分为斜盘式轴向柱塞泵和斜轴式轴向柱塞泵两类。

1. 斜盘式轴向柱塞泵

（1）结构与工作原理　图 3-21 所示为斜盘式轴向柱塞泵。缸体与传动轴同轴线，柱塞均布在缸体圆周的柱塞孔内。柱塞的球头与滑靴相连，而弹簧力通过传力销子作用在球形垫上，受压的球形垫通过回程盘把柱塞球头上的滑靴压紧在斜盘上。斜盘固定不动，并相对于

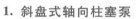

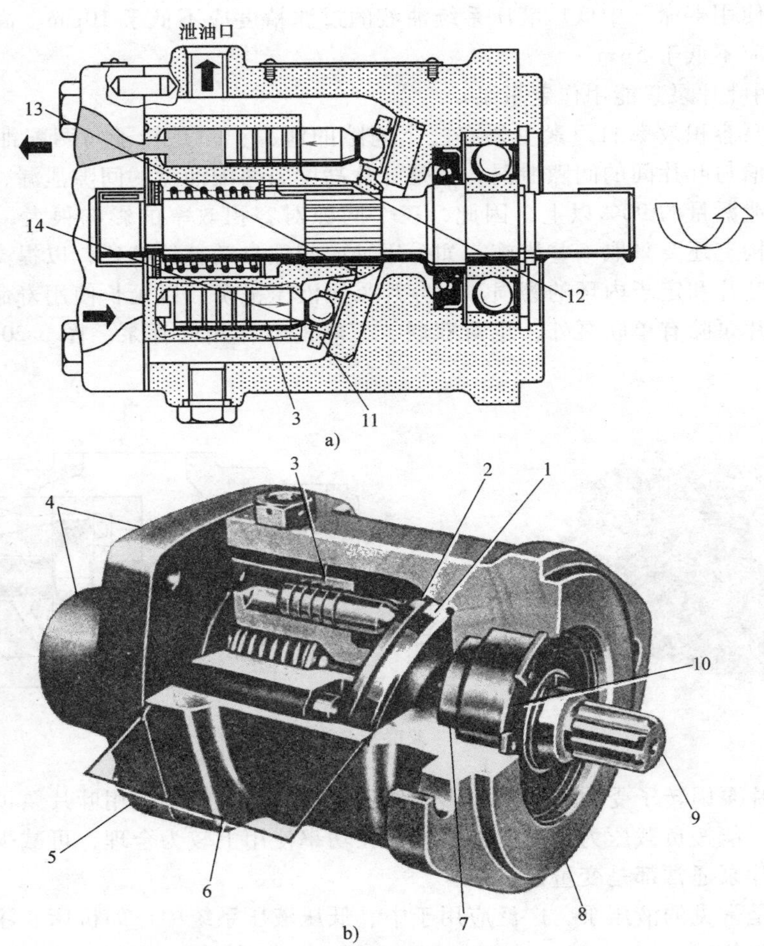

图 3-21 斜盘式轴向柱塞泵

a）平面结构剖视图 b）实物结构剖视图

1—斜盘 2、11—回程盘 3—柱塞 4—吸、排油口 5—配流盘 6—转子组件 7—轴密封件 8—泵壳体 9—传动轴 10—轴承 12—传力销子 13—球形垫 14—柱塞球头上的滑靴

缸体的轴线有一倾斜角 γ。

斜盘式轴向柱塞泵的工作原理如图 3-22 所示。当传动轴带动缸体旋转时，柱塞随缸体一起转动。此时，由于回程盘通过滑靴把柱塞球头压紧贴在斜盘上，所以柱塞随缸体旋转的同时，也被强制在缸体上的柱塞孔内做直线往复运动。当柱塞从缸孔向外伸时，柱塞底部的容腔逐渐增大，形成真空，吸入油液；当柱塞被强迫朝柱塞孔内运动时，柱塞底部的容腔逐渐减小，油液受挤压，排出油液。缸体旋转一周，每个柱塞都完成吸、排油各一次。

传动轴带动缸体做旋转运动，有三对关键的摩擦副，即柱塞与缸孔、缸体与配流盘、滑靴与斜盘。斜盘式轴向柱塞泵零部件、组件如图 3-23 所示。配流盘固定不动，其上有腰形的吸、排油口。当柱塞相对于缸孔做往复运动时，形成工作容腔的变化，所有处于外伸吸油的柱塞均与吸油口连通，而处于内缩排油的柱塞均与排油口连通，柱塞吸、排油的转换是通

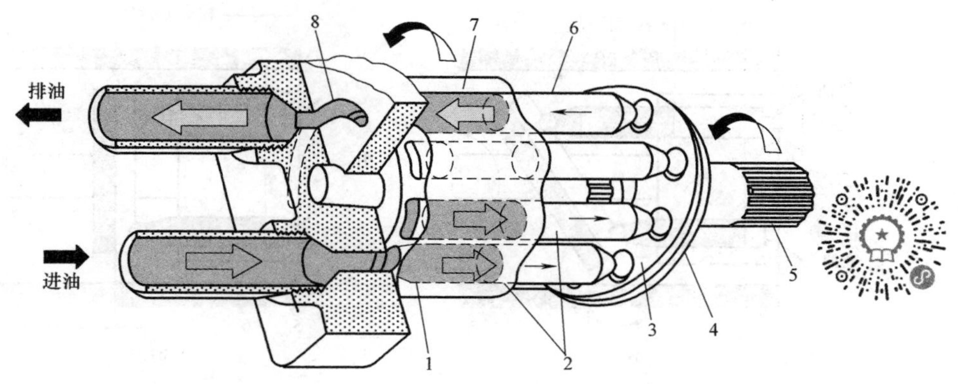

图 3-22 斜盘式轴向柱塞泵的工作原理

1—缸孔 2—柱塞伸出 3—回程盘 4—斜盘 5—传动轴
6—柱塞 7—柱塞缩回 8—配流盘排油口

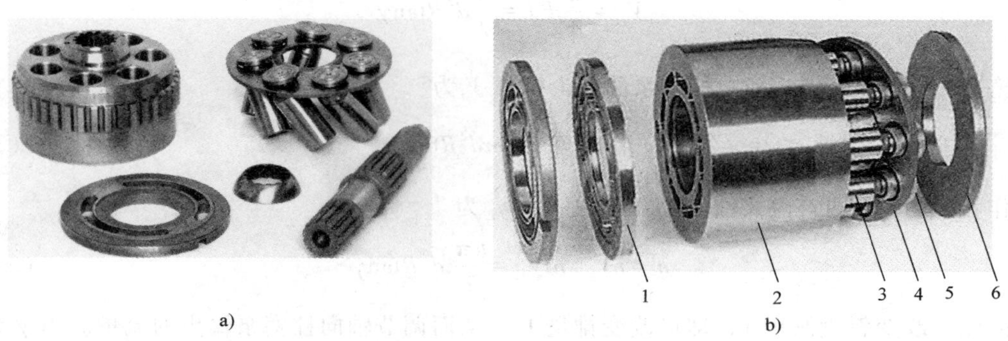

a) b)

图 3-23 斜盘式轴向柱塞泵零部件、组件

a）零部件 b）配流盘、缸体、柱塞组件

1—配流盘 2—缸体 3—柱塞 4—回程盘 5—滑靴 6—斜盘

过配流盘来实现的。

柱塞与缸孔之间是圆柱配合，精度高，泄漏小；采用浮动配流盘结构，使其与缸体之间的轴向间隙自动补偿，泄漏小；滑靴头部与斜盘之间的油室通过柱塞头部小孔与缸孔连通引入油液，润滑性好。这些摩擦副泄漏小，润滑性好，磨损小，因此，轴向柱塞泵的容积效率高。

轴向柱塞泵在工作过程中，仍然会有油液泄漏到泵的壳体，一般泄漏的油液不直接引回吸油腔，而必须单独通过壳体上的泄油口引回油箱，如图 3-21 所示。

（2）排量和流量 由于缸体旋转一周柱塞伸缩的行程长度与斜盘的倾角大小有关，因此改变斜盘倾角大小即可改变泵的排量，其变量原理如图 3-24 所示。

设柱塞直径为 d，缸体上柱塞孔的分布圆半径为 R，斜盘倾角为 γ，则缸体转一周，柱塞从斜盘最高点到最低点所完成的轴向位移 h 为

$$h=2R\tan\gamma$$

缸体转一周，一个柱塞所排出的液体体积 V_{i1} 为

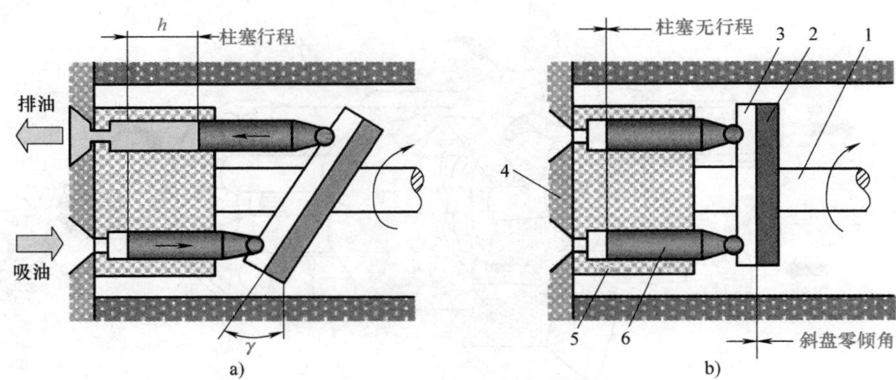

图 3-24　斜盘式轴向柱塞泵的变量原理

a）斜盘最大倾角　b）斜盘零倾角

1—传动轴　2—斜盘　3—回程盘　4—配流盘　5—缸体　6—柱塞

$$V_{i1}=\frac{\pi}{4}d^2h=\frac{\pi}{2}d^2R\tan\gamma$$

设柱塞数为 z，则斜盘式轴向柱塞泵的理论排量 V_i 为

$$V_i=zV_{i1}=\frac{\pi}{2}zd^2R\tan\gamma \tag{3-9}$$

设工作转速为 n，则斜盘式轴向柱塞泵的流量 q_i 为

$$q_i=nV_i=nzV_{i1}=\frac{n\pi}{2}zd^2R\tan\gamma \tag{3-10}$$

因此，改变斜盘倾角 γ，即可改变排量 V_i，从而调节轴向柱塞泵输出的流量。当 γ 等于零时，轴向柱塞泵无流量输出。图 3-25 所示为斜盘式轴向柱塞变量泵的结构剖视图。与柱塞式定量泵相比，增加了一个改变斜盘倾角的变量控制机构。

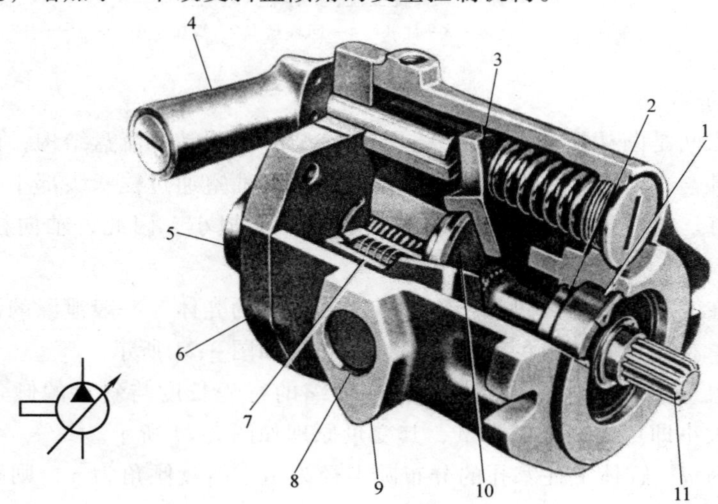

图 3-25　斜盘式轴向柱塞变量泵的结构剖视图

1—轴承　2—密封件　3—改变斜盘倾角的摇架　4—压力补偿器　5—吸、排油口　6—配流盘　7—旋转组件　8—销轴　9—泵壳体　10—斜盘　11—传动轴

实际上，随着缸体转动，每一瞬时各个柱塞在缸体孔内的移动速度是不一样的，因此，轴向柱塞泵输出的流量是脉动的（瞬时流量按正弦规律变化）。柱塞数越多，且为奇数时，脉动越小。通常柱塞数取 7、9、11。

2. 斜轴式轴向柱塞泵

（1）结构与工作原理 斜轴式轴向柱塞泵的结构如图 3-26 所示。缸体的轴线与传动轴成一定的角度，柱塞均布于缸体圆周上的柱塞孔内，柱塞的球头通过铰接头连接到传动轴的圆盘上。

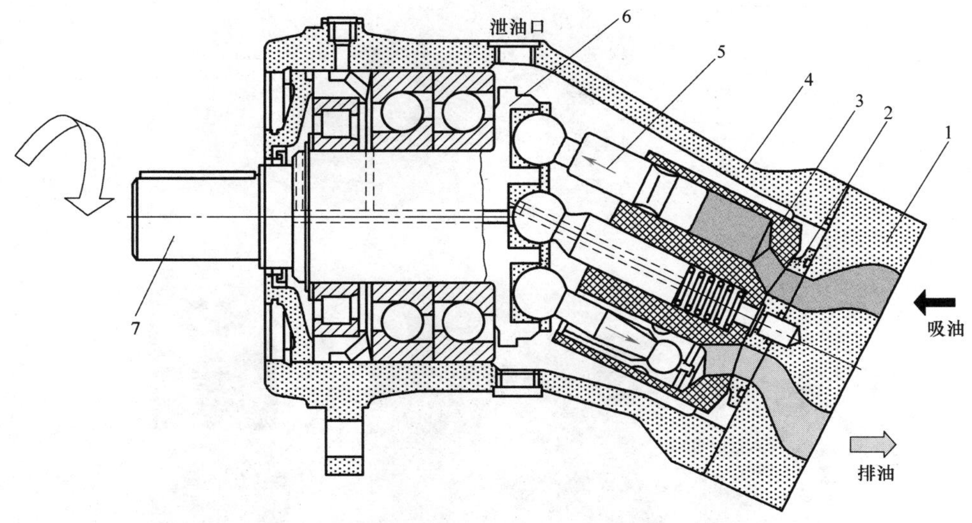

图 3-26 斜轴式轴向柱塞泵的结构

1—端盖 2—配流盘 3—缸体 4—泵壳体 5—柱塞 6—圆盘 7—传动轴

斜轴式轴向柱塞泵的工作原理如图 3-27 所示。当传动轴旋转时，通过柱塞连杆带动缸

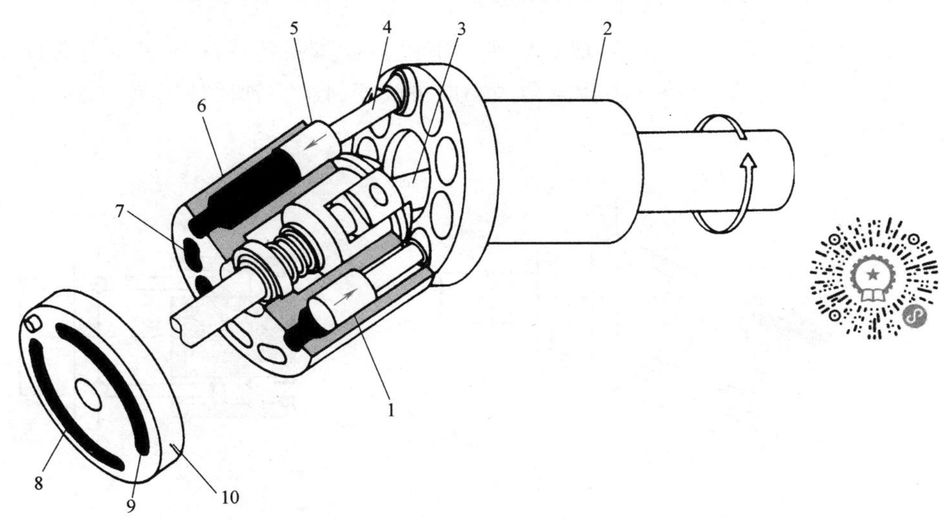

图 3-27 斜轴式轴向柱塞泵的工作原理

1—柱塞逐渐外伸吸油 2—传动轴 3—连杆 4—柱塞连杆 5—柱塞
6—缸体 7—柱塞逐渐缩回排油 8—排油口 9—吸油口 10—配流盘

体旋转，同时也强制带动柱塞在缸体孔内做往复运动。当柱塞外伸时，柱塞底部的密闭容腔逐渐增大，形成真空，油液经吸油口吸入腔内；而当柱塞缩回缸孔时，密闭容腔逐渐减小，油液受挤压，经排油口排出。缸体转一周，每个柱塞吸、排油各一次。

与斜盘式柱塞泵一样，配流盘固定不动，其上有腰形的吸、排油口。所有处于外伸吸油的柱塞均与吸油口连通，而处于内缩排油的柱塞均与排油口连通。柱塞吸、排油的转换通过配流盘来实现。斜轴式轴向柱塞泵的剖视图及零部件如图 3-28 所示。

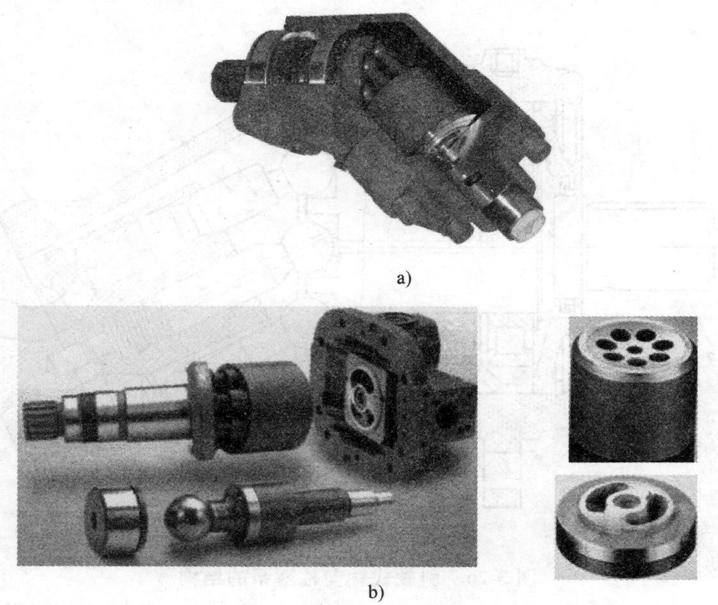

a)

b)

图 3-28　斜轴式轴向柱塞泵的剖视图及零部件

a）实物剖视图　b）零部件

（2）排量和流量　对于斜轴式柱塞泵来说，缸体旋转一周柱塞伸缩的行程长度与缸体的倾角大小有关，因此改变缸体倾角大小即可改变斜轴式轴向柱塞泵的排量，其变量原理如图 3-29 所示。

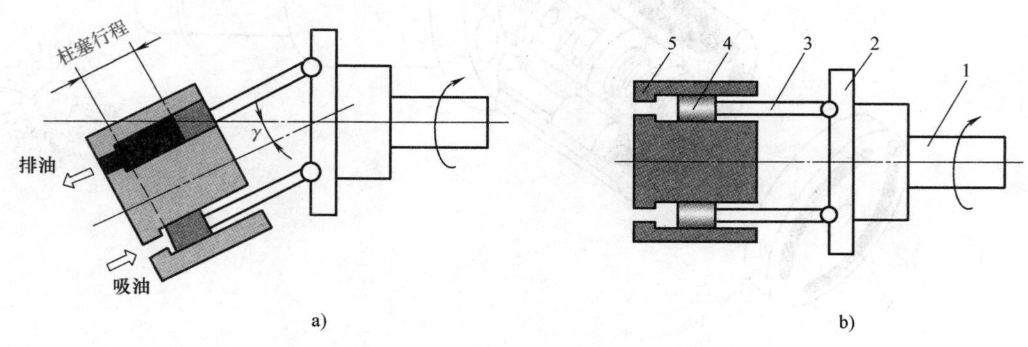

a)　b)

图 3-29　斜轴式轴向柱塞泵的变量原理

a）缸体最大倾角　b）缸体零倾角

1—传动轴　2—圆盘　3—柱塞连杆　4—柱塞　5—缸体

设柱塞直径为 d，连杆球铰心在主轴上的分布圆半径为 R，缸体倾角为 γ，柱塞数为 z，则缸体转一周，斜轴式轴向柱塞泵的理论排量为

$$V_i = zV_{i1} = \frac{\pi}{2}zd^2R\sin\gamma \tag{3-11}$$

式中，V_{i1} 为斜轴式轴向柱塞泵每转一周单个柱塞腔所排出液体的体积。

由式（3-11）可知，改变缸体的倾角 γ，即可改变排量 V_i。图 3-30 所示为斜轴式轴向柱塞变量泵及其结构剖视图。与斜轴式轴向柱塞定量泵相比，增加了一个改变缸体倾角的变量控制机构，缸体的倾角可以在最小值和最大值之间调节。

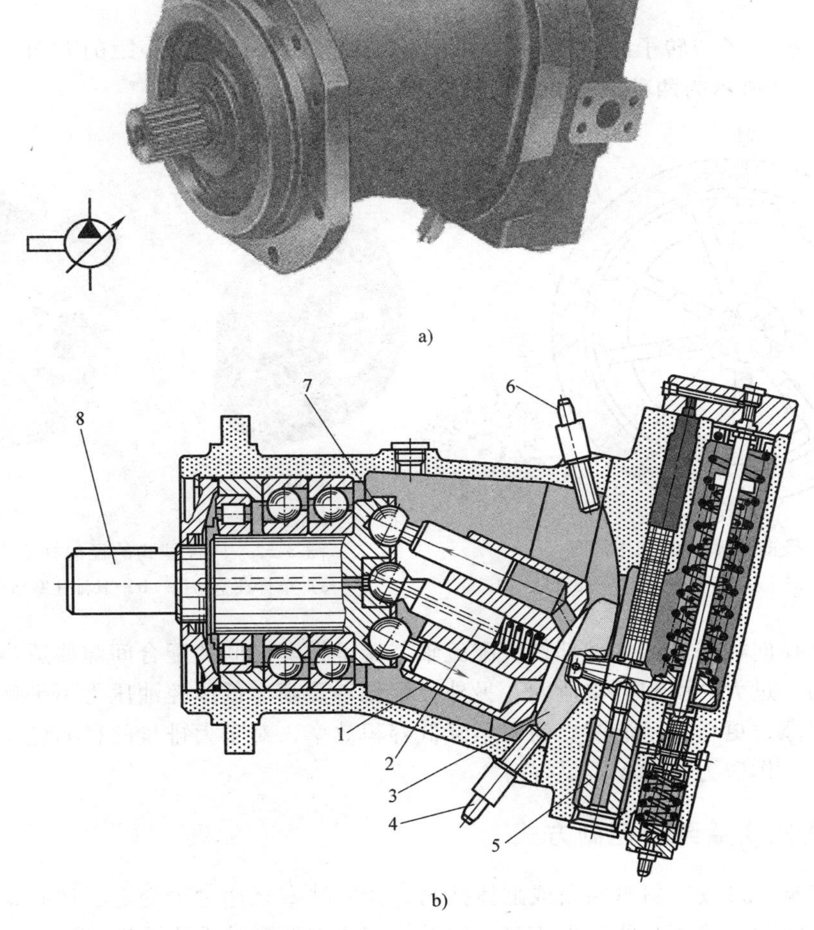

图 3-30　斜轴式轴向柱塞变量泵及其结构剖视图

a）实物　b）结构剖视图

1—缸体　2—连杆　3—配流盘　4—最大倾角限位　5—变量控制活塞

6—最小倾角限位　7—柱塞球头　8—传动轴

3.4.2　径向柱塞泵

柱塞沿径向均布在缸体上的柱塞孔内，柱塞的往复运动方向与驱动轴垂直，其工作原理如图3-31所示。配流轴和定子固定不动，当缸体转动时，柱塞随缸体一起旋转，并在离心力和油压作用下压紧在定子的内环上。由于缸体与定子有一偏心距，柱塞随缸体转动时也在柱塞孔中做往复运动，处于吸油腔的柱塞（图示缸体下半圆）逐渐伸出，柱塞底部的密闭工作腔增大，形成真空，油液经配流轴上的吸油口吸入吸油腔；处于排油腔的柱塞（图示缸体上半圆）逐渐缩回，油液受挤压，经配流轴上的排油口排出。

设柱塞的直径为 d，柱塞数为 z。由于径向柱塞泵的定子和转子存在偏心距 e，所以缸体每转一周时，各柱塞吸、排油各一次，完成一个往复行程，其行程长度等于偏心距的2倍。因此，径向柱塞泵的理论排量 V_i 为

$$V_i=\frac{\pi}{2}zed^2 \tag{3-12}$$

可见，改变定子与转子的偏心距 e，即可改变排量；若改变偏心距的方向，即可改变油流方向。图3-32所示为两种型式的径向柱塞泵。

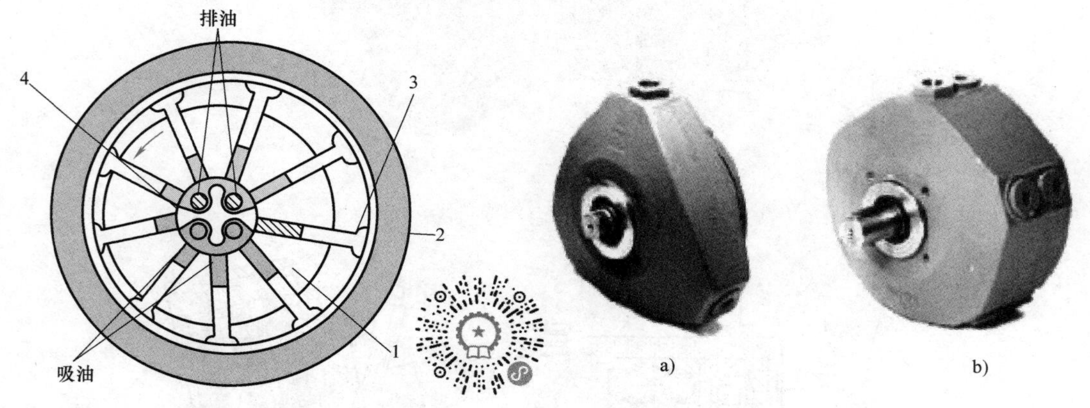

图3-31　径向柱塞泵的工作原理

1—缸体　2—定子环　3—柱塞　4—配流轴

图3-32　两种型式的径向柱塞泵

a）单排柱塞结构　b）双排柱塞结构

配流轴是径向柱塞泵的关键部件，配流轴与转子衬套之间的配合间隙要适当，过小易造成咬死或损伤，过大会引起严重泄漏。另外，配流轴受高、低压腔油压力不平衡的作用而变形，须加大间隙，更增加了泄漏。为了不降低容积效率，对于大排量的径向柱塞泵，压力不能很高，一般工作压力为20MPa左右。

3.4.3　柱塞式变量泵的控制方式

轴向柱塞泵通过改变斜盘倾角或缸体摆角，径向柱塞泵通过改变定子偏心距，可改变柱塞泵的排量，即调节柱塞泵的输出流量，这是柱塞式液压泵的重要特性。柱塞式液压泵变量方式灵活，型式多样，如手动变量、比例变量、恒压变量和恒功率变量等。

1. 手动变量泵

手动变量泵是一种最简单的变量泵。变量时，转动手轮，改变斜盘倾角，可以使柱塞泵

的排量和输出流量在零和最大值之间变化。图 3-33 所示为手动双向变量泵的外形、图形符号及变量特性曲线。

图 3-33a 所示双向变量是指改变泵的斜盘倾角方向（即反向转动手轮使斜盘倾角方向相反）时，泵的吸、排油口互换。手动变量泵比较简单，自动化程度低，适用于不经常调节排量的液压系统。

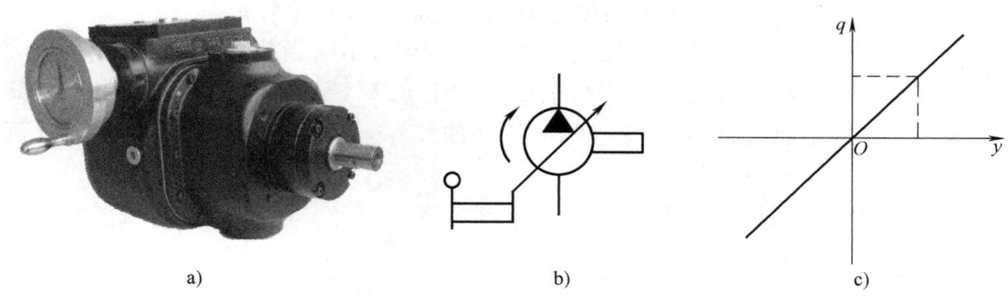

图 3-33 手动双向变量泵的外形、图形符号及变量特性曲线

a）外形 b）图形符号 c）变量特性曲线

为实现远程操作和自动化，可采用比例变量泵，即通过电信号控制变量机构的调节，使泵的输出流量与给定电信号大小成比例。

2. 恒压变量泵

恒压变量泵在定量泵的基础上增加了改变斜盘倾角的恒压变量装置，其控制原理及特性曲线如图 3-34 所示。

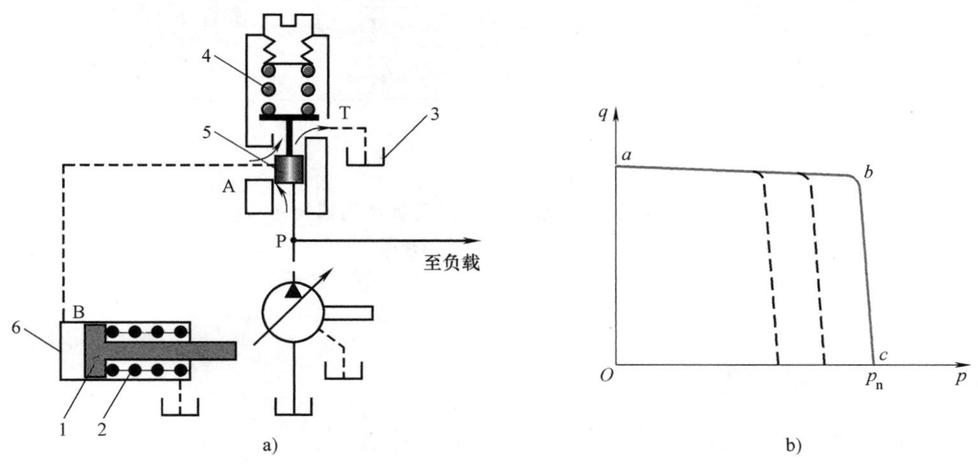

图 3-34 恒压变量泵的控制原理及特性曲线

a）工作原理 b）特性曲线

1—变量柱塞 2—复位弹簧 3—油箱 4—调压弹簧 5—控制阀柱塞 6—变量缸

液压泵出油口压力（即恒压值）由调压弹簧 4 设定。当排油压力（由负载决定）低于恒压设定值 p_n 时，控制阀柱塞 5 处在下端（即图示位置），油路 P 与 A 不相通，变量缸 B 腔经 A、T 油口通油箱，变量柱塞 1 在复位弹簧 2 的作用下使斜盘倾角最大，液压泵输出流

量最大；当负载增大，使液压泵的排油压力大于 p_n 时，控制阀柱塞在下端油压的作用下上移，油路 P 与 A 相通，A 与 T 切断，液压泵输出的液压油进入变量缸 B 腔，变量柱塞在油压的作用下使斜盘倾角减小，液压泵输出流量随之减小，致使液压泵出口压力降低至 p_n。负载越大，液压泵输出的流量越小，但出口压力保持为 p_n；反之，当负载又减小时，造成液压泵排油压力降低，则控制阀柱塞又下移，变量缸 B 腔通回油路，变量柱塞在弹簧力的作用下使斜盘倾角又增大，液压泵输出流量随之增加，压力升高至 p_n。

恒压变量泵输出压力与流量的特性曲线如图 3-34b 所示。当排油压力低于 p_n 时，液压泵输出最大流量，对应特性曲线 ab；当排油压力大于 p_n 时，液压泵的输出流量在零到最大值之间变化，以保持排油压力 p_n 不变，对应特性曲线 bc。设定 p_n 值，特性曲线 bc 可左右移动。

图 3-35 所示为斜盘式恒压变量泵及其结构剖视图。此外，还有斜轴式和径向柱塞式恒压变量泵。

a)

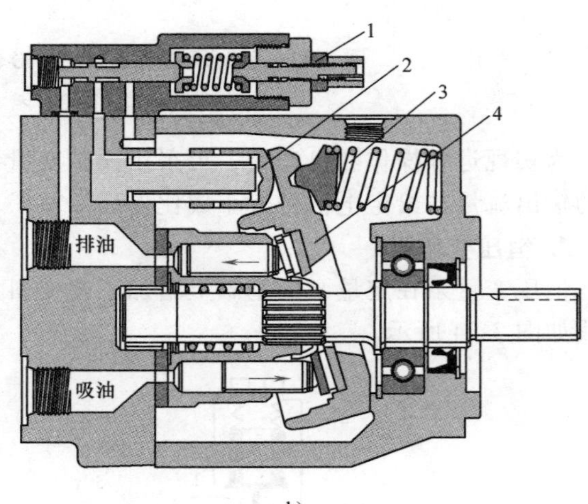

b)

图 3-35　斜盘式恒压变量泵及其结构剖视图

a）实物　b）结构剖视图

1—恒压设定阀　2—变量缸　3—复位弹簧　4—斜盘

3.4.4　柱塞泵的特点及应用

与齿轮泵和叶片泵相比，柱塞式液压泵具有以下特点：

1）容积效率高，可达 92%~98%，因而额定工作压力高，可达 35~40MPa。

2）功率与质量之比是所有液压泵中最大的。

3）易于改变排量，可制成各种类型的变量泵。

4）流量、压力脉动小，运转平稳。

5）零件制造精密，成本高；使用时对油液的清洁度要求高。为了保证柱塞泵的使用寿命，中低压液压系统油液的过滤精度应不低于 10μm，高压液压系统油液的过滤精度应不低于 5μm。

6）径向柱塞泵的径向尺寸大，结构复杂，自吸能力差，配流轴受到径向不平衡液压力的作用而易于磨损，从而限制了转速和压力的提高。目前，径向柱塞泵应用不多。

由于柱塞式液压泵的综合性能好，因此广泛应用于高压、大流量、大功率的液压系统中，如冶金、工程机械、船舶、航空、武器装备等各个工业部门。

3.5 液压泵的功率和效率

液压泵的输入是转矩、转速，即旋转的机械能，而其输出则是液体的压力能，即有压的液体。因而，液压泵是把机械能转换为液压能的能量转换元件，而在能量转换过程中，必然要产生能量损失，即转换过程中有转换效率的问题。

3.5.1 液压泵的功率

1. 输入功率

液压泵的输入功率 P_{in}（W）为

$$P_{in} = T\omega \tag{3-13}$$

式中，T 为传动轴上输入的实际转矩（N·m）；ω 为传动轴的角速度（rad/s）。

2. 输出功率

液压泵的输出功率 P_h（W）为

$$P_h = \Delta p q \tag{3-14}$$

式中，Δp 为液压泵的进、出口压差（Pa）；q 为液压泵的输出流量（m^3/s）。

3.5.2 液压泵的效率

表示液压泵能量转换特性的基本参数有三个，即容积效率、机械效率和总效率。

1. 容积效率 η_V

由式（3-1）可知，液压泵的理论排量所确定的理论流量 q_i（m^3/s）为

$$q_i = V_i\omega$$

式中，V_i 为液压泵的理论排量（m^3/rad）；ω 为传动轴的角速度（rad/s）。

由于液压泵的排油是高压，而吸油是低压，因而必然存在通过间隙的泄漏，使实际输出流量小于理论输出流量。实际输出流量与理论输出流量之比，称为液压泵的容积效率，用 η_V 表示，即

$$\eta_V = \frac{q}{q_i} \times 100\% \tag{3-15}$$

式中，q 为液压泵的实际输出流量（m^3/s）；q_i 为液压泵的理论输出流量（m^3/s）。

容积效率取决于液压泵的结构型式及其性能质量，齿轮泵一般为 80%~90%，叶片泵为 80%~92%。而对于柱塞式液压泵来说，由于工作容腔是柱塞式的密封结构，泄漏小，因而容积效率最高，可达 92%~98%，这也是柱塞泵工作压力高的重要原因，其额定工作压力可达 35MPa。

2. 机械效率 η_m

液压泵的理论输入转矩 T_i（N·m）为

$$T_i = \Delta p V_i \tag{3-16}$$

式中，Δp 为液压泵的吸、排油口压差（Pa）；V_i 为液压泵的理论排量（m^3/rad）。

由于液压泵内有机械的摩擦损失，因此，在液压泵吸、排油口压差 Δp 一定时，其实际输入转矩大于理论输入转矩。理论输入转矩与实际输入转矩之比，称为液压泵的机械效率，用 η_m 表示，即

$$\eta_m = \frac{\Delta p V_i}{T} \tag{3-17}$$

式中，T 为输入液压泵轴上的实际转矩（N·m）。

机械效率也可按输入功率计算，即

$$\eta_m = \frac{P_i}{P_{in}} \times 100\% \tag{3-18}$$

式中，P_i 为液压泵的理论输入功率（kW）；P_{in} 为液压泵的实际输入功率（kW）。

3. 总效率 η_t

液压泵的输出功率与输入机械功率之比，称为液压泵的总效率，它也等于容积效率与机械效率的乘积，即

$$\eta_t = \frac{P_h}{P_{in}} = \frac{\Delta p q}{P_{in}} \times 100\% = \eta_V \eta_m \tag{3-19}$$

某型号液压泵的容积效率 η_V、机械效率 η_m、总效率 η_t、输入转矩下实际输出流量 q、实际输入功率 P_{in} 与工作压力的关系曲线如图 3-36 所示。这些特性曲线是在特定的介质、油温和工作转速下通过试验作出的，它们是客观评定液压泵性能的重要依据。

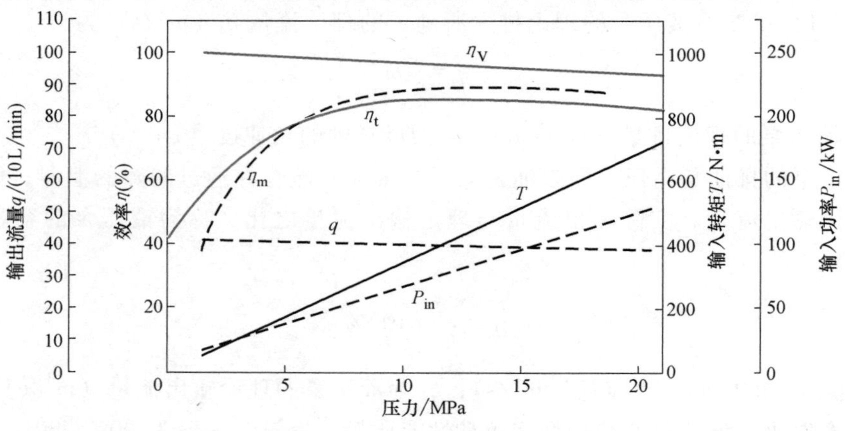

图 3-36 液压泵的典型特性曲线

图 3-36 的特性曲线表明，液压泵的容积效率和实际输出流量随工作压力的升高而降低。

例 3-2 某液压泵的排量为 $82cm^3/r$，转速为1000r/min时的输出流量为76L/min，工作压力为6.8MPa，泵的实际输入转矩为102N·m。求液压泵的总效率以及泵所需的理论转矩。

解 根据液压泵的排量和工作转速，可求出液压泵的理论输出流量为

$$q_i = nV_i = 1000\text{r/min} \times 82\text{cm}^3/\text{r} = 82\times10^3\text{cm}^3/\text{min}$$

由液压泵的实际输出流量和理论流量，可求出容积效率为

$$\eta_V = \frac{q}{q_i}\times100\% = \frac{76\text{L/min}}{82\text{L/min}}\times100\% = 92.7\%$$

由式（3-17）可求出液压泵的机械效率为

$$\eta_m = \frac{\Delta pV_i}{T} = \frac{68\times10^5\text{Pa}\times[82\times10^{-6}/(2\pi)]\text{m}^3/\text{rad}}{102\text{N}\cdot\text{m}}\times100\% = 87\%$$

因此，由式（3-19）可求出总效率为

$$\eta_t = \eta_V\eta_m = 92.7\%\times87\% \approx 80.6\%$$

根据液压泵的实际输入转矩和机械效率，可求出泵的理论输入转矩为

$$T_i = T\eta_m = 102\text{N}\cdot\text{m}\times0.87 = 88.74\text{N}\cdot\text{m}$$

由于液压泵内有机械损失，因此驱动液压泵的转矩大于理论输入转矩。

例 3-3 某液压泵的排量为 $200cm^3/r$，转速为1450r/min，排油压力为10MPa，容积效率 $\eta_V = 95\%$，总效率 $\eta_t = 85\%$。液压泵的输出功率是多少？驱动液压泵的电动机所需的功率是多少？

解 根据液压泵的排量、转速和容积效率，可求出液压泵的实际输出流量为

$$q = V_i n\eta_V = 1450\text{r/min}\times200\text{cm}^3/\text{r}\times95\% = 275.5\times10^3\text{cm}^3/\text{min}$$

根据液压泵的实际输出流量和工作压力，由式（3-14）可求出液压泵的输出功率为

$$P_h = \Delta pq = 10\times10^6\text{Pa}\times275.5\times10^{-3}/60\text{m}^3/\text{s} \approx 45.92\text{kW}$$

由式（3-19）可求出液压泵的输入功率，即所需电动机的功率为

$$P_{in} = P_h/\eta_t = 45.92\text{kW}/85\% \approx 54\text{kW}$$

3.6 液压泵的选型

液压泵是能量转换元件，为液压系统提供液体压力能。了解、掌握各类液压泵的性能特点，选用合适的液压泵，对于降低液压系统的能耗、提高效率，减小噪声，保证液压系统的性能和可靠性都十分重要。

3.6.1 液压泵性能比较

1. 液压泵的性能参数

齿轮泵是液压传动系统最常见的一种液压泵，价格最低，结构简单、紧凑，抗污染能力强，但是性能差，而且端面磨损后，容积效率大大降低，影响齿轮泵的性能。齿轮泵广泛应用于农业机械、工程机械和机床领域等。

叶片泵的价格和性能介于齿轮泵与柱塞泵之间，但是对液压油的清洁度和润滑性有较高要求，其最高转速较齿轮泵和轴向柱塞泵低，而且端面磨损后容积效率降低。

柱塞液压泵综合性能最好，功率与质量之比最大，有多种类型的变量泵。由于容积效率高，可以达到很高的额定工作压力，使用寿命达几年。但是柱塞泵价格最贵，结构复杂，现场维修困难。

齿轮泵、叶片泵、柱塞泵的性能参数见表 3-1。

表 3-1　三大类液压泵的性能参数

性能	齿轮泵		叶片泵		轴向柱塞泵		径向柱塞泵
	外啮合	内啮合	单作用	双作用	斜盘式	斜轴式	
压力范围/MPa	<21	<25	<16	<25	14~40		14~80
转速范围/(r/min)	500~4000	200~3600	600~1800		600~3000		700~1800
排量范围/(cm^3/r)	<227	<50	<150	<250	<1000		<1000
容积效率(%)	70~90	80~90	88~98		90~95		85~90
总效率(%)	80~90	70~85	80~88		90~98		85~95
噪声	大	小	中	中	大		中
抗污染能力	强	一般	一般	一般	弱	一般	一般
价格	低	较低	中		高		较高

2. 液压泵的噪声

液压泵在运行过程中都会产生噪声，是液压系统噪声的主要来源。液压泵运行产生的噪声包括液压泵本身的噪声和系统安装、使用不当所产生的噪声两部分，一般为 60~100dB。

液压泵本身的噪声包括流体噪声和机械噪声。流体噪声是由于液体的流速、压力变化及气穴等原因引起的，机械噪声是由于零件之间发生接触、撞击和振动而引起的。液压泵本身的噪声一般与液压泵的类型有关，也与产品质量有很大关系，齿轮泵噪声大，柱塞泵噪声大，叶片泵比柱塞泵小些。同一类型液压泵，转速的影响比较大，转速越高，噪声越大；液压泵工作压力高，排量大，噪声大，但压力、排量的影响比转速的影响要小。此外，液压泵本身的噪声也和产品质量有很大关系。

在液压泵已经确定的情况下，需要从安装、使用方面采取措施来降低振动和噪声，如图 3-37 所示。主要包括：

1）采用缓冲法兰的钟形安装座和弹性联轴器。

2）电动机采用缓冲垫块与机座连接，钟罩与电动机之间采用止口定位。

3）吸油管采用柔性接管。

4）液压泵出油口的排油管采用高压橡胶软管。

5）增大吸油管路直径，减小吸油管路阻力，在液压系统清洁度控制良好的情况下，不设置吸油过滤器，高架油箱使液压泵在正压下吸油。

6）确保吸油管路的密封性良好，防止空气进入吸油腔产生气穴现象。

3.6.2　液压泵的选用

一般液压泵的选择需要从工作压力、流量、转速、性能、可靠性、经济性和噪声等因素综合考虑。

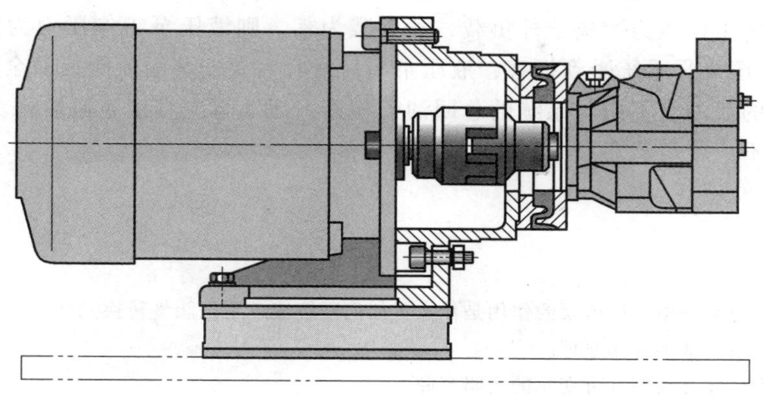

图 3-37 液压泵的安装

1. 液压泵工作参数的确定

1）根据工作负载，确定执行元件规格，从而确定液压系统的工作压力。

2）根据执行元件的速度，确定液压系统的流量。

3）根据液压系统的流量，综合考虑经济、噪声等因素，确定液压泵的转速和排量规格。转速高，则排量小，液压泵的价格低，但运行噪声大；转速低，则排量大，运行噪声低，但液压泵的价格高。

4）根据液压系统的实际工作压力，确定液压泵的额定工作压力，一般液压泵的实际工作压力为额定工作压力的 80%，有利于保证液压泵的使用寿命。

2. 液压泵类型的选择

1）14MPa 以上的高压大流量液压系统，需要考虑系统的节能，一般选轴向柱塞变量泵。

2）7~14MPa 的中低压系统，从经济性考虑，可考虑选择齿轮泵或叶片泵；从系统节能考虑，可考虑选择变量泵、双联泵或三联泵组合。

3）野外作业或环境较差的系统，从工作可靠性考虑，可选择齿轮泵或柱塞泵。

4）7MPa 以下的低压液压系统或润滑系统，从经济性考虑，可考虑选择齿轮泵。

根据确定的液压泵排量、转速、工作压力以及液压泵类型，查阅液压泵产品样本，选取液压泵。

3. 液压泵的使用

1）液压泵吸油腔压力过低将产生吸油不足和异常噪声，甚至无法工作。因此，应尽可能减小吸油过滤器及吸油管路的压降；液压泵安装高度应在油箱液面以下，以增强吸油性能；液压泵工作转速不应高于额定转速，以防吸油不充分。

2）液压油的选择应考虑其黏度和温度特性，应选用油液黏度适当、黏度受温度变化影响较小的液压油。液压油应具有良好的润滑性、抗氧化安定性、抗乳化、抗泡沫和耐蚀性能。液压油经过长期使用以后，应根据其性能指标变化情况，定期更换新液压油。

3）对于地面设备，液压泵使用的油液温度范围一般为 30~50℃，最高不要超过 60℃。

4）液压油的过滤精度应保证液压泵的使用要求，以保证液压泵的使用寿命。

5）液压泵的工作转速和工作压力不得超过额定值，否则会影响液压泵的寿命。

6）液压泵的工作压力取决于外负载，若负载为零，则液压泵工作压力为零。为了防止压力过高而使液压泵、系统受到损害，液压泵出口常常需要安装溢流阀或安全阀。

7）液压泵的泄油管不应与系统的总回油管相连，泄油管应直接连通油箱。

8）液压泵不应带负载启动。

习题

3-1　在液压传动系统中，液压泵的作用是什么？如何理解液压泵是能量转换元件？

3-2　试述液压泵的基本工作原理。

3-3　液压泵为什么必须要有可变化的密闭容腔？

3-4　在液压传动系统中，压力是如何建立起来的？

3-5　液压泵的排量和流量有什么区别？

3-6　液压泵的理论排量和实际排量有什么不同？

3-7　排量的国际单位和工程单位分别是什么？

3-8　选择液压泵需要考虑哪些主要参数？

3-9　液压泵和水泵的工作原理有什么不同？

3-10　液压泵按结构不同，有哪些种类？

3-11　液压泵输出流量有脉动吗？

3-12　简述变量液压泵的实际意义。

3-13　简述径向柱塞液压泵的工作原理和排量改变原理。

3-14　为什么液压泵有最高转速和最低转速限制？

3-15　齿轮泵的噪声有哪些主要因素影响？

3-16　齿轮泵径向力的不平衡是怎样产生的？会带来什么后果？

3-17　图3-38所示为外啮合和内啮合齿轮泵的结构，分别讨论其内泄漏情况。内泄漏对齿轮泵有什么影响？

图3-38　外啮合和内啮合齿轮泵的结构

3-18　简述螺杆泵的工作原理。其性能有什么特点？

3-19　单作用叶片泵的结构有什么特点？

3-20　限压式变量叶片泵适用于什么场合？其有何优缺点？

3-21　双作用叶片泵有什么特点？

3-22　评价液压泵工作特性的指标有哪些？

3-23　如何理解液压泵的容积效率？它是如何定义的？

3-24　如何理解液压泵的机械效率？它是如何定义的？

3-25 如何理解液压泵的总效率？它是如何定义的？

3-26 定量泵的总效率为88%，容积效率为90%，其机械效率是多少？

3-27 液压泵额定工作压力的含义是什么？它与泵的实际工作压力有何区别？

3-28 试比较齿轮泵、叶片泵和柱塞泵。

3-29 选择液压泵需要考虑哪些因素？

3-30 恒压变量液压泵和限压式变量泵有什么区别？

3-31 某液压泵的输出流量为60L/min，排油压力为100bar，输出功率是多少？

3-32 某外啮合齿轮泵的排量为16cm^3/r，容积效率为0.9，在转速为1000r/min和排油压力为10MPa的工况条件下，原动机输入功率为4kW，泵的输出流量是多少？输出功率是多少？泵的总效率是多少？

3-33 某轴向柱塞泵的排量为125cm^3/r，在转速为1500r/min和排油压力为20MPa的工况条件下，其输出流量为180L/min。若原动机输入功率为68kW，那么泵的输出功率是多少？输入转矩是多少？泵的总效率是多少？

3-34 某轴向柱塞泵的排量为71cm^3/r，转速为1000r/min，泵吸油口压力为0.6MPa，排油压力为10MPa，容积效率为0.96，总效率为0.85。那么液压泵的输出流量是多少？驱动液压泵的所需电动机功率是多少？

3-35 某斜盘轴向柱塞泵有7个柱塞，柱塞直径为10mm，柱塞分布圆直径为40mm，转速为1500r/min，泵吸油口压力为0.3MPa，排油压力为18MPa，容积效率为0.96，总效率为0.89，斜盘倾角$\gamma=20°$。液压泵的理论流量和实际输出流量分别是多少？驱动液压泵的电动机功率和转矩分别是多少？如果液压泵的容积效率和机械效率恒定不变，当排油压力达到30MPa时，液压泵的实际输出流量和驱动转矩分别是多少？

第4章 液压执行元件

液压泵是将机械能转换为液压能的能量转换元件，而液压执行元件的作用与此正好相反，它是把液压能转变为机械能的能量转换装置。按运动形式的不同，液压执行元件可分为两大类：做直线往复运动的液压缸和做旋转运动的液压马达，如图 4-1 所示。

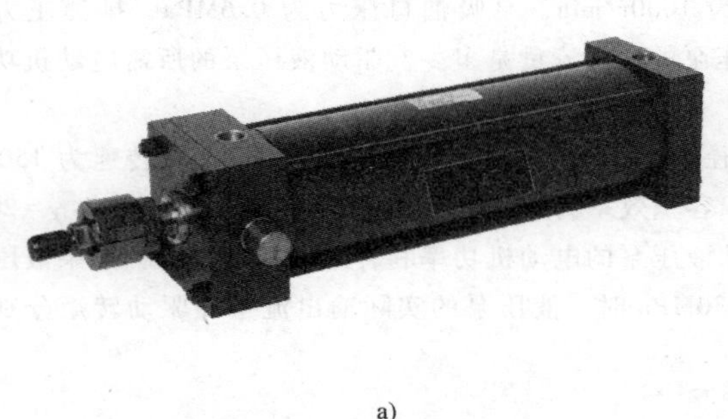

a)

b)

图 4-1 液压执行元件
a）液压缸 b）液压马达

4.1 液压缸

液压缸是将液压能转变为直线往复运动机械能的装置。与其他传动方式相比，液压缸可以很容易地实现直线往复运动和输出很大的力，在工业生产各领域应用广泛。

液压缸的种类繁多，按其作用方式，可分为单作用液压缸和双作用液压缸两大类。

4.1.1 单作用液压缸

单作用液压缸只有一个工作腔，其外伸运动是靠液压力的作用，而回程运动靠重力、外力或弹簧力等实现。按结构不同，单作用液压缸可分为柱塞式、活塞式和伸缩式。柱塞式单作用液压缸结构简单，加工成本低，维护方便，刚性比活塞式单作用液压缸好，伸缩式单作用液压缸适合安装空间小、行程长的场合。图 4-2 所示为柱塞式和伸缩式单作用液压缸的工作原理。

几种单作用液压缸的图形符号如图 4-3 所示。

单作用液压缸结构简单，节省动力，在液压升降机、自卸货车和叉车等工程领域中应用较广。

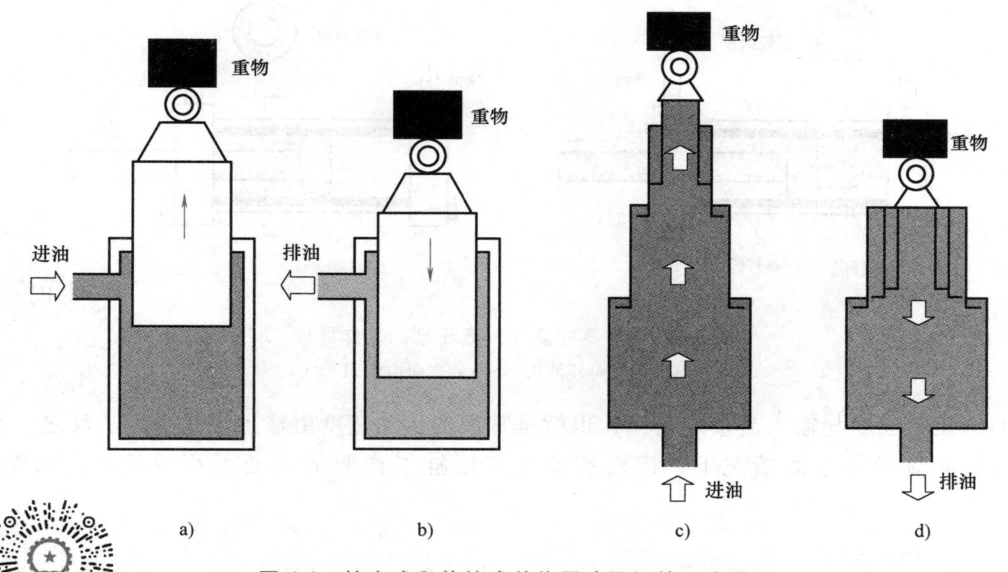

图 4-2　柱塞式和伸缩式单作用液压缸的工作原理

a）柱塞缸伸出　b）柱塞缸缩回　c）伸缩缸伸出　d）伸缩缸缩回

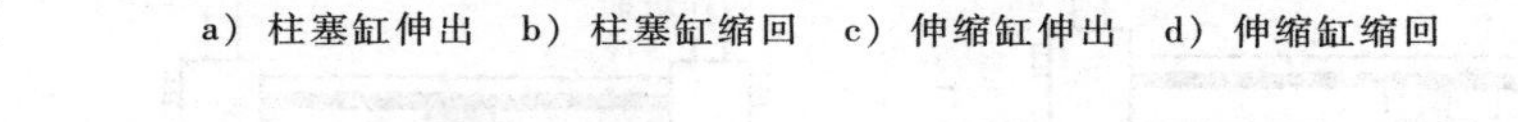

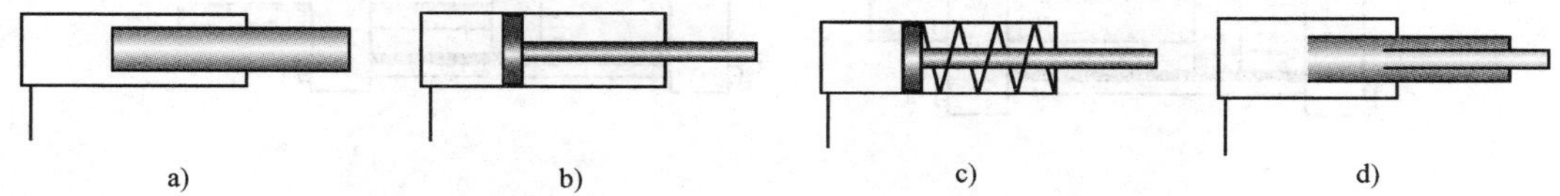

图 4-3　单作用液压缸的图形符号

a）柱塞式液压缸　b）活塞式液压缸　c）弹簧复位活塞式液压缸　d）伸缩式液压缸

4.1.2　双作用液压缸

双作用液压缸的伸出、缩回都是利用液压油的操作来实现的。按活塞杆型式的不同，双作用液压缸可分为单活塞杆式、双活塞杆式和伸缩式三种型式。

1. 单活塞杆双作用液压缸

单活塞杆双作用液压缸的工作原理如图 4-4 所示。液压缸无杆腔输入油液，当液压油作用在活塞有效面积上的力足以克服活塞杆上的负载时，活塞以一定速度向外伸出，而液压缸有杆腔的油液则流回油箱。反之，当液压缸有杆腔输入油液时，活塞以一定速度缩回，而无杆腔的油液则流回油箱。

根据流量连续性定理，进入液压缸的液流流量等于液流截面面积和流速的乘积。因此，对液压缸来说，液流断面即液压缸工作腔的有效面积，液流的平均流速即活塞的运动速度。因此

$$v=\frac{q}{A} \tag{4-1}$$

式中，v 为活塞运动速度（m/s）；q 为输入液压缸的流量（m^3/s）；A 为工作腔的有效面积（m^2）。

由式（4-1）可知，对于一个确定的液压缸，活塞直径和活塞杆径为常数，液压缸外伸

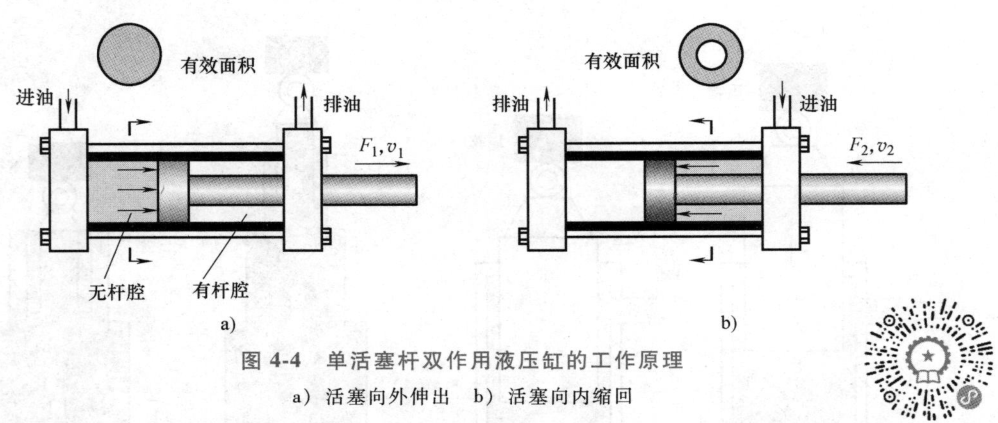

图 4-4　单活塞杆双作用液压缸的工作原理

a）活塞向外伸出　b）活塞向内缩回

和缩回的运动速度与输入流量成正比，也就是常说的运动速度由输入流量决定。反之，在输入液压缸的流量一定的情况下，运动速度与液压缸工作腔的有效面积成反比，如图 4-5 所示。

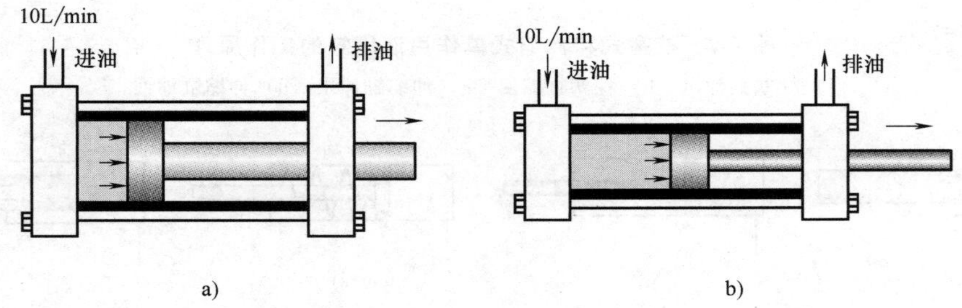

图 4-5　流量一定时液压缸运动速度与活塞面积的关系

a）活塞面积大，外伸速度慢　b）活塞面积小，外伸速度快

除运动速度外，液压缸的另一个重要参数是工作压力或输出的作用力。若不计液压缸回油腔的背压（回油背压可视为零），则工作腔的油液压力为

$$p=\frac{F}{A} \tag{4-2}$$

式中，p 为油液的压力（Pa）；F 为活塞杆的作用力（N）；A 为工作腔的有效面积（m^2）。

由式（4-2）可知，若已知活塞杆上的作用力和液压缸工作腔的有效面积，即可求出油液的工作压力。换句话说，油液的工作压力取决于负载力。

由于有杆腔的有效面积是无杆腔的有效面积减去活塞杆的截面面积，故液压缸无杆腔的有效面积大于有杆腔的有效面积。因此，当外负载相同、输入液压缸的流量一定时，液压缸在两个方向的运动速度和油液压力是不相等的，即活塞外伸产生推力时，运动速度慢，油液压力低，而活塞内缩产生拉力时，运动速度快，油液压力高。

单活塞杆液压缸活塞面积与杆径面积之比取决于液压缸的结构、应用场合和工作行程，一般为 2∶1，而对于重载液压缸，杆径增大，活塞与杆径面积之比为 2∶1.5。

图 4-6 所示为单活塞杆双作用液压缸。它由缸体 4、活塞 2、活塞杆 5、端盖 1、6 和密封件 3、9、10、11 等部件组成，液压缸的两个油口分别设在两个端盖上。单活塞杆双作用

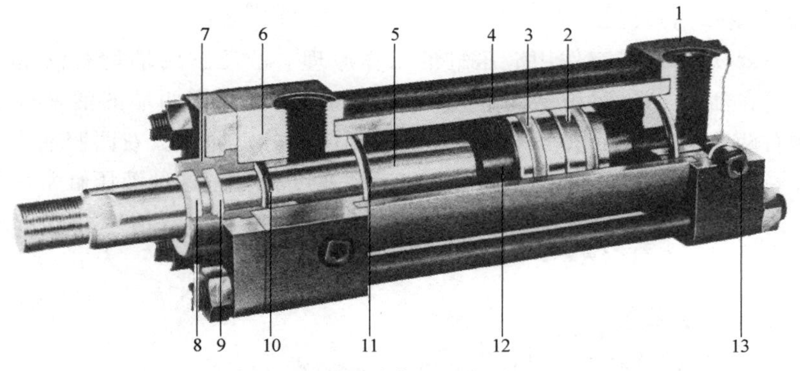

图 4-6 单活塞杆双作用液压缸

1—后端盖 2—活塞 3—活塞密封件 4—缸体 5—活塞杆 6—前端盖 7—导向套
8—活塞杆防尘圈 9—活塞杆密封件 10、11—O 形密封圈 12—缓冲环 13—排气阀

液压缸的安装，可以是缸体固定，活塞运动；也可以是活塞杆固定，缸体运动。单活塞杆双作用液压缸结构紧凑，应用最为广泛。

例 4-1 如图 4-4 所示的单活塞杆双作用液压缸，活塞直径 $D=9\text{cm}$，活塞杆直径 $d=6\text{cm}$，输入的流量 $q=25\text{L/min}$，进油腔压力 $p_1=4\times10^6\text{Pa}$，排油腔背压 $p_2=0.5\times10^6\text{Pa}$。不计泄漏，求液压缸伸出和缩回时的运动速度、作用力和输出功率。

解 活塞面积为 $A_1=\pi D^2/4=\pi\times(9\text{cm})^2/4=63.585\text{cm}^2$

则有杆腔的有效面积为 $A_2=\pi D^2/4-\pi d^2/4=(\pi9^2/4-\pi6^2/4)\ \text{cm}^2=35.34\text{cm}^2$

因此，活塞伸出的运动速度为

$$v_1=\frac{q}{A_1}=\frac{25\times10^{-3}/60\text{m}^3/\text{s}}{63.585\times10^{-4}\text{m}^2}\approx0.0655\text{m/s}$$

活塞伸出时对外的推力为

$$\begin{aligned}F_1&=p_1A_1-p_2A_2\\&=40\times10^5\text{Pa}\times63.585\times10^{-4}\text{m}^2-5\times10^5\text{Pa}\times35.34\times10^{-4}\text{m}^2\\&\approx23667\text{N}\end{aligned}$$

活塞外伸时液压缸输出的功率为

$$P_1=F_1v_1=23667\text{N}\times0.0655\text{m/s}\approx1550\text{W}$$

活塞内缩时的运动速度为

$$v_2=\frac{q}{A_2}=\frac{25\times10^{-3}/60\text{m}^3/\text{s}}{35.34\times10^{-4}\text{m}^2}\approx0.118\text{m/s}$$

活塞内缩时的作用力为

$$\begin{aligned}F_2&=p_1A_2-p_2A_1\\&=4\times10^6\text{Pa}\times35.34\times10^{-4}\text{m}^2-0.5\times10^6\text{Pa}\times63.585\times10^{-4}\text{m}^2\\&\approx10956.75\text{N}\end{aligned}$$

活塞内缩时液压缸输出的功率为

$$P_2=F_2v_2=10956.75\text{N}\times0.118\text{m/s}\approx1292.9\text{W}$$

2. 双活塞杆双作用液压缸

图 4-7a 所示为双活塞杆双作用液压缸的工作原理。液压缸两端均有活塞杆伸出，活塞往复运动靠作用在活塞有效面积上的液压力来实现。由于活塞两端的活塞杆直径相等，因此，活塞左、右两腔的有效面积相等。当外负载相同，分别向左、右两腔输入相同流量的液流时，液压缸左、右两个方向的输出作用力和运动速度相等。这种液压缸常用于往返速度相同且推力不大的场合，如驱动磨床的工作台等。图 4-7b 所示为双活塞杆双作用液压缸的结构剖视图。

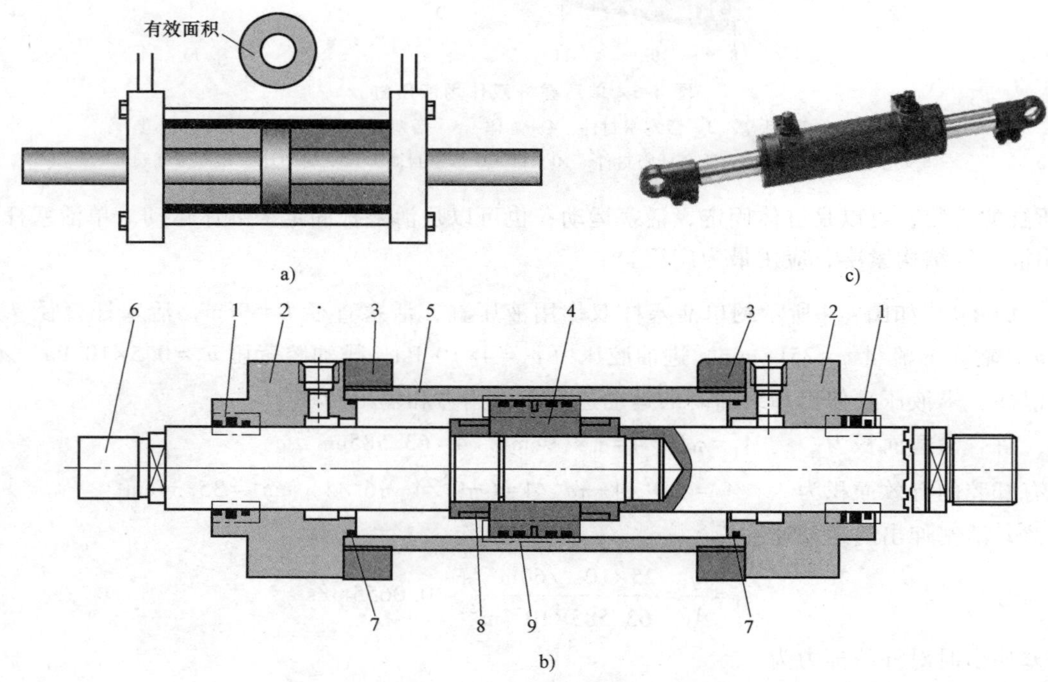

图 4-7　双活塞杆双作用液压缸

a）工作原理　b）结构剖视图　c）实物

1—端盖密封件　2—端盖　3—安装脚架　4—活塞　5—缸体　6—活塞杆

7—O 形密封圈　8—缓冲柱塞　9—活塞密封件

3. 伸缩液压缸

图 4-8a 所示为伸缩液压缸，也称多级液压缸。当输入液压油时，缸筒外伸是逐级进行的，即直径最大的缸筒以最低的油压开始伸出，当行至终点后，直径次之的缸筒开始伸出。随外伸缸筒直径的减小，工作压力升高，伸出速度加快。而缸筒缩回时，从直径最小的缸筒开始，直径最大的缸筒最后缩回。

伸缩液压缸通常应用较多的是单作用伸缩液压缸，它只有一个通油口，液压缸靠液压力伸出，靠负荷和自重缩回。这种伸缩液压缸在自卸汽车中应用较广，如图 4-8b 所示。双作用伸缩液压缸多应用于没有负载和自重推力的水平动作场合。

伸缩液压缸结构紧凑，工作行程长，但伸缩液压缸级数越多，伸出时的挠度越大，结构越复杂，制造难度越大，成本越高。伸缩液压缸广泛应用于安装空间位置受限制而行程又比较长的应用场合，如工程机械、起重运输车辆等设备。

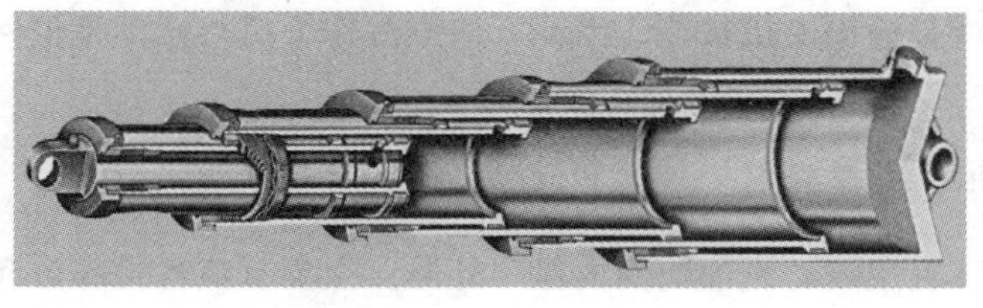

a)

b)

图 4-8　伸缩液压缸及其在自卸汽车中的应用

a）单作用伸缩液压缸　b）伸缩液压缸在自卸汽车中的应用

几种双作用液压缸的图形符号如图 4-9 所示。其中，带缓冲装置的液压缸，可以使活塞的速度在接近行程终端时降下来，以防止活塞与端盖发生机械碰撞，产生很大的冲击和噪声。

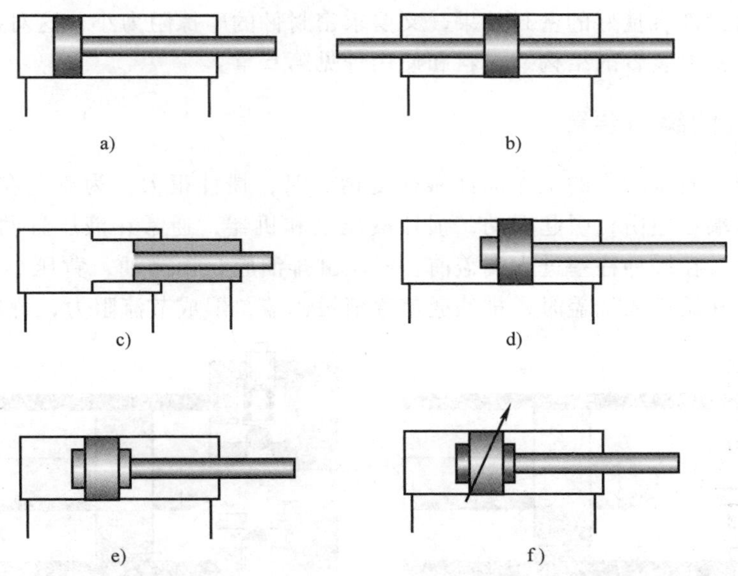

图 4-9　几种双作用液压缸的图形符号

a）单活塞杆液压缸　b）双活塞杆液压缸　c）伸缩式液压缸　d）不可调单向缓冲液压缸　e）不可调双向缓冲液压缸　f）可调双向缓冲液压缸

综上所述，输入液压缸工作腔的油液流量用来产生一定的运动速度，而油液的压力则由外负载决定。输入液压缸的流量和工作压力的乘积就是输入的液压能，而活塞的输出作用力和运动速度的乘积就是输出的机械能。因此，液压缸作为执行元件是把液压能转化为机械能而对外做功。

4.1.3　液压缸的密封装置

液压缸的密封装置用以防止油液的内泄和外漏，主要有静密封部位和动密封部位，如图4-10所示。

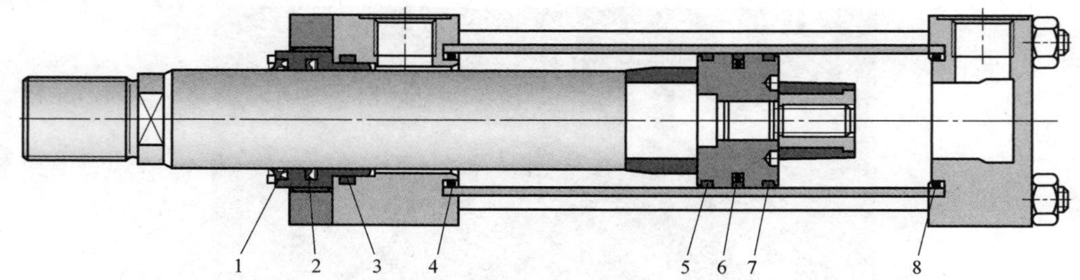

图 4-10　液压缸密封装置

1—防尘圈　2—导向套与活塞杆动密封　3—导向套与端盖静密封　4—前端盖与缸体静密封　5、7—活塞与缸体支撑环　6—活塞与缸体动密封　8—后端盖与缸体静密封

静密封部位主要有活塞内孔与活塞杆、导向套与端盖、端盖与缸体端面等，所用的密封件基本都是O形密封圈。O形密封圈弹性好，永久变形小，价格低，但摩擦阻力大，适合用作静密封。此外，前端盖上还有刮去活塞杆上污物、防止灰尘进入液压缸的防尘圈。

动密封部位主要有活塞与缸体内孔、活塞杆与导向套（支撑座）的密封等。这些部位的密封既要求密封件有良好的密封效果，又要求密封件的摩擦阻力小，这对密封件提出了较高的要求。有关密封装置的结构、材料和使用等见第6章。

4.1.4　液压缸的缓冲装置

当液压缸带动质量较大的工作部件做往复运动时，惯性很大。为避免在行程终点活塞与端盖撞击，引起振动，损坏液压缸和机器，通常在液压缸两端设置缓冲装置。在缓冲柱塞进入端盖前，液压缸排油腔自由排油，背压小，如图4-11a所示；当缓冲柱塞开始进入端盖时，排油通道逐渐被遮盖，形成节流阻力，背压增大，活塞开

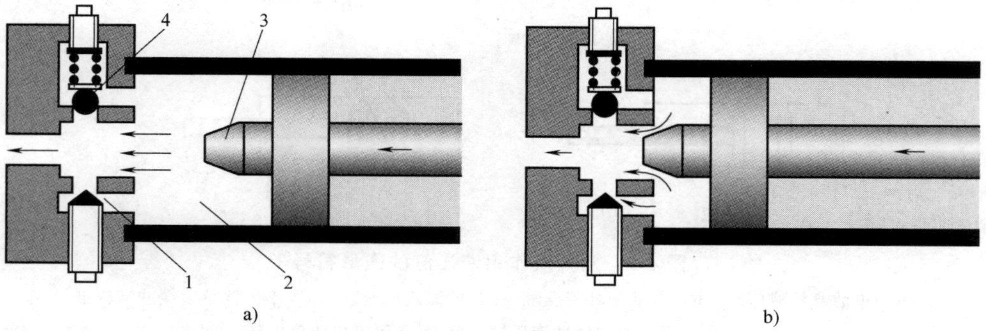

a)　　b)

图 4-11　液压缸的缓冲装置

a）自由排油　b）背压增大

1—可调节流孔　2—排油腔　3—缓冲柱塞　4—单向阀

始减速，如图 4-11b 所示；在行程的最后一小段，排油必须流经一个可调节流孔，缓冲能力增强，使活塞平稳定位。缓冲装置上通常还设有一个单向阀，以便让活塞伸出时，液流可经单向阀作用在活塞上。

一般液压缸运动速度在 0.1m/s 以下时，可不用缓冲装置；液压缸运动速度在 0.1m/s 以上时，通常采用缓冲装置。

4.1.5 液压缸的安装方式

液压缸的安装方式取决于负载、液压缸的运动状态和空间位置，根据工作机构的要求而定。液压缸几种常见的安装方式如图 4-12 所示。

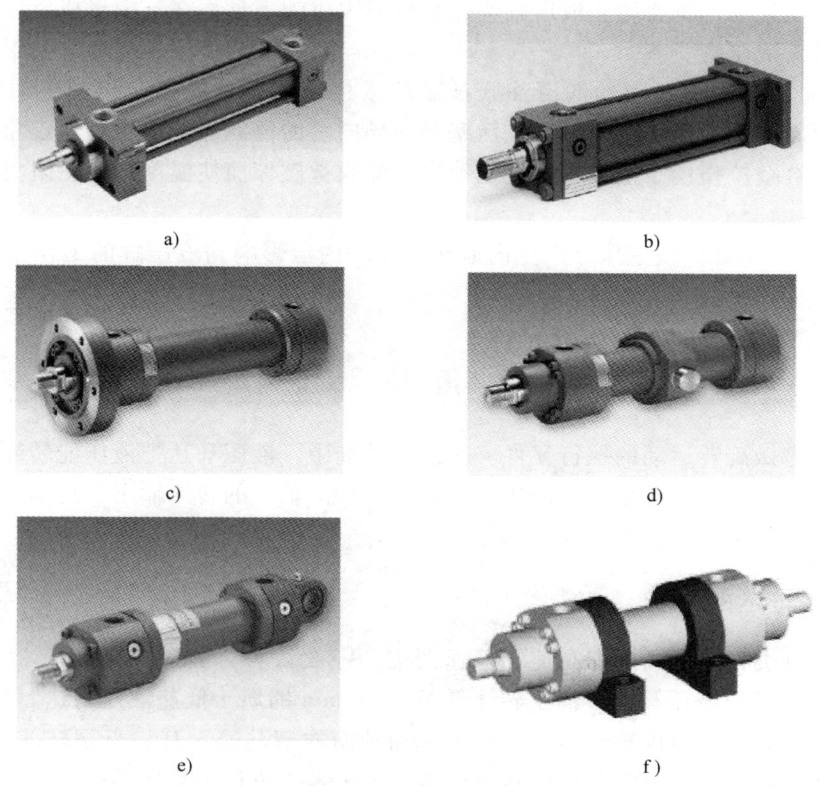

a) b) c) d) e) f)

图 4-12 液压缸的几种安装方式

a）前端法兰安装 b）后端法兰安装 c）圆形法兰安装 d）中间铰轴安装 e）耳轴安装 f）底座安装

4.1.6 液压缸的选型和使用

1. 液压缸的选型

对于选用或设计液压缸，一般的步骤如下：

1）根据机械的作用和动作要求、安装空间，选择合适的液压缸类型和外形尺寸。

2）根据最大外部负载选择液压缸的工作压力、活塞直径。

3）根据机械的要求，选取液压缸的行程。

4）根据速度或时间要求，选取液压缸的流量。

5）根据速度比或外部最大负载，选取活塞杆直径。

6）了解产品的价格和配件情况。

驱动同样大小的负载，工作压力高，液压缸结构尺寸就小，所需流量也小；反之，情况相反。液压缸工作压力升高，密封会困难，制造成本也提高，需要根据具体情况综合考虑。

2. 液压缸的使用

液压缸使用不当、维护不良将影响液压缸的正常工作，一般有以下情况：

1）低速运动情况下，液压缸相对运动零件间摩擦阻力不均匀，使液压缸产生爬行现象。当缸体内有空气时，将使液压缸的爬行现象更严重。为了减轻爬行现象：一是通过排气装置排气；二是液压缸往复运动排除缸内空气。另外，要保证液压泵吸油管路密封良好，防止空气进入液压系统，也要防止液压缸快速缩回时因供油不足而在缸内形成负压，使外部空气沿密封圈进入液压缸。

2）液压缸内金属面之间的润滑油膜被破坏或接触应力过高，在相对滑动时产生摩擦声。可能的原因有：一是活塞与缸体、活塞杆与导向套的滑动部位产生憋劲现象，运动时导致磨损增大和缸壁拉伤；二是高速往复运动润滑油膜被破坏而使温度和摩擦阻力增大，密封件磨损。

3）密封性能不好而使液压缸产生内泄和外泄。内泄影响到液压缸的工作出力和速度平稳性，外泄污染环境。

4.2 液压马达

液压马达是做旋转运动的执行元件。在液压系统中，液压马达把液压能转变为马达轴上的转矩和转速运动输出，即把液流的压力能转变为马达轴上的转矩输出，把输入液压马达的液流流量转变为马达轴的转速运动。

4.2.1 液压马达的分类

按角速度分类，液压马达有高速和低速两类。一般认为，额定转速高于500r/min 的属于高速液压马达；额定转速低于500r/min 的属于低速液压马达。

高速液压马达主要有齿轮马达、叶片马达和轴向柱塞马达。其特点是转速高，惯量小，便于起动、换向和制动。通常其输出转矩仅几十牛·米，也称为高速小转矩液压马达。

低速液压马达的基本型式是径向柱塞式，主要有曲轴连杆马达、内曲线马达和静力平衡马达等。其特点是排量大，低速稳定性好，可直接与工作机构相连，简化了传动机构，但是低速液压马达体积大。通常其输出转矩可达几千牛·米至几万牛·米，也称为低速大转矩液压马达。

若按排量是否可变，液压马达还可分为定量马达和变量马达两类。

4.2.2 液压马达的基本参数

1. 排量和转速

液压马达每转一弧度所需输入液体的理论体积，称为排量。

不计液压马达的泄漏，当给定马达排量和输入马达的流量时，则马达的角速度为

$$\omega = \frac{q_i}{V_i} \tag{4-3}$$

式中，q_i 为输入马达的理论流量（m^3/s）；V_i 为液压马达的理论排量（m^3/rad）；ω 为液压马达的角速度（rad/s）。

式（4-3）表明，马达的角速度与输入流量成正比，与排量成反比。当输入流量一定时，排量增大，则转速降低；排量减小，则转速增加。因此，通过改变马达排量可调节转速。反之，当马达排量不变时，调节输入马达的流量，可调节马达的转速。

2. 输出转矩

不计摩擦转矩损失，则液压马达在额定压力和理论排量下输出的转矩为

$$T_i = \Delta p V_i \tag{4-4}$$

式中，T_i 为马达理论输出转矩（N·m）；Δp 为马达进、排油口压差（Pa）。

式（4-4）表明，液压马达的输出转矩随工作腔压差或马达排量的增加而增大。但是，通过增大马达排量来增大输出转矩时，必然会引起马达转速的降低。

由式（4-4）可知，液压马达的工作压力取决于转矩负载和马达排量。对于给定的转矩，大排量马达的工作压力低于小排量马达的工作压力。

4.2.3 高速液压马达

1. 齿轮马达

齿轮马达与齿轮泵结构相似，分为外啮合齿轮马达和内啮合齿轮马达两类。图 4-13a 所示为外啮合齿轮马达的工作原理。两个相互啮合的齿轮置于马达壳体内，其中一个齿轮带输出轴。当液压油输入马达的进油腔时，油液压力作用于齿轮齿面上的力使两个齿轮按图示方向旋转，并输出转矩和转速运动。随着齿轮旋转，油液被带到排油腔排出。进、排油口互换，即可改变马达的旋转方向。

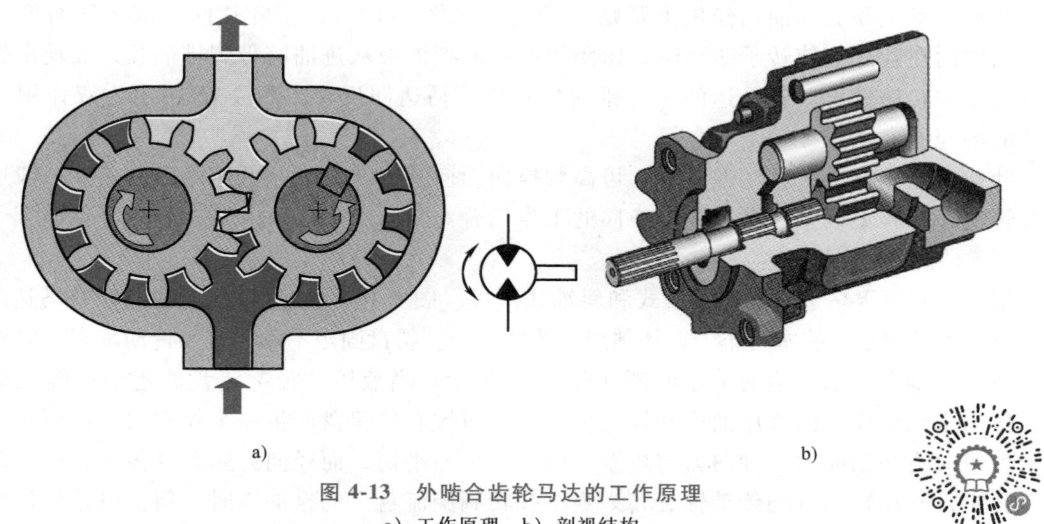

图 4-13 外啮合齿轮马达的工作原理
a）工作原理 b）剖视结构

由于进油腔为高压，而排油腔为低压，因此齿轮和支撑齿轮的轴承将承受不平衡的径向作用力，影响马达的使用寿命。此外，由于液压马达的正、反转特性，在马达旋转方向改变

时，其进、排油口随之互换，因此，马达进、排油口都有可能输入液压油，这样，泄漏到液压马达壳体的油液需要通过单独的泄油口流回油箱。

齿轮马达结构简单，抗污染能力强，价格低。但是，内部零件磨损后，其端面轴向间隙增大，容积效率低，低速稳定性较差。因此，一般作为高速小转矩定量马达应用于中、低压的液压系统中。

2. 叶片马达

叶片马达的工作原理如图 4-14a 所示。叶片可在转子上的槽中滑动，转子通过花键与传动轴连接，由液压油作用于矩形叶片上的力产生转矩。叶片马达通常是双作用的，即有对称设置的两个进油腔和两个排油腔，转子所受径向液压力平衡，如图 4-14b 所示。

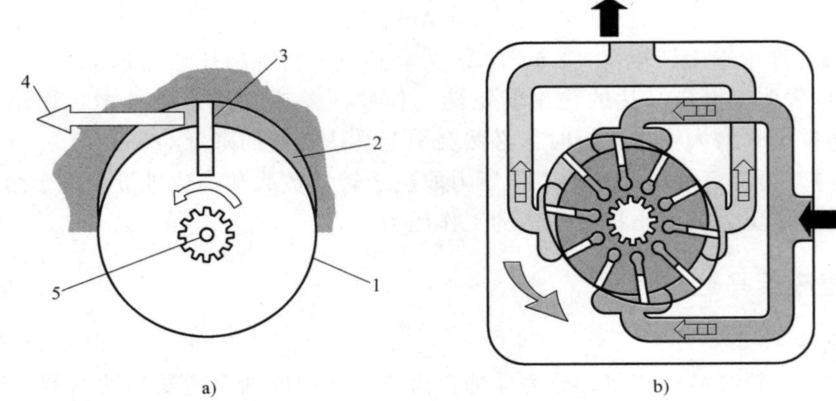

图 4-14 叶片马达的工作原理

a）工作原理 b）平衡式结构

1—转子 2—液压油 3—叶片一侧受液压油的作用

4—作用在叶片上的合力对马达轴产生一个力矩 5—传动轴

叶片在弹簧和底部油压作用下紧贴定子内壁（图 4-14a），使叶片间形成密闭容腔，当液压油作用在叶片上使转子转动时，密闭容腔不断把油液从进油腔带到排油腔，而输出轴上则有转矩和转速输出。若马达的进、排油口互换，马达即反转。图 4-15 所示为双作用叶片马达的剖视图。

叶片马达体积小，转动惯量小，可高频换向。但其内泄漏大，低速稳定性差。一般适用于高转速、小转矩以及要求高频率换向的工作场合。

3. 轴向柱塞液压马达

轴向柱塞液压马达可分为斜盘式和斜轴式两种。图 4-16 所示为斜盘式轴向柱塞马达。传动轴与缸体同轴心，柱塞均布于缸体圆周上的缸孔中。斜盘固定不动，并与传动轴有一倾角。

斜盘式轴向柱塞马达的工作原理如图 4-17 所示。当液压油经配流盘的进油口输入缸孔时，作用于柱塞底部的液压油推动柱塞伸出，并对倾斜的斜盘产生一个作用力，该作用力可分解为径向力和轴向力。轴向力与柱塞上的液压力相平衡，而径向力则对缸体回转中心产生一个转矩，推动缸体带动传动轴旋转。当缸孔转到配流盘上的排油口时，斜盘也迫使柱塞缩回，油液受挤压向排油口排油。若马达的进、排油口互换，马达则反转。

斜盘式轴向柱塞马达既有定排量型也有变排量型。变排量型马达的排量与斜盘倾角有关，其变量工作原理如图 4-18 所示。当改变斜盘倾角 γ 时，柱塞伸缩的行程改变，马达排

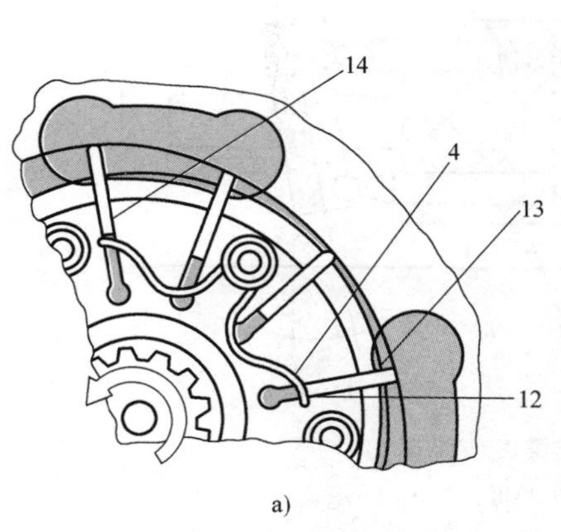

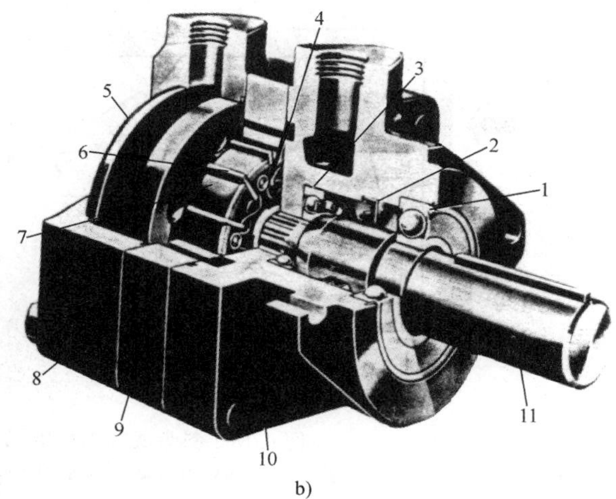

图 4-15　双作用叶片马达的剖视图

a）叶片、燕形弹簧　b）结构剖视图

1、3—轴承　2—密封圈　4—燕形弹簧　5—侧压板　6—叶片　7—转子　8—端盖　9—定子环　10—马达壳体　11—传动轴　12—燕形弹簧使叶片紧贴定子内环　13—叶片内缩　14—叶片外伸

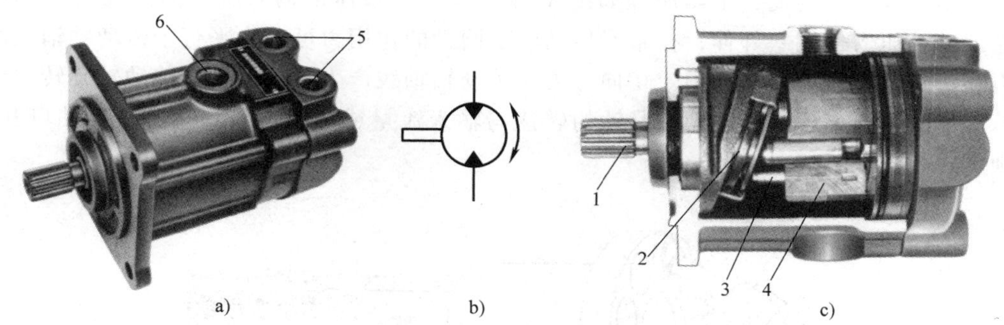

图 4-16　斜盘式轴向柱塞马达

a）实物　b）双向定量马达图形符号　c）实物剖视图

1—传动轴　2—斜盘　3—柱塞　4—缸体　5—吸、排油口　6—泄油口

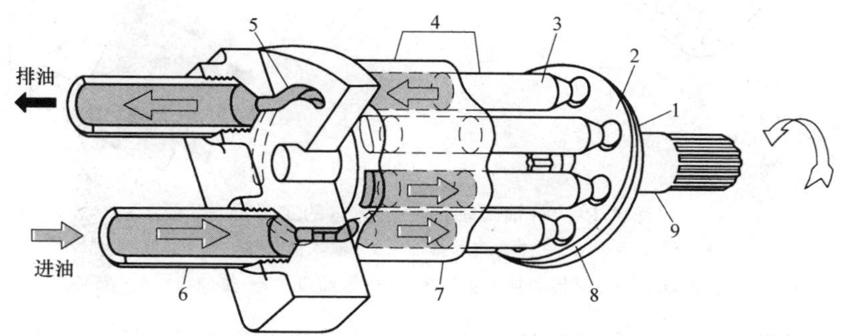

图 4-17　斜盘式轴向柱塞马达的工作原理

1—斜盘　2、8—回程盘　3—柱塞　4—柱塞、回程盘、缸体一起旋转　5—柱塞缩回时排出油液　6—输入液压油　7—输入液压油使柱塞伸出　9—传动轴

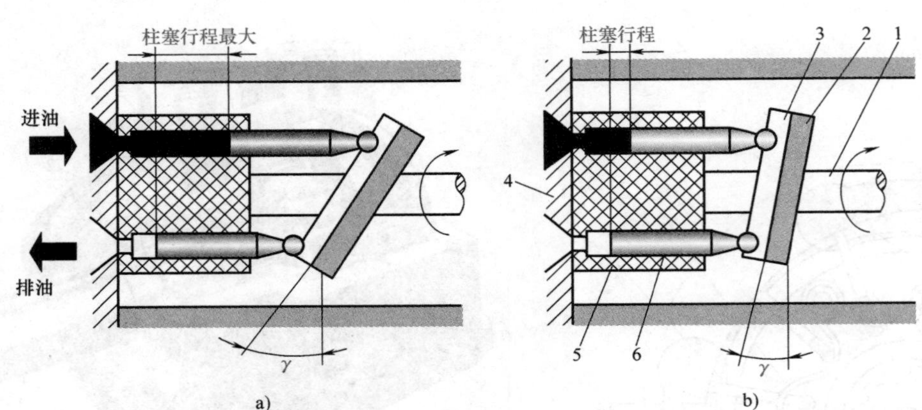

图 4-18 斜盘式轴向柱塞马达的变量工作原理

a）斜盘最大倾角 b）斜盘最小倾角

1—传动轴 2—斜盘 3—回程盘 4—配流盘 5—缸体 6—柱塞

量随之改变。斜盘倾角越大，马达排量和对外输出转矩越大，而转速则降低。通常，斜盘有最小倾角，以保持力矩和转速在工作范围内。

除斜盘式柱塞马达外，轴向柱塞马达还有斜轴式柱塞马达。这种马达的缸体和传动轴不同轴，而是互成一个角度，工作原理如图 4-19 所示。当液压油输入缸体的缸孔时，作用于柱塞底部的液压力使柱塞外伸，柱塞对传动轴上圆盘的作用力可分为平行于传动轴轴线的轴向分力和使缸体旋转的切向分力。切向分力对传动轴轴线产生转矩，推动传动轴旋转。柱塞缸进、排油的转换由配流盘实现。马达的转速与输入流量成正比。若马达进、排油口互换，马达则反转。

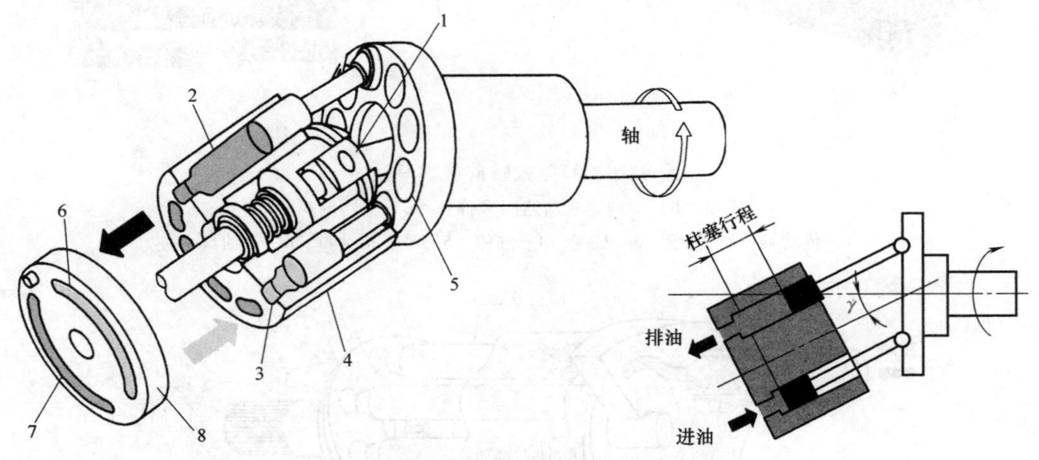

图 4-19 斜轴式轴向柱塞马达的工作原理

1—球铰接头 2—柱塞缩回排油 3—输入液压油 4—缸体

5—作用于圆盘上的力对传动轴产生转矩 6—进油口 7—排油口 8—配流盘

斜轴式轴向柱塞马达也有定量型和变量型之分。斜轴式变量马达是靠调节缸体摆角来改变排量的。若缸体摆角增大，则马达的排量增大。由式（4-4）和式（4-3）可知，此时，马达输出转矩增大，转速也降低。图 4-20 所示为两种不同型式的斜轴式轴向柱塞马达。

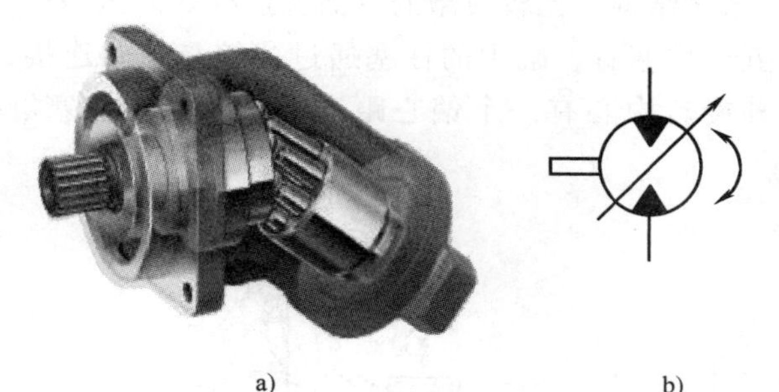

a)　　b)　　c)

图 4-20　两种不同型式的斜轴式轴向柱塞马达

a）定量马达　b）双向变量马达图形符号　c）变量马达

轴向柱塞马达由于工作腔是柱塞式的结构，密封性能好，容积效率最高，因此额定工作压力高，其功率质量之比也最大，而且可以比较方便地改变马达的排量，实现马达的无级调速。轴向柱塞式马达的综合性能指标优于叶片马达和齿轮马达。

轴向柱塞马达低速稳定性差，一般只作为高速小转矩马达使用。在实际应用中，为了获得较低的转速和较大的转矩，可采用轴向柱塞马达和减速机的传动装置，如图 4-21 所示。

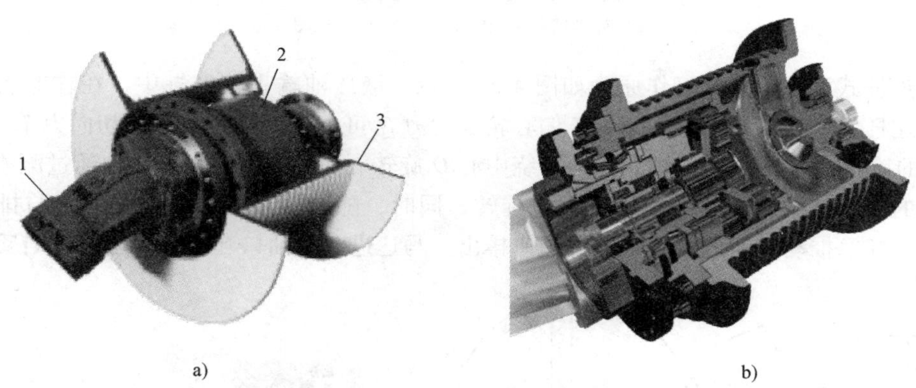

a)　　b)

图 4-21　斜轴式轴向柱塞马达和减速机组合的传动装置

a）液压马达、减速机、卷筒装置　b）减速机、卷筒剖视图

1—轴向柱塞马达　2—减速机　3—卷筒

综上所述，作为高速马达的轴向柱塞马达、叶片马达、齿轮马达和同类型的液压泵在结构上相似，从原理上讲，这种类型的液压泵可作为液压马达使用，液压马达也可作为液压泵使用。但是，两者作为能量转换元件，其功能正相反，在实际结构上还有些差别。如液压马达要求正、反转特性一致，其进、排油口大小一样，马达壳体中的泄漏油一般需要单独通过泄漏管流回油箱；而液压泵要求有良好的吸油性能，一般进油口比排油口大。另外，叶片马达必须有叶片压紧机构，以保证叶片紧贴定子内表面，叶片径向放置满足马达正、反转需要，而双作用叶片泵的叶片向旋转方向前倾，以减少叶片受力不平衡，单作用叶片泵的叶片后倾，以利于叶片甩出。因此，液压泵和液压马达不能通用。

4.2.4　低速大转矩液压马达

低速大转矩液压马达主要有曲轴连杆式、静力平衡式和内曲线液压马达等。

低速大转矩液压马达一般都是径向柱塞式结构，比较典型的是曲轴连杆式液压马达，如图 4-22 所示。在壳体圆周放射状均布了五个柱塞缸，缸中的柱塞通过球铰与连杆连接，连杆另一端与曲轴的偏心轮（偏心轮与曲轴旋转中心有一个偏心距）外圆接触。柱塞缸进、排油的转换由配流轴实现。

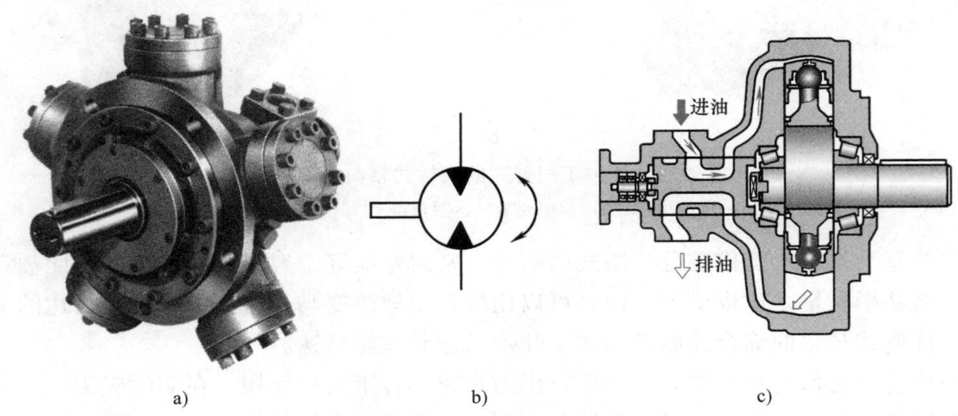

图 4-22　曲轴连杆式液压马达

a）外形图　b）图形符号　c）剖视图

曲轴连杆式液压马达的工作原理如图 4-23 所示。液压油输入柱塞缸中，在柱塞上产生的液压力经连杆作用到偏心轮上。作用于偏心轮上的力 N 可分解为法向力 F 和切向力 T。切向力 T 对曲轴的旋转中心 O 产生转矩，使曲轴绕中心 O 旋转。曲轴旋转时，液压油通过配流轴依次输入相应的柱塞缸中，使马达连续不断地旋转；同时，随曲轴旋转，柱塞缸依次与排油腔相通，油液在柱塞推动下通过配流轴的排油口排出。马达进、排油口互换，液压马达则反转。

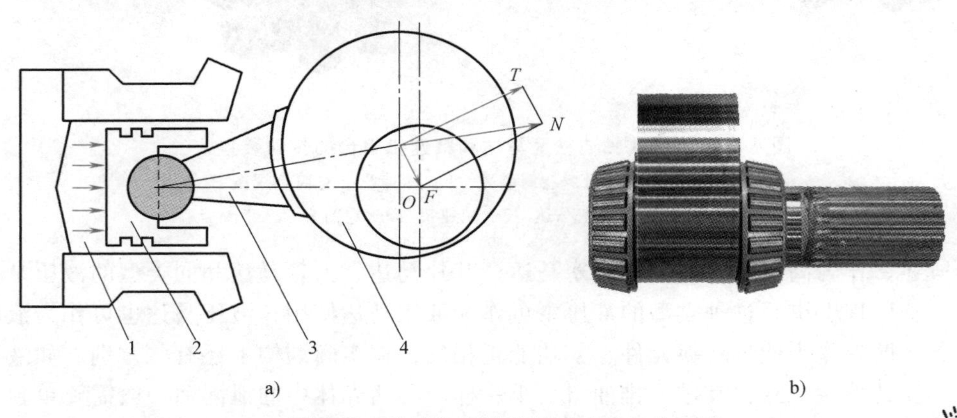

图 4-23　曲轴连杆式液压马达的工作原理

a）工作原理　b）偏心轮、输出轴、轴承部件

1—柱塞缸　2—柱塞　3—连杆　4—偏心轮

设曲轴连杆式液压马达的柱塞数为 z，柱塞直径为 d，曲轴偏心距为 e，则马达排量为

$$V_{\mathrm{i}}=\frac{z\pi d^2 e}{2} \tag{4-5}$$

曲轴每转一周，每个柱塞缸进、排油各一次。曲轴连杆式液压马达是一种单作用低速大

转矩液压马达，其结构简单，工作可靠，但相对其他低速大转矩马达，体积、质量较大，转速、转矩脉动大，低速稳定性较差。

低速大转矩液压马达的特点是排量大，输出转矩大，低速运转平稳，并可直接与工作机构连接，使传动装置紧凑，因而广泛应用于起重运输、工程机械、船舶和矿山机械等工业领域。图 4-24 所示为曲轴连杆式液压马达传动装置的应用。

a)　　b)

图 4-24　曲轴连杆式液压马达传动装置的应用

a）曲轴连杆式柱塞马达、减速机装置　b）曲轴连杆式柱塞马达直接驱动卷筒

4.2.5　液压马达的功率和效率

液压马达作为一种能量转换元件，其转换特性以容积效率、机械效率和总效率来评定。

1. 液压马达的功率

液压马达输入的是液体的压力能，其输入功率 P_h（W）为

$$P_h = \Delta pq \tag{4-6}$$

式中，Δp 为液压马达的进、出口压差（Pa）；q 为液压马达的输入流量（m^3/s）。

液压马达输出的是转矩和转速，其输出功率 P_{out}（W）为

$$P_{out} = T\omega \tag{4-7}$$

式中，T 为传动轴上输出的实际转矩（N·m）；ω 为传动轴的角速度（rad/s）。

2. 液压马达的效率

液压马达的效率有容积效率、机械效率和总效率。

液压马达输入的是液体的压力能。由于马达的进油是高压，而排油是低压，因而必然存在通过马达内部间隙的泄漏，使实际输入流量大于理论上按排量计算的流量。理论输入流量与实际输入流量之比，称为液压马达的容积效率，用 η_V 表示。即

$$\eta_V = \frac{q_i}{q} \times 100\% \tag{4-8}$$

式中，q 为液压马达的实际输入流量（m^3/s）；q_i 为液压马达所需的理论流量（m^3/s）。

液压马达的理论流量可由排量、角速度或转速决定。即

$$q_i = \omega V_i = \frac{2\pi n}{60} V_i \tag{4-9}$$

式中，V_i 为液压马达的排量（m^3/rad）；n 为液压马达的转速（r/min）。

液压马达输出的是旋转的机械能。由于液压马达内部相对运动零件之间有摩擦，必然要产生转矩损失，使马达实际输出转矩小于按排量和压差计算的理论输出转矩。液压马达实际输出转矩与理论输出转矩之比，称为液压马达的机械效率，用 η_m 表示。即

$$\eta_m = \frac{T}{T_i} \times 100\% = \frac{T}{\Delta p V_i} \times 100\% \tag{4-10}$$

式中，T_i 为液压马达的理论输出转矩（N·m）；Δp 为液压马达入口和出口压力之差（Pa）。

机械效率取决于液压马达的结构型式及其性能质量，一般齿轮马达为70%~80%，叶片马达为80%~85%，柱塞马达为90%~95%。由于液压马达起动时必须克服静摩擦转矩，而静摩擦转矩比动摩擦转矩更大，因此，在相同转矩下，起动机械效率比正常运转时的机械效率要低。

液压马达把液体的压力能转换为旋转的机械能，其输出的机械功率 P_{out} 与输入的液压功率 P_h 之比称为总效率，用 η_t 表示，即

$$\eta_t = \frac{P_{out}}{P_h} \times 100\% = \frac{T\omega}{\Delta p q} \times 100\% \tag{4-11}$$

液压马达的总效率也等于容积效率与机械效率的乘积，即

$$\eta_t = \eta_V \eta_m \tag{4-12}$$

例 4-2　某轴向柱塞液压马达，其平均输出转矩 $T=30N\cdot m$，工作压力 $p=5MPa$，最小转速 $n_{min}=600r/min$，最大转速 $n_{max}=2000r/min$，容积效率 $\eta_V=0.96$，机械效率 $\eta_m=0.9$。求所需的最小流量和最大流量。

解　由式（4-10）可得马达的排量为

$$V_i = \frac{T}{\Delta p \eta_m} = \frac{30N\cdot m}{50\times10^5 Pa\times0.9} = 0.67\times10^{-5} m^3/rad$$

而输入液压马达的流量为

$$q = \frac{\omega V_i}{\eta_V} = \frac{2\pi n/60}{\eta_V} V_i$$

因此，当液压马达的转速 $n_{min}=600r/min$ 时，所需的最小流量为

$$q_{min} = \frac{2\pi n_{min} V_i}{60\eta_V} = \frac{2\pi\times600\times0.67\times10^{-5}}{60\times0.96} m^3/s \approx 0.00044 m^3/s$$

当液压马达的转速 $n_{max}=2000r/min$ 时，所需的最大流量为

$$q_{max} = \frac{2\pi n_{max} V_i}{60\eta_V} = \frac{2\pi\times2000\times0.67\times10^{-5}}{60\times0.96} m^3/s \approx 0.0015 m^3/s$$

例 4-3　某液压马达的排量 $V_i=80cm^3/r$，容积效率为95%，机械效率为90%。马达的输入流量 $q=45L/min$，若额定工作压力 $p=7MPa$，求马达的转速、输出转矩和输出功率。

解　由式（4-8）可得马达的理论流量为

$$q_i = \eta_V q = 0.95\times45L/min = 42.75L/min$$

因此，马达的转速为

$$n=\frac{60\omega}{2\pi}=\frac{60q_{\mathrm{i}}}{2\pi V_{\mathrm{i}}}=\frac{60\times 42.75\times 10^{-3}/60\mathrm{m^3/s}\times 95\%}{2\pi\times 80\times 10^{-6}/(2\pi)\mathrm{m^3/rad}}\approx 507\mathrm{r/min}$$

由式（4-10）可得马达的输出转矩为

$$T=T_{\mathrm{i}}\eta_{\mathrm{m}}=7\times 10^{6}\mathrm{Pa}\times 80\times 10^{-6}/(2\pi)\mathrm{m^3/rad}\times 90\%\approx 80\mathrm{N\cdot m}$$

由式（4-7）可得马达的输出功率为

$$P_{\mathrm{out}}=T\omega=80\mathrm{N\cdot m}\times 2\pi\times 507/60\mathrm{rad/s}\approx 4245\mathrm{W}$$

例 4-4 某液压马达的排量 $V_{\mathrm{i}}=164\mathrm{cm^3/r}$，马达的工作压力 $p=7\mathrm{MPa}$，工作转速 $n=2000\mathrm{r/min}$，输入马达的流量 $q=360\mathrm{L/min}$，马达的输出转矩 $T=170\mathrm{N\cdot m}$。求马达的 η_{V}、η_{m}、η_{t} 及马达的输出功率。

解　由式（4-3）计算马达的理论流量为

$$q_{\mathrm{i}}=\omega V_{\mathrm{i}}=\frac{2000\times 2\pi}{60}\mathrm{rad/s}\times\frac{164\times 10^{-6}}{2\pi}\mathrm{m^3/rad}=5.47\times 10^{-3}\mathrm{m^3/s}$$

由式（4-8）可得马达的容积效率为

$$\eta_{\mathrm{V}}=\frac{q_{\mathrm{i}}}{q}\times 100\%=\frac{5.47\times 10^{-3}\mathrm{m^3/s}}{360\times 10^{-3}/60\mathrm{m^3/s}}\approx 91\%$$

为计算机械效率 η_{m}，首先计算理论输出转矩，可由式（4-4）得

$$T_{\mathrm{i}}=\Delta pV_{\mathrm{i}}=7\times 10^{6}\mathrm{Pa}\times 164\times 10^{-6}/(2\pi)\mathrm{m^3/rad}\approx 182.8\mathrm{N\cdot m}$$

因此

$$\eta_{\mathrm{m}}=\frac{T}{T_{\mathrm{i}}}\times 100\%=170/182.8\times 100\%\approx 93\%$$

由 η_{V}、η_{m} 可计算总效率 η_{t} 为

$$\eta_{\mathrm{t}}=\eta_{\mathrm{V}}\eta_{\mathrm{m}}=91\%\times 93\%\approx 84.6\%$$

由式（4-7）可计算液压马达的输出功率为

$$P_{\mathrm{out}}=T\omega=170\mathrm{N\cdot m}\times\frac{2000\times 2\pi}{60}\mathrm{rad/s}\approx 35587\mathrm{W}$$

4.2.6 液压马达的选用

选用液压马达主要根据主机对液压系统的要求，如转矩、转速、工作压力、排量、外形及连接尺寸、容积效率、总效率、质量、价格与设备成本、货源和使用维护的便利性等，但是，没有一种类型的液压马达可以满足全部需求，所以对于某一特定的应用工况而言，选用何种类型液压马达应根据不同情况综合考虑。

低速运转工况可选低转速马达，也可以采用高速马达加减速装置。在两种方案的选择上，应根据结构及空间情况、设备成本、驱动转矩是否合理等进行选择。

各类液压马达适用工况及应用范围见表 4-1。

表 4-1　各类液压马达适用工况及应用范围

马达类型	特点及适用工况	应用范围
齿轮马达	结构简单,成本低,但转速脉动较大,不能变量,适用于高转速低转矩、速度平稳性要求不高的场合	工程机械、农业机械、林业机械等
叶片马达	结构紧凑,运转平稳,噪声小,适用于转速高、负载转矩小的场合	塑料机械、机床等
摆线马达	适用于负载速度中等、体积要求小的场合	塑料机械、煤矿机械、环卫车辆、农业机械、挖掘机等
轴向柱塞马达	结构紧凑,转动惯量小,可变量,适用于转速较高、负载转矩小、有变速要求的场合	起重机械、工程机械、绞车、铲车、数控机床、行走机械等
径向柱塞马达	适用于负载转矩较大、转速低、径向尺寸可大一点的场合	塑料机械,行走机械、绞车、船舶甲板等
内曲线径向马达	适用于负载转矩大、转速低、平稳性高的场合	挖掘机、起重机、采煤机等

液压马达使用时，通常允许短时间内在超过额定压力 20%~50%的压力下工作，但瞬时最高压力不能和最高转速同时出现。液压马达的回油路背压有一定限制，在回油背压较大时，液压马达泄油口必须单独设置油管直通油箱。液压马达实际转速不应低于马达最低转速，以免出现爬行现象。

习题

4-1　液压执行元件有几类？其作用是什么？

4-2　单作用液压缸和双作用液压缸有什么区别？

4-3　单作用液压缸主要有哪几种？其伸、缩是如何实现的？

4-4　举例说明单作用液压缸的应用场合。

4-5　液压缸运动速度是如何确定的？工作压力是由什么决定的？

4-6　双出杆液压缸有什么特点？

4-7　伸缩液压缸有什么特点？单作用伸缩缸和双作用伸缩缸的应用场合有什么不同？

4-8　在输入流量一定时，单出杆双作用液压缸内缩速度为何比外伸速度快？

4-9　外负载不变、输入流量一定，何种液压缸可以在两个运动方向产生相等的作用力和运动速度？

4-10　液压缸的缓冲是如何实现的？其目的是什么？

4-11　列举三种不同类型的液压缸。

4-12　液压缸的主要参数有哪些？

4-13　液压缸的安装方式有哪些？

4-14　液压缸主要的密封部位有哪些？

4-15　液压缸低速运动的稳定性受哪些因素影响？

4-16　某液压泵以 95L/min 的流量将油输入缸径为 38mm 的单出杆双作用液压缸。若负载为 5337N（往返行程），活塞杆直径为 19mm。求：

1）外伸行程时，液压缸内的液体压力、活塞运动速度、液压缸输出功率。

2）内缩行程时，液压缸内的液体压力、活塞运动速度、液压缸输出功率。

4-17　高速液压马达和低速液压马达是如何划分的？

4-18　简述齿轮液压马达的工作原理。

4-19 液压马达的进、出油口尺寸为什么一样大？

4-20 如何理解液压马达排量的概念？

4-21 液压马达的转速是如何确定的？工作压力是由什么决定的？

4-22 调节液压马达的转速可以采取哪些措施？

4-23 高速液压马达有哪些类型？其特点是什么？

4-24 如何理解液压马达的理论输出转矩？

4-25 低速大转矩液压马达有什么特点？

4-26 高速液压马达低速运动不稳定，主要受哪些因素的影响？

4-27 高速液压马达和同类型液压泵结构相似，有什么区别？它们可以互换吗？

4-28 如何确定液压马达的规格？

4-29 哪些因素影响液压马达的低速运动稳定性？

4-30 液压马达的容积效率、机械效率和总效率是如何定义的？

4-31 为什么实际输入液压马达的流量比其理论计算流量大？

4-32 为什么液压马达的实际输出转矩小于理论输出转矩？

4-33 某轴向柱塞定量马达的排量为 $28\text{cm}^3/\text{r}$，容积效率 $\eta_V=0.96$，当转速为 1500r/min 时，液压马达的理论流量是多少？实际输入液压马达的流量是多少？

4-34 某液压马达的排量为 $90\text{cm}^3/\text{r}$，工作压力为 20MPa，转速为 2000r/min，如果实际输入马达的流量为 190L/min，实际输出转矩为 265N · m。求马达的容积效率、机械效率和总效率以及马达的输出功率。

4-35 某低速大转矩液压马达的排量为 $6500\text{cm}^3/\text{r}$，转速范围为 0.5～110r/min，工作压力为 20MPa，机械效率 $\eta_m=0.9$，容积效率 $\eta_V=0.95$。马达的输出转矩是多少？输入马达的最小流量和最大流量是多少？

第5章

液压控制阀

5.1 概　　述

在液压系统中，液压控制阀用来控制油液的方向、压力和流量，从而控制执行机构按负载的需要进行工作及实现一定的性能要求。

5.1.1 液压控制阀的分类

图5-1所示为一个简单的液压系统。液压泵4从油箱1吸油，液压泵4排出的油液经排油过滤器6和流量控制阀7，最后至方向控制阀8和9。方向控制阀8控制油液进入液压缸10的无杆腔或有杆腔，从而使液压缸10的活塞向外伸出或向内缩回；方向控制阀9控制油液液压马达11的工作油腔，使液压马达11正向旋转或反向旋转。液压缸10和液压马达11排出的油液经回油过滤器12流回油箱1。在这个液压系统中，液压泵输出液体，方向控制阀控制油液的流向，压力控制阀控制系统的压力，通过流量控制阀控制油液的流量来调节执行元件液压缸的运动速度和液压马达的转速；而辅助元件油箱和过滤器则分别用来存储油液和滤除油液中的污染物。

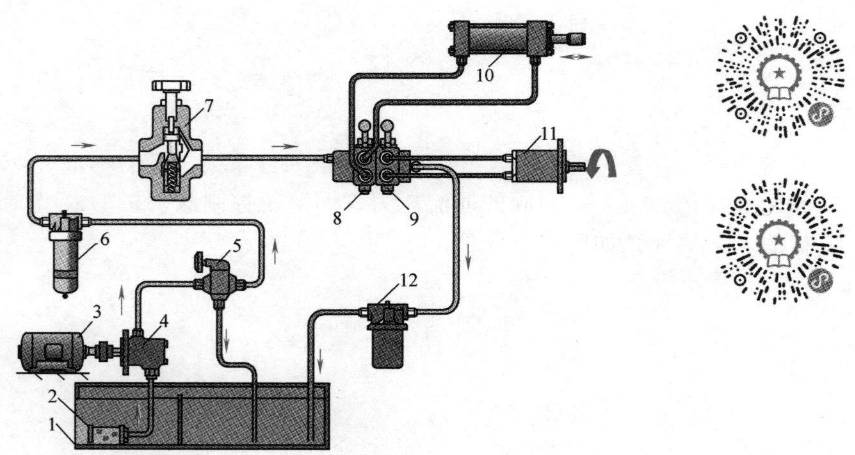

图5-1　一个简单的液压系统

1—油箱　2—吸油过滤器　3—电动机　4—液压泵　5—压力控制阀　6—排油过滤器
7—流量控制阀　8、9—方向控制阀　10—液压缸　11—液压马达　12—回油过滤器

通常，一个液压传动系统包含液压能源元件、液压控制元件、液压执行元件和辅助元件，其工作流程如图5-2所示。

按液压控制元件在液压系统中所起的控制功能不同，可分为以下三类。

1. 方向控制阀

用来控制和改变液压系统中液流方向的阀类，称为方向控制阀，如单向阀、换向阀等。

2. 压力控制阀

用来控制或调节液压系统中液流压力的阀类，称为压力控制阀，如溢流阀、减压阀等。

3. 流量控制阀

用来控制或调节液压系统中液流流量的阀类，称为流量控制阀，如节流阀、调速阀等。

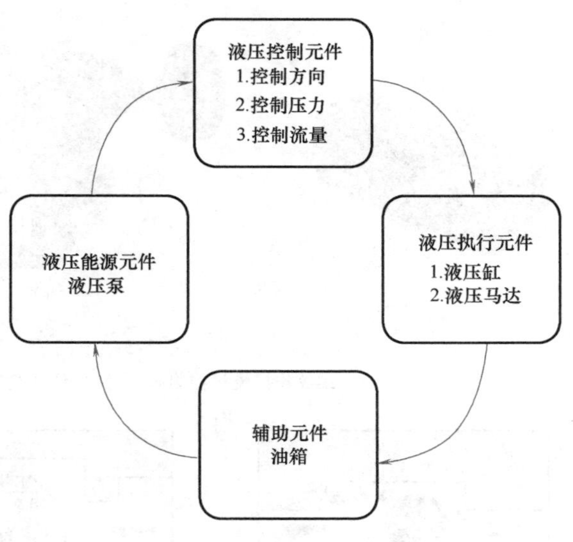

图 5-2 液压系统工作流程

尽管各类液压控制阀的功能不同，但都具有一些共同的特点：

1）依靠阀孔的开、闭来限制、改变液体的流动或停止液体的流动。

2）液压控制阀都是节流装置，它们在工作过程中完成调节功能的同时，都会产生压降，即液压能量损失，从而使油液的温度升高。

3）通过阀孔的流量与过流面积及阀孔前后压差有关。

常规液压控制阀的控制方式简单，成本低，是液压传动系统中应用最多的控制阀。此外，还有电液比例阀和电液伺服阀，这两类阀都是按给定的输入电信号连续地、线性地、按比例地对阀进行操作控制，但制造技术要求高，成本高，本章第 6 节介绍了电液比例阀。有关电液伺服阀的内容，本书不做介绍。

5.1.2 液压控制阀的基本参数

1. 公称通径

公称通径代表液压控制阀的通流能力，即液压控制阀规格的大小，通常指液压控制阀进出油口的名义尺寸，如图 5-3 所示。常规液压控制阀规格有 6、10、16、25、32 等名义通径尺寸。在正常工作条件下，为了减少压力损失，液压控制阀工作时的实际流量应小于或等于液压控制阀规格所允许通过的最大流量值。

2. 公称压力

公称压力表示液压控制阀在额定工作状态下所允许的最高压力，其值对应于液压控制阀的额定工作压力。常规液压控制阀的额定工作压力等级有 7MPa、21MPa、31.5MPa 和 35MPa 等，液压控制阀工作时的实际压力应小于或等于液压控制阀的额定工作压力。

5.1.3 液压控制阀的功率损失

液压控制阀的阀口结构型式不一样，如图 5-4 所示。

设阀口的流量系数为 C_q，节流口的过流面积为 A_T，阀进口压力为 p_1，阀出口压力为

a)

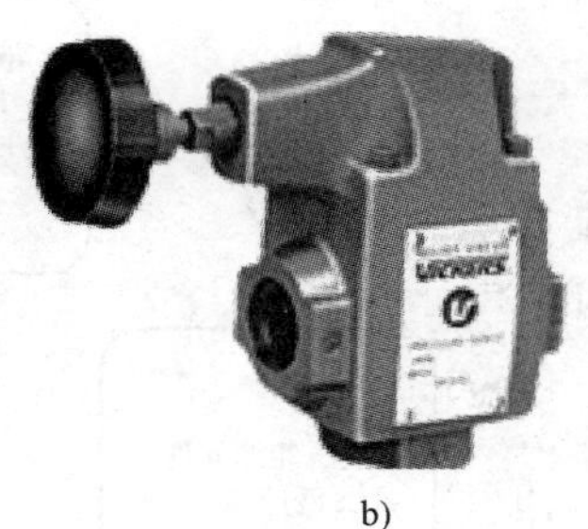
b)

c)

图 5-3　不同通径液压控制阀

a）螺纹连接流量控制阀　b）螺纹连接压力控制阀　c）板式连接换向阀

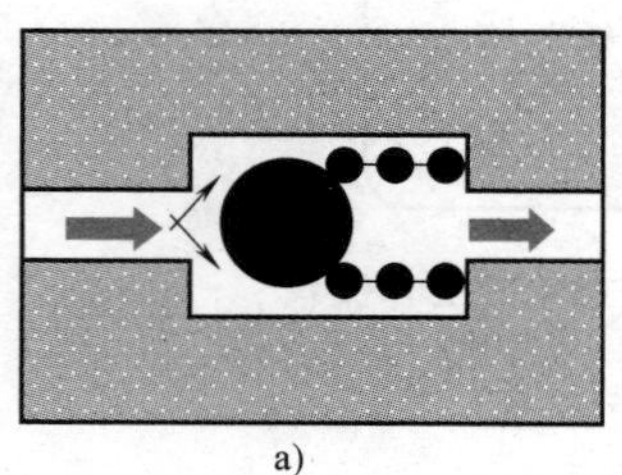
a)

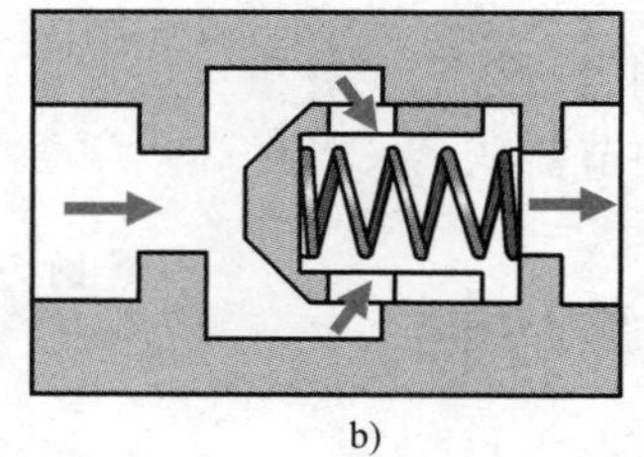
b)

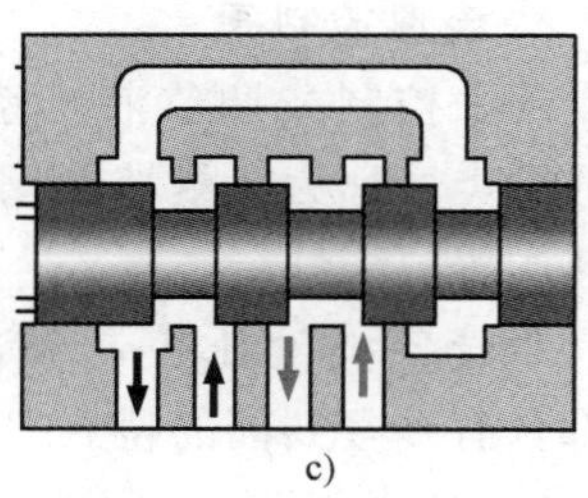
c)

图 5-4　液压控制阀阀口的基本结构型式

a）球阀阀口　b）锥阀阀口　c）滑阀阀口

p_2，阀进出口压差为 Δp，通过阀口的流量为 q，则根据式（2-32）可得

$$q=C_{\mathrm{q}}A_{\mathrm{T}}\sqrt{\frac{2}{\rho}(p_1-p_2)}=C_{\mathrm{q}}A_{\mathrm{T}}\sqrt{\frac{2}{\rho}\Delta p}$$

即

$$\Delta p=\frac{\rho}{2C_{\mathrm{q}}^2A_{\mathrm{T}}^2}q^2 \tag{5-1}$$

由于阀口的节流阻力作用，流量为 q 的液体通过阀口产生的功率损失为

$$\Delta P=q\Delta p=\frac{\rho}{2C_{\mathrm{q}}^2A_{\mathrm{T}}^2}q^3 \tag{5-2}$$

可见，阀口产生的功率损失与通过阀口流量的三次方成正比，与节流口过流面积的二次方成反比。因此，为了减少阀压降和功率损失，节流口的过流面积 A_{T} 应尽可能大，通过阀口的实际流量应小于或等于液压控制阀规格所允许通过的最大流量值。过流面积 A_{T} 取决于阀口的结构型式，并随阀芯开口的变化而变化，各种阀口过流面积 A_{T} 的计算可参见相关手册。

5.2　方向控制阀

方向控制阀是用来控制液压系统中各管道间通断关系的阀类。普通方向控制阀包括单向阀和换向阀两类。

5.2.1　单向阀

单向阀可分为普通单向阀和液控单向阀。

1. 普通单向阀

图 5-5a 所示为直通式单向阀，它由阀体、钢球式阀芯和弹簧等零件组成，其图形符号如图 5-5b 所示。如图 5-5c 所示，当油液从 A 口进入阀体，油压作用在钢球上的力克服弹簧力使阀芯移动并压缩弹簧，阀口开启，油液经阀口从 B 口流出。当油液反向从 B 口进入单向阀时，钢球在油压及弹簧力作用下紧压在阀座上，阀口关闭，油液被截止而不能流过，如图 5-5d 所示。

单向阀中的弹簧用于阀芯复位。为减少压力损失，并保证动作灵敏、可靠，弹簧刚度和预压力较小，其开启压力为 0.035~0.05MPa，通过额定流量时的压力损失为 0.1~0.3MPa。而当单向阀作为背压阀使用时，其弹簧刚度较大，开启压力为 0.3~0.5MPa。

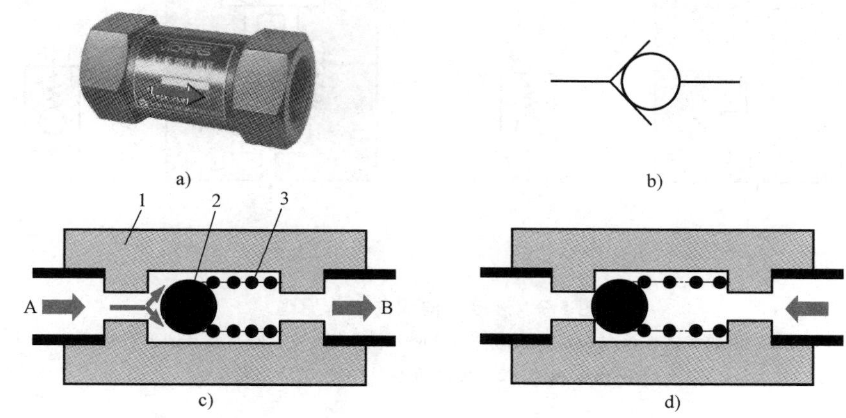

图 5-5　普通单向阀

a）直通式单向阀　b）单向阀图形符号　c）允许油液单向流动　d）单向阀关闭状态

1—阀体　2—阀芯　3—弹簧

单向阀也有锥形阀芯式结构，其密封性好，能承受很高的反向压力，且动作平稳。

单向阀的作用是使油液沿一个方向流动，不允许它反向倒流，在液压系统中有多种应用，如图 5-6 所示。单向阀安装在液压泵的出口，可防止系统中的液压油倒流而使液压泵反转（电机呈发电机状态）；两个液压泵并联工作，出口均安装单向阀，可消除油路干扰，使每个液压泵既可单独工作，也可同时工作；作为背压阀时可增加液压缸运动的平稳性；与其他阀并联时可作为旁通阀等。

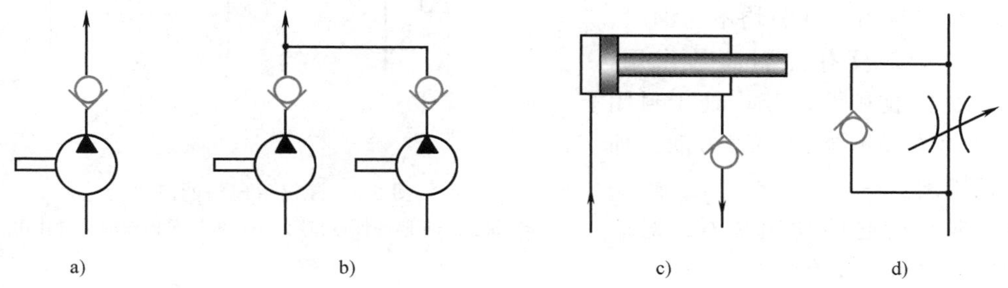

图 5-6　单向阀的应用

a）安装在液压泵出口　b）消除油路干扰　c）作为背压阀　d）作为旁通阀

2. 液控单向阀

图 5-7 所示为液控单向阀的工作原理。除油路口 A 和油路口 B 之外，它还有一个控制口 X。当控制口无液压油通入时，它与普通单向阀一样，油液只能从 A 流向 B，不能反向倒流。当控制口 X 通入液压油时，控制活塞在油压的作用下克服单向阀阀芯上端的弹簧力，使阀口开启，油路 A 和 B 相通，油液即可在两个方向自由流动。

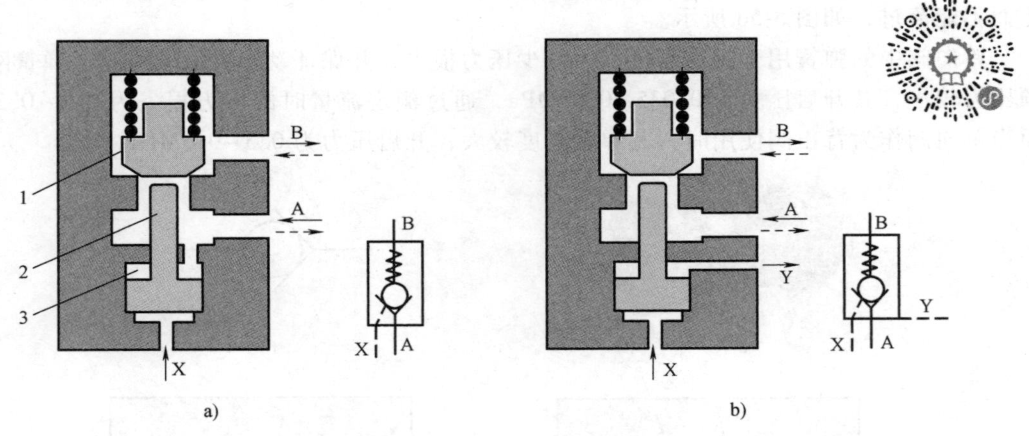

图 5-7　液控单向阀的工作原理

a）内泄式液控单向阀及其图形符号　b）外泄式液控单向阀及其图形符号

1—单向阀锥阀芯　2—控制活塞　3—控制活塞背压腔

液控单向阀有内泄式和外泄式之分。内泄式单向阀控制活塞的背压腔与油路口 A 相通，如图 5-7a 所示；外泄式单向阀控制活塞的背压腔直接通油箱 Y，如图 5-7b 所示。当反向流动时，出油口 A 压力较低时采用内泄式单向阀；而高压系统则采用外泄式单向阀。

液控单向阀可用于保压、执行元件锁紧等。图 5-8a 所示为液控单向阀的保压作用。当液压缸有杆腔和无杆腔均不通油时，控制口 X 没有控制油的作用，液控单向阀从 B 至 A 封闭，液压缸无杆腔保压，重物不下降。图 5-8b 所示为液控单向阀的锁紧作用。当液压缸有杆腔和无杆腔均不通油时，控制口 X1、X2 没有控制油的作用，则液压缸有杆腔和无杆腔均处于封闭状态，使液压缸不能伸、缩窜动，即液压缸被锁紧。

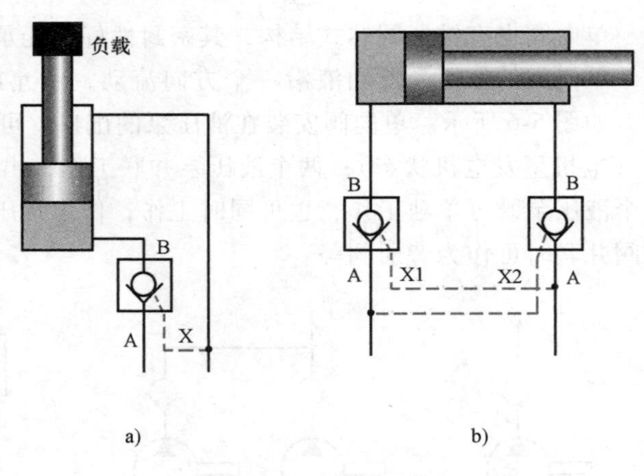

图 5-8　液控单向阀的应用

a）液控单向阀的保压作用　b）液控单向阀的锁紧作用

从单向阀所起的功用来看，对单向阀的性能要求主要有：

1）通过液流时压力损失要小，而反向截止时密封性要好。

2）动作灵敏，工作时无撞击和噪声。

5.2.2 换向阀

换向阀是用来控制系统中油路的接通、切断或改变液流方向的阀类。图5-9所示为换向阀对液压缸的起、停、伸、缩控制的工作原理。图5-9a所示为液压泵排油路回油箱，液压缸两腔均封闭而停止运动；图5-9b所示为液压泵的排油到液压缸的无杆腔，而有杆腔的油回油箱，液压缸外伸；图5-9c所示是液压泵的排油到液压缸的有杆腔，而无杆腔的油回油箱，液压缸缩回。在这个系统中，液压缸的起、停、伸、缩和运动方向的改变就是通过换向阀对液流的控制作用来实现的。

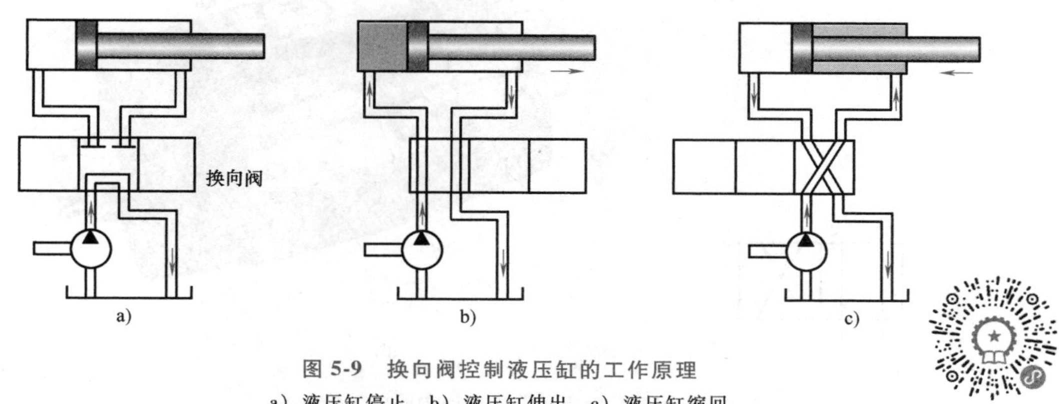

图5-9 换向阀控制液压缸的工作原理

a）液压缸停止 b）液压缸伸出 c）液压缸缩回

换向阀按阀芯结构的不同，可分为滑阀式、转阀式、球阀式和锥阀式等多种型式。在液压系统中，应用最多的是滑阀式换向阀。

1. 滑阀式换向阀的工作原理

图5-10所示为二位四通滑阀式换向阀的工作原理。圆柱体形的阀芯上有两个台肩，而阀体内有四条通路（阀体上的油路通常用字母表示：进油路为P，回油路为T，与执行元件连接的油路为A和B）。

图5-10a所示为阀芯处于左端，油口P与A相通，B与T相通；当阀芯右移至图5-10b所示右端位置时，则P与B相通，T与A相通。因此，换向阀是借助于阀芯与阀体间相对位置的不同，由阀芯台肩开启或封闭阀体上的油口，从而使相应的油路接通或断开。该换向阀有两个工作位置，四条通路，称为二位四通换向阀。

图5-10c所示为油路通断的图形符号。图5-10d所示为二位四通换向阀的实物剖视图。

换向阀按工作位置数和控制通道数的不同来分，还有二位二通、二位三通和三位四通等。

二位二通滑阀式换向阀有两条通路，即进油路和出油路，而阀芯有两个工作位置，其工作原理如图5-11所示。图5-11a所示为处于关闭状态，进、出油路P、A互不相通；图5-11b所示为处于开通状态，进、出油路P、A相通。

二位三通滑阀式换向阀有三条通路，而阀芯有两个工作位置，其工作原理如图5-12所示。图5-12a所示为阀芯处于左端位置，油路P与A相通，油路B封闭；图5-12b所示为阀芯处于右端位置，油路P与B相通，油路A封闭。

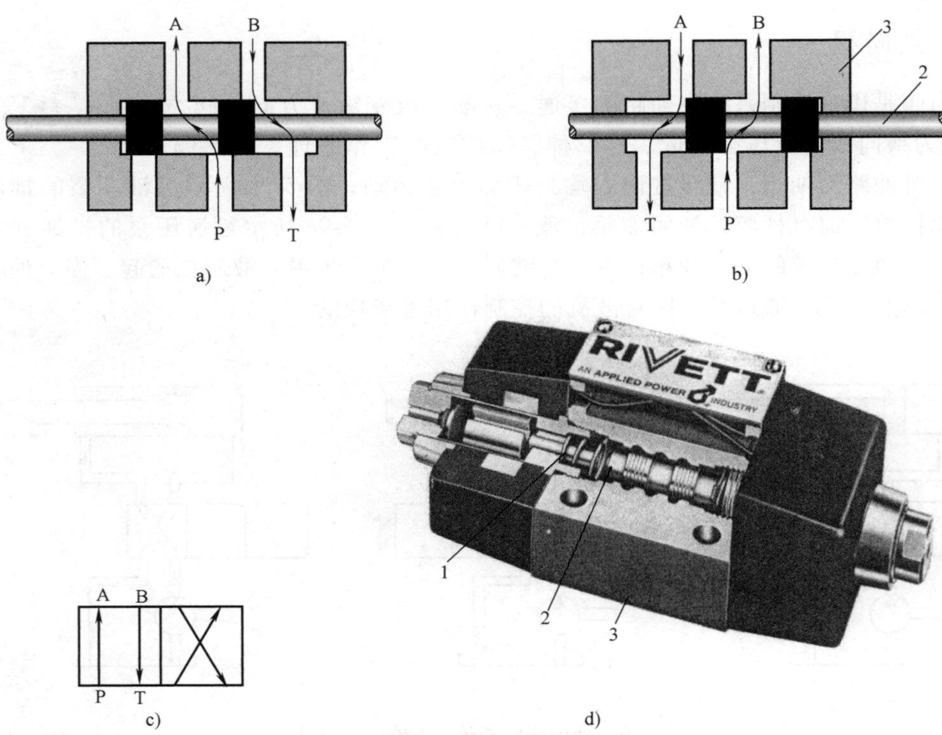

图 5-10　二位四通滑阀式换向阀的工作原理

a）阀芯处于左端位置　b）阀芯处于右端位置　c）图形符号　d）实物剖视图

1—对中弹簧　2—阀芯　3—阀体

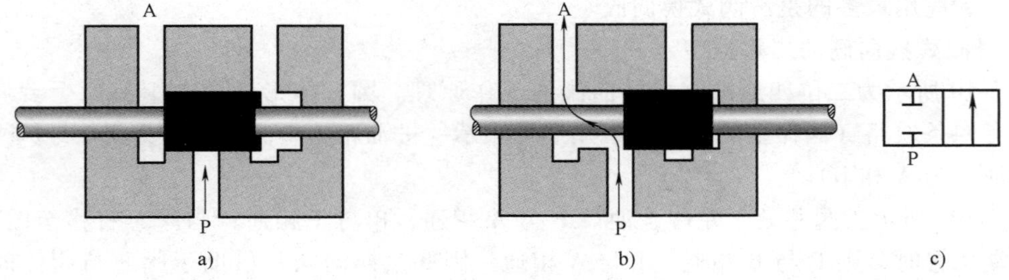

图 5-11　二位二通滑阀式换向阀工作原理

a）进、出油路关闭　b）进、出油路开通　c）图形符号

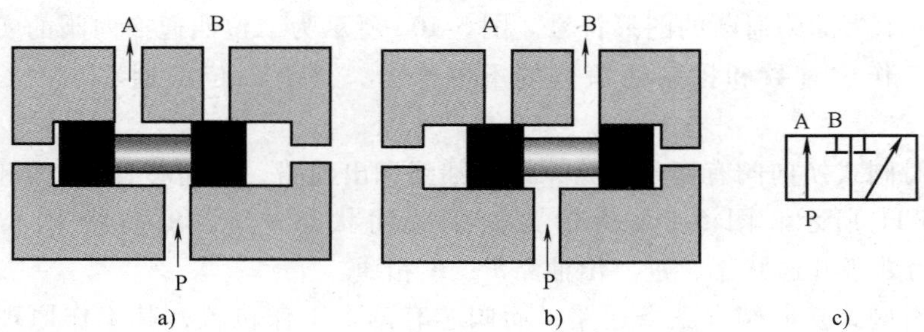

图 5-12　二位三通滑阀式换向阀的工作原理

a）阀芯处于左端位置　b）阀芯处于右端位置　c）图形符号

三位四通滑阀式换向阀有四条通路，而阀芯有三个工作位置，其工作原理如图 5-13 所示。图 5-13a 所示为阀芯处于左端位置，油路 P 与 B 相通，A 与 T 相通；图 5-13b、d 所示为阀芯处于中间位置，四条油路 P、T、A、B 均封闭，互不相通；图 5-13c、e 所示为阀芯处于右端位置，油路 P 与 A 相通，B 与 T 相通。

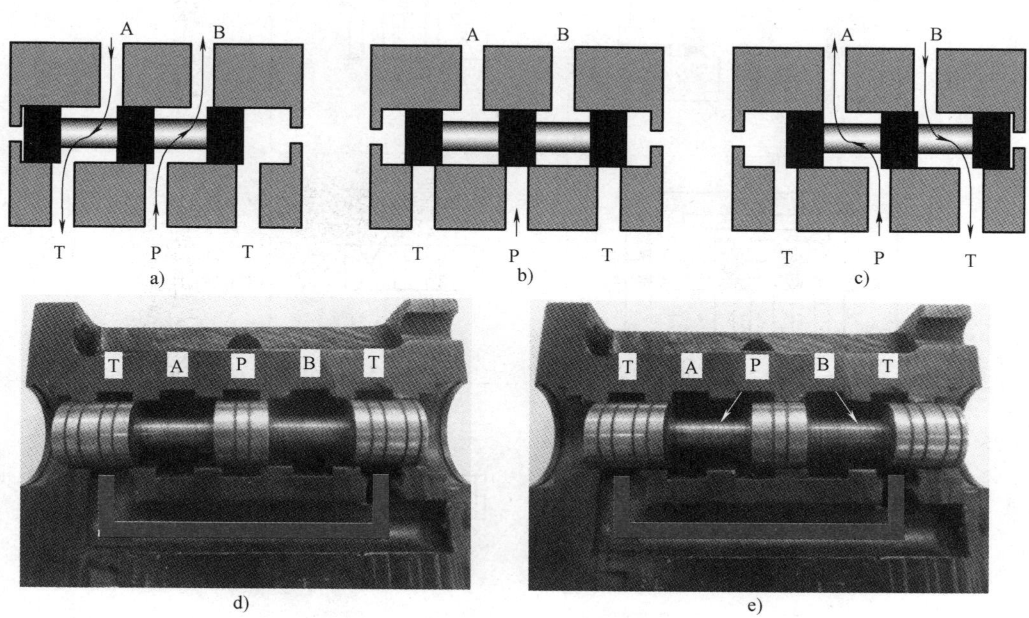

图 5-13　三位四通滑阀式换向阀的工作原理

a）阀芯处于左端位置　b）阀芯处于中间位置　c）阀芯处于右端位置

d）中位结构剖视　e）右位结构剖视

2. 滑阀的中位机能

三位四通换向阀的阀芯在中位时，各油口的连通方式称为滑阀的中位机能。对于三位四通换向阀，左、右工作位置用于执行元件的换向，一般为 P 与 A 通，B 与 T 通或 P 与 B 通，A 与 T 通；而中位则有多种机能，以满足执行元件处于非运动状态时系统的不同性能要求。表 5-1 列出了三位四通换向阀常用的中位机能代号、图形符号及机能特点和应用。

表 5-1　三位四通换向阀的中位机能

机能代号	工作原理	图形符号	中位机能特点和应用
O	T A P B	A B P T	各油口均封闭，P 口不卸荷，执行元件两腔封闭
H	T A P B	A B P T	各油口相互连通，P 口卸荷，执行元件两腔相通

（续）

机能代号	工作原理	图形符号	中位机能特点和应用
P	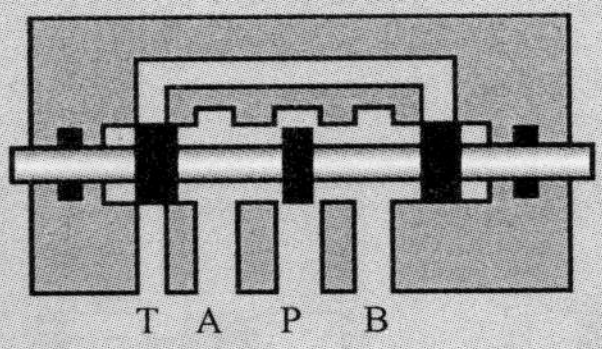 T A P B	 A B P T	油口 P 与执行元件两腔 A、B 相通，回油口 T 封闭
Y	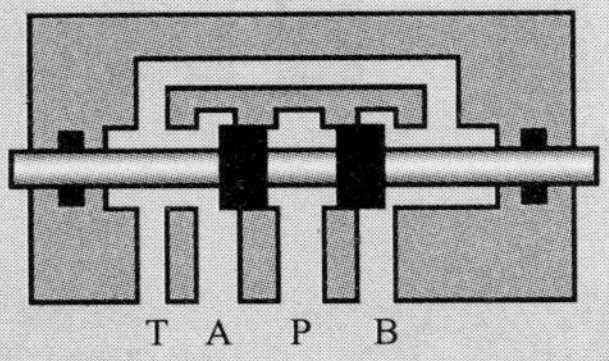 T A P B	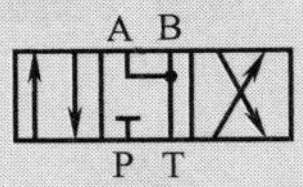 A B P T	执行元件两腔 A、B 与回油口 T 相通，P 口保持压力
K	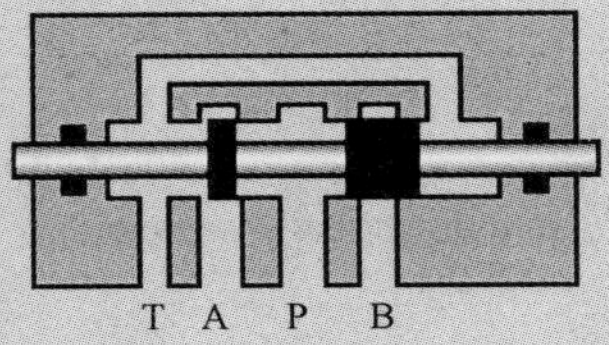 T A P B	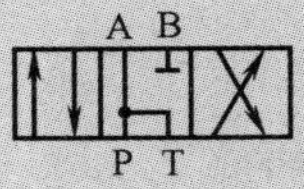 A B P T	P、A、T 相通，P 口卸荷，执行元件 B 腔封闭
M	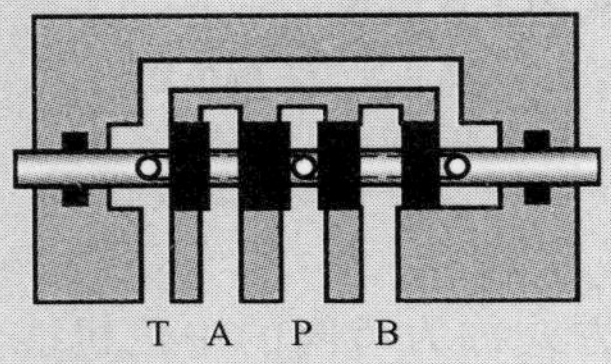 T A P B	 A B P T	P 口卸荷，执行元件 A、B 两腔封闭

不同的中位机能有不同的特点。设计液压回路时，若能正确、巧妙地选择滑阀机能，则可用较少的元件实现回路的功能。

例 5-1　用滑阀式换向阀控制液压缸的运动，要求液压缸运动中能停止于任意位置，而液压源卸荷，应选用何种中位机能的换向阀？如果要求液压源不能卸荷，需要保压，又应选用什么机能的换向阀？

解　第一种情况应选用 M 型中位机能的换向滑阀。阀的 A、B 两个油口分别通液压缸两腔。当换向阀处于中位时，阀的 A、B 两个油口封闭，而 P 和 T 口互相连通；液压缸由于惯性前冲，但液压缸回油腔的油因被封闭而排不出去，油液受挤压而使回油背压升高，从而使液压缸迅速停止运动而定位；同时，液压源的液压油经阀的回油口直通油箱，实现了液压源的卸荷，如图 5-14a 所示。

第二种情况应选用 O 型中位机能的换向滑阀。当阀处于中位时，其特点是阀的 P、A、B、T 各油口均封闭，故液压缸处于锁紧状态，而液压源保持压力，液压泵不能卸荷，如图 5-14b 所示。

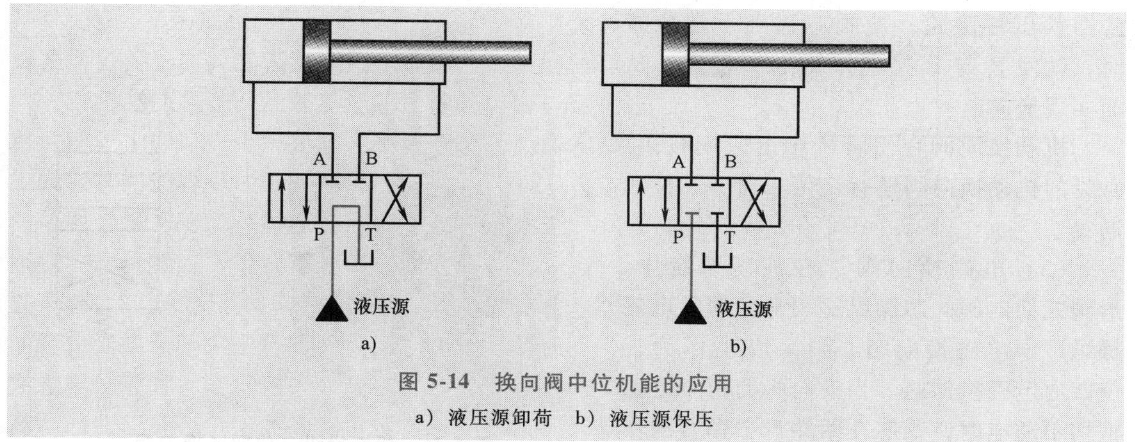

图 5-14 换向阀中位机能的应用

a）液压源卸荷 b）液压源保压

3. 换向阀的操纵方式

换向阀从一个工作位置换到另一个工作位置通常有五种操纵方式，即手动、机动、电磁、液动和电液。

（1）手动换向阀 手动换向阀是由操纵者直接操纵控制的换向阀。图 5-15b 所示为手动操纵三位四通换向阀。当手柄向右扳时，阀芯移至左端位置，P 与 A 相通，B 与 T 相通；当手柄向左扳时，阀芯移至右端位置，P 与 B 相通，A 与 T 相通；当松开手柄时，阀芯在两端弹簧力的作用下处于中位（图 5-15b 所示位置），油口 P、A、B、T 均处于封闭状态，各不相通。因此，手动换向阀也称为弹簧对中式三位四通换向阀。

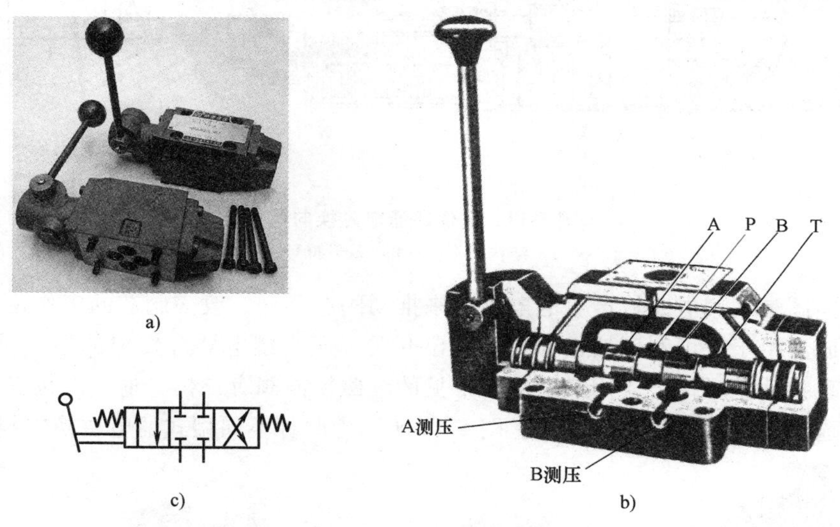

图 5-15 手动换向阀

a）实物 b）三位四通手动换向阀的结构剖视图 c）图形符号

手动换向阀适用于频繁操纵、工作持续时间短的应用场合，如工程机械、压力机、船舶等。

（2）机动换向阀 图 5-16 所示为机械操纵二位四通换向阀。它利用挡铁或凸轮等机械装置碰撞操纵杆上的滚轮，从而使阀芯移动进行换向，也称行程换向阀。在图 5-16 所示位置，阀芯被弹簧压向上端位置（称为弹簧复位式），油口 P 与 A 相通，B 与 T 相通；当运动的挡铁压住滚轮，使阀芯移到下端位置时，就使P与B接通，A与T接通，从而实现换向。

机动换向阀在组合机床上应用较多。常见的机动换向阀还有二位二通、二位三通等。

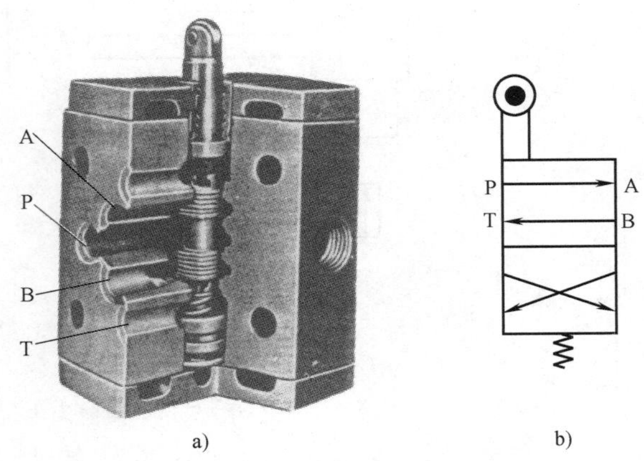

图 5-16 机械操纵二位四通换向阀

a）结构剖视图 b）图形符号

（3）电磁换向阀 在液压系统中，滑阀式换向阀阀芯操纵比较常见的是电磁操纵，即电磁换向阀。图5-17所示为三位四通电磁换向阀。当换向阀的两个电磁铁均不通电时，阀芯在两端对中弹簧的作用下处于中位，油口P、A、B、T均封闭，互不相通；当右边电磁铁a通电时，电磁力通过推杆将阀芯推至左端位置，使P与A相通，B与T相通；而当左边电磁铁b通电时，油口P与B相通，A与T相通，从而实现换向。

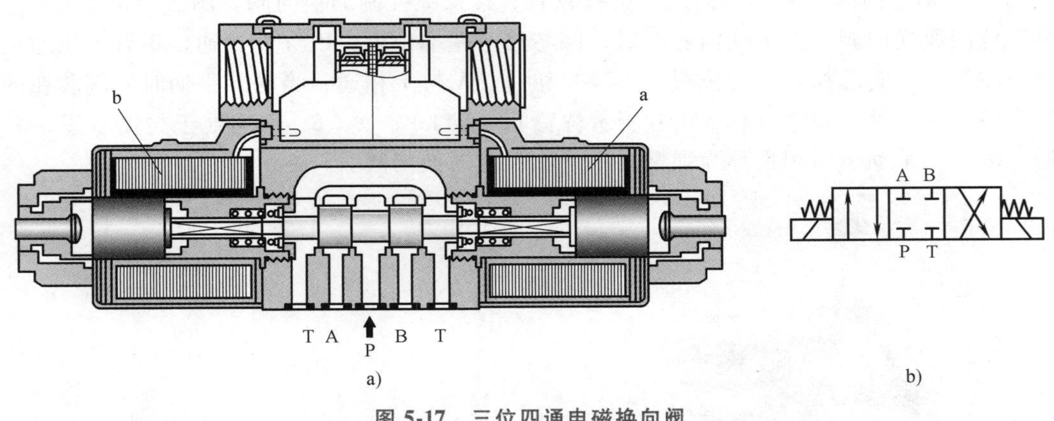

图 5-17 三位四通电磁换向阀

a）结构剖视图 b）图形符号

电磁换向阀是利用电磁铁产生的电磁力来推动阀芯移动，改变阀芯的工作位置，从而控制油液的方向。由于它可利用按钮开关、限位开关、压力继电器等发出的电信号进行控制，因此易于实现自动化操作，应用最广泛。常见的电磁换向阀有二位二通、二位三通、二位四通、三位四通和三位五通等多种型式。图5-18所示为两种不同型式的电磁换向阀。

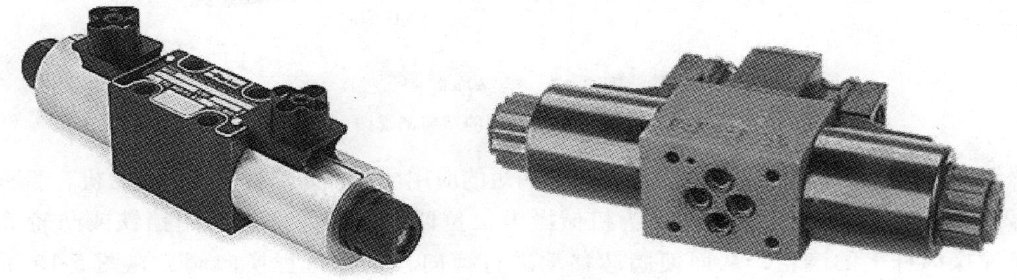

图 5-18 两种不同型式的电磁换向阀

电磁换向阀有交流和直流两种类型。交流电磁铁的起动力矩较大，换向时间短，电路配置简单；但是，当阀芯卡住或电磁吸力不足而使铁心吸不上时，易造成电磁铁电流过大而烧坏，因此可靠性差，而且换向时冲击大。直流电磁铁工作可靠，不会因阀芯卡住而烧坏，换向时冲击小，寿命长；但起动力较交流电磁铁小，而且在无直流电源时，需要整流设备。

由于电磁铁的吸力较小，电磁换向阀只适用于小流量规格的换向阀，例如名义通径 6、10 的换向阀。而当流量较大时，通常需要的换向操纵力也较大，应采用液压操纵、气压操纵或电液复合操纵换向阀。

（4）液动换向阀　液动换向阀是利用液压油操纵阀芯运动的换向阀。图 5-19 所示为液动换向阀。阀芯的两端有控制腔 X1 和 X2，当油液进入左端控制腔 X1 时，油压的作用推动阀芯右移，使油口 P 与 A 相通，B 与 T 相通；当油液进入右端控制腔 X2 时，阀芯被推向左端，使油口 P 与 B 相通，A 与 T 相通，实现油路换向。当两端的控制腔均不通油时，阀芯在两端对中弹簧作用下，处于中间位置，各油口封闭。

由于操纵阀芯的液压推力较大，所以液动换向阀可制成大流量规格的换向阀，例如名义通径 16、25、32 的换向阀。

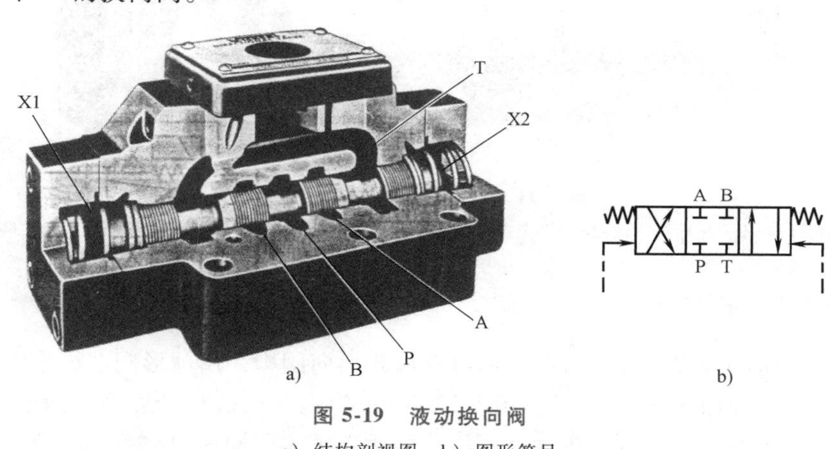

a)　　b)

图 5-19　液动换向阀

a）结构剖视图　b）图形符号

（5）电液换向阀　电液换向阀由电磁换向阀和液动换向阀组合而成，如图 5-20 所示。液动换向阀是主阀；电磁换向阀起先导控制作用，由它控制主阀的控制油，从而控制操纵主阀阀芯位置，实现主阀的换向。

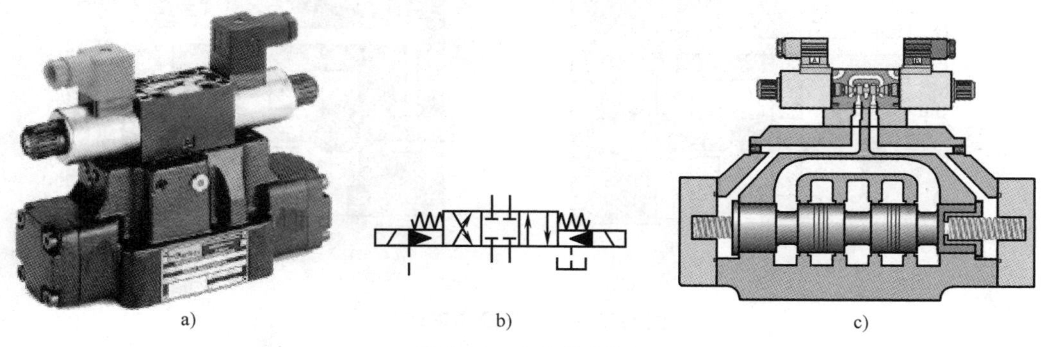

a)　　b)　　c)

图 5-20　电液换向阀

a）三位四通电液换向阀　b）图形符号　c）结构原理

电液换向阀的工作原理如图 5-21 所示。在图示位置，先导阀右端电磁铁通电，先导阀阀芯向左移，控制油进入主阀右端控制腔 X2，主阀阀芯被推向左端，使油口 P 与 A 相通，B 与 T 相通；同理，当先导阀左端电磁铁通电时，控制油则进入主阀左端控制腔 X1，主阀阀芯被推向右端，使 P 与 B 相通，A 与 T 相通，即实现主阀的换向。电液换向阀综合了电磁换向阀和液动换向阀的优点，用较小的电磁铁就能控制较大的流量，具有控制方便、通流能力大的特点，在大流量的液压系统中应用广泛。

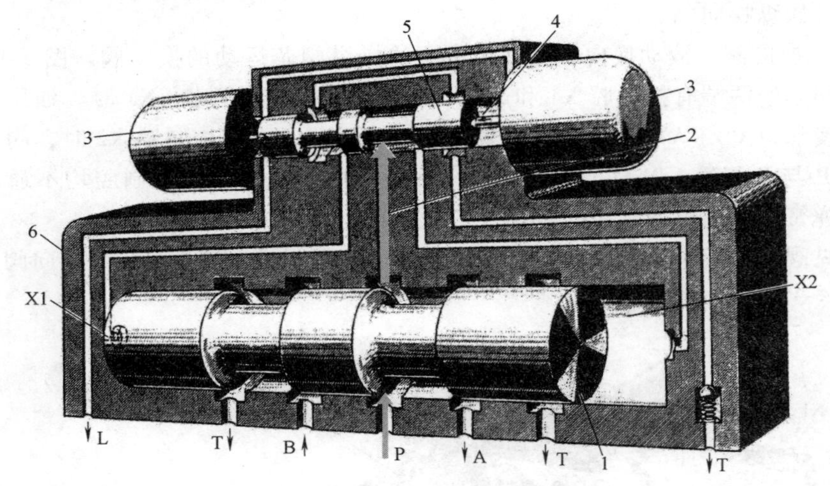

图 5-21 电液换向阀的工作原理

1—主阀阀芯 2—先导阀进油路 3—先导阀电磁铁 4—先导阀推杆 5—先导阀阀芯 6—主阀阀体

5.2.3 电磁球式换向阀

一般电磁换向阀采用圆柱形阀芯。而电磁球式换向阀则采用球形阀芯结构，故也称为电磁球阀。其工作原理如图 5-22 所示。图 5-22a 所示为钢球阀芯处于左端位置，油口 P 的液压油作用在钢球的右侧，同时液压油经阀体上的通道进入左推杆的空腔，并通过左推杆作用在钢球的左侧，则钢球两侧所受液压力平衡，钢球在弹簧力的作用下由右推杆紧压在左阀座上，油路 P 与 A 通，A 与 T 切断。当电磁铁通电时，产生的电磁力通过操纵左推杆克服弹

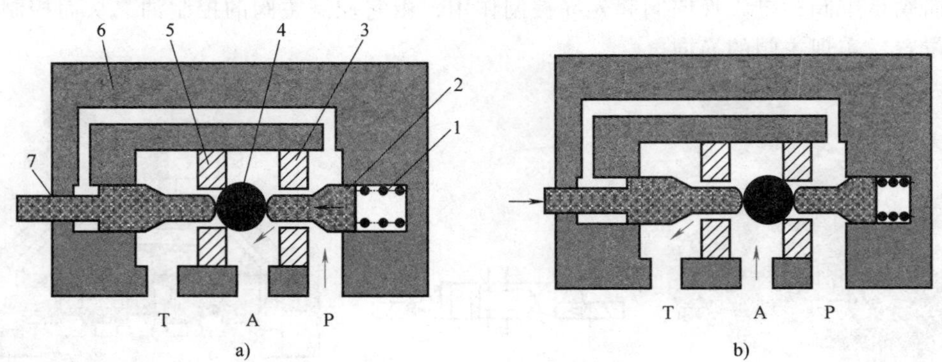

图 5-22 二位三通电磁球阀

a）A 与 P 相通 b）A 与 T 相通

1—弹簧 2—右推杆 3—右阀座 4—球阀 5—左阀座 6—阀体 7—左推杆

簧力使钢球右移并压在右阀座上时，则 P 与 A 切断，P 封闭，A 与 T 相通，从而实现油路换向，如图 5-22b 所示。

与圆柱形滑阀式换向阀相比，电磁球阀具有密封性能好、抗污染能力强、工作可靠等优点。除用作大流量换向阀的先导控制阀外，也应用于超高压小流量的液压系统中。图 5-23 所示为两种不同型式的电磁球阀。

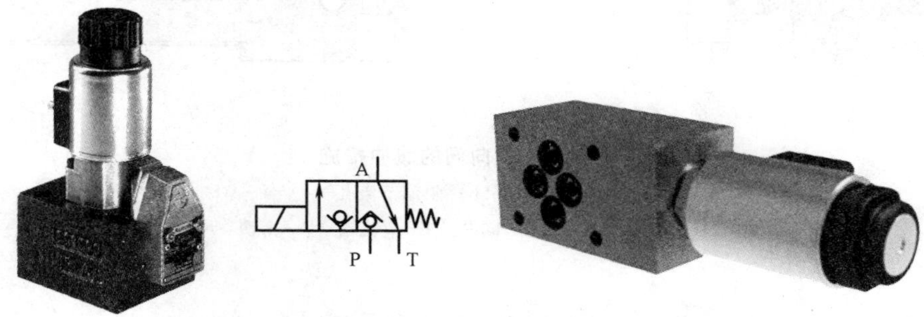

图 5-23 两种不同型式的电磁球阀

5.2.4 电磁换向阀的性能

换向阀在液压系统中起控制液流通、断和改变方向的作用，其主要的性能要求有：

1. 油液流经换向阀时压力损失要小

换向阀压力损失大将导致液压系统发热，压力损失是换向阀的主要性能指标。由式 (5-1) 可知，对于一个通径确定的换向阀，其压力损失与阀芯的结构型式有关，并与流量的二次方成正比，它是限制流量的主要因素。在实际应用中应利用压降-流量特性曲线查看有关数据。图 5-24 所示为某通径电磁换向阀的压降-流量特性曲线，可以看出：当流量大于 50L/min 时，压力损失将迅速增大。

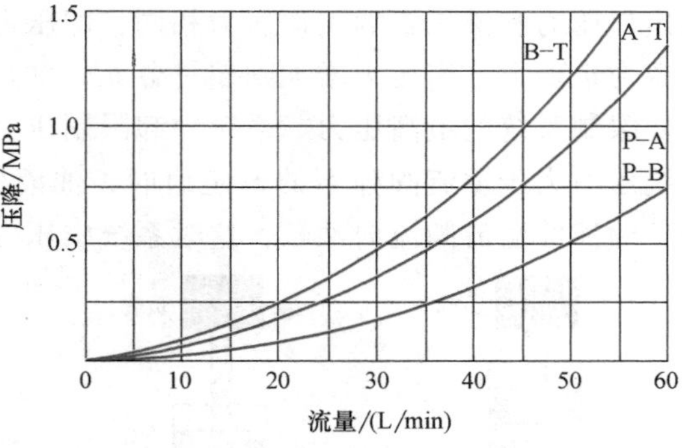

图 5-24 某通径电磁换向阀的压降-流量特性曲线

2. 各关闭油口间的泄漏量要小

由于换向阀中的 P、T、A、B 各通道的压力不等，而阀芯与阀孔间又存在着间隙，故彼此隔绝的各通道间不可避免地存在泄漏流动，有可能使执行元件产生误动作，过大的泄漏将使系统发热并降低换向阀的性能。换向阀的泄漏量与阀芯阀孔间的配合间隙、通径、阀芯型式、油液黏度和工作压力等因素有关。减少泄漏量的有效途径是提高加工精度、减小配合间隙、增加封油长度和在阀芯凸肩上开环形均压槽改善阀芯受力等，如图 5-25a 所示。

3. 换向可靠、迅速且平稳无冲击

换向阀在接收信号后迅速换向，但液压管路突然切断要引起液压冲击，产生振动和噪声。为了改善换向阀的平稳性，小通径换向阀可在电磁铁的衔铁内开阻尼节流孔，大通径的电液换向阀通常在阀芯凸肩上开设节流槽，使油压管路缓慢地切断实现平稳换向，如图 5-25a、b 所示。

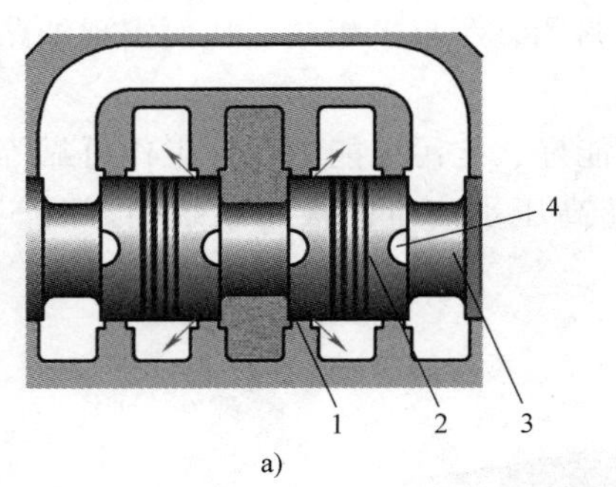

a)

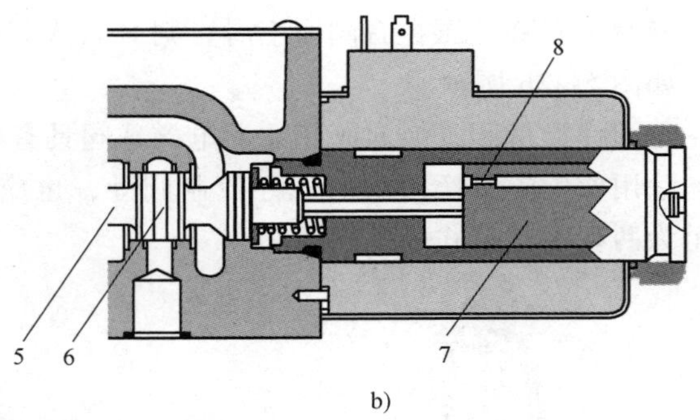

b)

图 5-25　换向阀的缓冲措施

a）节流槽　b）阻尼节流孔

1—封油长度　2、6—均压槽　3、5—阀芯　4—节流槽　7—衔铁　8—阻尼节流孔

5.3　压力控制阀

压力控制阀是用来控制液压系统中油液压力的阀类。它包括溢流阀、减压阀和顺序阀等。

5.3.1　溢流阀

如图 5-26a 所示，液压泵输出的油液进入液压缸无杆腔举升重物，液压泵出口压力和液压缸的工作压力相同，即压力由重物的质量决定；随着重物质量的增大，系统压力也增大，当压力增大到超过各元件的承受压力时，必导致元件、管路的损坏。因此，需要限制系统的最高压力。系统中起限制压力作用的阀，就是溢流阀。如图 5-26c 所示，当系统压力大于溢流阀弹簧的调定值时，油液作用在锥形阀芯 3 上的力使阀芯移动，阀口打开，油液经溢流阀流向油箱，这时系统中压力不再上升，溢流阀起到了限制压力的作用。

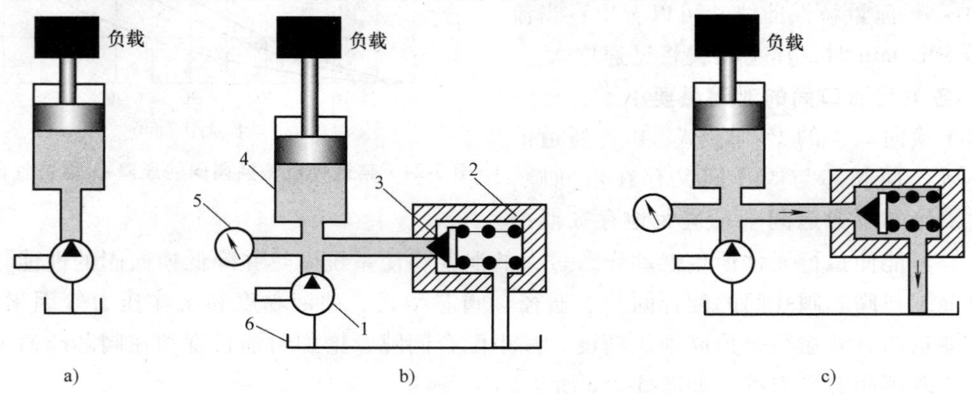

图 5-26　液压缸举升重物

a）无压力限制阀　b）溢流阀没有打开　c）溢流阀打开限制超压

1—液压泵　2—溢流阀　3—阀芯　4—液压缸　5—压力表　6—油箱

溢流阀在液压系统中最重要的功能有两个：一是作为定压阀，保持系统压力恒定，正常工作时处于开启状态；二是作为安全阀，防止液压系统超载而损坏元件和管路，正常工作时

处于关闭状态。

按结构的不同，溢流阀可分为直动式和先导式两类。

1. 直动式溢流阀

图 5-27 所示为直动式溢流阀的工作原理。它由阀体、阀芯、调压弹簧和调压手轮等组成。如图 5-27a 所示，钢球形阀芯受弹簧力的作用压紧在阀座上，钢球将进、回油路隔断。弹簧的预压力可在一定范围内调节。

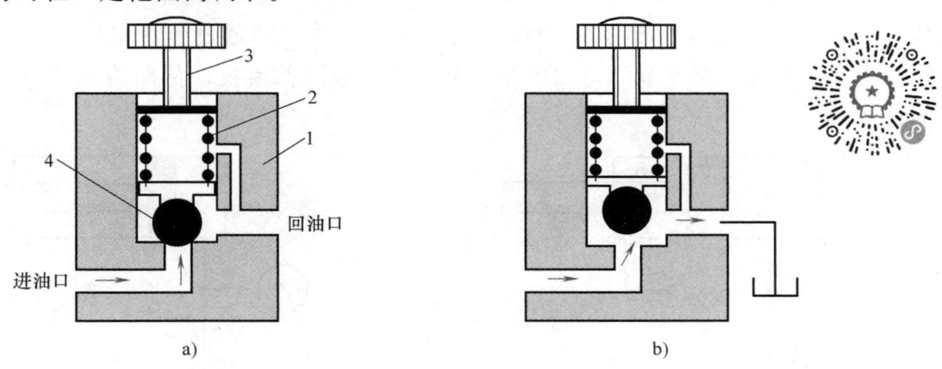

图 5-27　直动式溢流阀的工作原理

a）溢流阀关闭状态　b）溢流阀溢流状态

1—阀体　2—调压弹簧　3—调压手轮　4—阀芯

当作用于钢球下部的液压力与弹簧预压力相等时，阀芯临界开启的力平衡方程为

$$p_0A_0=kx_0 \tag{5-3}$$

式中，p_0 为阀刚开启时的进油口压力；A_0 为阀芯上油压有效作用面积；k 为弹簧刚度；x_0 为弹簧预压缩量。

随油压 p 增大，钢球克服弹簧预压力而离开阀座时，阀口开启，弹簧被进一步压缩 Δx，进油口的液压油经阀口从回油口流回油箱，如图 5-27b 所示。此时阀芯的力平衡方程为

$$pA_0=k(x_0+\Delta x)$$

$$p=\frac{k(x_0+\Delta x)}{A_0} \tag{5-4}$$

当油压 p 继续升高，则弹簧继续被压缩，阀口开度增大，溢流量也随之增大。由式（5-4）可知，若 $\Delta x<<x_0$，则 p 变化不大，基本上稳定在与弹簧预压力相对应的数值上，即调定压力可基本保持恒定。由调压手轮改变调压弹簧的预压缩量 x_0，即可调定溢流阀的调定压力 p。这就是溢流阀定压控制的工作原理。

图 5-28 所示为直动式溢流阀及其结构原理、图形符号。

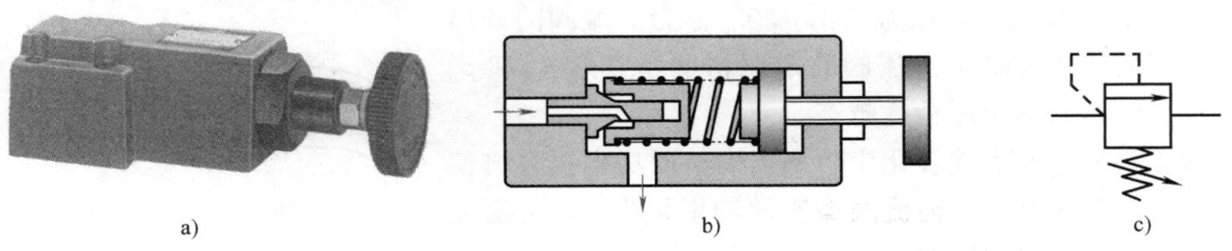

图 5-28　直动式溢流阀及其结构原理、图形符号

a）实物　b）结构原理　c）图形符号

溢流阀在液压系统中的重要作用是定压，如图 5-29 所示。液压缸的运动速度由输入的流量决定，而其输入的流量由节流口调节。由式（2-32）可知，节流口调节流量的基本原理为

$$q=CA\sqrt{\frac{2}{\rho}(p_1-p_2)}$$

式中，流量系数 C 为常数，节流口之后的压力 p_2 由液压缸所推动的负载力 F 决定。当 p_2 是常数时，若节流口之前的压力 p_1 由溢流阀限制为常数，则通过节流口的流量只与开口面积 A 有关。也就是说，调节节流口的大小，即可调节通过的流量，从而达到调节液压缸运动速度的目的。

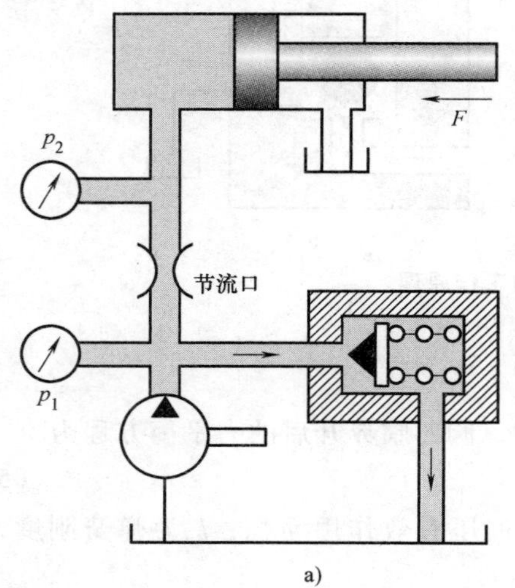

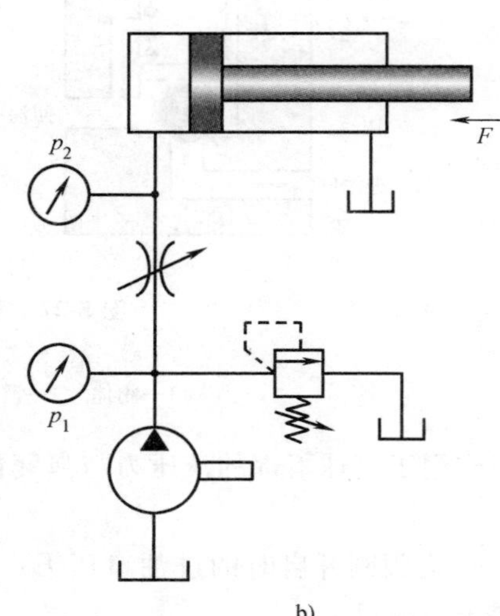

图 5-29　溢流阀的定压作用

a）用结构图表示溢流阀的定压作用　b）用图形符号表示溢流阀的定压作用

由溢流阀的工作原理可知，溢流阀调压弹簧的调节值决定了液压泵出口压力。当节流口面积减小时，液压泵出口阻力增大，压力上升，使溢流阀的开口增大，即通过溢流阀的流量增大，这使液压泵出口压力下降并稳定在调压弹簧的调节值。也就是说，随着液压泵出口压力的波动，溢流阀通过开口变化调节溢流量大小，以保持液压泵出口压力 p_1 恒定。

溢流阀的定压与通过的流量变化关系，称为溢流阀的静态特性，这反映了溢流阀在溢流工作过程中的定压精度，如图 5-30 所示。通过溢流阀开口调节溢流量变化的范围，定压基本恒定。若溢流阀刚开启的压力为 p_0，而当溢流阀通过额定流量 q_n 时，溢流阀所控制的压力为 p_n，则压力之比 p_0/p_n 称为溢流阀的开启比率，开启比率反映了溢流阀的定压精度。显然 p_0 和 p_n 越接近，溢流阀的定压精度越高。

溢流阀的溢流直接转化为功率损失，而功率损失将使系统油液的温度升高。溢流阀溢流的功率损失 ΔP 与溢流流量 q 和它所控制的压力 p_1 有关，即

$$\Delta P=p_1q \tag{5-5}$$

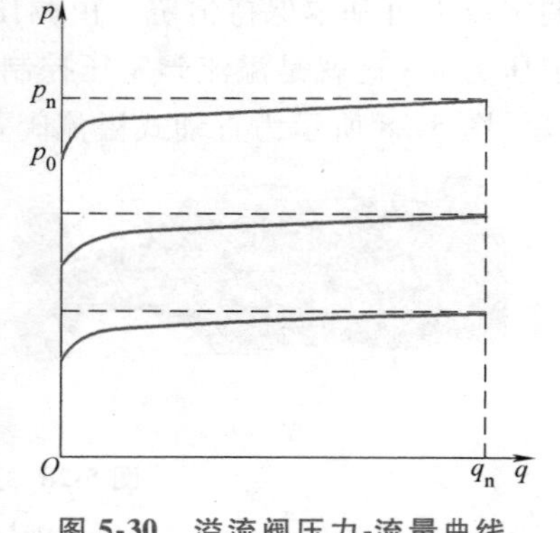

图 5-30　溢流阀压力-流量曲线

显然，压力越高，溢流阀的溢流量越大，功率损失越大。

综上所述，直动式溢流阀靠液压力直接与弹簧力相平衡进行定压控制。定压压力高，则调压弹簧刚度大；通过溢流阀的流量大，则溢流阀的规格大，调压弹簧刚度也增大。由式（5-2）可知，对于中高压、大流量的液压系统，溢流阀调压弹簧刚度大，则溢流阀开口量的微小变化，$k_{\Delta x}$ 变化大，使定压产生较大的波动，精度降低。因此，直动式溢流阀用作定压控制已很少使用。

2. 先导式溢流阀

先导式溢流阀由主阀和先导阀两部分组成。先导阀是一个小流量的直动式溢流阀，它由调压手轮、调压弹簧、锥形阀芯等组成，起调压控制作用。主阀由主阀阀芯、主阀阀体和复位弹簧等组成，起主流量溢流作用。先导式溢流阀工作原理及图形符号如图 5-31 所示。

油液从进油口进入，通过主阀阀芯上的阻尼孔 a 后，作用在主阀阀芯上腔和先导阀前腔。当作用在先导阀阀芯上的液压力小于调压弹簧的设定值时，先导阀关闭，油液不流动，主阀阀芯上、下腔压力相等。由于主阀阀芯上腔面积大于下腔面积，因此主阀阀芯上、下腔产生向下的液压力，该液压力和主阀弹簧力使主阀阀芯压在阀座上，主阀口关闭，如图 5-31a 所示。

当作用于先导阀阀芯上的液压力大于调压弹簧的设定值时，先导阀开启，油液经先导阀阀口流向回油口（通油箱）。这时，由于阻尼孔 a 的作用而产生压降，使主阀阀芯上腔油压 p_3 小于下腔进油路压力 p_1，当压差（p_1-p_3）对主阀阀芯所产生的作用力大于主阀弹簧力时，主阀阀口开启，进油口油液经主阀阀口流向回油口，如图 5-31c 所示。当主阀阀口开度一定时，若不计摩擦力、液动力的影响，则先导阀阀芯力平衡方程为

$$p_3A_c=k_x(x_0+\Delta x) \tag{5-6}$$

主阀阀芯受力平衡为

$$p_1A_2=p_3A_1+k_y(y_0+\Delta y) \tag{5-7}$$

式中，k_y、k_x 为主阀、先导阀弹簧刚度；A_1、A_2、A_c 为主阀阀芯上、下侧有效面积，先导阀阀座孔面积；y_0、x_0 为主阀、先导阀弹簧预压缩量；Δy、Δx 为主阀、先导阀开口长度。

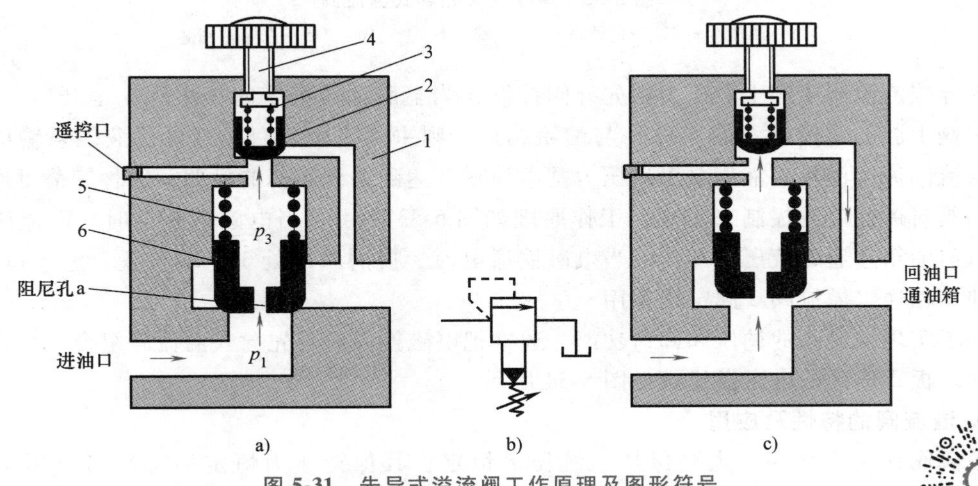

图 5-31 先导式溢流阀工作原理及图形符号

a）溢流阀主阀阀口关闭 b）图形符号 c）溢流阀主阀阀口开启溢流

1—阀体 2—先导阀阀芯 3—调压弹簧 4—调压手轮 5—主阀弹簧 6—主阀阀芯

由式（5-6）和式（5-7）联立求得

$$p_1=\frac{A_1}{A_2}\frac{k_x}{A_c}(x_0+\Delta x)+\frac{k_y}{A_2}(y_0+\Delta y) \tag{5-8}$$

由于主阀启闭取决于主阀阀芯上、下腔压差，主阀弹簧仅在系统无压时使主阀阀芯复位关闭，刚度小，即 $k_y<<k_x$。又因 $A_1>>A_c$，所以式（5-8）中主阀开口变化量 Δy 对定压值 p_1 的影响远小于先导阀开口变化量 Δx 对 p_1 的影响。由于阻尼孔 a 非常小，使主阀溢流量变化很大时，流过先导阀的流量变化也比较小，即 Δx 值很小，$k_x\Delta x$ 变化比较小，因此，先导式溢流阀定压精度很高。

先导式溢流阀的定压工作特性，使它在高压、大流量的液压系统中得到了广泛的应用。图 5-32 所示为螺纹连接先导式溢流阀。

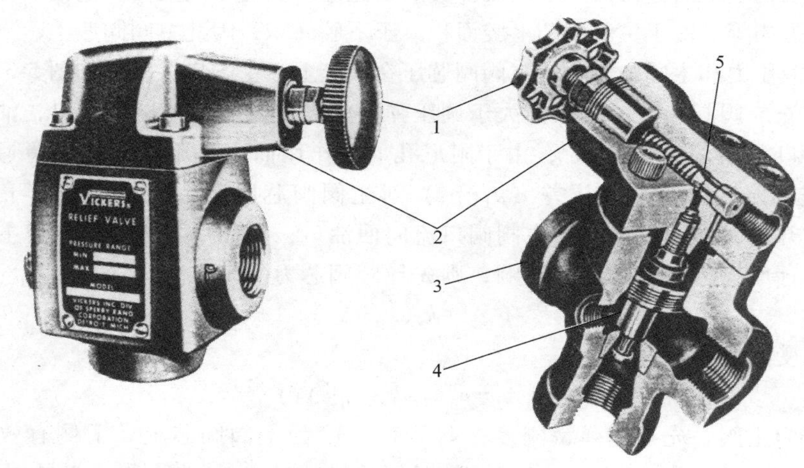

图 5-32　螺纹连接先导式溢流阀

1—调压手轮　2—先导阀　3—主阀　4—主阀阀芯　5—先导阀阀芯

先导式溢流阀主阀上腔压力由先导阀控制，当上腔油压为零时，主阀完全开启。因此，若将主阀上腔的遥控口（图 5-31）与油箱相通，则主阀完全开启，这可使液压泵输出的流量经溢流阀流回油箱，液压泵出口压力基本为零，达到系统卸荷的目的。这种卸荷可通过电磁换向阀对遥控口的控制来实现，工作原理如图 5-33 所示。当电磁铁断电时，溢流阀 2 的遥控口与油箱连通，液压泵卸荷；当电磁铁通电时，换向阀 3 处于下端位置，遥控口封闭，不与油箱相通，溢流阀 2 起定压作用。

为了实现溢流阀的调压和卸荷功能，通常把电磁换向阀与先导式溢流阀组合，称为电磁溢流阀。板式连接的电磁溢流阀如图 5-34 所示。

3. 溢流阀的特性及应用

溢流阀作为定压阀，主要保持系统压力恒定，其保持压力恒定的特性可以用工作压力和流量的特性曲线及最低设定压力曲线来表示。通常，根据通过的流量选择溢流阀的通径大小，根据恒定工作压力选择溢流阀的压力等级。图 5-35 所示为某先导式溢流阀的特性曲线。

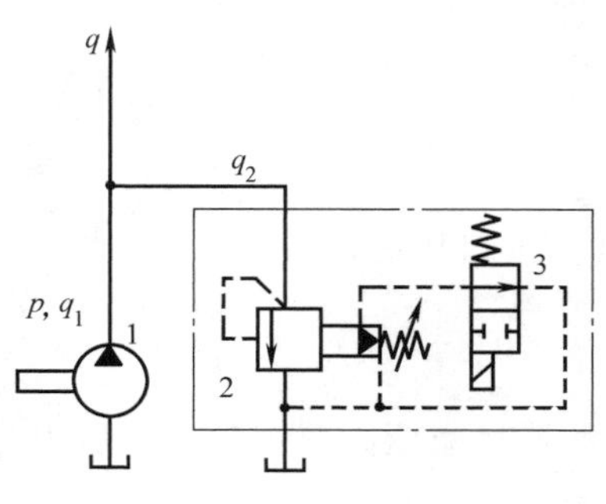

图 5-33 电磁溢流阀的调压、卸荷

1—液压泵 2—溢流阀 3—换向阀

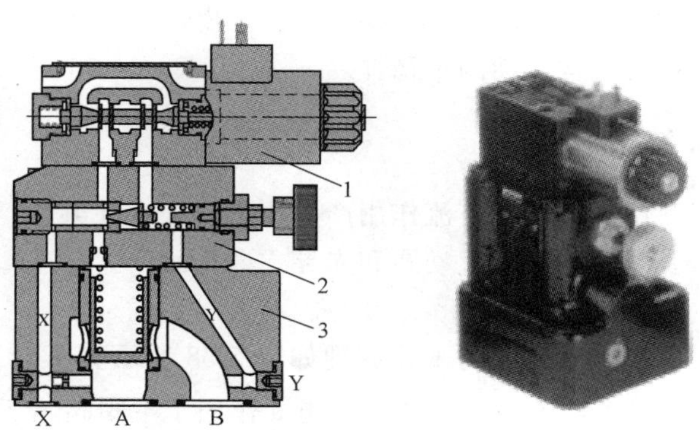

图 5-34 板式连接的电磁溢流阀

1—电磁换向阀 2—先导阀 3—主阀

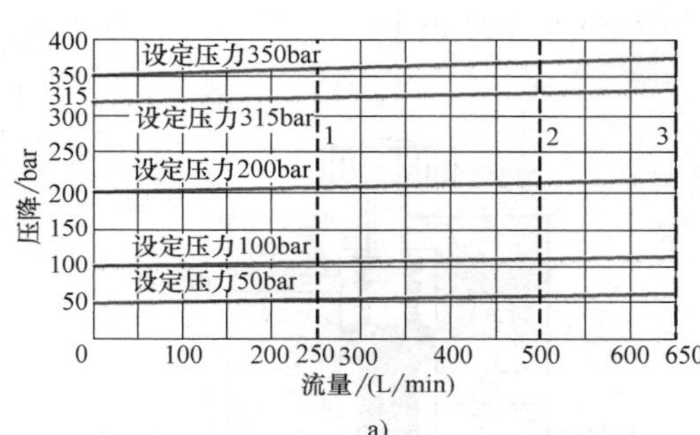

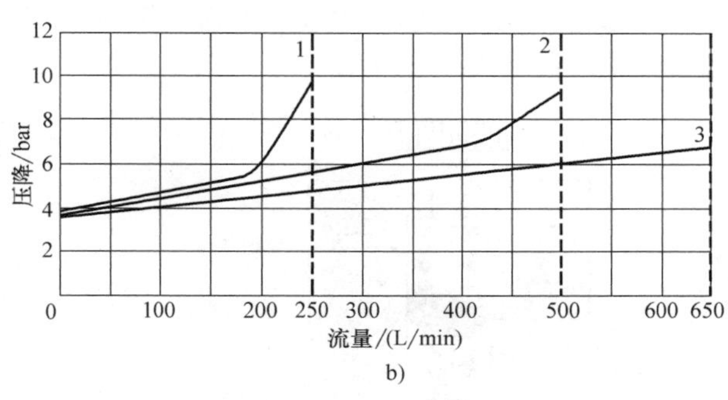

图 5-35 某先导式溢流阀的特性曲线

a）工作压力与流量的特性曲线 b）最低设定压力与流量的特性曲线

1—通径 10 2—通径 25 3—通径 32

溢流阀除可用作定压阀外，还可用作安全阀和背压阀。图 5-36 所示为溢流阀作为安全阀使用。改变液压泵 1 的排量，即改变液压泵的输出流量，可调节液压缸 4 的运动速度。此时，液压泵的出口压力由负载决定，溢流阀 2 起安全阀的作用。只有当外负载增大、系统超压的情况下，才开启溢流阀，防止系统超压。这与图 5-29 所示的定压作用不相同。安全阀的调定压力通常高于系统工作压力 15%。

图 5-37 所示为溢流阀作为背压阀使用。液压缸 5 的运动速度由节流阀 3 调节，液压泵 1

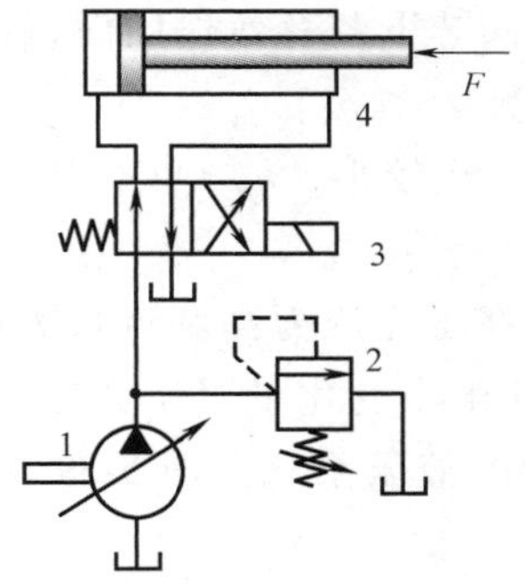

图 5-36 溢流阀作为安全阀使用

1—液压泵 2—溢流阀 3—换向阀 4—液压缸

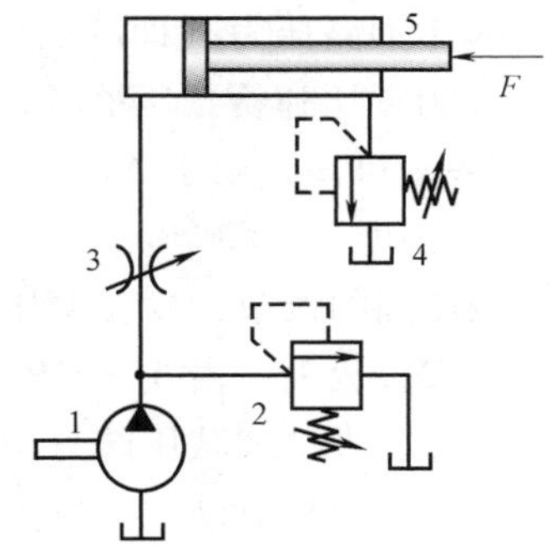

图 5-37 溢流阀作为背压阀使用

1—液压泵 2、4—溢流阀 3—节流阀 5—液压缸

出口的压力由溢流阀 2 保持恒定。而串接在液压缸回油路上的溢流阀 4 则作为背压阀使用，增加执行机构运动的平稳性。

5.3.2　减压阀

减压阀是基于节流作用产生压力损失，使其出口压力低于进口压力的控制阀。减压阀分为直动式和先导式两类。

1. 直动式减压阀

直动式减压阀的工作原理如图 5-38 所示。压力为 p_1 的油液经减压阀节流口后，压力为 p_2，出口液压油通过阀体内通道 a 作用于主阀阀芯下腔。当作用于主阀阀芯下腔的液压力小于调压弹簧 2 的设定值时，主阀阀芯处于最下端位置，节流口全开，不起减压作用，$p_1 \approx p_2$，如图 5-38a 所示。当 p_2 大于调压弹簧设定压力时，主阀阀芯在下腔油液压力作用下克服上腔弹簧力，使主阀阀芯上移，节流口减小，产生压力损失，使 p_2 减小并稳定在调压弹簧的设定值，如图 5-38c 所示。

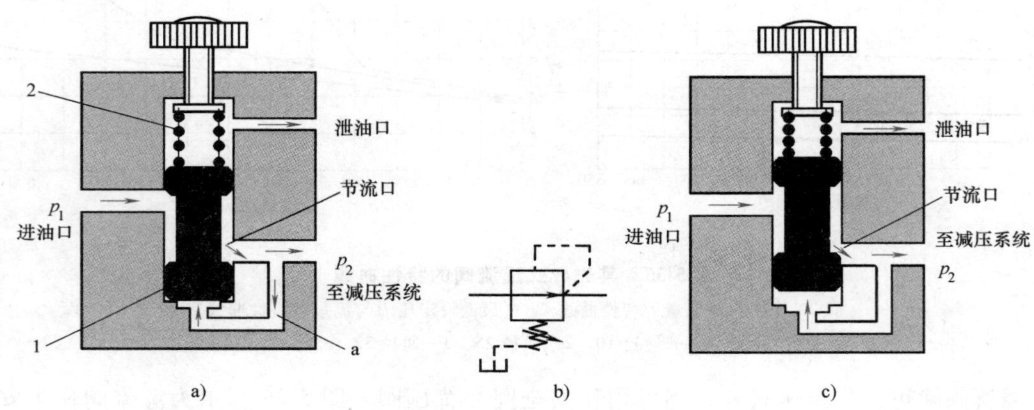

图 5-38　直动式减压阀的工作原理及图形符号

a）节流口完全打开　b）图形符号　c）节流口减小

1—主阀阀芯　2—调压弹簧

减压阀调节作用的力平衡方程可以表述为

$$p_2A_0 = k(x_0+\Delta x) \tag{5-9}$$

式中，p_2 为阀出油路压力（即减压后的压力）；A_0 为主阀阀芯下腔有效作用面积；k 为调压弹簧刚度；x_0 为调压弹簧预压缩量；Δx 为主阀开口变化量。

由式（5-9）可知，由于 $\Delta x << x_0$，如果调压弹簧刚度 k 比较小，$k\Delta x$ 变化比较小，则减压阀出口压力 p_2 可基本稳定。

直动式减压阀的调节精度受调压弹簧刚度影响较大，在工作压力高和流量大的情况下，调压弹簧刚度都会较大。由式（5-9）可知，此时节流口的微小变化量对压力控制精度的影响都较大。因此，直动式减压阀只适合于中低压、小流量的液压系统。图 5-39 所示为板式连接和叠加式连接两种直动式减压阀。

2. 先导式减压阀

先导式减压阀由主阀和先导阀组成，工作原理如图 5-40 所示。压力为 p_1 的油液经主阀节

a)

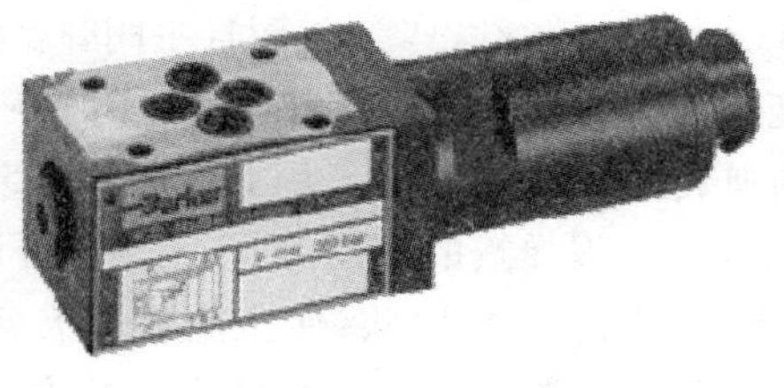

b)

图 5-39　两种直动式减压阀

a）板式连接　b）叠加式连接

流口后，出口压力变为 p_2（即减压后压力），出口油液通过阀体内通道 a 作用于主阀阀芯下腔，再经主阀阀芯上的阻尼孔 b 进入主阀上腔和先导阀的前腔。当 p_3 低于先导阀设定压力时，先导阀关闭，阻尼孔 b 中无油液流动，则主阀上、下腔压力相等，主阀阀芯在复位弹簧作用下处于最下端位置，主阀节流口全开，不起减压作用，$p_1 \approx p_2$，如图 5-40a 所示。当 p_3 大于先导阀设定压力时，先导阀开启，即有油液经先导阀阀口从泄油口流回油箱，则主阀上、下腔产生压差（$p_1>p_3$），当此压差所产生的作用力大于主阀上腔的弹簧力时，主阀阀芯上移，使主阀节流口减小而产生压力损失，使 p_2 减小并稳定在先导阀所设定的压力值，如图 5-40c 所示。

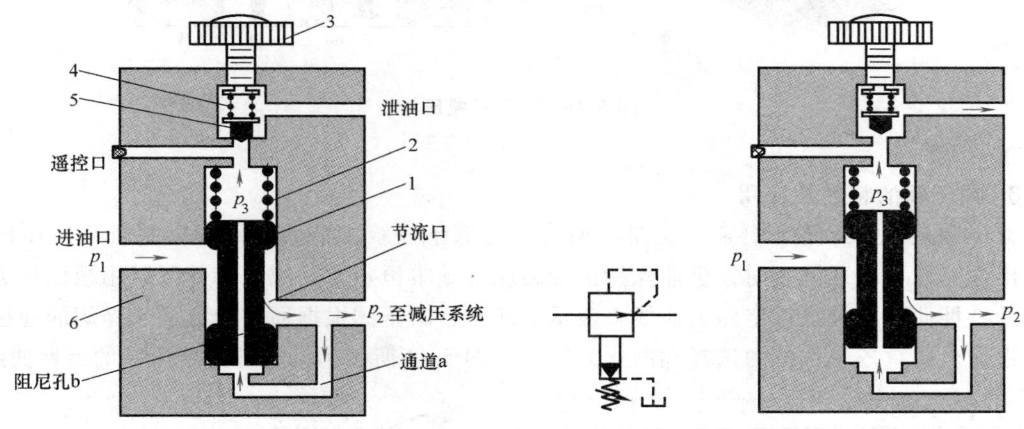

图 5-40　先导式减压阀的工作原理

a）节流口全开　b）图形符号　c）节流口减小

1—主阀阀芯　2—主阀弹簧　3—调压手轮　4—调压弹簧　5—先导阀阀芯　6—阀体

若不计摩擦力、液动力的影响，则先导阀和主阀的力平衡方程分别为

$$p_3 A_c = k_x(x_0 + \Delta x) \tag{5-10}$$

$$p_2 A = p_3 A + k_y(y_0 + y_{max} - \Delta y) \tag{5-11}$$

式中，k_y、k_x 为主阀、先导阀弹簧刚度；A、A_c 为主阀、先导阀油压有效作用面积；y_0、x_0 为主阀、先导阀弹簧预压缩量（开口等于零时的压缩量）；y_{max}、Δy、Δx 为主阀最大开口量、主阀开口量和先导阀开口量。

由式（5-10）和式（5-11）可联立求得

$$p_2 = \frac{k_x}{A_c}(x_0 + \Delta x) + \frac{k_y}{A}(y_0 + y_{max} - \Delta y) \tag{5-12}$$

由于 $\Delta x << x_0$，$\Delta y << y_0 + y_{max}$，而且主阀弹簧刚度 k_y 很小，因此出口压力 p_2 主要由先导阀的 x_0、k_x 决定。当大流量的主阀节流口进行调节时，通过先导阀的流量变化小，即 Δx 非常小，而先导阀的弹簧刚度 k_x 又很小，因此，由式（5-12）可知，先导式减压阀的定压精度高。

调节先导阀弹簧的预压缩量 x_0，即可调节 p_2。如果由于外界干扰使减压阀的进油路压力 p_1 升高，则 p_2 也升高，使主阀阀芯自动上移，节流口减小，压降损失增大，使 p_2 又降低，并在新的位置上处于平衡状态。反之亦然。

先导式减压阀的压力调节特性，使它在高压、大流量的液压系统中得到了广泛的应用。图 5-41 所示为先导式减压阀。

a)

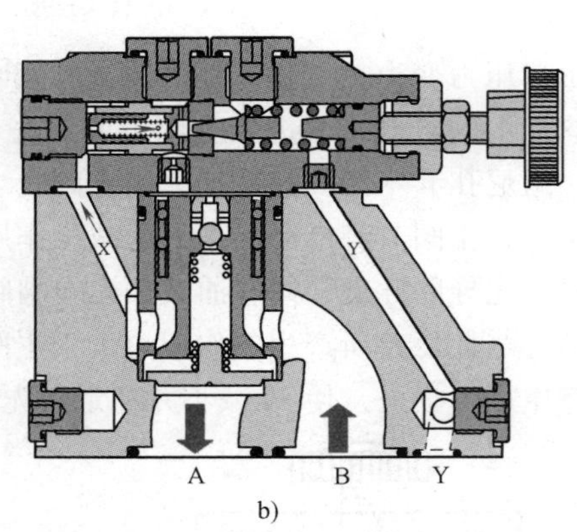

b)

图 5-41　先导式减压阀

a）实物　b）结构剖视图

3. 减压阀的特性及应用

减压阀是使液压系统中某一支路的油液压力低于系统主油路的压力，并且在减压阀的进、出油路压力出现波动时，仍能保持出油路压力基本恒定，其减压特性可以用减压压力和流量的特性曲线及最低设定压力曲线来表示。通常，减压阀根据通过的流量选择阀的通径大小，根据出口减压工作压力选择阀的压力等级。图 5-42 所示为某先导式减压阀的特性曲线。

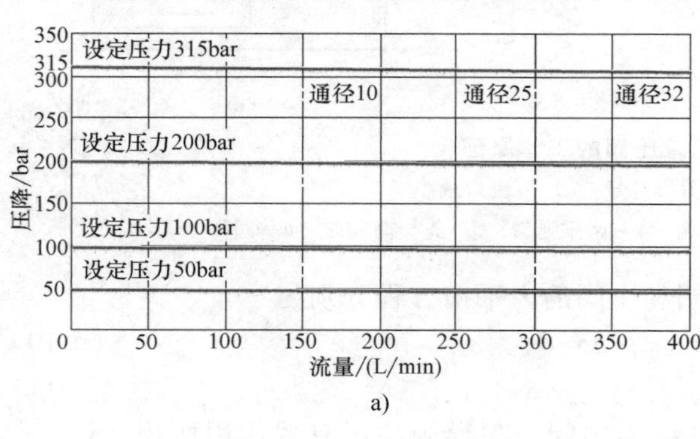

a)

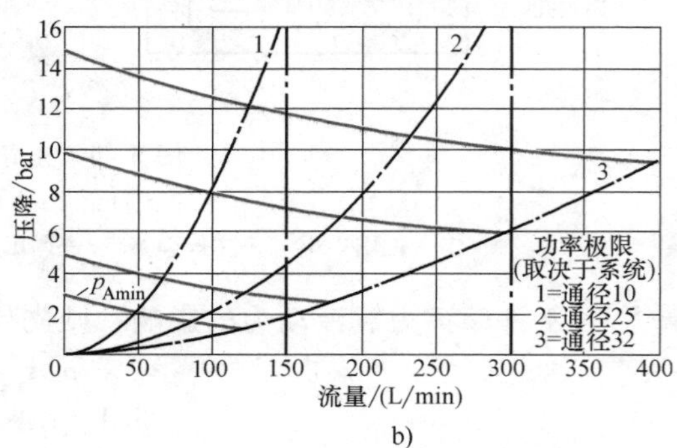

b)

图 5-42　某先导式减压阀的特性曲线

a）减压压力和流量的特性曲线　b）最低设定压力曲线

减压阀常用于夹紧、控制油路和从主油路上获得低于主油路压力的系统等。图 5-43 所示为应用减压阀的减压油路。液压缸 5 是一个夹紧缸，主油路压力由溢流阀 2 调定，用减压阀 3 把主系统的工作压力降低，使夹紧缸产生一定的夹紧力，以夹紧工件。

5.3.3 顺序阀

顺序阀是用油液压力作为控制信号来控制油路的通断，从而使多个执行元件按先后顺序动作的控制阀。

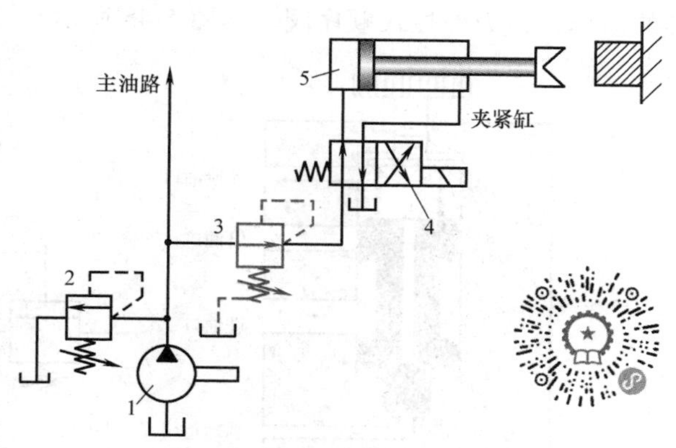

图 5-43 应用减压阀的减压油路

1—液压泵 2—溢流阀 3—减压阀 4—换向阀 5—液压缸

1. 工作原理

顺序阀分直动式和先导式两种。图 5-44 所示为内控式直动顺序阀的工作原理。进油路的液压油通过阀体内的通道 a 作用在控制活塞的底部，当油液压力较低时，主阀阀芯在弹簧力的作用下处于最下端位置，进、出油路被隔开，如图 5-44a 所示；当油液压力升高，作用在控制活塞下端的液压力大于弹簧的调定压力值时，控制活塞推动主阀阀芯上移，阀口开启，进、出油路相通，从而可操纵执行元件或其他元件动作，如图 5-44c 所示。

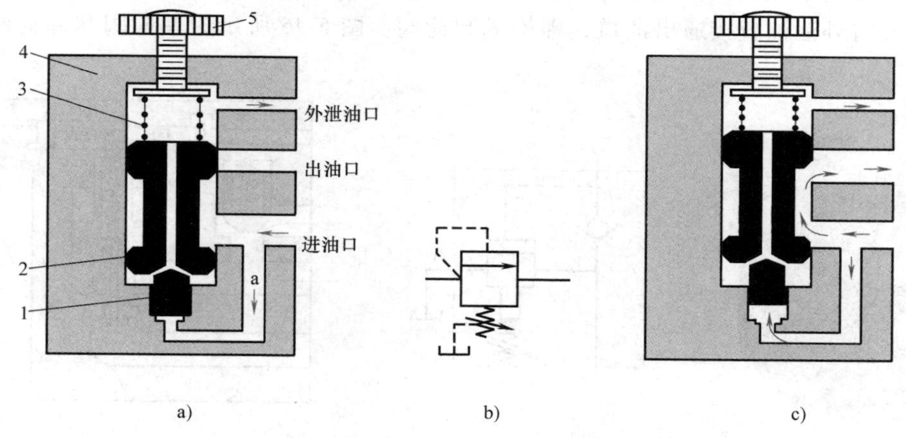

图 5-44 内控式直动顺序阀的工作原理

a）顺序阀处于不工作的关闭状态 b）内控式直动顺序阀的图形符号 c）顺序阀处于开启状态

1—控制活塞 2—主阀阀芯 3—主阀弹簧 4—阀体 5—调压手轮

由于是利用阀进油口的液压油来控制阀芯的动作，故称为内控式直动顺序阀，简称顺序阀。顺序阀的结构与溢流阀有些相似，但它们有本质的区别：顺序阀是控制进油口与出油口的通断，若进、出油口接通，它们都是液压油；而溢流阀控制的是进油口的压力并保持恒定，其出油口则是通油箱。此外，它们的阀口结构型式也不同：顺序阀进、出油口接通后，阀口的压力损失小；而溢流阀处于溢流状态时，阀口的压力损失比较大。

与直动式溢流阀、减压阀类似，直动式顺序阀靠液压力直接与弹簧力相平衡进行工作，控制精度受弹簧刚度影响大，仅适用于中、低压液压系统，或高压小流量液压系统。而先导式顺序阀则由先导调压阀和主阀组成，其压力调节性能好，调压范围宽，主要应用于高压、大流量液压系统。

除了利用阀进油口液压油来控制的内控式顺序阀外，还有一类是利用外来液压油控制阀芯的动作，称为外控式顺序阀，如图 5-45 所示。

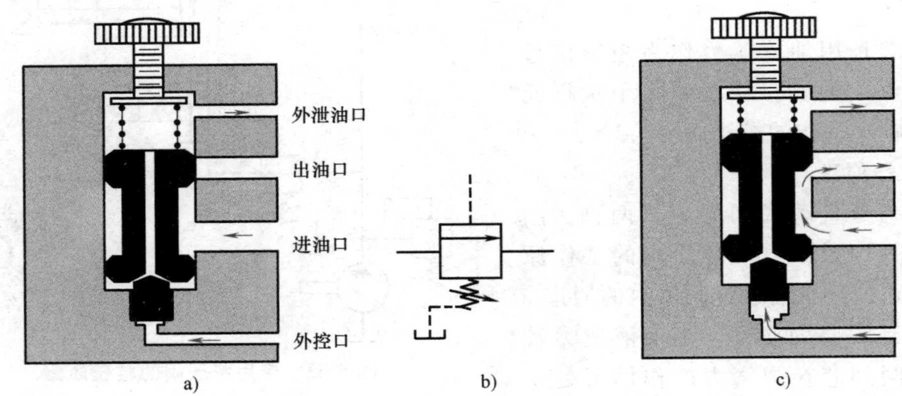

图 5-45　外控式顺序阀的工作原理

a）关闭状态　b）外控式直动顺序阀的图形符号　c）开启状态

2. 功能与应用

顺序阀除用于控制执行元件的顺序动作外，还可用作卸荷阀。把外控式顺序阀的出油口通油箱，并将外泄油直接通出油口，即构成卸荷阀。图 5-46 所示为单向阀和卸荷阀组合的卸荷阀。

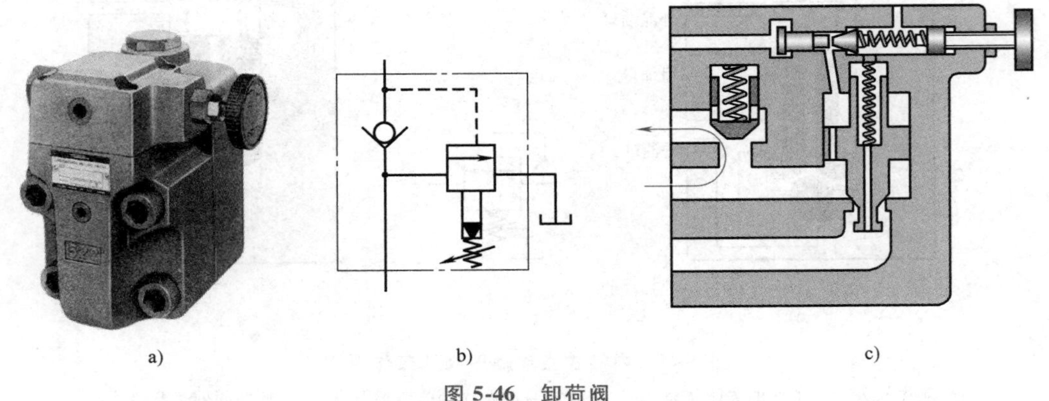

图 5-46　卸荷阀

a）实物　b）图形符号　c）结构原理

在液压系统的很多应用中，首先是执行元件快速前进抵达工作位置，此时系统压力低；而后是带负载慢速工作，工作压力高；完成工作后又快速退回，系统压力低。对这样的系统，可采用带单向阀、卸荷阀的双泵供油系统，如图 5-47 所示。当执行元件快速前进时，大流量液压泵（液压泵 1）的油经单向阀与小流量液压泵（液压泵 2）油液汇合后进入系统，可提供所需的大流量，此时卸荷阀 3 关闭；当带负载慢速工作时，系统压力升至卸荷阀 3 的设定值时，卸荷阀 3 开启，液压泵 1 卸荷，单向阀把液压泵 1、2 隔断，系统由液压泵 2 单独供油，流量小，从而实现执行元件在负载下的低速运动；当执行元件返回时，系统压力又降低，卸荷阀 3 关闭，双泵同时供油。这种双泵系统可使大流量液压泵在带负载工作时卸荷，功率损失小。

顺序阀与单向阀并联组合一体而构成单向顺序阀。单向顺序阀有内控和外控之分，图形符号如图 5-48 所示。当油液反向流过顺序阀时，顺序阀关闭，而单向阀起旁路作用，使油液可反向流动。

若将单向顺序阀的外泄油通出油路，而应用中出油路通油箱，即可作为平衡阀。平衡阀也分为内控式和外控式，其图形符号如图 5-49 所示。

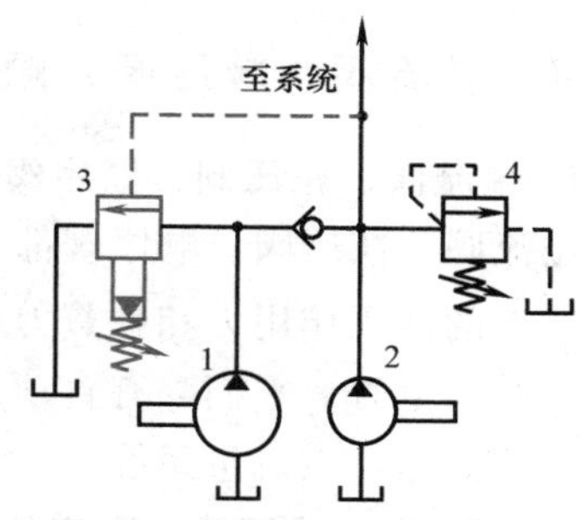

图 5-47 卸荷阀的应用
1、2—液压泵 3—卸荷阀 4—溢流阀

图 5-50 所示为内控式平衡阀的平衡回路。当换向阀在右端位置时，液压油经平衡阀内的单向阀进入液压缸下腔，活塞上升，而液压缸上腔的油液经换向阀流回油箱；当换向阀在中位时，液压缸下腔封闭；当换向阀在左端位置时，液压油进入液压缸上腔，其下腔背压升高，当背压升至平衡阀的调定压力时，平衡阀开启，活塞下行。这里，平衡阀基于阀口的节流作用，使执行元件的回油腔保持一定的背压，从而防止执行机构因自重而高速下落，即限制执行机构的下降速度。

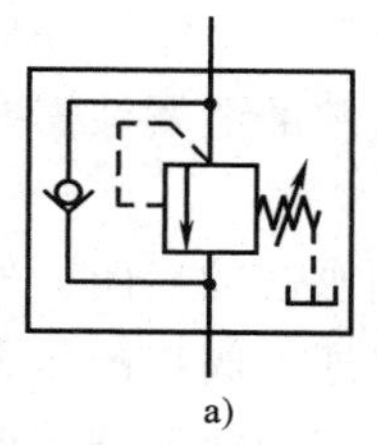
a)
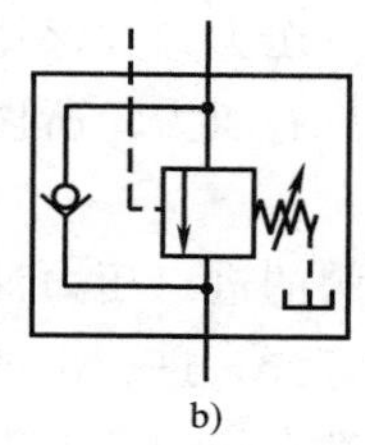
b)

图 5-48 单向顺序阀图形符号
a）内控式 b）外控式

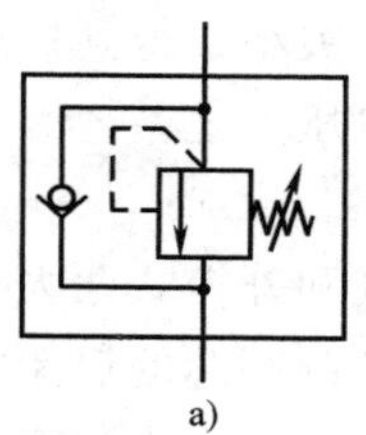
a)
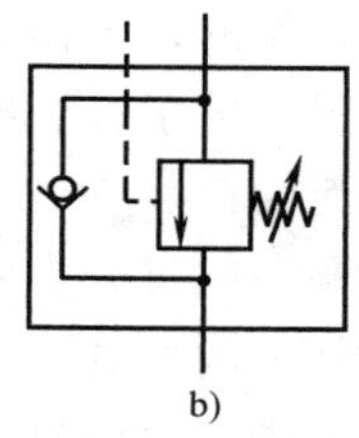
b)

图 5-49 平衡阀图形符号
a）内控式 b）外控式

图 5-51 所示为顺序阀的应用——单向顺序阀控制两个液压缸的顺序动作。当换向阀 3 处于左端位置时，夹紧缸 4 先伸出去夹紧工件；当夹紧力达到顺序阀 5 的设定值时，工作缸 6 开始伸出；当换向阀 3 处于右端位置时，夹紧缸 4 和工作缸 6 开始回程运动。

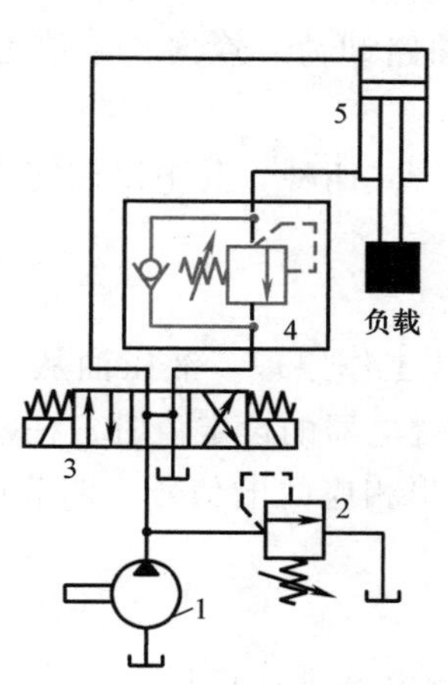

图 5-50 内控式平衡阀的平衡回路
1—液压泵 2—溢流阀 3—换向阀
4—平衡阀 5—液压缸

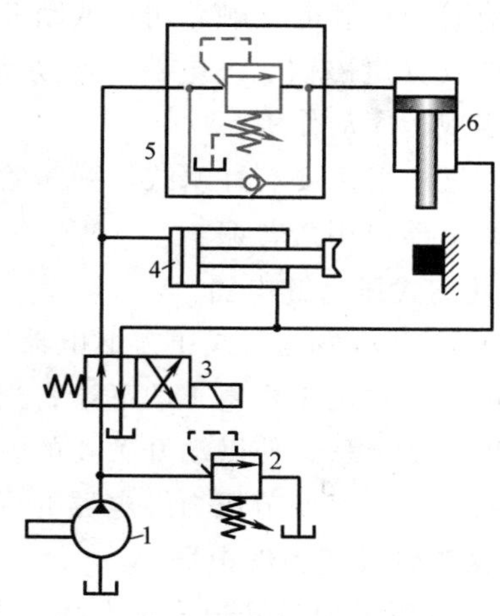

图 5-51 顺序阀的应用
1—液压泵 2—溢流阀 3—换向阀
4—夹紧缸 5—顺序阀 6—工作缸

5.3.4 溢流阀、减压阀、顺序阀的比较

1. 溢流阀、减压阀、顺序阀的相同点

溢流阀、减压阀、顺序阀都是压力控制阀，它们的共同特点是根据作用在阀芯上的液压作用力和弹簧力相平衡的原理来工作。

从结构上看，它们都有直动式和先导式两大类。直动式适用于低压、小流量系统，先导式适用于高压、大流量系统。

2. 溢流阀、减压阀、顺序阀的不同点

溢流阀是根据进油口的油液作用在阀芯上，在阀芯上产生的液压力与弹簧力相平衡的原理来工作的，工作时阀口开启溢流，出油口通油箱，以控制进油口压力为定值；溢流时阀口开启小，进、出油口压差大、压力损失大；溢流阀弹簧腔的泄漏油经阀体内流道内泄至出油口。

减压阀是利用出油口的油液作用于阀芯上，在阀芯上产生的液压力和弹簧力相平衡的原理来工作的，工作时阀口关小，得到比进油口低的出口压力，并保持出口压力恒定，阀口的压力损失等于进、出油口压力之差，因为减压阀出油口有压力，所以弹簧腔的泄漏油需要单独的泄油口。

顺序阀可分为内控式和外控式两大类，内控式用阀的进口压力油控制阀芯的启闭，外控式用外来的控制压力油控制阀芯的启闭，工作时阀口打开，进、出油口接通，阀口的压力损失等于进、出油口压力之差；因为顺序阀进、出油口都有压力，所以弹簧腔的泄漏油需要单独的泄油口。顺序阀与单向阀并联组合一体可以作为平衡阀；外控式顺序阀可以作为卸荷阀。

5.3.5 压力继电器

压力继电器是用油液压力来启闭电气触点的液电转换元件。当系统压力达到压力继电器的调定值时，控制电气触点闭合或断开。由电气触点闭合或断开而产生的电信号，可以控制电气元件（如电磁铁、继电器、电动机等）的动作，使油路卸荷、换向，起停电动机，执行元件实现顺序动作等。

压力继电器主要有柱塞式、弹簧管式、膜片式和波纹管式四种。其中以柱塞式和弹簧管式压力继电器应用最普遍。

1. 柱塞式压力继电器

图 5-52 所示为柱塞式压力继电器实物、图形符号及其工作原理。液压油从压力继电器进油口进入，作用于柱塞 1 的下端，当油液压力达到压力继电器的设定值时，柱塞克服弹簧力推动顶杆 2 上移，使微动开关 4 的触点闭合或断开，发出相应的电信号。调节调压弹簧 3 的预压缩量，即可调节压力继电器的压力设定值。

2. 弹簧管式压力继电器

图 5-53 所示为弹簧管式压力继电器。液压油从压力继电器进油口进入，作用于焊封的弹簧管 2 内，弹簧管在油压的作用下产生弹性变形，从而操纵杠杆，使微动开关 3 的触点闭合或断开，发出电信号。调节带锁手柄 5 可调节压力继电器的压力设定值。

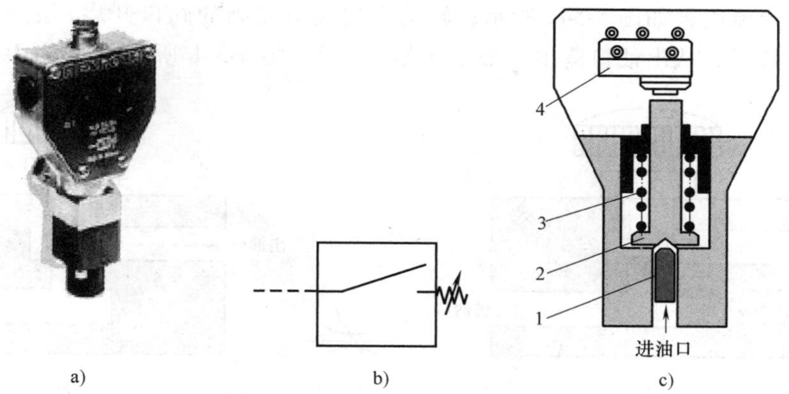

图 5-52 柱塞式压力继电器实物、图形符号及其工作原理

a）实物 b）图形符号 c）工作原理

1—柱塞 2—顶杆 3—调压弹簧 4—微动开关

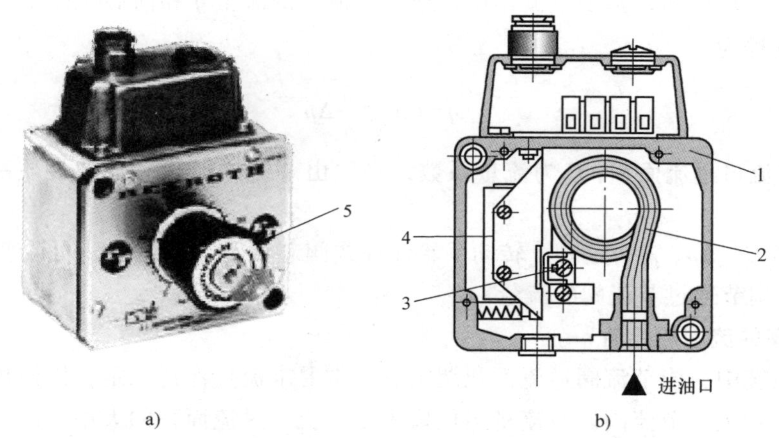

图 5-53 弹簧管式压力继电器

a）实物 b）工作原理

1—壳体 2—弹簧管 3—微动开关 4—触点 5—带锁手柄

5.4 流量控制阀

流量控制阀简称流量阀，是液压系统中控制流量的液压阀。通过调节流量阀过流面积的大小，来控制流量阀的流量，从而实现对执行元件运动速度的调节或改变分支流量的大小。流量阀包括节流阀、调速阀、行程节流阀和分流-集流阀等。

5.4.1 节流阀

节流阀是最简单的流量控制阀，它借助于调节机构使阀芯相对于阀体孔运动来改变阀口的过流面积，从而控制流过阀的流量，达到控制执行机构运动速度的目的。

1. 节流阀的工作原理

图 5-54 所示为节流阀的工作原理及图形符号。当节流阀关闭时，进、出油口不通，无

油液从出油口流出，如图 5-54a 所示；转动手轮使节流阀的阀口开启，油液从进油口进入，经阀的节流口后，从出油口流出，如图 5-54c 所示。图 5-54b 所示为节流阀的图形符号。

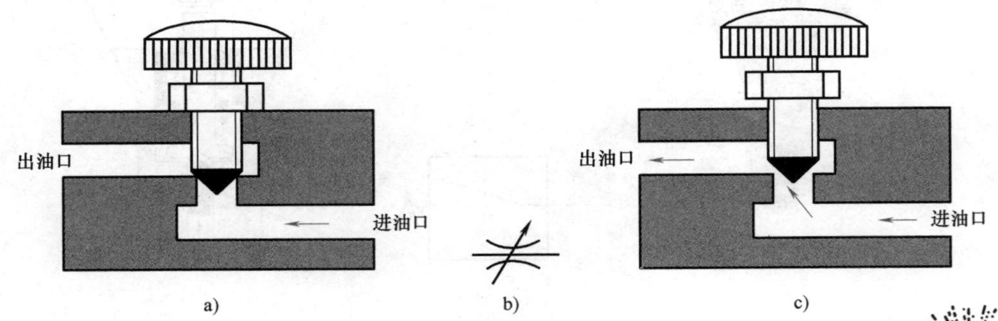

图 5-54 节流阀的工作原理及图形符号

a）节流阀关闭状态 b）图形符号 c）节流阀开启工作状态

由式（2-32）可知，基于节流作用，通过节流口的流量 q 和前后压差 Δp 的流量特性方程为

$$q = CA\sqrt{\frac{2}{\rho}\Delta p}$$

式中，A 为节流口过流面积；C 为流量系数，一般由节流口形状和油液性质决定；ρ 为油液的密度。

可见，当 C、Δp、ρ 一定时，转动手轮使针式阀芯做上、下运动，可改变节流口的过流面积 A，即可调节通过节流阀的流量 q。

2. 节流阀的流量稳定性

在液压系统中，当节流阀过流面积调定后，常要求流量保持稳定，以使执行元件获得稳定的速度。实际上，节流阀调节流量不仅取决于节流口过流面积的大小，而且与节流阀进出口压差 Δp、油液的性质、节流口的结构型式有关。节流阀的压差与通过流量的变化关系，称为节流阀的流量-压差特性，如图 5-55 所示。可以看出，过流面积大，压差变化引起的流量变化较大，也就是节流阀刚性差，影响执行元件的速度稳定性。

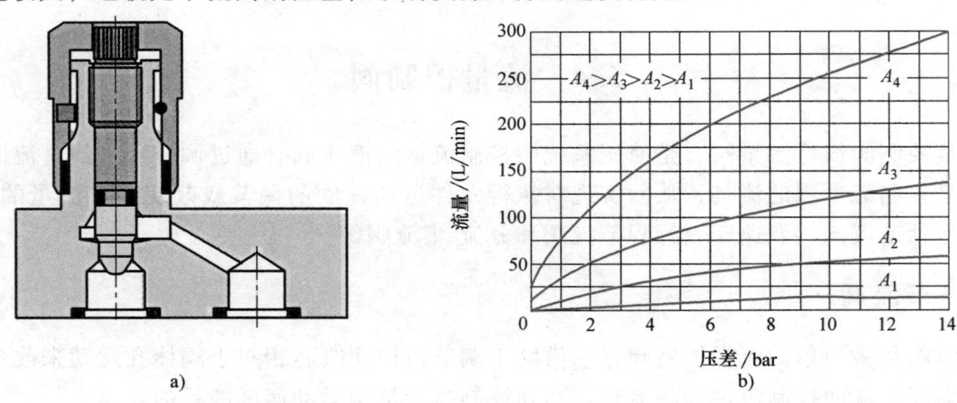

图 5-55 某节流阀及其流量-压差特性曲线

a）结构剖视图 b）流量-压差特性曲线

如图 5-56 所示的液压系统，液压缸 5 无杆腔面积为 A_1，伸出运动速度由通过节流阀 3 的流量 q_2 决定。节流阀出口压力 p_2 由负载决定，而进口压力 p_1 则由溢流阀 2 定压控制为常数；因此，在节流阀进出口压差 $\Delta p = p_1 - p_2$ 为常数时，调节节流阀的过流面积，即调节流量 q_2，即可调节液压缸的伸出运动速度 v，即

$$v = \frac{q_2}{A_1} = CA\sqrt{\frac{2}{\rho}(p_1 - p_2)}\frac{1}{A_1}$$

在节流阀过流面积 A 调定的情况下，当负载变化时，则 p_2 也随着变化，导致节流阀压差 Δp 变化，使调节的流量也发生变化，从而影响液压缸运动速度的平稳性。

对于图 5-56 所示的系统，液压泵输出的流量为 q_1，通过节流阀的流量为 q_2，则溢流阀的溢流流量为 $q_3 = q_1 - q_2$。因此，溢流阀由于溢流而产生的功率损失为

$$\Delta P_1 = p_1 q_3 = p_1(q_1 - q_2)$$

系统压力越高，通过溢流阀的流量越大，则溢流阀产生的功率损失也越大。

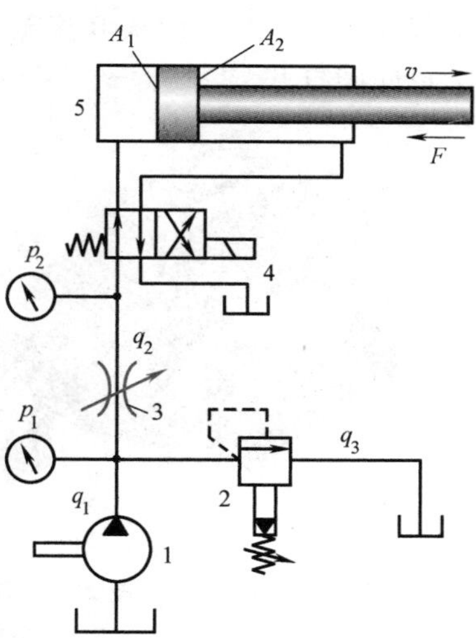

图 5-56 节流调速原理

1—液压泵 2—溢流阀 3—节流阀 4—换向阀 5—液压缸

而节流阀节流的功率损失 ΔP_2 与通过节流阀的流量 q_2 和节流阀进出口的压差 Δp 有关，即

$$\Delta P_2 = \Delta p q_2$$

可见，压差越大，通过节流阀的流量越大，功率损失越大。因此，为了减少功率损失，在保证调节流量稳定性的前提下，应尽可能减小节流阀进出口的压差 Δp。

节流阀结构简单，但负载和温度变化对流量稳定性影响较大。因此，节流阀作为流量控制元件，只适用于负载变化小、速度稳定性要求不高的液压调速系统。

例 5-2 薄壁小孔的节流阀，当进、出油口压差 $\Delta p_1 = 0.5\text{MPa}$ 时，通过阀的流量为 $q_1 = 20\text{L/min}$，负载变化使阀进、出油口压差变为 $\Delta p_2 = 15\text{MPa}$ 时，流量变化了多少？（流量系数 $C = 0.62$）

解 节流小孔的流量特性方程为

$$q = CA\sqrt{\frac{2}{\rho}\Delta p}$$

则有

$$q_2 = q_1\sqrt{\frac{\Delta p_2}{\Delta p_1}} = 20\text{L/min} \times \sqrt{\frac{15\text{MPa}}{0.5\text{MPa}}} = 109.54\text{L/min}$$

因此，流量的变化为

$$q_2 - q_1 = 109.54\text{L/min} - 20\text{L/min} = 89.54\text{L/min}$$

3. 功能与应用

节流阀与单向阀组合一体构成单向节流阀，如图 5-57 所示。当油液从 A 流至 B 时，节

流口起作用；而当油液从 B 流至 A 时，油液压力作用在锥形阀芯上，克服弹簧力使阀芯下移，单向阀打开。

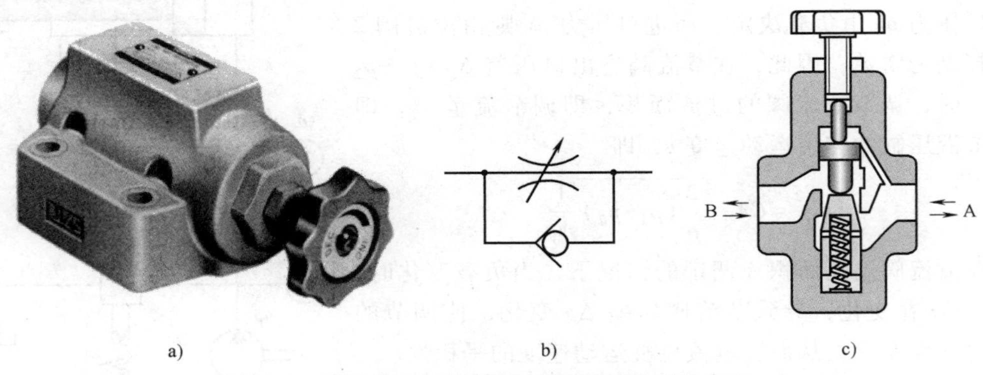

图 5-57 单向节流阀的实物、图形符号及结构原理

a）实物 b）图形符号 c）结构原理

单向节流阀的主要作用是调节执行元件的速度，单向节流阀调速回路如图 5-58 所示。液压缸伸、缩速度分别靠单向节流阀 4、5 调节，而单向阀的作用是使液压缸伸、缩时的回油不经过节流阀，减小回油腔的阻力。

为了减小体积，实现系统装置的集成化，常采用叠加式单向节流阀和带有标准油口安装面的换向阀进行组合应用，如图 5-59 所示。

节流阀除用作流量控制阀外，还可用作加载元件，如图 5-60a 所示。由于节流而产生阻力，因此，液压泵输出有压的液体，节流开口越小，阻力越大，液压泵出口的压力越高。节流加载是液压元件试验中常用的加载方式。

图 5-60b 所示为节流阀的阻尼作用。当开口很小时，压力表 4 前的节流阀 3，阻尼作用强，可以缓和系统中的压力冲击，起保护压力表的作用。

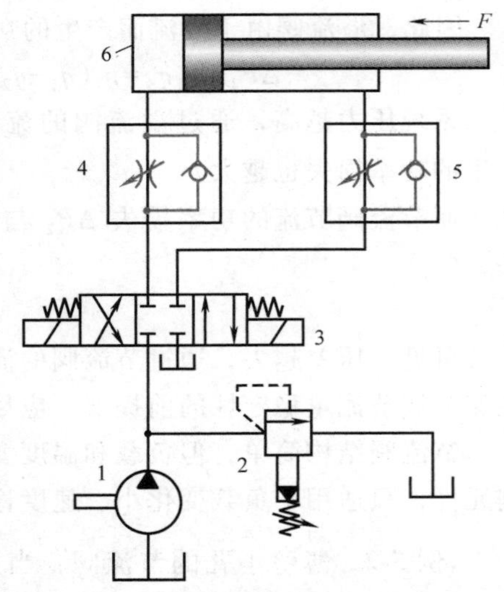

图 5-58 单向节流阀调速回路

1—液压泵 2—溢流阀 3—换向阀

4、5—单向节流阀 6—液压缸

节流阀结构简单，但负载和温度变化对其调节流量的稳定性影响较大，因此，节流阀作为流量控制元件只适用于负载变化小、速度稳定性要求不高的液压调速系统。

5.4.2 调速阀

为减小节流阀调节流量受负载变化的影响，通常对节流阀进行压力补偿，即采取措施使节流阀进出口压差在负载变化时始终保持不变，从而使通过节流阀的流量只由其开口大小来决定。带压力补偿的节流阀称为调速阀。

调速阀是由定差减压阀和节流阀串联组合而成的，其工作原理如图 5-61 所示。进油口油液压力为 p_1，经减压阀阀口后压降为 p_2（即节流阀前的压力），再经节流阀后从出油口流出，其压力为 p_3。同时，节流阀阀口前压力为 p_2 的油液经阀体通道作用于减压阀阀芯的无

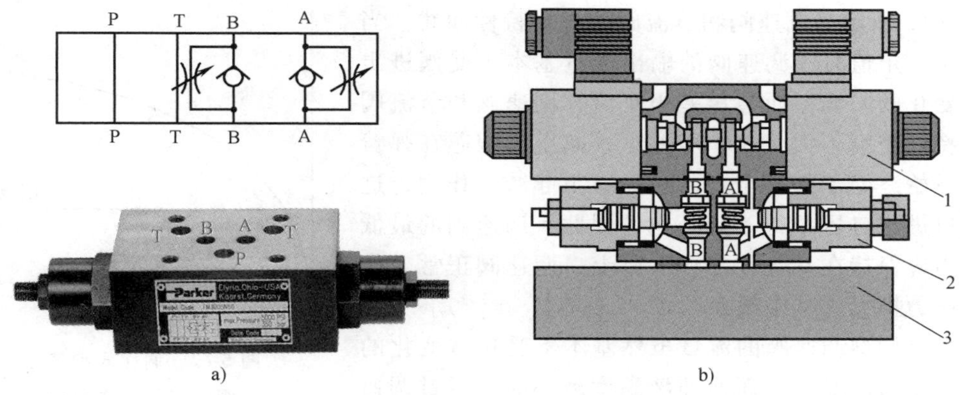

图 5-59 叠加式单向节流阀及其应用

a）叠加式单向节流阀 b）换向阀、叠加式单向节流阀、集成油路块装置

1—换向阀 2—叠加式单向节流阀 3—集成油路块

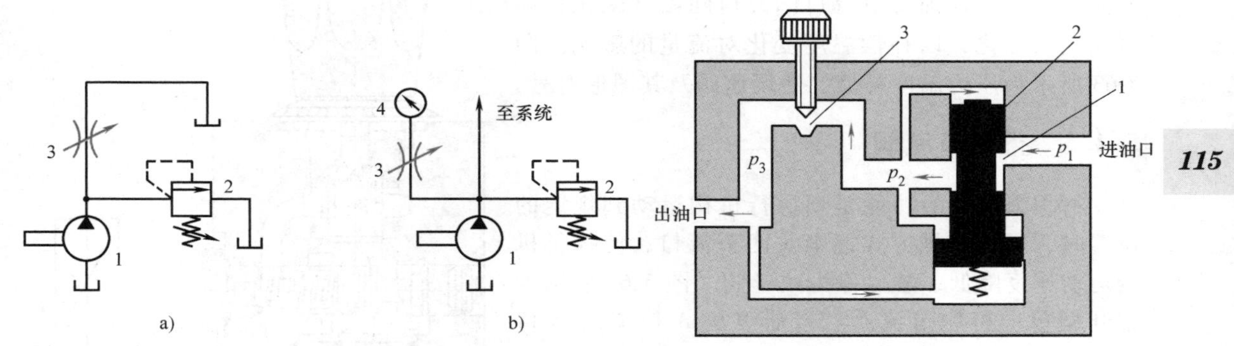

图 5-60 节流阀的应用

a）节流阀加载 b）节流阀的阻尼作用

1—液压泵 2—溢流阀 3—节流阀 4—压力表

图 5-61 调速阀的工作原理

1—减压阀阀口 2—减压阀阀芯 3—节流阀阀口

弹簧端，而节流阀阀口后压力为 p_3 的油液作用在减压阀阀芯的弹簧端。

若不计摩擦力和液动力的影响，当减压阀阀芯处于平衡状态时，则

$$p_2A = p_3A + F_k$$

$$p_2 - p_3 = \frac{F_k}{A} \tag{5-13}$$

式中，A 为减压阀阀芯端面有效面积；F_k 为弹簧力。

由于弹簧刚度很小，且减压阀阀口工作时位移变化也较小，即弹簧力 F_k 近似为常数。由式（5-13）可知，节流阀进出口压差 p_2-p_3 基本为常数。

当 p_1 为常数，而 p_3 因负载增大而增加时，$p_3A+F_k>p_2A$，使减压阀阀芯上移，阀口增大，则 p_2 也相应增大；当 $p_2-p_3=F_k/A$ 时，减压阀在新的位置平衡。反之，当 p_3 减小时，减压阀阀芯下移，阀口减小，使 p_2 也相应减小，压差 p_2-p_3 仍保持不变。

同理，当 p_1 变化时，也可按减压阀阀芯的运动与平衡分析，节流口进出口压差 p_2-p_3 仍基本保持不变。

图 5-62 所示为调速阀和节流阀的流量特性曲线。当压差大于一定值时，调速阀的输出流量基本不受阀进出口压差变化的影响；而当压差很小时，调速阀和节流阀的流量特性差别不大。在小压差下，减压阀阀芯在弹簧力作用下始终处于阀口全开的位置，不起减压作用，这时节流口进出口压差得不到补偿。因此，调速阀的最低工作压力应保持在 0.4～0.5MPa 以上，调速阀正常工作产生的压力损失比节流阀大。

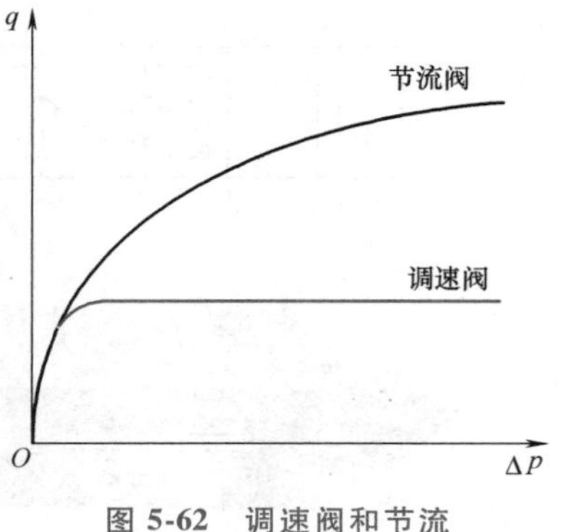

图 5-62 调速阀和节流阀的流量特性曲线

压力补偿型调速阀的流量虽然基本不受负载变化的影响，但是当油温升高而使油液黏度减小时，通过调速阀的流量会增大。为减小负载和油温变化对流量稳定性的影响，在压力补偿的基础上增加温度补偿装置，即所谓的压力温度补偿型调速阀。其特点是：定差减压阀保持节流口进出口压差基本不变，而温度补偿装置则使节流口的开口随温度变化自动做相应的变化，以补偿温度变化对流量的影响。图 5-63 所示为压力温度补偿二通调速阀及其图形符号。

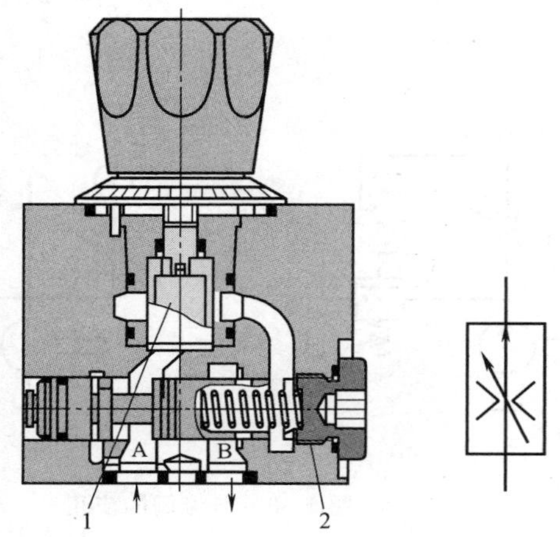

图 5-63 压力温度补偿二通调速阀及其图形符号
1—节流阀芯 2—压力补偿阀芯

5.4.3 行程节流阀

行程节流阀的功能是当执行机构运动到规定的位置时，通过机械方式逐渐关闭节流口，使执行机构运动速度降低，故也称为减速阀。图 5-64 所示为常开型单向行程节流阀。当油液从 A 口流向 B 口时，在机械撞块压下阀芯的动作过程中，节流口的过流面积将逐渐减小直至最后关闭，从而达到使执行机构减速并停止运动的目的。当机械撞块对阀芯的作用力取消后，阀芯在复位弹簧的作用下回复到原来常开的位置。而油液反方向从 B 口流向 A 口

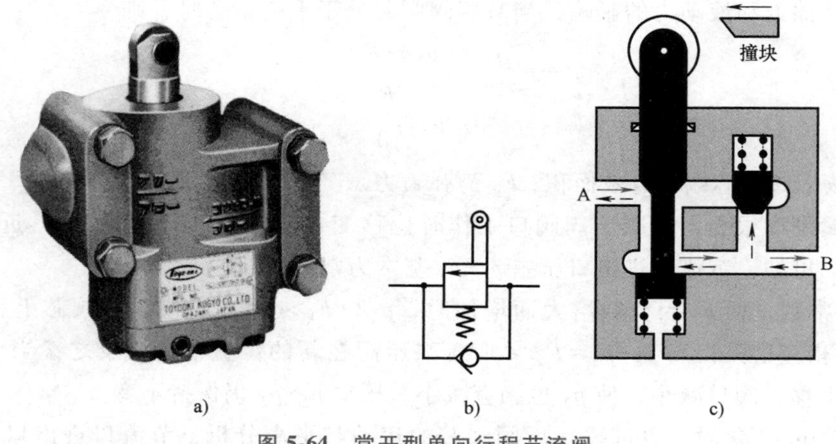

图 5-64 常开型单向行程节流阀
a）实物 b）图形符号 c）工作原理

时，油液经单向阀自由流动。

行程节流阀实现的节流调速系统，可以使运动部件达到减速、缓冲和精确定位的目的。

5.4.4 分流-集流阀

分流-集流阀是分流阀、集流阀和分流-集流阀的总称。它是使分流-集流阀的两个出流或入流流量相等，从而实现两个执行元件的速度同步，故又称为同步阀。

1. 分流阀的工作原理

分流阀是将单一液流等分成两个支流的流量控制阀，其工作原理如图 5-65a 所示。

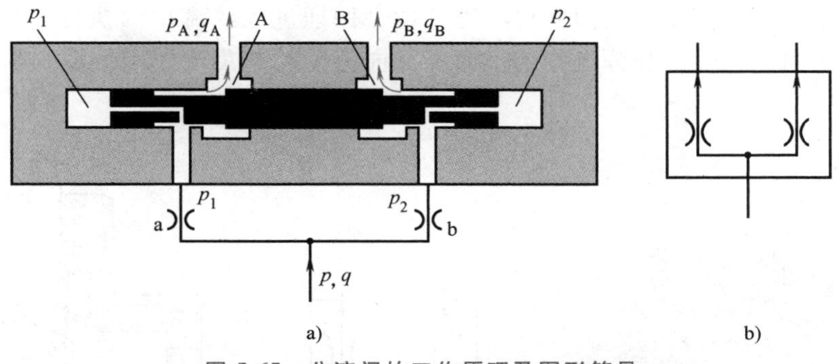

图 5-65 分流阀的工作原理及图形符号

a）工作原理 b）图形符号

设分流阀进油口压力为 p，流量为 q，分两路流过两个等面积的固定节流孔 a 和 b 后，压力分别降为 p_1 和 p_2，再分别经两个可变节流口 A 和 B 后流出，出油口压力分别为 p_A 和 p_B；同时，压力为 p_1、p_2 的油液还经阀芯上的内部通道作用在阀芯两端。若出口负载相等，则 $p_A=p_B$，而阀的两分流支道又完全对称，所以输出流量 $q_A=q_B$，可使两规格相同的执行元件同步。当负载变化导致 $p_A>p_B$ 时，若阀芯仍处于中间位置，则 $p-p_A<p-p_B$，必导致 $q_A<q_B$，$p_1>p_2$。此时阀芯在不平衡液压力的作用下右移，节流口 A 增大，B 减小，从而使 q_A 增大，q_B 减小，直到 $q_A\approx q_B$，$p_1\approx p_2$ 为止，阀芯在新的位置重新平衡，即两执行元件速度同步。

2. 集流阀的工作原理

集流阀是将两股液流合成单一液流的流量控制阀，其工作原理如图 5-66a 所示。两个进

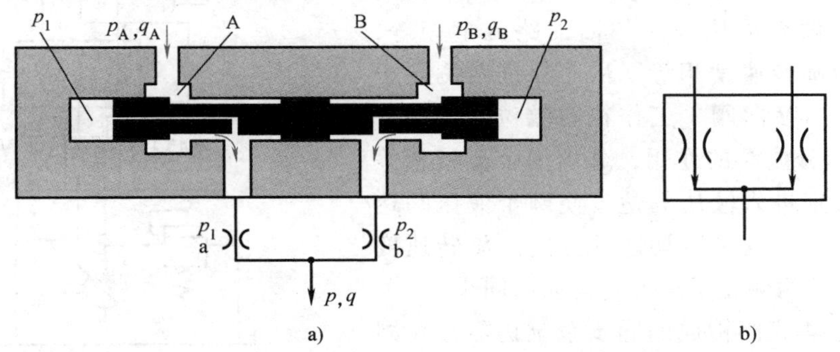

图 5-66 集流阀的工作原理及图形符号

a）工作原理 b）图形符号

油口的压力和流量分别为 p_A、p_B 及 q_A、q_B 时，出油口压力和流量分别为 p 和 q。当负载变化而导致 $p_A>p_B$ 时，若阀芯仍处于中间位置，则必使 $p_1>p_2$，阀芯在不平衡液压力的作用下右移，使节流口 A 减小，B 增大，直至 $p_1\approx p_2$，阀芯在新的位置受力平衡。由于两个固定节流孔的面积相等，因此 $q_1\approx q_2$，而不受进油口压力 p_A 和 p_B 变化的影响。

3. 分流-集流阀的工作原理

分流阀安装在两规格相同的执行元件的进油路上，保证进入两执行元件的流量相等。集流阀安装在两规格相同的执行元件的回油路上，保证执行元件的回油量相等。而分流-集流阀则是兼有分流和集流两种功能的流量控制阀，它也利用负载压力反馈并通过阀芯的运动，改变可变节流口的开口面积，从而实现压力补偿，保证进入或流出两执行元件的流量相等。当液流按某一方向流动时，起分流作用；而反方向流动时起集流作用。图 5-67 所示为分流-集流阀。

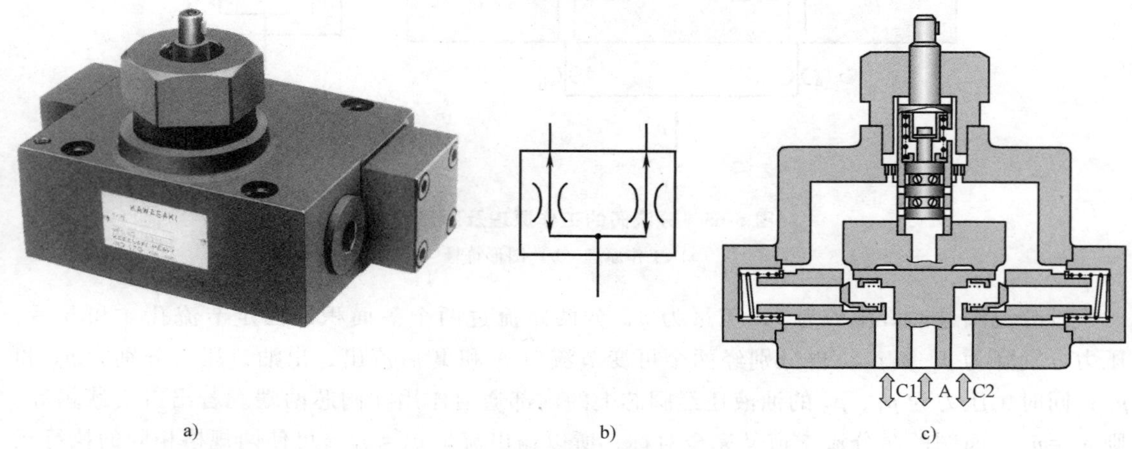

图 5-67　分流-集流阀的实物、图形符号及其结构原理

a）实物　b）图形符号　c）结构原理

图 5-68 所示为采用分流-集流阀控制拖拉机两侧驱动轮双向同步运动的系统回路。当换向阀 1 工作在左端位置时，两个液压马达的回油路分别进入分流-集流阀 2，此时分流-集流阀 2 起集流阀的作用，控制两个液压马达的回油路流量相等，使液压马达的旋转速度相等，从而保证两侧轮子运动的同步。当换向阀 1 工作在右端位置时，分流-集流阀 2 起分流阀的作用，分出两个流量相等的分支油路分别进入液压马达，使两个液压马达进油路流量相等，且液压马达反方向的旋转速度相等，从而保证两侧轮子反方向运动的同步。

采用分流-集流阀构成的同步系统仍然存在同步误差，约为 2%～5%，而且分流-集流阀本身的压力损失也大。

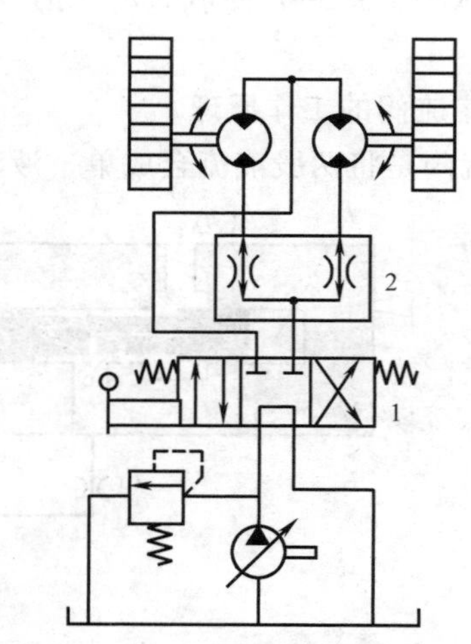

图 5-68　采用分流-集流阀的同步回路

1—换向阀　2—分流-集流阀

5.5 插装阀

本章前面介绍的方向、压力和流量三类常规液压控制阀，一般功能单一，其名义通径最大不超过 32mm，而且结构尺寸大，不适应小体积、集成化的发展方向和大流量液压系统的应用要求。因此 20 世纪 70 年代发展了一种新型的液压控制阀——插装阀。

5.5.1 结构和工作原理

插装阀由插装组件、先导方向阀和先导压力阀等组成，如图 5-69 所示。插装组件又称主阀组件，它由阀芯、阀套、弹簧和密封件等组成。插装组件有两个主油路口 A 和 B，一个控制油口 X，插装组件装在油路块中。

插装组件的主要功能是控制主油路的流量、压力和液流的通断。控制盖板是用来密封插装组件，安装先导阀和其他元件，沟通先导阀和插装组件控制腔的油路。先导阀是对插装组件的动作进行控制的小通径常规液压阀。

a)

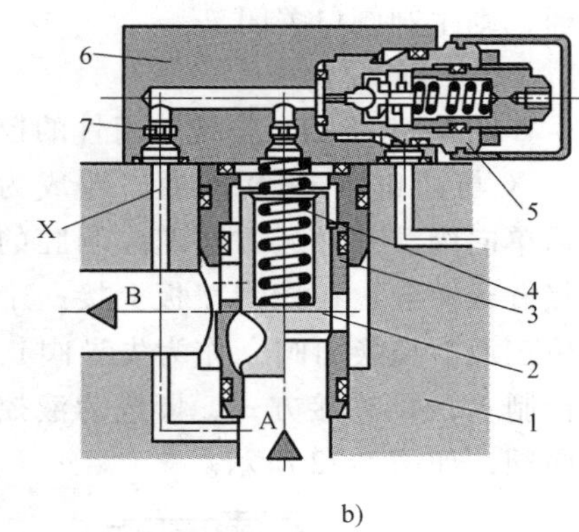

b)

图 5-69 插装阀的组成

a）插装组件、先导方向阀和先导压力阀实物 b）插装阀的结构

1—油路块 2—阀芯 3—阀套 4—弹簧 5—先导压力阀 6—控制盖板 7—节流孔 8—先导方向阀 9—插装组件

如图 5-70 所示，插装件有两个主油路口 A 和 B，所以也称为二通插装阀。另外还有一个

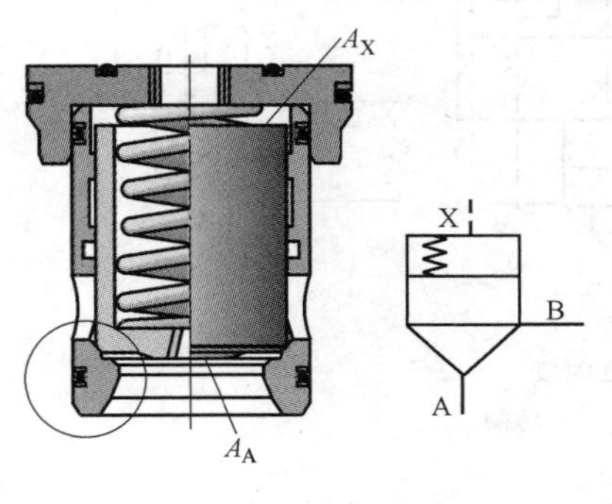

a)

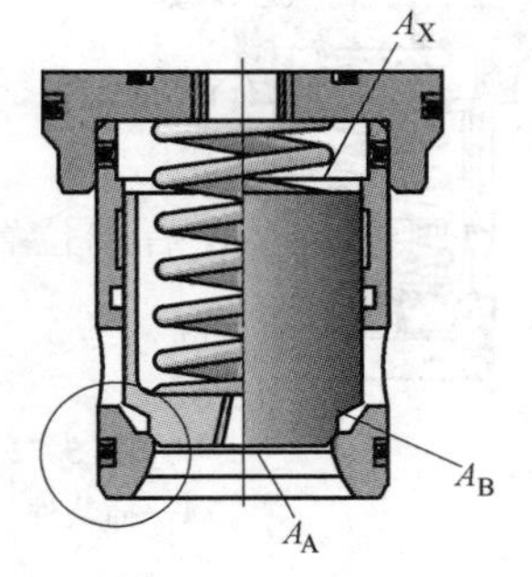

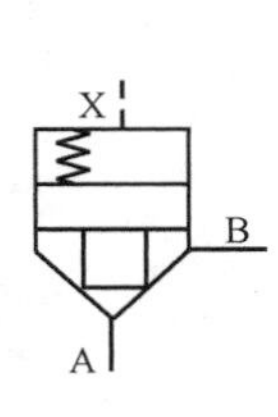

b)

图 5-70 不同面积比的插装件

a）$A_A/A_X=1$ b）$A_A/A_X<1$

控制油口 X。各个油腔的有效作用面积分别为 A_A、A_B、A_X，并且有 $A_X=A_A+A_B$。根据阀的控制功能不同，不同产品面积之比 A_A/A_X 取值不同，有两种情况，即 $A_A/A_X=1$ 和 $A_A/A_X<1$。

通过先导阀控制主阀的开启、关闭和开口量大小，主阀可以实现通断或节流的功能，或这些功能的组合。工作时，阀口是开启还是关闭取决于阀芯的受力情况。若 A、B、X 口的工作压力分别是 p_A、p_B、p_X，阀芯上端复位弹簧力为 F_k，则阀芯开启的条件是

$$p_A A_A+p_B A_B \geqslant p_X A_X+F_k \tag{5-14}$$

反之，阀芯关闭的条件是

$$p_A A_A+p_B A_B<p_X A_X+F_k \tag{5-15}$$

由式（5-14）和式（5-15）可知，阀芯工作状态与 X 腔压力 p_X 相关，p_X 由先导阀进行控制。当 X 腔通油箱，$p_X=0$，则阀口开启；当 X 腔通液压油腔，$p_X=p_A$ 或 $p_X=p_B$，则阀口关闭。

5.5.2　插装方向控制阀

插装方向控制阀是根据控制腔 X 的通油方式来控制主阀芯的启闭。若 X 腔通油箱，则主阀阀口开启；若 X 腔与主阀进油路相通，则主阀阀口关闭。

1. 插装单向阀

如图 5-71 所示，将插装组件的控制腔 X 与油口 A 或 B 连通，即成为普通单向阀。其导通方向随控制腔的连接方式而异。在控制盖板上接一个二位三通液控换向阀（作为先导阀），来控制 X 腔的连接方式，即成为液控单向阀，如图 5-72 所示。

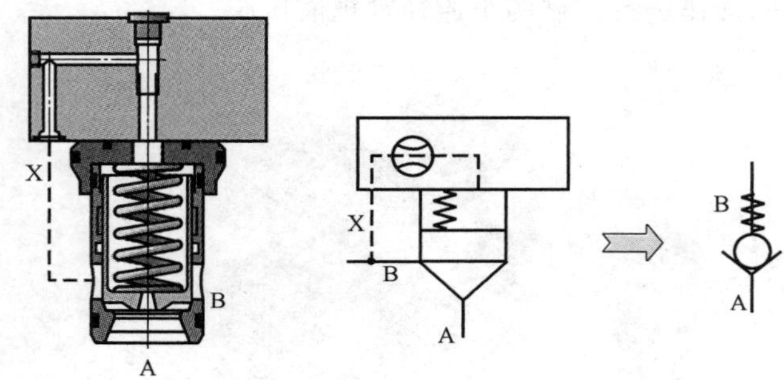

图 5-71　插装单向阀

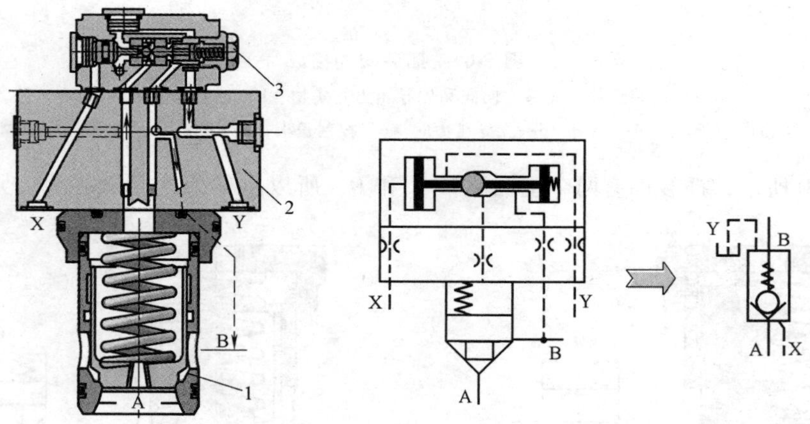

图 5-72　插装液控单向阀

1—插装件　2—控制盖板　3—梭阀

2. 二位二通插装换向阀

如图 5-73 所示，二位二通插装换向阀由插装件、控制盖板和板式连接先导阀组成，由先导电磁阀控制主阀芯上腔的压力。当电磁阀断电时，X 口与主阀芯上腔相通，在液压油的

作用下使主阀芯关闭；当电磁阀通电时，X 口与 Z2 口接通而封闭，主阀芯上腔与 Y 口接通而通油箱泄压，A、B 油路的液压油均可使主阀阀口开启，A 与 B 双向相通。二位二通插装换向阀相当于一个二位二通电液换向阀。

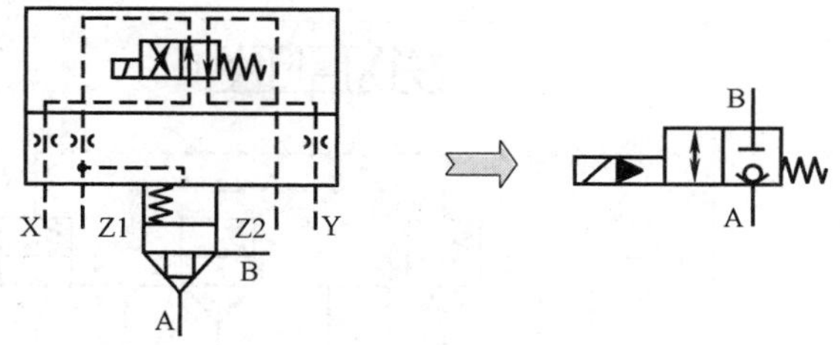

图 5-73　二位二通插装换向阀

3. 二位三通插装换向阀

如图 5-74 所示，二位三通插装换向阀由两个插装组件和一个二位四通电磁换向阀组成。当电磁铁断电时，电磁换向阀处于右端位置，插装件 1 的上腔通 X 口液压油，主阀阀口关闭，即 P 封闭；而插装件 2 的上腔通 Y 口而与油箱接通，主阀阀口开启，A 与 T 相通。当电磁铁通电时，电磁换向阀处于左端位置，插装件 1 的上腔与 Y 口接通而通油箱，主阀阀口开启，即 P 与 A 相通；而插装件 2 的上腔通 X 口，在液压油作用下主阀阀口关闭，T 封闭。二位三通插装换向阀相当于一个二位三通电液换向阀。

4. 二位四通插装换向阀

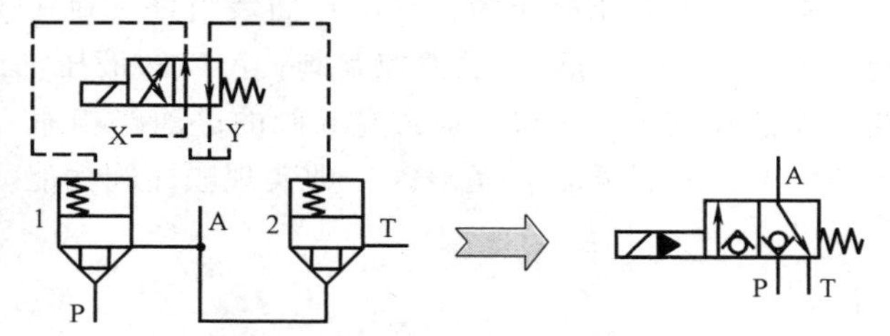

图 5-74　二位三通插装换向阀

如图 5-75 所示，二位四通插装换向阀由四个插装组件和一个二位四通电磁换向阀组成。当电磁铁断电时，电磁换向阀处于右端位置，插装件 1、3 上腔通 Y 口而主阀阀口开启，插装件 2、4 上腔通 X 口而主阀阀口封闭，则 P 与 B 相通，A 与 T 相通；反之，当电磁铁通电时，电磁换向阀处于左端位置，插装件 1、3 上腔通 X 口而主阀阀口封闭，插装件 2、4 上腔通 Y 口而主阀阀口开启，则 P 与 A 相通，B 与 T 相通。二位四通插装换向阀相当于一个二位四通电液换向阀。

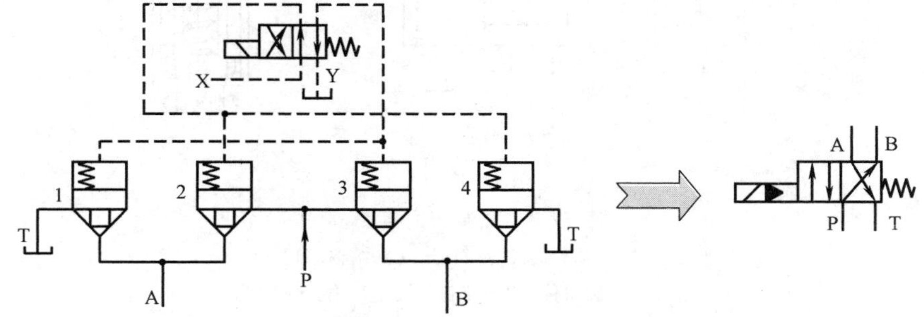

图 5-75　二位四通插装换向阀

5. 三位四通插装换向阀

如图 5-76 所示，三位四通插装换向阀由四个插装组件组合，采用 P 型三位四通电磁换向阀作为先导阀。当电磁阀处于中位时，四个插装组件的控制腔均通液压油，则油口 P、A、B、T 封闭。当电磁阀处于左端位置时，插装组件 1 和 4 的控制腔通液压油，而 2 和 3 的控制腔通油箱，则插装组件 1 和 4 的阀口关闭，2 和 3 的阀口开启，即 P 与 B 相通，A 与 T 相通。同理，当电磁阀处于右端位置时，插装组件 2 和 3 的控制腔通液压油，而 1 和 4 的控制腔通油箱，即

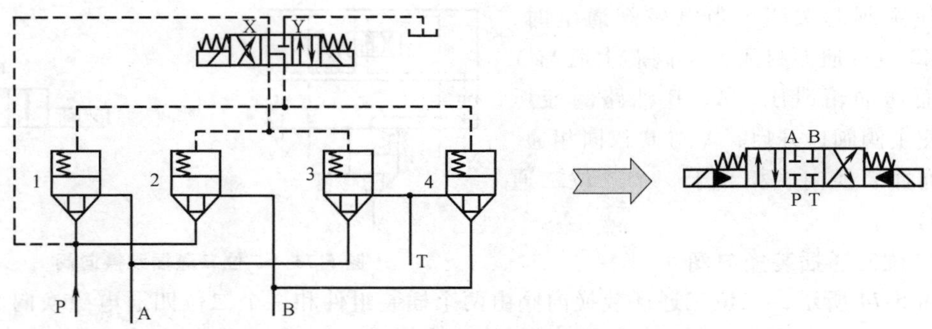

图 5-76　三位四通插装换向阀

P 与 A 相通，B 与 T 相通。三位四通插装换向阀相当于一个 O 形三位四通电液换向阀。

5.5.3　插装压力控制阀

由直动式调压阀作为先导阀对插装组件控制腔 X 进行压力控制，即构成插装压力控制阀。图 5-77 所示为插装压力控制阀，A 口的液压油经油路块内部通道和控制盖板上的节流孔进入控制腔 X，并与直动式先导阀的进油路相通。当油口 B 通油箱时，实现溢流阀功能；当油口 B 不接油箱而接负载时，即实现顺序阀功能。

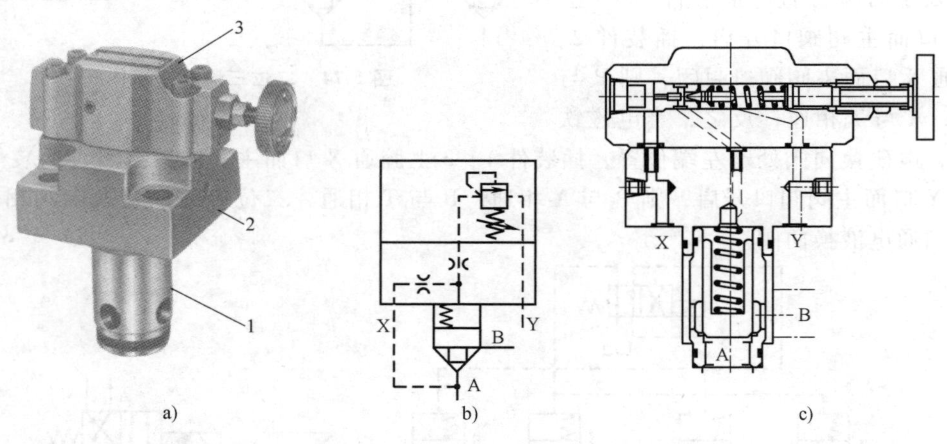

图 5-77　插装压力控制阀

a）实物　b）图形符号　c）结构原理

1—插装组件　2—控制盖板　3—先导阀

图 5-78 所示为在插装压力控制阀 X 腔的油路中再接一个二位二通电磁换向阀。当电磁铁通电时具有溢流阀功能；当电磁铁断电时，即成为卸荷阀。该插装压力控制阀的功能相当于一个电磁溢流阀。

5.5.4　插装节流阀

通过机械或电气的行程调节元件来调节主阀阀口的开度，即构成插装节流阀。图 5-79 所示为手调插装节流阀。如用比例电磁铁代替手调装置，即组成插装比例节流阀。

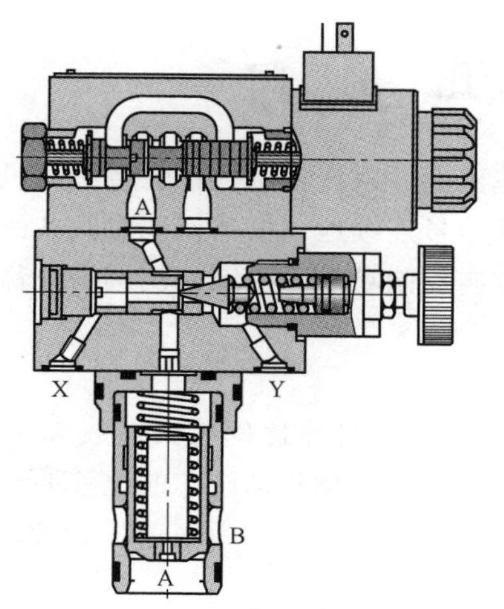

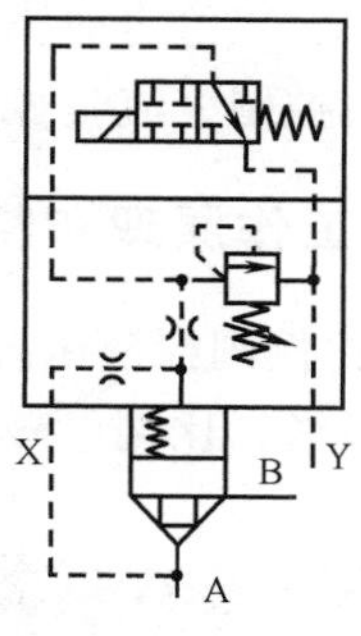

图 5-78 插装卸荷阀、溢流阀

a)

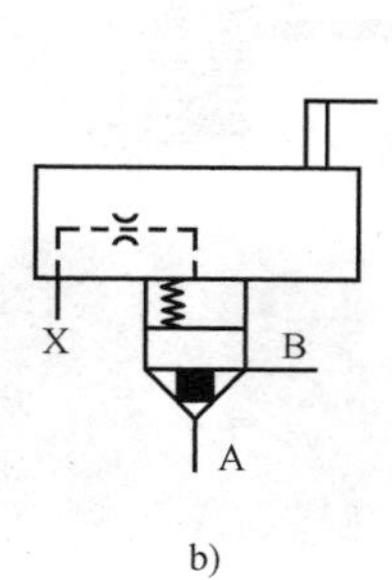

b)

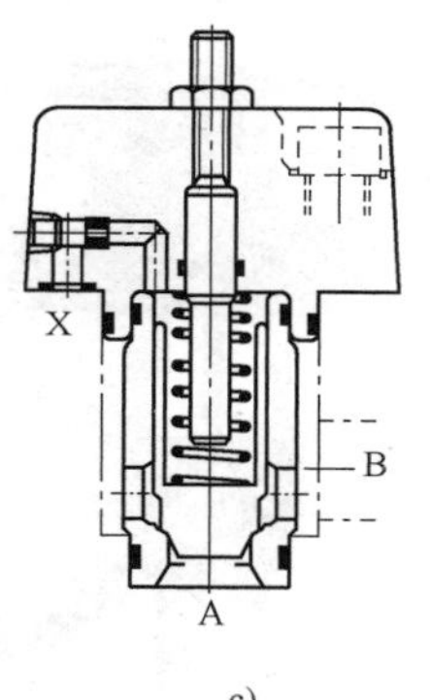

c)

图 5-79 手调插装节流阀

a）实物 b）图形符号 c）结构原理

1—插装组件 2—控制盖板 3—流量调节螺钉

5.5.5 插装阀的特点

插装阀是把作为主控元件的插装件安装在油路块中，实现不同的控制功能。如图 5-80 所示的插装阀集成油路装置具有以下显著特点：

1）通流能力大，压力损失小，特别适用于大流量系统，通过的流量可达 10000L/min。

2）阀芯采用锥面线密封的结构型式，密封性能好。

3）阀芯不容易产生夹紧现象，抗污染能力强。

4）插件标准化，组合灵活，油路装置体积小，集成度高。

图 5-80 插装阀集成油路装置

5.6 比　例　阀

比例阀是在常规液压控制阀结构的基础上，以比例电磁铁代替手调机构或普通开关型电磁铁而发展起来的，它以给定的输入电气信号连续地、按比例地对阀芯的作用力或位移进行控制，从而实现压力控制、流量控制和方向控制功能。因此，比例阀也称为电液比例阀。

5.6.1 比例阀的工作原理和特点

图 5-81 所示为比例阀控液压缸系统，指令信号经比例放大器放大，并按比例输出电流给比例阀的比例电磁铁，比例电磁铁输出力并按比例移动阀芯的位移，即可按比例地控制液

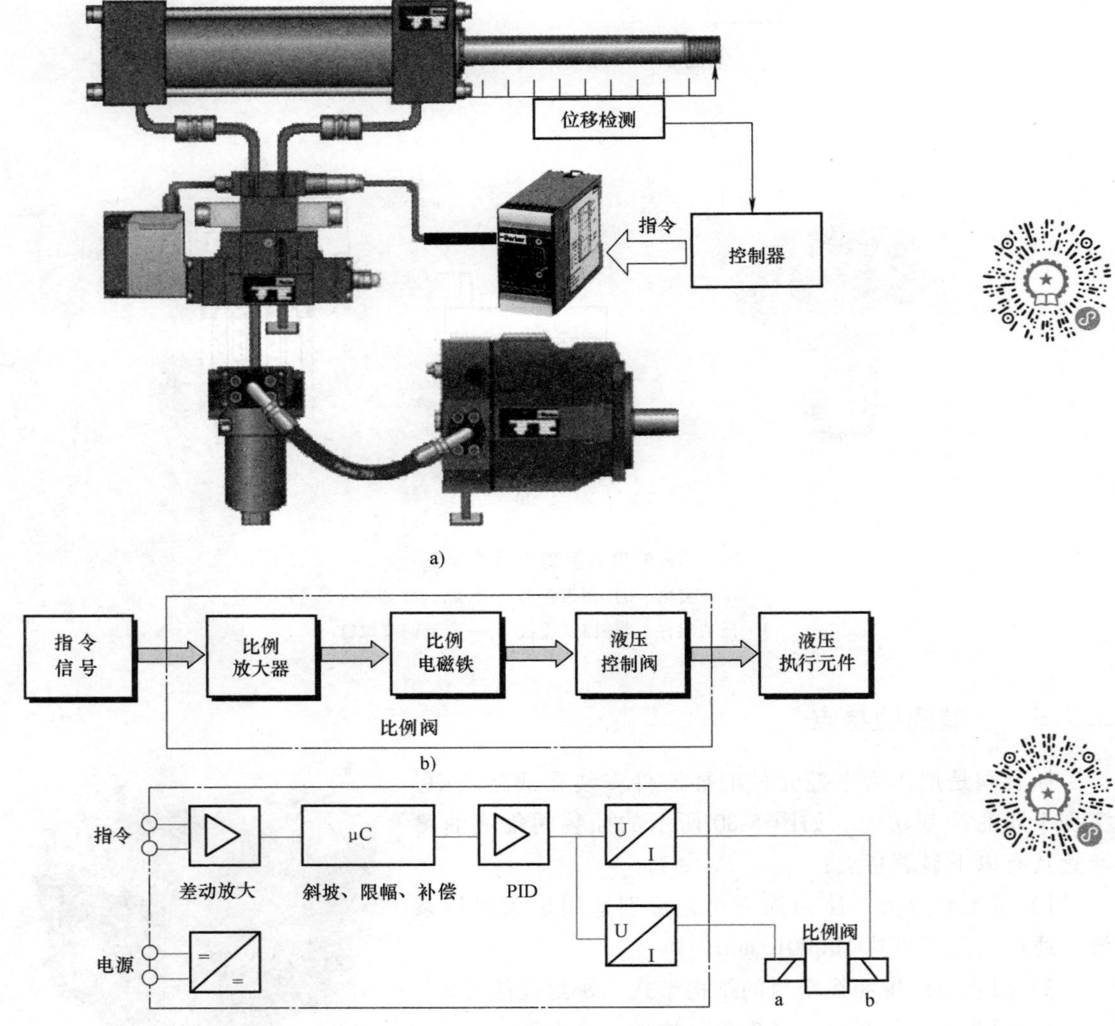

图 5-81　比例阀控液压缸系统

a）系统结构　b）系统原理框图　c）放大器结构原理

流的流量和改变液流的方向，从而实现对执行机构的位置或速度控制。在对位置或速度精度要求较高的应用场合，还可对执行机构的位移或速度进行反馈，构成闭环控制系统。

虽然比例阀在结构上与常规液压控制阀相近，但制造技术水平要求高，而且采用比例电磁铁，输入连续变化的电信号，需要配置比例放大器对电信号进行放大、处理、电压/电流转换。在放大器中设置死区补偿量，以减小阀芯正遮盖死区的不利影响；在控制信号上叠加高频颤振信号，以减小静摩擦造成的滞回并有利于消除节流口在小流量时的阻塞现象；对受控参数进行反馈闭环控制，提高比例阀控制性能等。这些措施使比例阀的稳态精度、动态响应和稳定性都有了很大提高，其应用领域日渐扩大，不仅用于开环控制，也被应用于闭环控制。

与常规液压控制阀相比，比例阀具有以下特点：

1）能实现远程控制、程序控制和自动控制，可简化液压系统设计。

2）把电的快速、灵活与液压传动功率大很好地结合起来，并按比例地控制电磁铁驱动力大小和阀芯位移，能连续地进行压力控制、流量控制以及方向控制。

3）与伺服阀相比，抗污染能力强，零位负载漂移小，工作可靠。

4）主要用于开环控制系统，也可组成闭环控制系统。一般情况下，比例阀应用于闭环控制系统的响应速度、控制精度比伺服阀低。

5）价格比常规液压控制阀高，但低于电液伺服阀。

5.6.2　比例压力阀

比例压力阀是按输入电信号的大小来控制系统压力的液压控制阀。按结构特点不同，比例压力阀可分为直动式比例压力阀和先导式比例压力阀两大类。

图5-82a所示为直动式比例压力阀的工作原理。与常规直动式溢流阀所不同的是，用比例电磁铁1取代常规直动式溢流阀的弹簧调节装置，以产生与输入电信号成比例的输入力。当比例电磁铁通电时，产生的电磁力通过推杆2和传力弹簧3（刚度大，不起调压作用）作用在锥阀4上。当作用在锥阀左端面上的液压力大于电磁力时，锥阀开启，油液流经阀口后从出油口T流出。电磁力的大小和线圈中的电流成正比，因此，连续地改变控制电流的大小，即可连续地按比例地控制锥阀的开启压力。

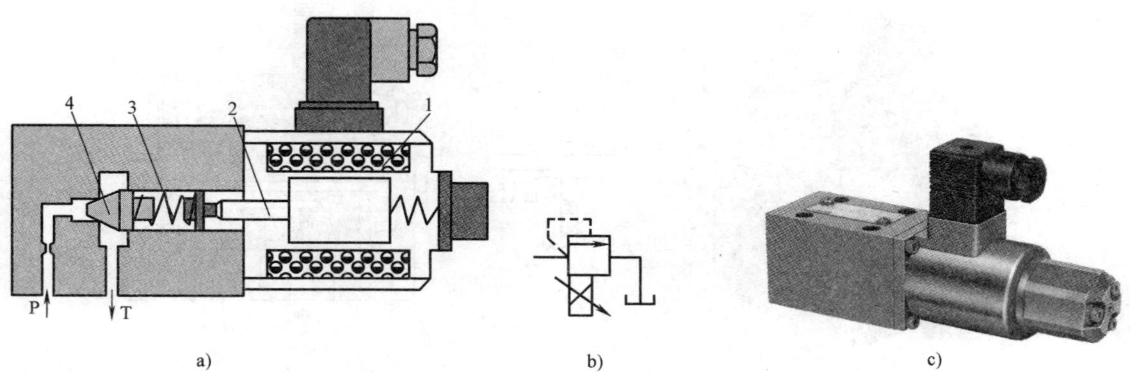

图5-82　直动式比例压力阀

a）工作原理　b）图形符号　c）实物

1—比例电磁铁　2—推杆　3—传力弹簧　4—锥阀

由于受比例电磁铁所产生电磁吸力大小的限制，直动式比例压力阀仅适用于中、低压液压系统，或高压、小流量的液压系统。在高压、大流量的液压系统中，主要采用先导式比例压力阀。先导式比例溢流阀、先导式比例减压阀和先导式比例顺序阀均以直动式比例压力阀作为先导阀，并与主阀进行组合。由于采用先导阀进行压力调节控制，因此先导式比例压力阀具有调节性能好、参数调节范围宽等特点。图 5-83 所示为先导式比例溢流阀。

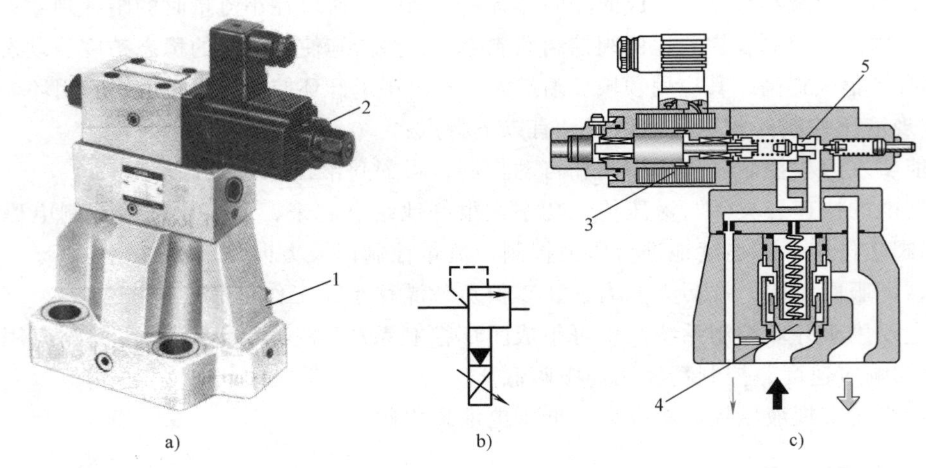

图 5-83　先导式比例溢流阀

a）实物　b）图形符号　c）结构原理

1—主阀　2—先导阀　3—比例电磁铁　4—主阀阀芯　5—锥阀

图 5-84 所示为先导式比例溢流减压阀。B 口油液作用在锥阀上，压力由比例电磁铁设定；当 B 口压力低于设定值时，主阀阀芯在弹簧作用下推到右边，A 与 B 口接通；当 B 口达到设定值时，主阀阀芯受力平衡，并保持在工作位置；当 B 口压力升高时，主阀阀芯左移，减小 A 与 B 的节流口，直至主阀阀芯受力平衡；当 B 口压力升高，并使 A 与 B 的节流口关闭时，则 B 与 T 接通，使 B 口溢流，从而防止 B 口超压。

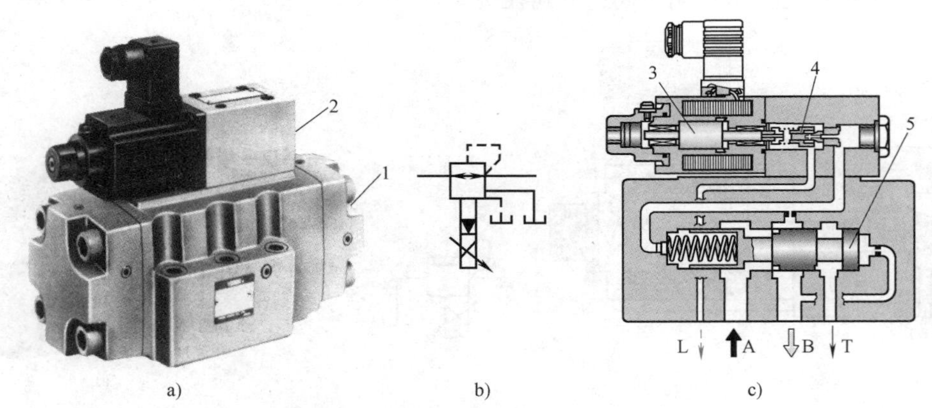

图 5-84　先导式比例溢流减压阀

a）实物　b）图形符号　c）结构原理

1—主阀　2—先导阀　3—比例电磁铁　4—锥阀　5—主阀阀芯

5.6.3 比例流量阀

比例流量阀是按输入电信号的大小来控制液流流量的液压控制阀，如电液比例节流阀、电液比例调速阀等。

按是否含内反馈闭环，比例节流阀分为普通比例节流阀和位移-电反馈比例节流阀两类。

普通比例节流阀由力调节型比例电磁铁直接驱动阀芯，其工作原理如图 5-85 所示。

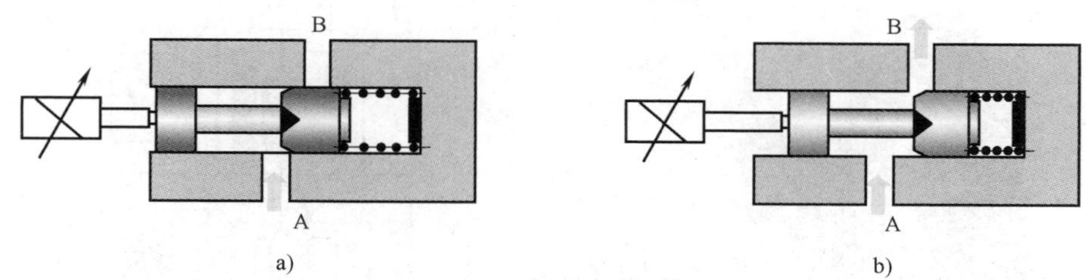

图 5-85 普通比例节流阀的工作原理

a）阀口关闭状态 b）阀口开启节流状态

当比例电磁铁不通电时，阀芯初始位置由弹簧支撑，阀口关闭；当比例电磁铁输入控制电流时，则产生的电磁力通过推杆作用在阀芯上，使阀芯右移，阀口开启，直至与弹簧力、液动力和摩擦力相平衡。阀芯位移，也即节流口的开度，与输入控制电流成正比。改变输入电流大小，可改变节流口开度，即调节通过节流阀的流量。由于阀芯位移是开环控制，位移控制精度差，因此，稳态流量控制精度较低。

图 5-86 所示为位移-电反馈插装式比例节流阀及其工作原理。如图 5-86b 所示，阀芯初始位置由复位弹簧支撑，当比例电磁铁输入控制电流时，作用于阀芯上的电磁力克服弹簧力，使阀芯产生一定的位移 y，阀口开启，控制由 A 流向 B 的流量。同时，位移传感器检测到的阀芯位移 x，经过调制、放大、解调，反馈至比例放大器输入端，与输入信号 y 进行比较，其偏差 $y-x$ 经比例放大器的调节作用后再输入到比例电磁铁，从而实现阀芯位移闭环控制，精确控制阀芯位移。因此，通过阀芯位移反馈闭环控制，将保证阀芯位移与输入电流信号成正比，即保证阀的输出流量与输入控制电流成正比，可有效地提高阀芯的稳态控制精度。

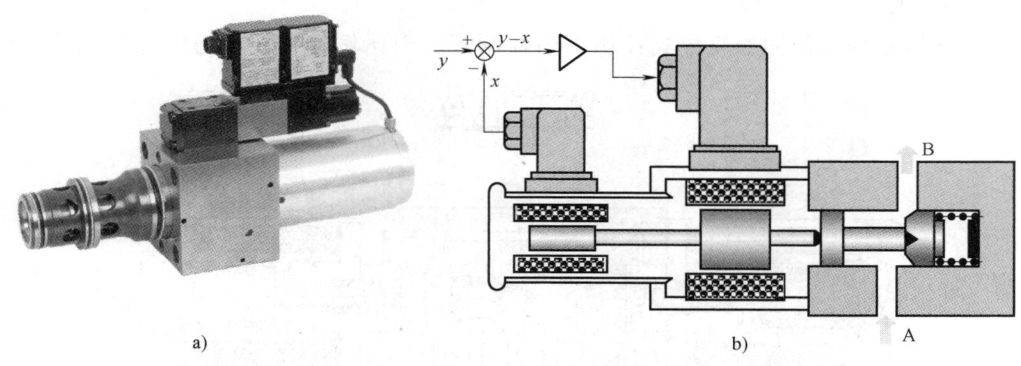

图 5-86 位移-电反馈插装式比例节流阀及其工作原理

a）实物 b）工作原理

比例节流阀控制的是阀芯位移或节流口面积，但流经节流口的流量还受节流口进出压差的影响。因此，节流口进出压差的变化将影响比例节流阀调节流量的稳定性。压差补偿型比例流量阀，也称为比例调速阀，由比例节流阀和定差减压阀串接组成。比例电磁铁调节节流口的开度，对通过阀的流量进行控制；而定差减压阀对系统压力波动进行补偿，使节流口压差保持恒定。比例调速阀如图 5-87 所示。

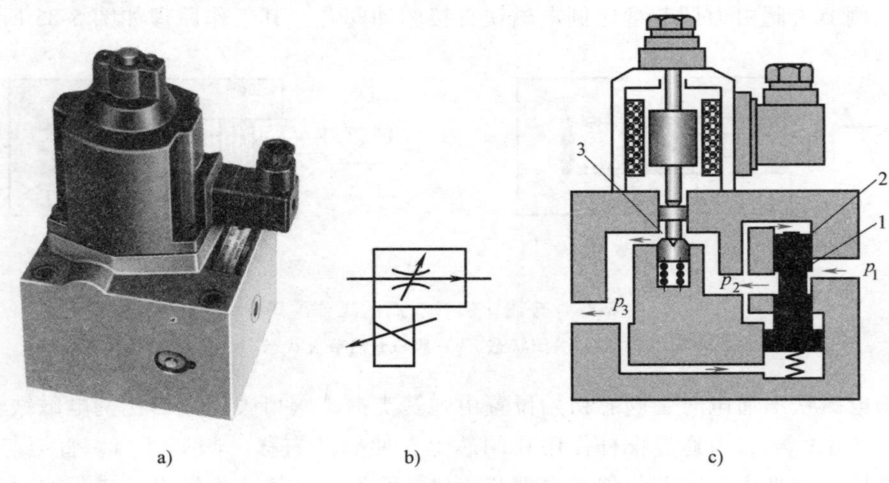

图 5-87 比例调速阀

a）实物 b）图形符号 c）工作原理

1—减压阀阀口 2—减压阀阀芯 3—节流口

为减小静摩擦对比例阀控制性能的影响，通常在控制电流上叠加颤振信号，该颤振电流分量使阀芯产生高频颤振，不仅降低了比例阀的滞回，而且有利于消除节流口在小流量调节时的阻塞现象，提高了小流量的稳定性。

5.6.4 比例方向控制阀

比例方向控制阀是按输入电信号正、负和数值大小同时实现液流方向和流量比例控制的液压控制阀。其结构与常规电磁方向阀相似。按功率级分，比例方向控制阀有直接控制式和先导控制式两种。

图 5-88 所示为三位四通直控式比例方向控制阀。当比例电磁铁不通电时，阀芯在两端

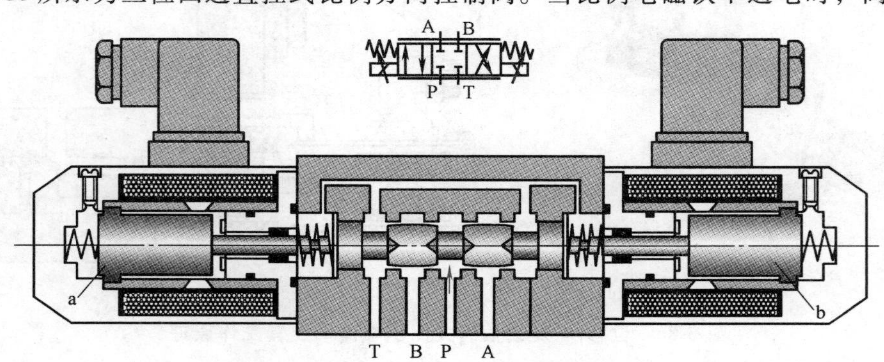

图 5-88 三位四通直控式比例方向控制阀

对中弹簧作用下处于中位，油口 P、A、B、T 互不相通；当比例电磁铁 a 通控制电流时，阀芯右移，使 P 与 A 相通，B 与 T 相通。控制电流越大，则阀口开度越大，流过阀的流量也就越大。同理，当比例电磁铁 b 通控制电流时，阀芯左移，P 与 B 相通，A 与 T 相通。因此，通过对比例电磁铁 a、b 输入电流的控制，不仅可以控制液流方向，而且可以控制阀口开度大小，实现流量调节，即具有换向、节流的复合控制功能。

图 5-89 所示为带阀芯位移电反馈的三位四通比例方向控制阀，通过位移传感器来检测阀芯的实际位置。阀芯位移反馈信号经放大、解调后，送至比例放大器，与给定输入信号进行比较，得到偏差信号，再经比例放大器放大，输入比例电磁铁产生控制作用，从而对阀芯的位置进行修正，实现了阀芯位置的闭环控制。由于采用了阀芯位置反馈的闭环控制，因此，阀芯位移的控制精度较高。

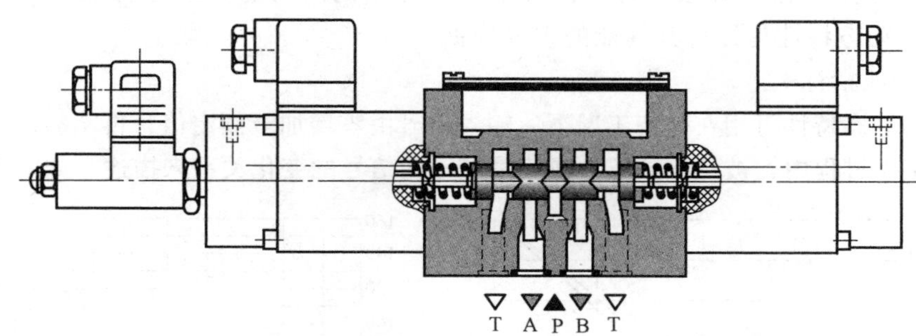

图 5-89 带阀芯位移电反馈的三位四通比例方向控制阀

直动式比例方向控制阀的输出功率受比例电磁铁输出力的限制，其通径小，即流量小。而大通径比例方向控制阀的主阀阀芯移动所需的操纵力很大，需采用先导式比例方向控制阀。两种不同型式的先导式比例方向控制阀如图 5-90 所示。

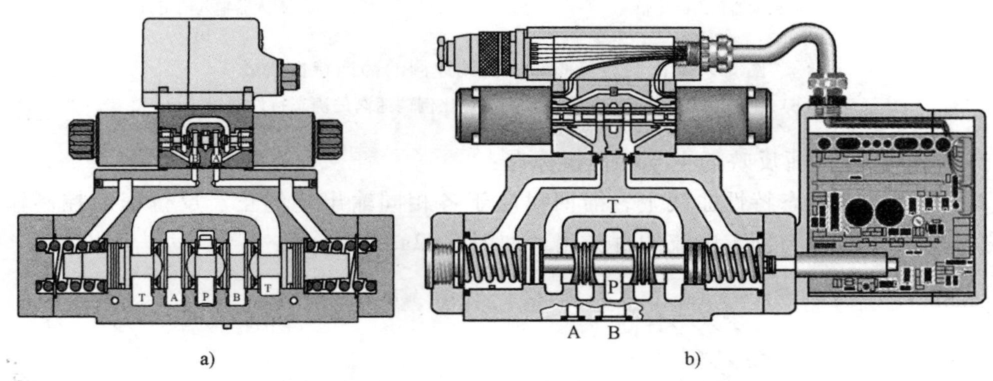

a) b)

图 5-90 两种不同型式的先导式比例方向控制阀

a）不带主阀芯位移传感器 b）带主阀芯位移传感器

例 5-3 当阀压降为 1MPa 时，所通过比例阀的流量，称为比例方向控制阀的额定流量。如果比例阀的额定流量 $q_1=30\text{L/min}$，当阀压降增加量 $\Delta p_2=9\text{MPa}$ 时，通过比例阀的流量是多少？

解 根据节流小孔的流量特性方程

$$q=CA\sqrt{\frac{2}{\rho}\Delta p}$$

阀压降 $\Delta p_1=1\text{MPa}$，则 $\Delta p_2=9\text{MPa}$ 时，有

$$q_2=q_1\sqrt{\frac{\Delta p_2}{\Delta p_1}}=30\text{L/min}\times\sqrt{\frac{9\text{MPa}}{1\text{MPa}}}=90\text{L/min}$$

5.6.5 比例阀的主要性能指标

比例阀是通过电流精确地调节流量、压力或改变液流方向，其调节的被控量随输入信号在稳态、动态时的变化关系，称为比例阀的静、动态特性。比例阀的静、动态特性是评价其性能的重要依据。

1. 静态性能指标

比例阀的静态特性可用在稳态工况下，输入信号由零增加至额定值，再从额定值减小到零的一个循环工作过程中，被控参数压力或流量随输入信号的变化关系来描述，如图 5-91 所示。

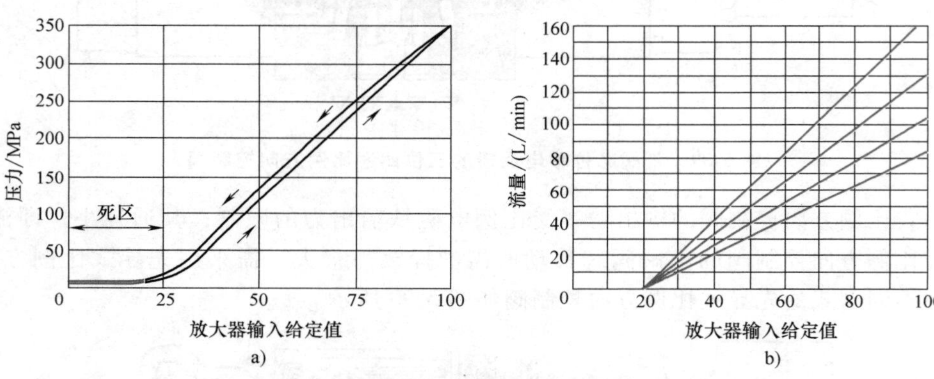

图 5-91 比例溢流阀和比例调速阀的静态特性曲线

a）比例溢流阀的静态特性曲线 b）比例调速阀的静态特性曲线

比例阀静态特性所反映的主要特征指标有：

（1）滞回 在静态特性曲线上，滞回对应于各相同输出量的正、反行程的控制输入电信号之差的最大值 H 与额定电流的百分比，如图 5-92a 所示。

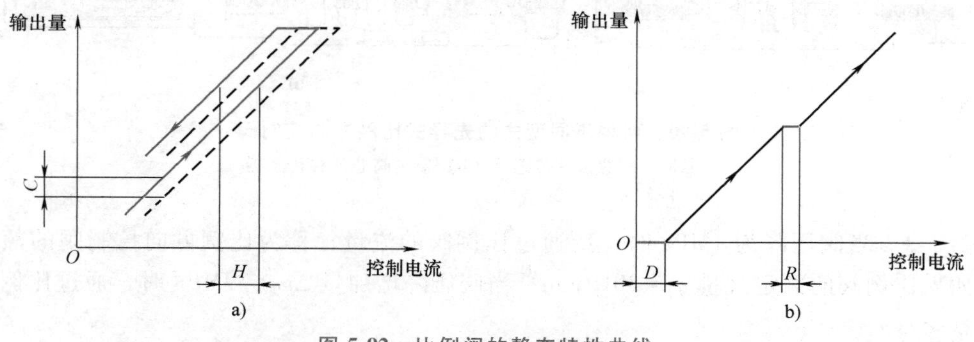

图 5-92 比例阀的静态特性曲线

a）滞回、重复性 b）死区、分辨率

（2）重复性　从一个方向多次重复地输入同一电流信号，其输出流量或压力的变化量 C 与额定输出量的百分比即为重复性，如图 5-92a 所示。

（3）死区　死区指控制输入信号在零值附近 D 变化时，输出量无信号输出，如图 5-92b 所示。

（4）分辨率　能使输出流量或压力发生微小变化所需输入电流的变化量 R 与额定输入电流的百分比即为分辨率，如图 5-92b 所示。

（5）线性度　线性度指静态特性曲线上各点斜率的一致性。各点斜率相同，则线性度最好。

滞回越小，线性范围越大，重复精度越高，分辨率越高，则比例阀的静态性能越好。

2. 动态性能指标

比例阀的动态性能一般用频率响应和阶跃响应来评价。

（1）频率响应　在不同频率等幅值的正弦输入信号扫描下，计算出不同频率下的输出信号幅值相对于输入信号的幅值之比，即为幅频特性。不同频率下的输出信号相位相对于输入信号的相位差，即为相频特性。一般用幅值比为-3dB 和相位滞后 90°时的频率来评价，分别称为幅频宽和相频宽，如图 5-93 所示。图 5-93 中的三条曲线分别是输入信号幅值为额定值的±10%、±25%和±100%条件下的幅频特性和对应的相频特性。

（2）阶跃响应　阶跃响应是指在额定供油压力下，当比例阀输入信号在零至额定值之间做不同幅值的阶跃时，阀芯行程（对应输出量为 0~100%）随时间的变化关系。通常用上升时间、调节时间和超调量来衡量比例阀动态性能的优劣，如图 5-94 所示。

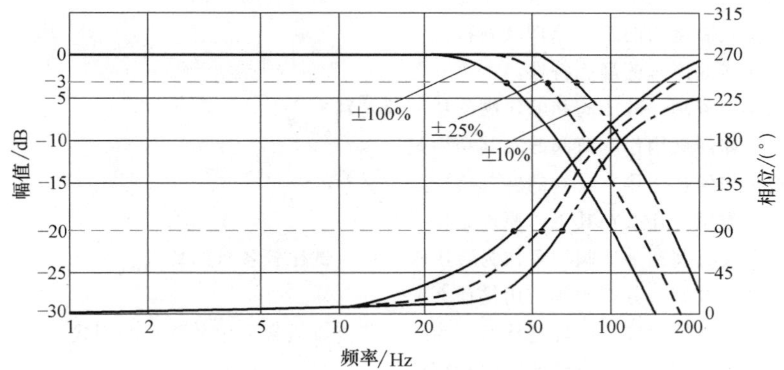

图 5-93　比例方向阀的频率特性

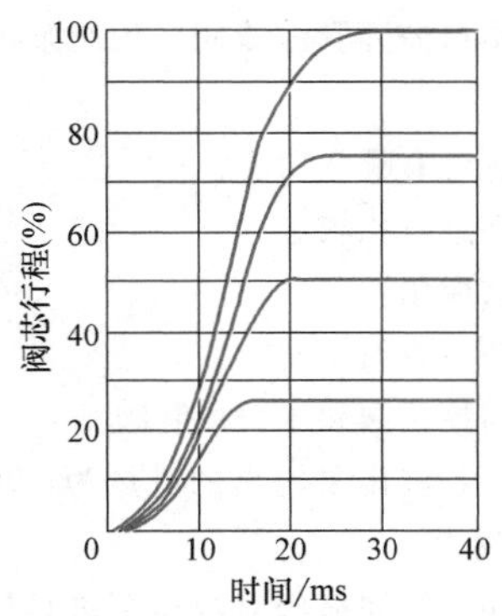

图 5-94　比例方向阀的阶跃响应

习题

5-1　液压控制元件有几大类？各有什么功用？

5-2　油液通过液压阀为什么会产生压力损失？

5-3　单向阀的功用是什么？液控单向阀和普通单向阀有何区别？

5-4　简述液控单向阀的工作原理及其应用。

5-5　对单向阀的性能有什么要求？列举其应用。

5-6　弹簧对中三位四通方向控制阀的含义是什么？

5-7　什么是换向控制阀的中位机能？

5-8　画出二位四通电磁换向控制阀的图形符号，并简述其功能。

5-9　列举方向控制阀的四种操纵方式。

5-10　简述电磁铁的工作原理。直流电磁铁和交流电磁铁的特性有什么不同？

5-11　简述 O、M、P、K 型换向阀中位机能的特点。

5-12　什么是电液换向阀？它有什么特点？

5-13　对方向控制阀有什么性能要求？

5-14　滑阀式方向控制阀的内泄漏与哪些因素有关？

5-15　先导式压力控制阀与直动式压力控制阀相比，有什么特点？

5-16　选择液压控制阀时要考虑的基本参数有哪些？

5-17　溢流阀作为调压阀与作为安全阀相比，其工作状态有什么不同？

5-18　简述直动式溢流阀的工作原理及其特点。

5-19　简述直动式溢流阀的静态特性。

5-20　分析比较溢流阀、减压阀和顺序阀的功用及差别。

5-21　顺序阀是如何被用作卸荷阀的？其功用是什么？

5-22　顺序阀是如何被用作平衡阀的？其功用是什么？

5-23　减压阀的作用是什么？其工作原理是什么？

5-24　单向阀、溢流阀和节流阀均可作为背压阀使用，试比较各自的特点。

5-25　流量控制阀有哪些分类？其功用是什么？

5-26　节流阀调节流量的基本原理是什么？为什么节流口通常采用薄壁孔的型式？

5-27　影响节流阀调节流量稳定性的因素有哪些？

5-28　压力补偿流量控制阀与节流阀有何本质的不同？

5-29　节流调速系统通常在液压泵出口处并联溢流阀，控制泵出口的压力为常数。溢流阀溢流的功率损失如何计算？它与哪些因素有关？

5-30　节流阀除了控制调节流量外，还有哪些功能？

5-31　对节流阀和流量控制阀的刚性进行比较。

5-32　什么是单向节流阀？它有什么应用？

5-33　普通溢流阀和电磁溢流阀的功用有何不同？

5-34　大流量液压系统如何选用方向控制阀和压力控制阀？

5-35　溢流阀的调整压力是 18MPa，若液压泵输出的流量为 70L/min，当液压泵输出的流量全部由溢流阀流回油箱时，求溢流阀产生的功率损失。

5-36　液压泵输出的流量为 70L/min，用卸荷阀对液压泵进行卸荷时，液压泵的排油压力为 0.2MPa。求泵的输出流量通过卸荷阀时产生的功率损失。

5-37　球式换向阀的特点是什么？

5-38　换向阀通过流量 50L/min 时的压降为 7MPa，那么通过流量 100L/min 时的压降是多少？

5-39　同步阀（分流-集流阀）的主要作用是什么？

5-40　当液流流经液压阀时，液压阀会发热吗？它与哪些因素有关？

5-41　插装式液压阀的特点是什么？

5-42　试述插装方向阀、插装压力阀和插装流量阀的工作原理。

5-43　比例阀（电液比例控制阀）和常规液压阀比较，有何特点？

5-44　比例方向阀与常规电磁方向阀相比较，有什么差异？

5-45　如何理解比例阀受控参数内反馈（带参数负反馈的比例阀）的含义？

5-46　画出电液比例控制系统的开环结构框图。

5-47　画出电液比例控制系统的闭环结构框图。

5-48　比例阀主要的静态特性指标有哪些？

5-49　如何评价比例阀的动态特性？比例阀的动态特性有哪些指标？

5-50　比例阀的死区主要是由于什么因素而产生的？

5-51　提高比例阀的性能有哪些措施？

第6章

液压辅助元件

液压系统的辅助元件包括油箱、温控装置、过滤器、蓄能器、密封件和管件等。它们是保证液压元件和系统安全、可靠运行以及延长使用寿命的重要辅助装置。

6.1 油箱及温控装置

6.1.1 油箱

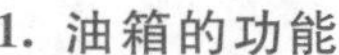

1. 油箱的功能

液压油源俗称液压泵站，其功能是向液压系统提供液压能。典型的液压油源及油箱装置如图 6-1 所示。

油箱作为液压系统的重要组成部分，其主要功能有：

(1) 盛放油液　油箱必须能够盛放液压系统中的全部油液。

(2) 散发热量　液压系统中的功率损失导致油液温度升高，油液从系统中带回来的热量有一部分靠油箱箱壁散发到周围环境的空气中。因此，要求油箱具有较大的表面积，并应尽量设置在通风良好的位置上。

(3) 逸出空气　油液中的空气将导致噪声和元件损坏。因此，要求油液在油箱内平缓流动，以利于分离空气。

(4) 沉淀杂质　油液中未被过滤器滤除的细小污染物，可以沉落到油箱底部。

(5) 分离水分　油液中游离的水分聚积在油箱中的最低点，以备清除。

(6) 安装元件　在中小型设备的液压系统中，常把电动机、液压泵装置或控制阀组件安装在油箱的箱顶上。因此，要求油箱的结构强度、刚度必须足够大，以支撑这些装置。

图 6-1　液压油源及油箱装置

1—油箱　2—电动机　3—液压泵　4—排油管　5—吸油管　6—液面计

2. 油箱的容量

油箱通常用钢板焊接成六面体或立方体的形状，以便得到最大的散热面积。而对清洁度要求较高的液压系统，则用不锈钢板制成，以防油箱内部生锈而污染液压油。

对于地面小功率设备，油箱有效容积可确定为液压泵每分钟流量的 3~5 倍；而对于行走机械上的液压系统，油箱的容积可确定为液压泵每分钟流量的 1~2 倍。对于连续工作、压力超过中压的液压系统，其油箱容量应按发热量计算确定。

3. 油箱的结构特点

油箱的典型结构如图 6-2 所示。它具有以下特点：

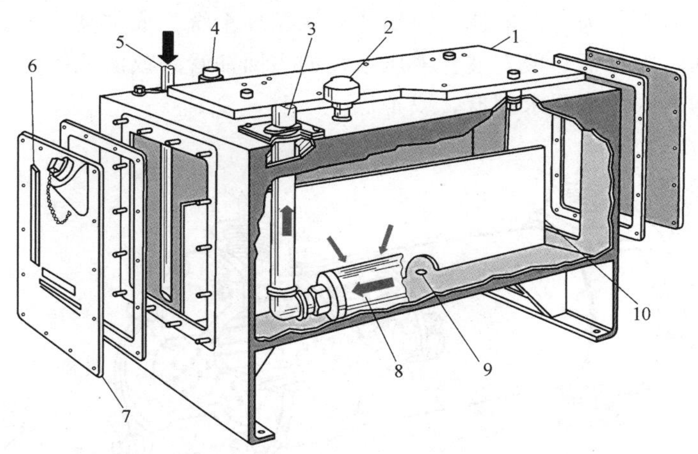

图 6-2 油箱的典型结构

1—油箱上盖 2—空气过滤器 3—吸油管 4—回油管 5—泄油管
6—液面计 7—清洗窗口侧板 8—吸油管路过滤器 9—放油孔 10—隔板

1）油箱应密封，并在箱顶上安装有用于通气的空气过滤器，既能滤除空气中的灰尘，又可使油箱内外压力相通，从而保证油箱内液面发生剧烈变化时，不产生负压。

2）油箱底面应适当倾斜，并设置放油塞。为清洗方便，油箱侧面应设有清洗窗口。

3）油箱侧壁设有指示油位高、低的液面计。大型油箱可采用带液面传感器的液面计，以发出指示液面高低的电信号。油箱侧壁也可安装显示、控制油温的仪表装置等。

4）油箱内吸油区、排油区之间设有隔板，以便油液流动时分离气泡、沉淀杂质。

5）吸油管和回油管应当设置在最低液面以下，以防液压泵产生吸空现象和回油冲击液面形成泡沫。

6.1.2 温控装置

液压系统的能量损失主要转换为热量，除一小部分散发到周围空间外，大部分使油液温度升高。油温升高，则油的黏度降低，泄漏增加；而且，如果长时间在较高的温度下工作，还会使油液氧化变质、密封件老化，严重影响液压系统正常工作。

当液压系统发热量较大时，仅靠油箱、管路表面的自然散热不能保证油温在合适的温度范围内，这时应采取强迫冷却散热措施。相反，对于户外作业设备，在冬季起动时，油温过低，油液黏度大，管路压力损失大，使液压泵吸油困难，这时应采用加热器把油温升高到合适的温度范围。一般，油箱中油液的温度为 30~50℃ 比较合适；行走机械上的液压系统，油液温度不宜大于 60℃。

由于液压系统在能量的转换、传递、分配过程中不可避免地存在能量的损失，而能量的损失必然造成油液温度升高，因此要保证油液温度在合适的范围内，对油液的冷却是最主要的。

1. 冷却器

冷却器也称热交换器，可分为水冷式和风冷式两类。图 6-3 和图 6-4 所示分别为列管式和板式两种水冷冷却器。由于水冷式是采用强制对流（油和水反向流动）换热方式，因此换热效率高，但需要水作为冷却液体，需要建立水循环系统，成本高，主要用于地面设备液压系统油液的冷却。冷却器一般安装在液压系统的主回油管路或溢流阀出口回油箱的低压管路中，这样对冷却器的耐压要求较低，成本低。

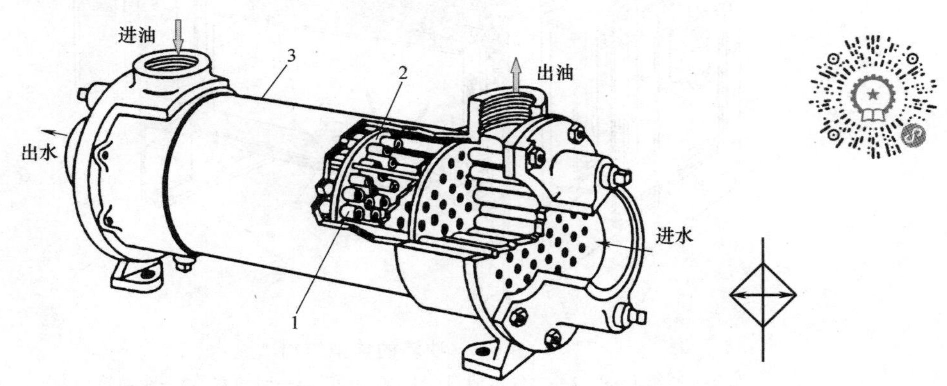

图 6-3 列管式水冷冷却器及图形符号

1—列管 2—隔板 3—壳体

图 6-5 所示为风冷式冷却器，每两层通油板之间设置波浪形的翅片板，散热面积大，采用风扇强制送风来冷却通油板内流动的油液，与水冷式相比，不需要冷却水，结构简单，成本低，但冷却效率低。常用于取水不方便的行走机械设备上液压系统油温的冷却。

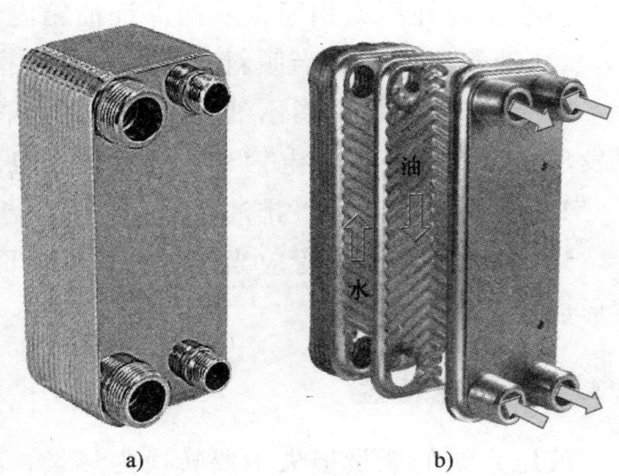

图 6-4 板式水冷冷却器及工作原理

a）实物 b）工作原理

冷却器规格偏大，则成本高，体积大；冷却器规格偏小，则冷却器效果差，油液压降大。因此，选用冷却器通常需要根据工作环境温度、发热量、经济性等因素综合考虑，一般冷却器在系统中造成的油液压力损失应小于 0.1MPa。

液压系统的功率损失转换为油液的温升，可计算如下：

$$P_E = q\rho c_o(t_2 - t_1) \tag{6-1}$$

其换算单位为

$$1\text{J/s} = 1\text{W} \tag{6-2}$$

式中，P_E 为发热量（J/s）；q 为油液体积流量（m^3/s）；ρ 为油液密度（kg/m^3）；c_o为油液比热容［J/(kg · ℃)］；$t_2 - t_1$为油液温差（℃）。

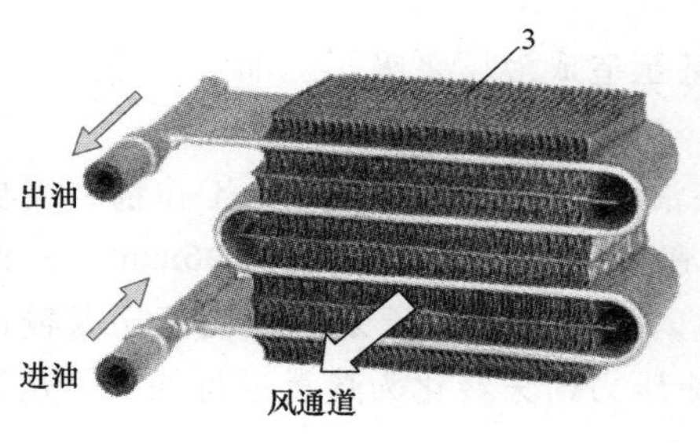

a)

b)

图 6-5　风冷式冷却器

a）工作原理　b）实物

1—电动机　2—风扇叶片　3—翅片板

例 6-1　油温 $t_1=50℃$，压力 $p=7\text{MPa}$，以流量 $q=40\text{L/min}$ 流经溢流阀，若油的密度 $\rho=870\text{kg/m}^3$，油的比热容 $c_o=1900\text{J/(kg}\cdot℃)$，求溢流阀出口油温 t_2。

解　首先计算功率损失，并假设功率损失全部转换为发热量：

$$P_E=pq=7\times10^6\text{Pa}\times40\times10^{-3}/60\text{m}^3/\text{s}\approx4.67\text{kW}$$

由式（6-1）可得油液的温升为

$$t_2-t_1=\frac{P_E}{q\rho c_o}=\frac{4.67\times10^3\text{W}}{(40\times10^{-3}/60)\text{m}^3/\text{s}\times870\text{kg/m}^3\times1900\text{J/(kg}\cdot℃)}\approx4.24℃$$

因此，溢流阀出口油液的温度 t_2 为

$$t_2=t_1+4.24℃=54.24℃$$

例 6-2　液压泵的工作压力 $p=7\text{MPa}$，以流量 $q=80\text{L/min}$ 输送给液压执行机构。在工作循环的50%时间内，液压泵的输出油液经溢流阀排出。液压泵的总效率 $\eta_t=85\%$，而功率的10%由于液压管路的摩擦阻力而损失。求热交换器的换热量。

解　根据液压泵的输出功率和总效率，可求得液压泵的功率损失为

$$P_1=\frac{pq}{\eta_t}(1-\eta_t)=7\times10^6\text{Pa}\times80\times10^{-3}/60\text{m}^3/\text{s}\times(1-0.85)/0.85\approx1.65\text{kW}$$

溢流阀平均功率损失为

$$P_2=pq\times50\%=7\times10^6\text{Pa}\times80\times10^{-3}/60\text{m}^3/\text{s}\times50\%\approx4.667\text{kW}$$

管路平均功率损失为

$$P_3=pq\times50\%\times10\%=7\times10^6\text{Pa}\times80\times10^{-3}/60\text{m}^3/\text{s}\times50\%\times10\%=0.467\text{kW}$$

因此，系统总的功率损失为

$$P=P_1+P_2+P_3=1.65\text{kW}+4.667\text{kW}+0.467\text{kW}\approx6.78\text{kW}$$

根据式（6-2）即可求出热交换器的换热量，即

$$P_E=6.78\times10^3\text{J/s}$$

2. 加热器

当油液温度低时，油液黏度大、流动阻力大，甚至造成液压泵吸不上油液，因此，需要将油箱中的油液加热。主要有两种加热方式：

1）为了减少油液在管路中流动的压力损失，在油温较低时，系统开始工作前，需要将油液加热到一定的温度范围。例如 HM46 液压油，在 40℃时，运动黏度为 $46mm^2/s$；而在 15℃时，运动黏度约为 $200mm^2/s$，黏度较大，此时，可以起动液压泵，并使液压泵输出的全部油液通过溢流阀或安全阀流回油箱，即通过溢流压力损失转化为热量进行加热。这种加热方式简单，油液温升均匀。

2）在严寒条件下，当液压油黏度大于液压泵所允许的最高黏度时，液压泵吸油困难，一般采用电加热器把液压油加热到合适的温度范围。加热器一般水平安装在油箱中，并置于系统工作中的最低液面以下，以防油箱液面降低加热器露出油面。加热器工作时，与加热器表面接触的油液温度高，因此，加热器功率不能太大，必要时通过搅拌装置使油液流动，以避免油液局部高温而烧焦。

6.2 过　滤　器

液压传动和控制系统以液压油作为工作介质，系统中的液压油受到污染，将加速元件的磨损，缩短寿命，降低可靠性。因此，必须保证系统中的液压油有一定的清洁度。保证液压油干净、清洁最主要的措施是采用过滤器滤除油液中的固体颗粒物。

6.2.1　工作油液的污染度等级

液压油的清洁度常用污染度等级来评价。油液污染度是指单位体积油液中固体颗粒污染物的含量，即油液中所含固体颗粒污染物的浓度。油液污染度是评定油液污染程度的一项重要指标。定量地评定油液污染程度主要采用两个标准：ISO 4406 油液污染度等级标准和 NAS 1638 油液污染度等级标准。

ISO 4406 油液污染度等级标准由国际标准化组织制定，它采用两个数码代表油液的污染度等级。前一个数码代表 1mL 油液中尺寸大于 5μm 的颗粒数等级，后一个数码代表 1mL 油液中尺寸大于 15μm 的颗粒数等级，两个数码之间用一斜线分隔。例如：ISO 18/13 表示油液中大于 5μm 的颗粒数等级为 18，每毫升油液中颗粒数为 1300~2500；尺寸大于 15μm 的颗粒数等级为 13，每毫升油液中颗粒数为 40~80。

NAS 1638 油液污染度等级标准是由美国航空航天协会（AIA）在 1984 年制定的，该标准将清洁度分为 14 个等级，每个等级根据 5 个不同颗粒尺寸范围的颗粒浓度来划分。这些尺寸范围是：5~15μm，15~25μm，25~50μm，50~100μm，100μm 以上。在实际应用中，通过检测油液在上述 5 个尺寸段的颗粒数量分布，可以确定油液的清洁度等级。例如，如果某液压油颗粒尺寸范围在 5~15μm 的颗粒浓度为 6，颗粒尺寸范围在 15~25μm 的颗粒浓度为 6，颗粒尺寸范围在 25~50μm 的颗粒浓度为 8，颗粒尺寸范围在 50~100μm 的颗粒浓度为 9，那么在 NAS 1638 标准中，该液压油的清洁度等级就是 9。NAS 1638 标准的一个优点是它相对于 ISO 4406 标准简单易懂，适合非专业人士快速了解液压油的实时状况，在世界各国仍被广泛采用。

ISO 4406 与 NAS 1638 常见油液污染度等级对照见表 6-1。

表 6-1 ISO 4406 与 NAS 1638 常见油液污染度等级对照

ISO 4406	每毫升油液所含固体颗粒数		NAS 1638
	≥5μm	≥15μm	
20/17	10000	1300	11
20/16	10000	640	—
19/16	5000	640	10
19/15	5000	320	—
18/15	2500	320	9
18/14	2500	160	—
17/14	1300	160	8
17/13	1300	80	—
16/13	640	80	7
16/12	640	40	—
15/12	320	40	6
15/11	320	20	—
14/12	160	40	—
14/11	160	20	5
14/10	160	10	—
13/10	80	10	4
13/9	80	5	—
12/9	40	5	3

实践经验证明，液压系统 80%左右的故障是由污染的油液所引起的。在液压系统中，所有的液压元件对油液中的颗粒污染物都具有一定程度的敏感性，使用被污染的油液将降低液压系统的工作可靠性、性能指标和使用寿命，甚至导致液压元件的损坏和系统不能工作。表 6-2 所示为液压系统在不同应用领域所推荐的油液允许的污染度等级。由表 6-2 可知，应用场合不同，所推荐的污染度等级不同，这主要是为了在保证元件、系统可靠工作和较长使用寿命的前提下降低成本，污染度等级代码值越小，系统使用维护的成本较高。

表 6-2 液压系统的耐污染等级范围

液压系统应用领域	ISO 4406 污染度等级	推荐过滤精度/μm
对污染非常敏感的航空、航天液压系统	13/9	1~2.5
高可靠性、高性能的高压液压控制系统	15/11	2.5~5
对性能和可靠性要求高的行走机械和工业设备中的高压液压系统	16/13	5~10
一般机械和行走机械中的中压液压系统	18/14	10~15
重型机械中的低压液压系统或对可靠性和使用寿命要求不高的液压系统	19/15	15~20

6.2.2 过滤器的滤材

过滤器的功用是滤除油液中的各种固体颗粒杂质，使油液保持一定的清洁度。过滤器的过滤效果取决于滤材。滤材可分为表面型、深度型和磁性三类。

1. 表面型滤材

表面型滤材的过滤原理如图 6-6a 所示。采用金属丝编织成具有均匀方目或斜纹细目小孔的网状结构，当油液通过金属丝织网时，可以滤除所有大于其小孔尺寸的污染物。这类过滤器的过滤精度一般有 80μm、100μm 和 120μm 等多个等级，结构简单，筛孔大，流通阻力小，清洗方便，但过滤精度低。一般安装在液压泵的吸油管路和系统回油管路上。

2. 深度型滤材

深度型滤材的过滤原理如图 6-6b 所示。采用金属纤维（或聚酯纤维、玻璃纤维等）或滤纸材料制成多孔可透性的迷宫式构造。材料内部具有曲折迂回的通道，大于表面孔径的颗粒直接被拦截在外表面，而较小颗粒进入过滤材料内部。滤芯的吸附及迂回曲折通道有利于固体颗粒的沉积和截留。这类过滤器对细微的颗粒有较高的分离能力，过滤精度高，一般有 3μm、5μm、10μm 和 20μm 等等级，但滤芯清洗不便，一般适用于液压油管路或回油管路中油液的过滤。图 6-6c 所示为多层编织结构的深度型滤材。

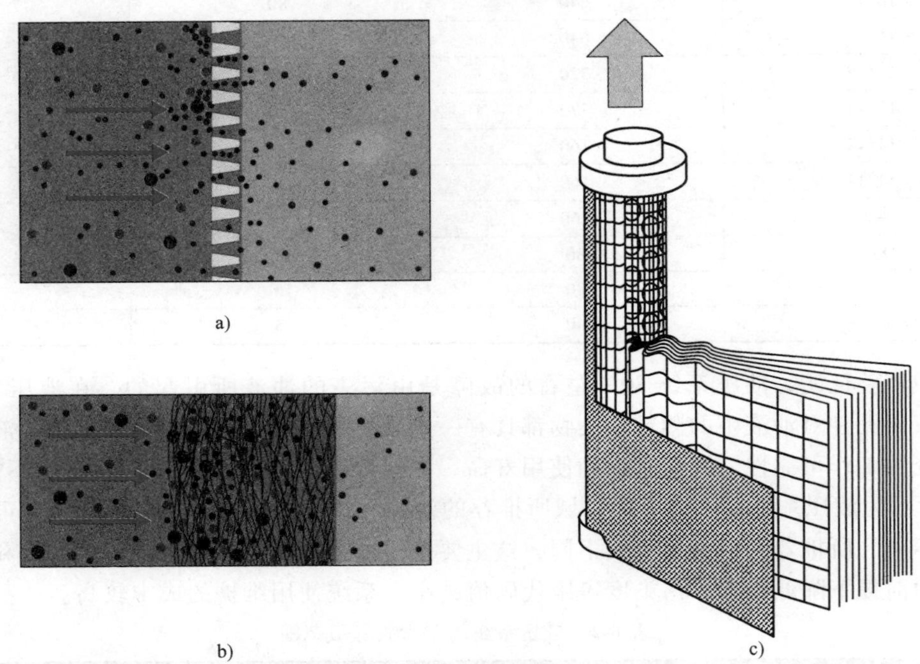

图 6-6　过滤器的过滤原理

a）表面型滤材的过滤原理　b）深度型滤材的过滤原理　c）多层编织结构的深度型滤材

3. 磁性滤材

磁性滤材采用永久磁性材料，用它吸附油液中对磁性敏感的金属颗粒，从而起到过滤作用。简单的磁性过滤器可以是几块永久磁铁，安放在油箱中，与其他过滤器配合使用。

6.2.3　过滤器的分类

过滤器按其在液压系统中的安装位置不同，可分为压力管路过滤器、回油管路过滤器和吸油管路过滤器三类。此外，还有用于滤除周围大气中颗粒物进入油箱的空气过滤器。

图 6-7 所示为过滤器的过滤原理图形符号及滤芯。液压油从 A 口进入过滤器的壳体，从

外向内通过滤芯的过滤后，从滤芯上端的孔流至 B 口。

随着滤芯表面杂质的聚积增多，滤芯的通流能力下降，并引起滤芯内、外的压差增大，从而导致滤芯的损坏。因此，过滤器通常都带有堵塞指示器、堵塞指示表或压差发讯装置等，如图 6-8 所示。带堵塞指示器的过滤器，在滤芯堵塞时，给出目视的指示信号；带压差发讯装置的过滤器，在滤芯堵塞时，可发出报警电信号；为了防止滤芯因堵塞造成通过的流量减少，可以采用带旁通阀的过滤器，这样，在滤芯堵塞后，压降增大，旁通阀单向阀开启，油液绕过滤芯而经单向阀流出，以应急系统工作。

图 6-7 过滤器

a）过滤原理 b）图形符号 c）滤芯

1—滤头 2—壳体 3—滤芯 4—堵塞指示器

图 6-8 不同类型的过滤器

1—压差发讯装置 2—堵塞指示表 3—堵塞指示器

空气过滤器通常安装在油箱顶盖上，防止大气中的颗粒物进入油箱。图 6-9a 所示为带堵塞指示表的空气过滤器，周围大气通过通气小孔，经空气滤芯过滤后，由通气孔进入油箱。图 6-9c 所示为带注油滤网的空气过滤器，注油滤网用于在去掉空气过滤器后向油箱注油时对油液的粗过滤。

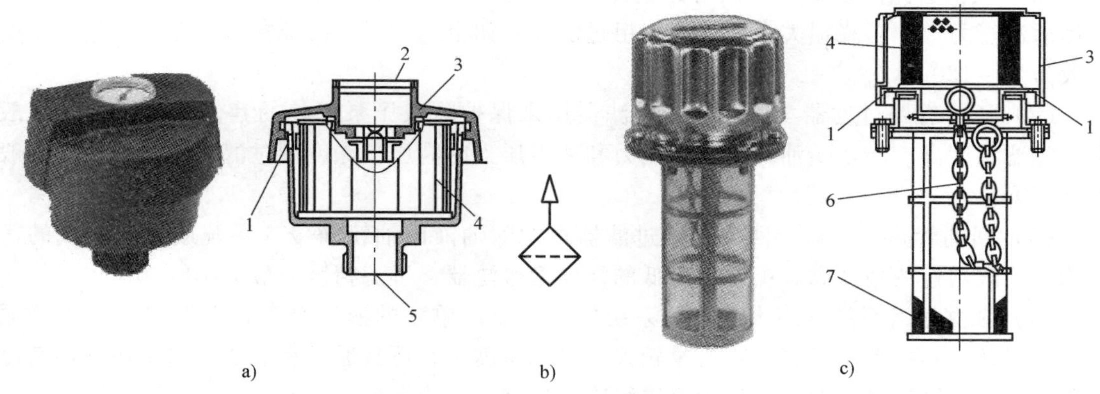

图 6-9 空气过滤器

a）带堵塞指示表的空气过滤器 b）图形符号 c）带注油滤网的空气过滤器

1—通气小孔 2—堵塞指示表 3—盖帽 4—空气滤芯 5—通气孔 6—安全链 7—注油滤网

6.2.4 过滤器的安装和选用

1. 过滤器的安装

过滤器在液压系统中的常见安装位置如图6-10所示。

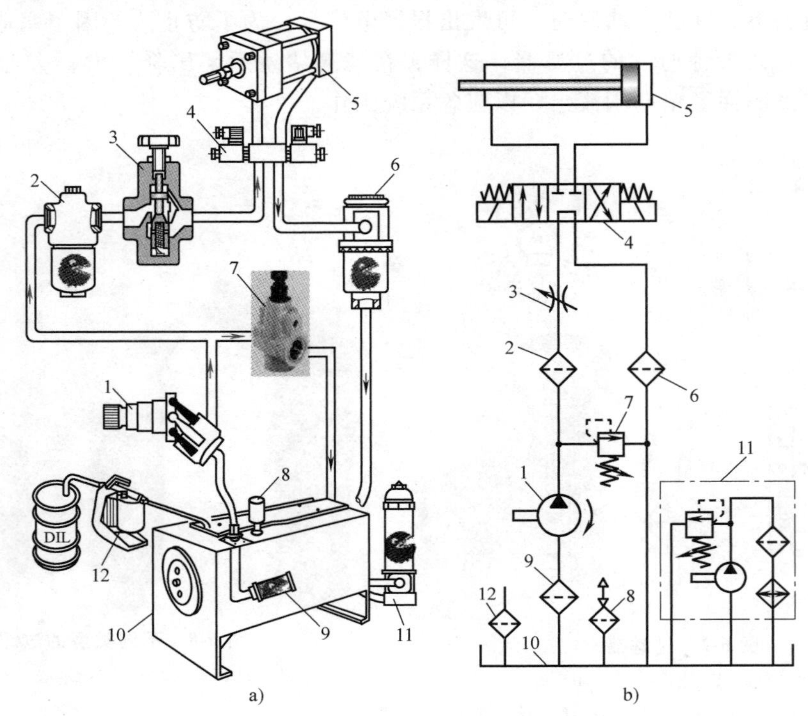

图6-10 过滤器的安装位置

a）安装示意图 b）用图形符号表示的安装位置

1—液压泵 2—压力管路过滤器 3—节流阀 4—换向阀 5—液压缸 6—回油管路过滤器 7—溢流阀 8—空气过滤器 9—吸油管路过滤器 10—油箱 11—独立过滤系统 12—注油过滤器

（1）吸油管路过滤器 吸油管路过滤器用来保护液压泵不被大颗粒杂质所损坏。一般采用通流能力大、压降损失小的表面型粗过滤器，如金属丝网、线隙式过滤器等，过滤精度一般为80~180μm。

（2）压力管路过滤器 压力管路过滤器用来保护除液压泵以外的其他液压元件。一般采用过滤精度高、能承受油路上工作压力和冲击压力的高压、深度型过滤器，过滤精度一般为5~20μm。

（3）回油管路过滤器 回油管路过滤器可滤除油液回油箱前侵入系统或系统生成的污染物。一般用过滤精度高、工作压力低的深度型过滤器，过滤精度一般为10~30μm。

（4）独立过滤系统 在大型液压系统中，可专设单独的液压泵和过滤器组成独立的循环过滤回路。其特点是过滤回路流量较大，过滤精度高，而且通常在过滤回路中还串接有冷却器，以便在循环过滤油液时对油温进行冷却控制。

（5）注油过滤器 采用加油小车对加入油箱的新油进行过滤，保证加入新油的清洁度符合系统的使用要求。

(6) 空气过滤器　在油箱的顶盖上设置空气过滤器，防止大气的颗粒物进入油箱。

2. 过滤器的选用

过滤器的选用有以下几点要求：

1）构成过滤器的滤芯、附件及壳体的材料，必须与液压油相容。例如，一些液压油可能会腐蚀滤芯元件或壳体。

2）根据液压系统要求的清洁度，确定在哪些管路安装过滤器，再根据过滤器的安装位置选择合适的过滤精度。液压系统安装的过滤器应保证液压油的过滤精度满足系统的使用要求。一般来说，选用高精度过滤器可以大大提高液压系统的工作可靠性和元件寿命。但过滤器的过滤精度越高，过滤器的滤芯元件往往堵塞得越快，过滤器滤芯的清洗或更换周期就越短，成本就越高。

3）过滤器要有足够的通流能力，压力损失要小。按照过滤管路可能出现的最大流量确定过滤器的规格，通常按最大流量的2~4倍选择过滤器的公称流量。条件允许时，可以选择较大流量的过滤器，而不允许选太小流量的过滤器。

4）过滤器的耐压能力应满足系统的使用要求。按照过滤管路可能出现的最高压力确定过滤器的压力等级。

5）根据应用要求，选用带压差发讯装置或堵塞指示表的过滤器，以便监控滤芯的堵塞情况。而选用带旁通单向阀的过滤器，则滤芯堵塞后，压降增大，旁通单向阀开启，油液绕过滤芯而经旁通单向阀流出，借以保护滤芯不被压溃。

6.3 蓄能器

在液压系统中，蓄能器既是储存能量（油液压力能）的装置，又是液压缓冲的装置。

6.3.1 蓄能器的分类

蓄能器按加载方式的不同，可分为重锤式、弹簧式和气体加载式三类。而应用最广泛的是气体加载式蓄能器。它一般充入氮气，利用密封气体的压缩、膨胀来储存和释放油液的压力能。按气体和油液隔离方式的不同，蓄能器可分为活塞式蓄能器和囊式蓄能器。

图6-11所示为活塞式蓄能器。它采用带密封件的浮动活塞把气体与油液隔开，活塞上腔充入一定压力的氮气，下腔是工作油液。这种蓄能器容积大，可达1000L，而且结构简单，安装、维修方便，适用温度范围宽，寿命长。但由于活塞惯性大，活塞密封件有摩擦，其动态响应慢。此外，活塞密封件有摩擦，密封磨损后易漏气，维修不方便。

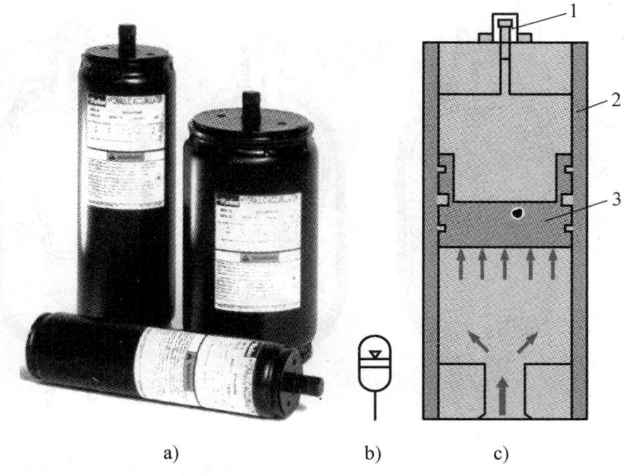

图6-11　活塞式蓄能器

a）实物　b）图形符号　c）工作原理

1—充气阀　2—壳体　3—活塞

图 6-12 所示为囊式蓄能器。在高压容器内置入一个耐油橡胶制成的皮囊，皮囊内腔充入一定压力的氮气，皮囊外部的容腔充入工作油液。由于皮囊惯性小，其动态响应快，工作压力可达 42MPa，因此，应用较为广泛。但皮囊制造困难，容积相对活塞式较小，一般在 200L 以下，皮囊破裂时，可能会导致蓄能器突然失效，导致系统事故或停机等损失。为保证皮囊可靠工作，一般应垂直安装。使用中，常常采用几个蓄能器并联的方式，以增大容量。

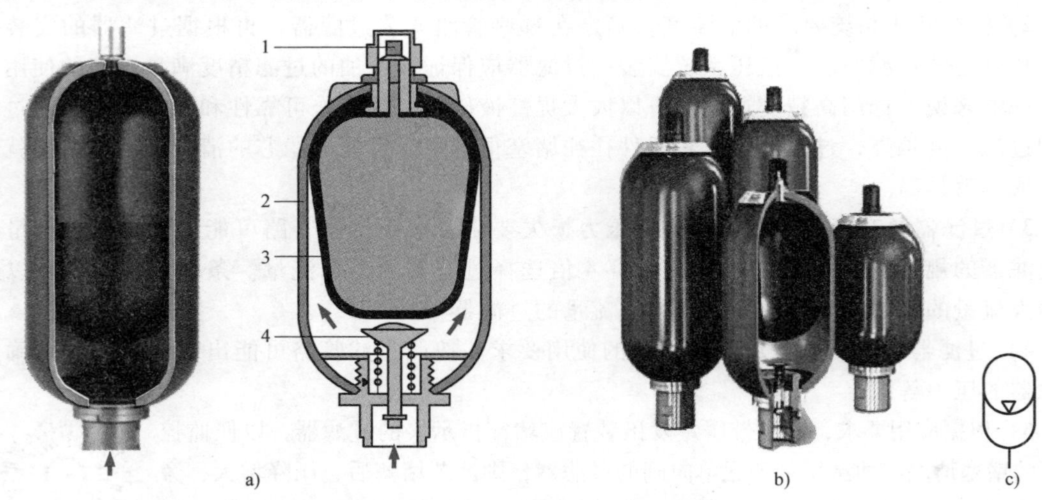

图 6-12 囊式蓄能器

a）结构原理 b）实物 c）图形符号

1—充气阀 2—壳体 3—皮囊 4—限位阀

6.3.2 蓄能器的工作状态和基本参数

蓄能器是靠其充气腔容积与压力的变化来实现储能和释放液压油的功能。

1. 蓄能器的工作状态

蓄能器的各种工作状态如图 6-13 所示。

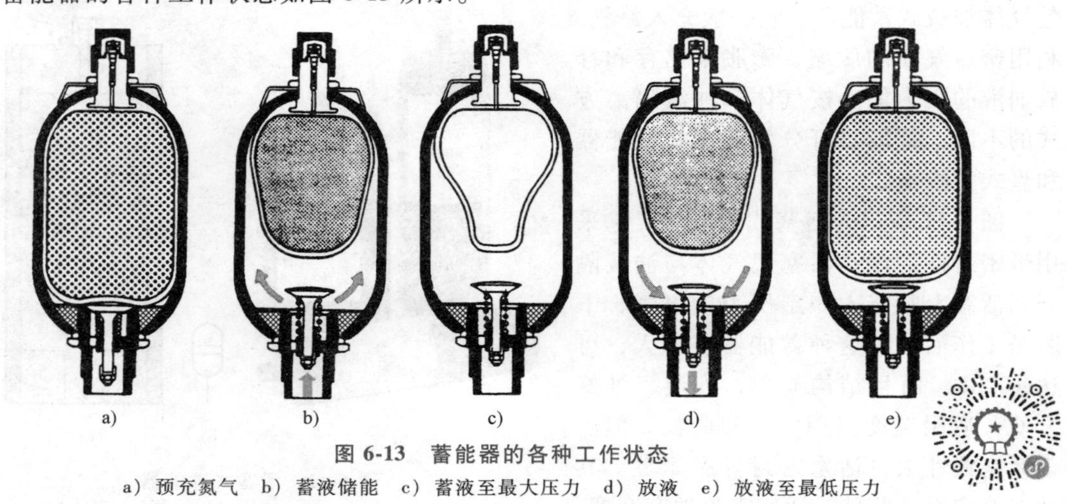

图 6-13 蓄能器的各种工作状态

a）预充氮气 b）蓄液储能 c）蓄液至最大压力 d）放液 e）放液至最低压力

（1）充气状态 蓄能器充气压力为 p_0，蓄能器的充气容积（即皮囊的容量）为 V_0。

（2）蓄能状态　液压油进入蓄能器后，皮囊内的气体受压缩，体积减小；当油液压力达到最高值 p_2 时，气体体积缩小到最小值 V_2。

（3）放能状态　当液压系统的压力降低时，蓄能器放出油液，同时气体压力下降，气体体积增大；当蓄能器内油液的压力降到最低值 p_1 时，气体的体积膨胀为 V_1。则蓄能器放出的油液体积，即蓄能器的有效容积 ΔV 为

$$\Delta V = V_1 - V_2$$

2. 蓄能器的基本参数

（1）蓄能器的容量　由理想气体的状态方程可知

$$p_0 V_0^n = p_1 V_1^n = p_2 V_2^n \tag{6-3}$$

式中，n 为多变指数，其值由气体的工作条件决定。

当蓄能器用来补偿泄漏，起保压作用时，因释放能量的速度低，可认为气体在等温下工作，取 $n=1$；当蓄能器作为辅助动力源时，因释放能量的速度较快，可认为气体在绝热下工作，取 $n=1.4$。由式（6-3）可推得

$$\Delta V = V_1 - V_2 = \left[\left(\frac{p_0}{p_1}\right)^{\frac{1}{n}} - \left(\frac{p_0}{p_2}\right)^{\frac{1}{n}}\right] V_0$$

$$V_0 = \frac{\Delta V}{\left(\frac{p_0}{p_1}\right)^{\frac{1}{n}} - \left(\frac{p_0}{p_2}\right)^{\frac{1}{n}}} \tag{6-4}$$

（2）充气压力的确定　在蓄能器的总容积 V_0 一定的条件下，其有效容积 ΔV 越大越好。因此，充气压力 p_0 应接近系统最低工作压力 p_1，使之释放能量后仍有油液余量，以保护皮囊不损坏。但余量不应过大，避免浪费有效容腔。为此，一般取

$$\frac{p_0}{p_1} = 0.8 \sim 0.9 \tag{6-5}$$

另外，在系统最高工作压力为 p_2 时，皮囊收缩后的体积不小于充气压力 p_0 下的原始体积的 1/4。因此，充气压力 p_0 的极限值为

$$0.25p_2 \leqslant p_0 \leqslant 0.9p_1$$

6.3.3　蓄能器的功用

1. 作为辅助动力源

当液压系统不同工作阶段所需的流量变化很大时，可采用蓄能器和液压泵组成液压油源，如图 6-14 所示。当系统工作压力高、需要流量小时，蓄能器蓄能储液；当系统压力降低、需要流量大时，蓄能器将储存的油液释放出来，与液压泵一起向系统提供峰值流量。通常，用多个蓄能器组作为辅助动力源，可选用较低的液压泵规格，并减少在系统需要小流量时多余流量溢流而产生的功率损失。

2. 保压和补充泄漏

对于执行元件长时间不动作，并要求保持恒定压力的系统，可用蓄能器来保压和补充泄漏。如图 6-15 所示，当系统压力达到所要求的值时，压力继电器发出电信号，使液压泵停机，而系统由单向阀和蓄能器组成的保压回路来保持恒定的压力。

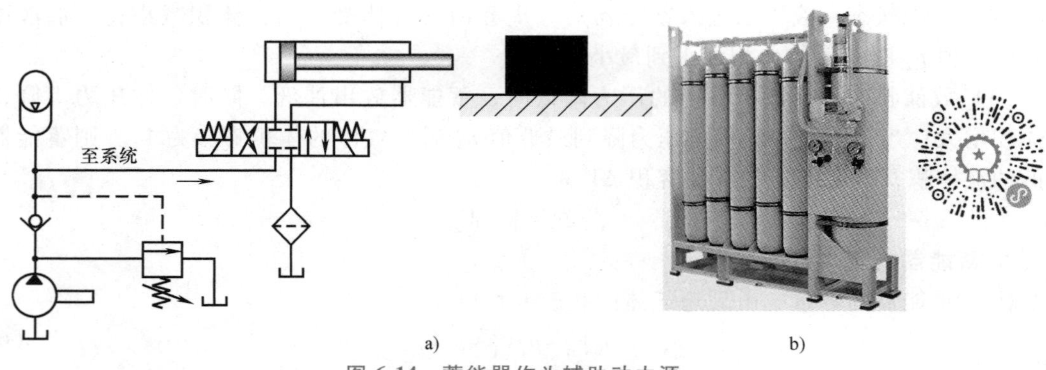

图 6-14 蓄能器作为辅助动力源

a）系统原理图 b）蓄能器组

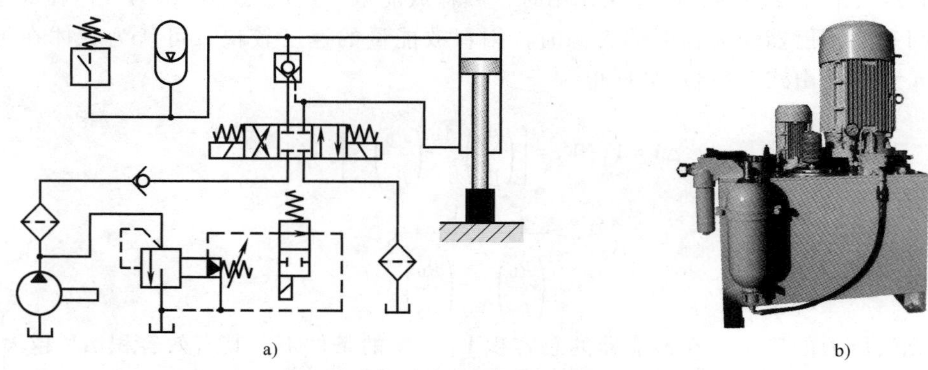

图 6-15 用蓄能器来保压和补充泄漏

a）保压和补充泄漏回路 b）蓄能器+液压油源

3. 吸收压力冲击与压力脉动

如图 6-16 所示，当换向阀突然换向或关闭时，系统瞬时压力将剧增，特别是高压、大流量系统，将引起系统的振动和噪声，甚至损坏元件或系统。如在靠近换向阀的进油路上，安装一个动态响应快的蓄能器，可吸收因换向而引起的压力冲击。若在液压泵的出口管路上安装蓄能器，也可吸收管路中一定的流量和压力脉动。

4. 作为应急动力源

图 6-17 所示为采用蓄能器作为应急动力源的液压系统。当液压泵发生故障、停止向系统

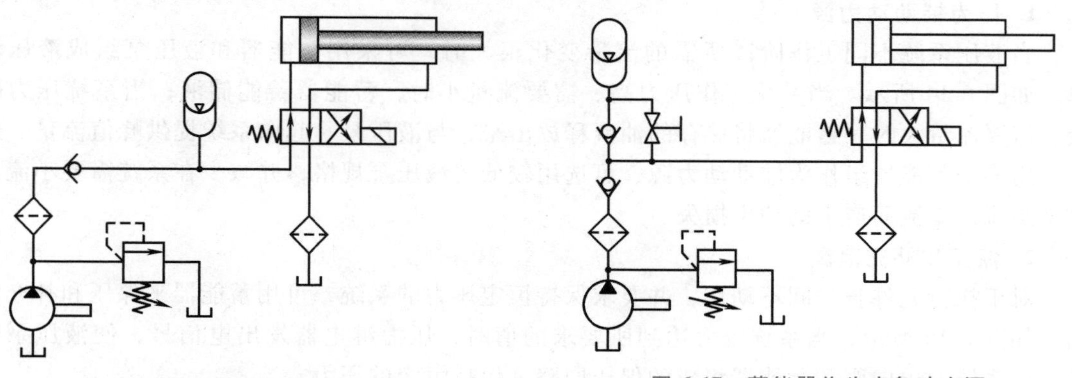

图 6-16 蓄能器用来吸收压力冲击　　图 6-17 蓄能器作为应急动力源

供油时，打开手动阀门，蓄能器作为应急动力源使执行元件继续完成必要的动作，以保证系统的安全，避免事故发生。

6.4　管件及管接头

液压系统中所有的元件，包括辅件在内，靠管件和管接头连接而成。管件和管接头应保证有足够的强度，密封性能良好，压力损失小，拆装方便，管子有充分的支撑和固定。

6.4.1　油管

1. 油管的种类

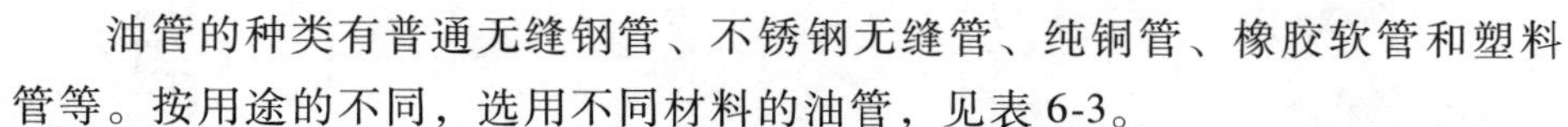

油管的种类有普通无缝钢管、不锈钢无缝管、纯铜管、橡胶软管和塑料管等。按用途的不同，选用不同材料的油管，见表6-3。

表6-3　各种油管的特点及适用场合

种类		特点及适用场合
硬管	无缝钢管	耐油、耐高压、强度高、工作可靠，但排管时不便弯曲。适用于压力管道
	不锈钢无缝管	强度高、耐腐蚀、抗气蚀，多用于对油液清洁度要求比较高的液压系统和化学工业液压系统等
	纯铜管	排管时弯曲方便，但耐压能力低，抗冲击和振动能力差。只用于少量低压液压系统，工作压力小于10MPa
软管	橡胶软管	由耐油橡胶夹以几层钢丝编织网制成，分高、低压两种。用于相对运动件间的连接。连接方便，可减轻压力冲击，但价格高
	塑料管	价格低，装配方便。但不能承受压力，长期使用易老化。适用于压力较低的泄油管和回油管

2. 油管的尺寸

主要根据液压系统的流量和压力，确定油管的内径和壁厚。

油管的内径 d（m）可根据管子所通过的流量和管内的流速确定。根据流量连续性方程可得

$$q = vA = v\frac{\pi}{4}d^2$$

因此

$$d = \sqrt{\frac{4q}{\pi v}} \tag{6-6}$$

式中，q 为通过管内的流量（m^3/s）；v 为管路所允许的流速（m/s）。

通常，吸油管流速取0.5～1.5m/s，压力管路流速取2.5～5m/s，回油管流速取1.5～2.5m/s。流速高，则管径小，占用空间小，成本低，排管方便，但压力损失大。流速低，则管径大，压力损失低，但成本高，占用空间大，排管不方便。因此，在考虑排管、空间布局的条件下，流速尽可能取小值，即管道内径取大值，以减少压力损失和油液的温升。

一般工业无缝钢管产品规格都给出了钢管内径、外径、管壁厚度和工作压力等相关技术参数。因此，可根据计算确定的钢管内径和系统工作压力，查阅钢管产品技术参数来确定钢管规格，即钢管外径和壁厚。但在确定钢管壁厚时，应考虑钢管排管弯曲制作的情况下将使管壁减薄的影响。

3. 钢管的排管和安装

为保证液压系统的正常工作，减小振动、噪声，钢管的排管、安装一般有如下要求：

1）长管道应采用橡胶管夹进行支撑，管夹间距按相关标准确定，如图 6-18 所示。

2）排管应美观整齐，尽量少弯曲；弯曲半径应不小于管外径的 3 倍，在弯曲处两边各应有一个管夹。

3）钢管不能直接焊接在设备或支架上。

4）钢管敷设位置应便于装拆、检修，避开高温，且不影响主机设备运行。

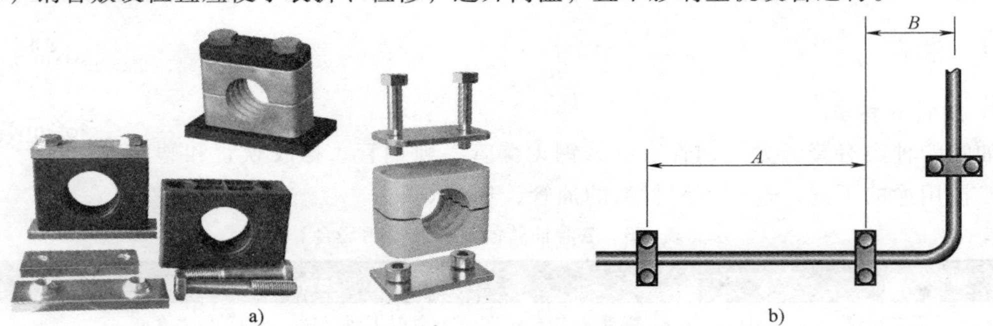

图 6-18　橡胶管夹及管道安装

a）橡胶管夹　b）管道安装

4. 橡胶软管

在液压系统中，橡胶软管用于相对运动件间的连接以及不便于使用钢管的场合。

（1）橡胶软管的规格　橡胶软管规格以内径表示，橡胶软管的规格应适当，以避免压力损失过大和油液温升过高；但橡胶软管规格过大，则尺寸增大，成本增加。

（2）橡胶软管的类型　液压橡胶软管主要有钢丝编织结构和钢丝缠绕结构两大类型，由内胶层、钢丝编织或缠绕层、中间胶层和外胶层构成，如图 6-19 所示。一般钢丝编织层有 1 层、2 层或 3 层，钢丝缠绕层有 2 层、4 层或 6 层；层数越多，管径越小，胶管耐压越高。

图 6-19　液压橡胶软管

a）2 层钢丝编织胶管　b）4 层钢丝缠绕胶管

1—内胶层　2—中间胶层　3—外胶层　4—钢丝编织或缠绕层

（3）橡胶软管的选用

1）根据管路流量和流速来确定橡胶软管内径，内径要合适，以减少压力损失和油液温升。

2）根据液压系统工作压力确定橡胶软管的类型，橡胶软管最大工作压力应大于或等于系统最大工作压力。

3）橡胶软管应与液压系统的工作介质具有良好的化学兼容性。

4）橡胶软管的使用温度应满足系统工作介质和环境温度的使用要求，并留有一定的余量以保证橡胶软管不会因温度过高而变形或损坏。

（4）橡胶软管的排管和安装　橡胶软管的排管、安装是否合理影响到橡胶软管的使用寿命和安全工作，具体有以下几方面要求：

1）确定橡胶软管长度时必须考虑到橡胶软管总成长度要有适当的松弛度，以便在受压力作用时软管自身能调节而不产生应力。

2）避免橡胶软管扭曲，橡胶软管弯曲半径应大于10倍管径。

3）高温将降低橡胶软管使用寿命，因此橡胶软管应远离高温部位或采取防护措施。

4）避免橡胶软管与其他物品的直接接触、摩擦。

6.4.2　管接头

在液压系统中，常用的管接头有以下几种。

1. 焊接式管接头

如图6-20所示，焊接式管接头由接管、螺母和接头体组成。钢管2焊在接管3上，螺母4将接管与接头体5连接在一起，接管与接头体接合处采用O形密封圈密封。焊接式管接头的结构简单，工作可靠，密封性能好，工作压力可达32MPa，拆装方便，但焊接工作量大。焊接式管接头是一种应用较广的管接头，适用于管子外径不大于50mm的管路连接。

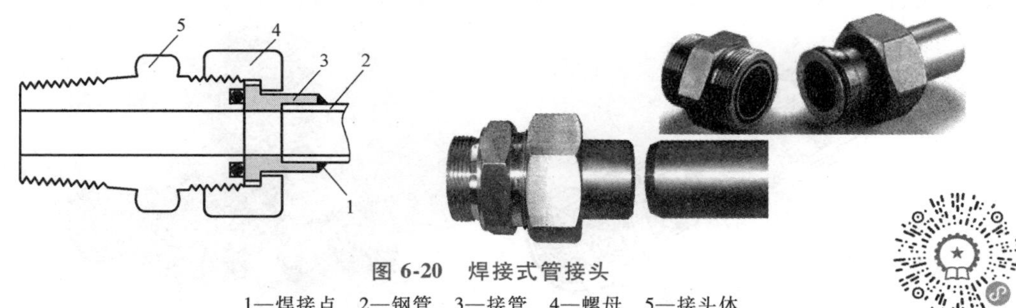

图6-20　焊接式管接头

1—焊接点　2—钢管　3—接管　4—螺母　5—接头体

2. 卡套式管接头

如图6-21所示，卡套式管接头由卡套、螺母和接头体组成。螺母2使卡套3卡住钢管1进行密封。这种接头结构简单，使用方便，但对管子的外径尺寸精度要求高。一般应用于中、低压的液压系统，管子外径不大于42mm的管路连接。卡套反复多次拆卸使用后，其密封性能将降低。

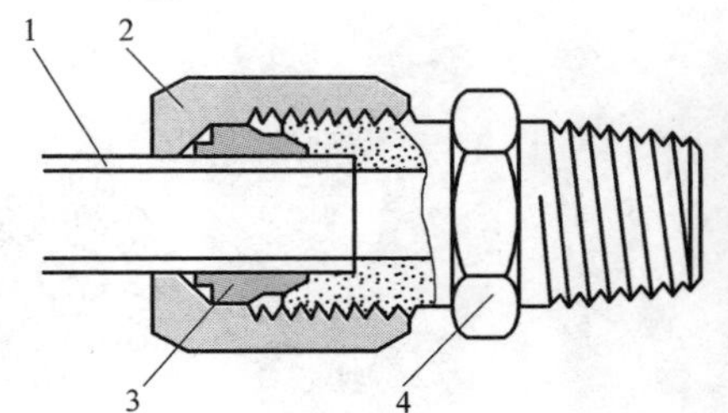

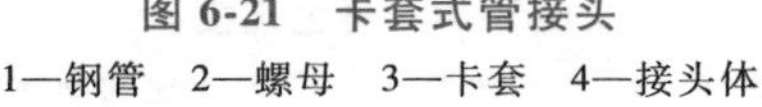

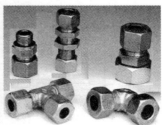

图6-21　卡套式管接头

1—钢管　2—螺母　3—卡套　4—接头体

3. 扩口式管接头

如图 6-22 所示，扩口式管接头由管套、螺母和接头体组成。螺母 2 使管套 3 紧压油管 4 的扩口进行密封。这种接头结构简单，适用于纯铜管，也可用来连接塑料管。铜管扩口式管接头，工作压力一般不超过 6MPa，不锈钢扩口式管接头，工作压力一般不超过 21MPa，通过专用精密机床制造的不锈钢扩口式管接头，工作压力可达 35MPa，适用于管子外径不大于 34mm 的管路连接。

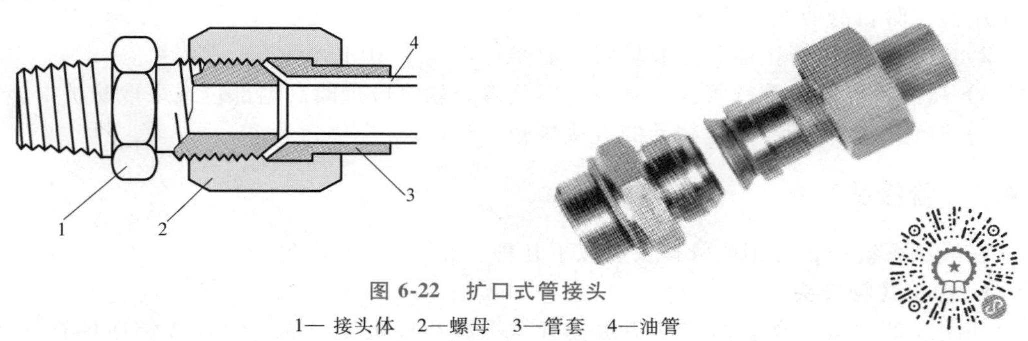

图 6-22　扩口式管接头

1— 接头体　2—螺母　3—管套　4—油管

4. 快速接头

如图 6-23 所示，快速接头能快速装拆，主要用作软管接头，适用于经常需要快速连接和拆卸的场合。

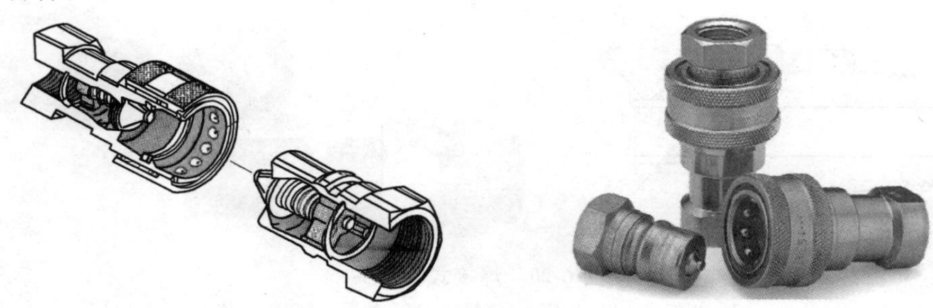

图 6-23　快速接头

5. 法兰连接

如图 6-24 所示，法兰连接是用螺栓把平板法兰 3 和带 O 形密封圈的法兰 4 连接起来的。平板法兰接合面用 O 形密封圈密封。这种连接可靠，工作压力达 35MPa，但外形尺寸和质量较大，适用于各通径管路的连接，特别适用于管子外径 50mm 以上管路的连接。

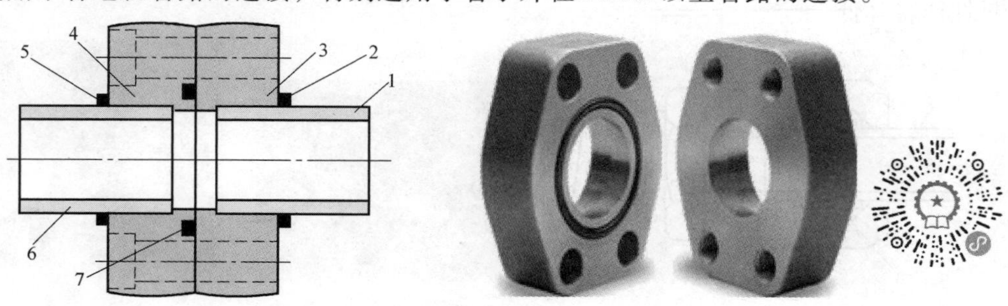

图 6-24　法兰连接

1、6—钢管　2、5—焊缝　3—平板法兰　4—带 O 形密封圈的法兰　7—O 形密封圈

6.4.3 集成油路块

集成油路块也称液压阀块，是用来安装板式液压控制阀、连接油路的基础阀块。集成油路块把实现相关功能的液压控制阀安装集成在一起，实现相关功能装置模块化。

集成油路块一般安装板式液压控制阀、插装阀、叠加阀、螺纹安装阀及管接头等，如图6-25所示。使用集成油路块可以使装置结构紧凑，节约安装空间，便于布局；同时，也使液压系统减少了钢管、管接头连接，泄漏点少，可靠性高；缺点是设计和加工要求较高，单件成本高。集成油路块装置在液压系统中得到了广泛的应用。

图 6-25 集成油路块及集成油路块装置

6.5 密封装置

密封装置用来防止液压元件和系统的内、外泄漏及外界污染物的侵入。泄漏使系统的容积效率降低，严重时会使系统建立不起压力；外泄漏还会污染环境。因此，密封装置对保证液压系统的正常工作起着十分重要的作用。常用的密封装置有以下几种。

6.5.1 间隙密封

如图6-26所示，间隙密封是非接触式动密封，它靠相对运动零件间的微小间隙实现密封，防止泄漏。其结构简单，摩擦力小，耐高温，但密封性差。如换向阀阀芯与阀体之间的密封和柱塞式液压泵柱塞与缸体之间的密封等。若作为液压缸活塞与缸体之间的密封，只适用于低压的场合。

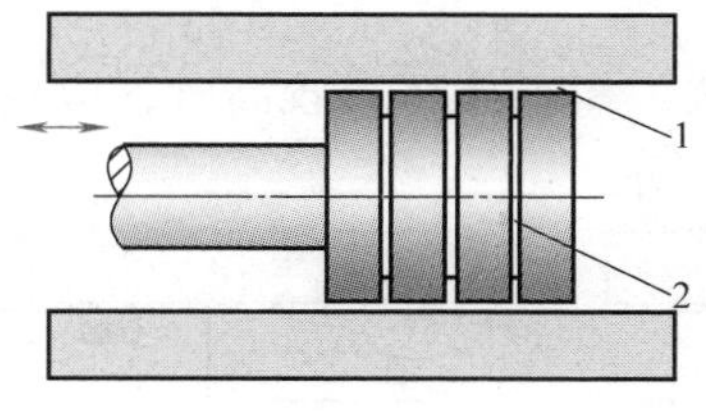

a)

b)

图 6-26 间隙密封

a）密封原理 b）液压泵柱塞与缸体之间的密封

1—间隙 2—沉割槽 3—柱塞 4—缸体

为提高活塞的密封性，并平衡活塞的径向液压力，通常在活塞上开有几条很浅的沉割槽。

6.5.2　O 形密封圈

O 形密封圈简称 O 形圈，它由耐油橡胶模压制而成，自由状态下的断面是圆形，尺寸规格参数有断面直径和内径，如图 6-27 所示。

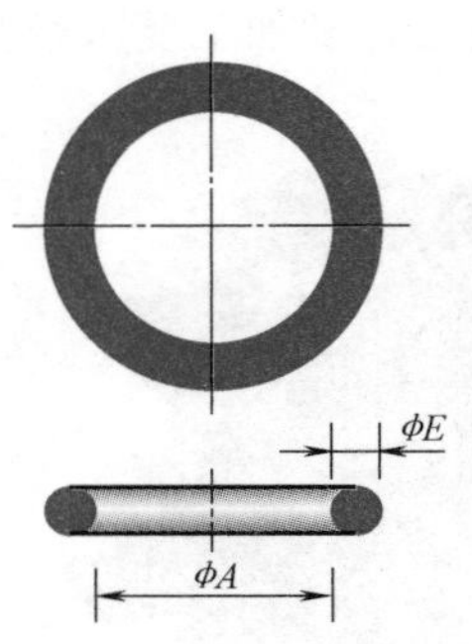

图 6-27　几种不同尺寸的 O 形密封圈

O 形密封圈的主要材料是合成橡胶，弹性好，易变形，密封可靠，结构简单，成本低，能在较宽的压力、温度和运动范围内提供有效的密封。O 形密封圈是液压系统应用最广泛的密封件之一。安装时，O 形密封圈有一定的预压缩量，受油压作用产生变形，紧贴密封表面而起密封作用。O 形密封圈主要在管接头、元件端面、法兰等处用作静密封，在密封要求不高的场合也可用作动密封。

图 6-28 所示为 O 形密封圈作为静密封的应用。

a)

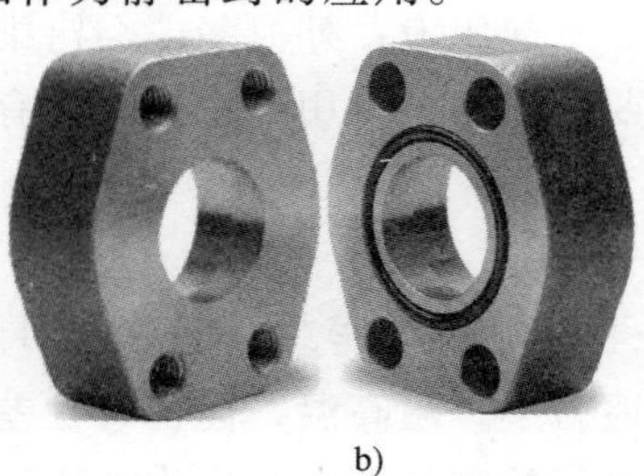

b)

c)

图 6-28　O 形密封圈作为静密封的应用

a）管接头　b）法兰　c）换向阀

图 6-29 所示为 O 形密封圈作为动密封的安装方式。当工作压力较高时，应在侧面加挡圈，以防密封圈被挤进密封间隙而损坏，如图 6-29b 所示。

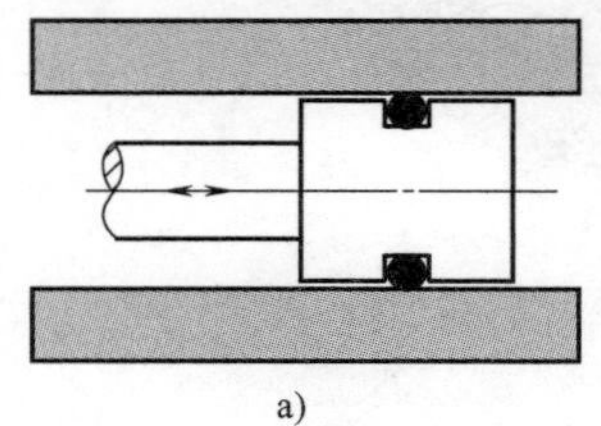

a)

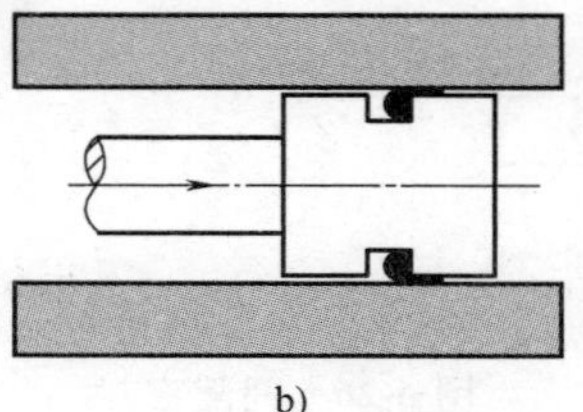

b)

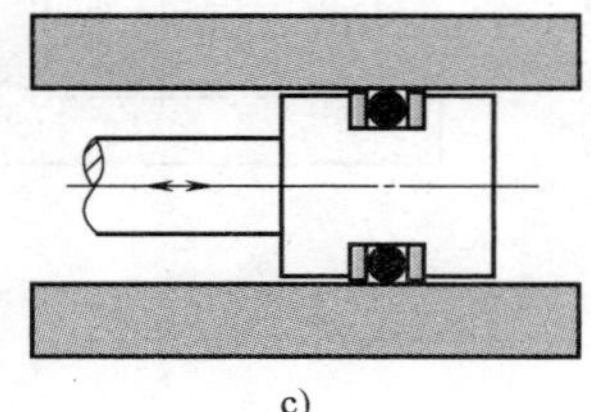

c)

图 6-29　O 形密封圈作为动密封的安装方式

a）一般安装　b）密封被挤入间隙　c）加挡圈安装

6.5.3 Y 形密封圈

图 6-30 所示为 Y 形密封圈及其密封装置。Y 形密封圈是靠两唇边在油压的作用下紧贴密封面而进行密封的。压力越高，唇边贴得越紧，密封性能越好，且磨损后有自动补偿的能力，使密封性能不降低。Y 形密封圈对轴和孔的密封均适用。若需要双向密封，则应用两个 Y 形密封圈，如图 6-30b 所示。

Y 形密封圈一般适用于工作压力≤40MPa、温度为-30～110℃、滑动速度≤0.5m/s 的场合。

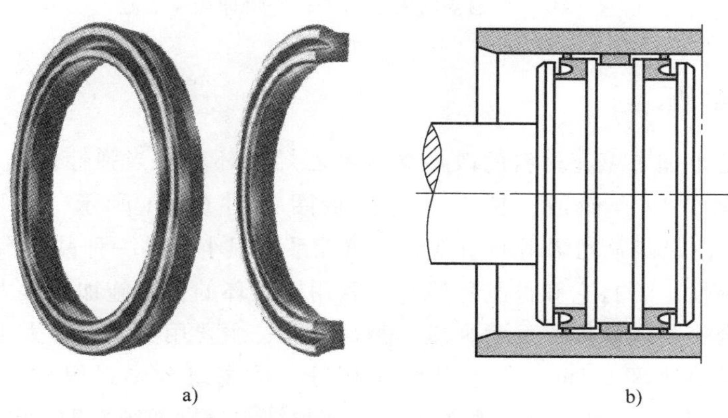

图 6-30 Y 形密封圈及其密封装置

a）Y 形密封圈 b）双向密封

6.5.4 V 形密封圈

图 6-31 所示为 V 形密封圈及其密封装置。它由压环 1、密封环组件 2 和支撑环 3 组成。压环把密封环组件压紧，使密封环组件撑开而紧贴密封面，起到密封的作用。当工作压力较高时，可增加密封环数量，以提高密封性能。V 形密封圈密封性能好，工作压力高，但摩擦力大，主要适用于工作压力≤50MPa、温度为-40～100℃、滑动速度≤0.5m/s 的高压、高可靠性场合。

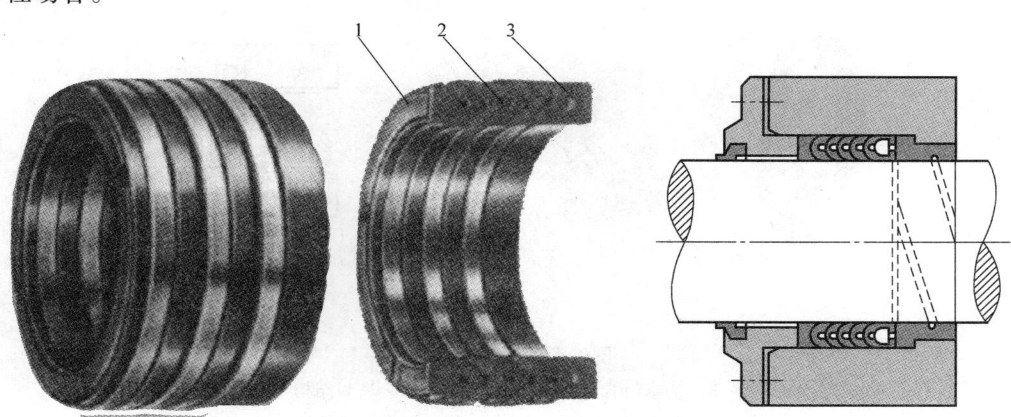

图 6-31 V 形密封圈及其密封装置

1—压环 2—密封环组件 3—支撑环

图 6-32 所示为 V 形密封圈应用于单作用伸缩液压缸。

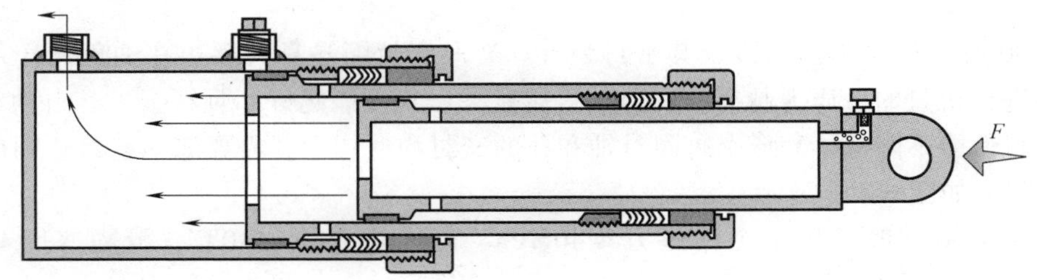

图 6-32 V 形密封圈应用于单作用伸缩液压缸

6.5.5 组合密封圈

组合密封圈是由加了填充材料的改性聚四氟乙烯滑环和充当弹性体的橡胶环（如 O 形密封圈、矩形圈等）组合而成，轴用组合密封圈如图 6-33a 所示，孔用组合密封圈如图 6-33d 所示。改性聚四氟乙烯滑环耐高温，摩擦系数很小，是一种减小滑动摩擦力的理想材料，但它缺乏弹性。若将它和橡胶环组合，利用橡胶环的弹性施加压紧力，能获得非常好的密封性能。组合密封圈摩擦小、耐高压，密封可靠，主要用于工作压力小于 40MPa，温度为-30～100℃，滑动速度≤1m/s 的重载液压缸等。活塞组合密封组件、密封结构分别如图 6-33b 和图 6-33c 所示，杆套组合密封组件、密封结构分别如图 6-33e 和图 6-33f 所示。

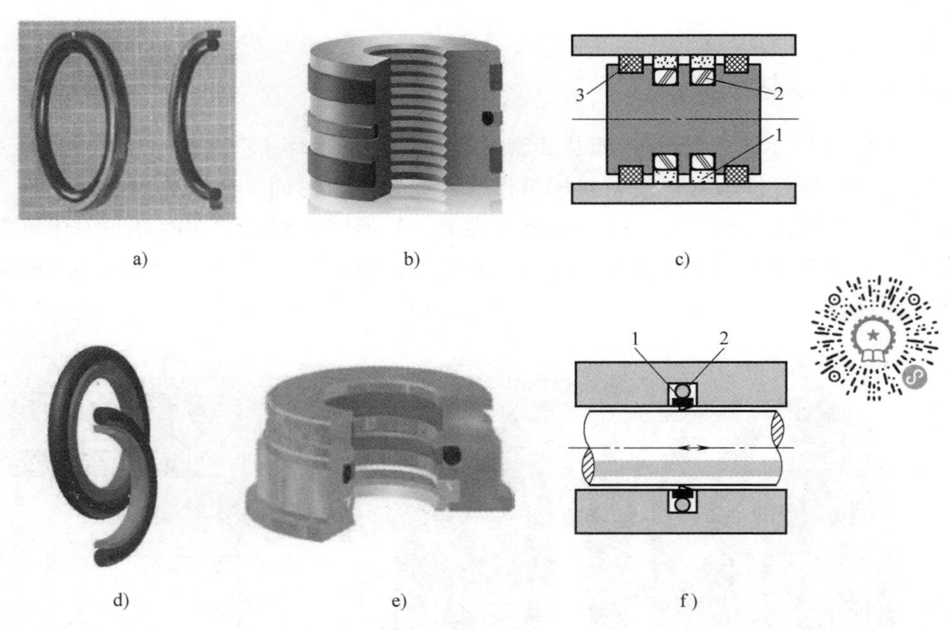

图 6-33 组合密封圈

a）轴用组合密封圈 b）活塞组合密封组件 c）活塞组合密封结构 d）孔用组合密封圈 e）杆套组合密封组件 f）杆套组合密封结构

1—聚四氟乙烯滑环 2—橡胶环 3—导向环

习题

6-1　液压系统的辅助元件有哪些？

6-2　油箱的功用有哪些？油箱的容积是如何确定的？

6-3　液压系统在能量传递、转换过程中为什么会发热？油液温度过低或过高对液压系统有什么影响？通常液压系统的工作油温范围是多少？

6-4　冷却器的作用是什么？冷却器有几种类型？各有什么特点？

6-5　冷却器通常安装在低压管路，这是为什么？

6-6　液压系统为什么要加热？有哪几种加热方式？各有什么特点？

6-7　油液的污染度是如何表示的？

6-8　过滤器的功用是什么？过滤器有几种类型？各有什么特点？

6-9　列举液压系统中安装过滤器的四种典型方式。

6-10　液压泵吸油管路安装什么类型过滤器？安装精过滤器会产生什么结果？

6-11　选用过滤器主要考虑哪些因素？

6-12　油箱为什么要装空气过滤器？

6-13　按加载方式来分，蓄能器的主要类型有哪些？比较各类型的特点。

6-14　气体加载蓄能器有哪几种？各有什么特点？

6-15　蓄能器为何能储能和释放能量？列举蓄能器的四种基本应用。

6-16　液压系统工作循环周期为50s，其流量需求如图6-34所示。在工作循环周期中，液压系统的工作压力为16MPa，其流量通过节流阀进行调节，液压系统采用定量液压泵。在下列两种情况下，应如何确定定量液压泵的输出流量？

1）仅用定量液压泵向系统供油。

2）采用蓄能器作为辅助动力源补偿短时峰值流量需求，如果蓄能器的最大工作压力为24MPa，计算蓄能器的容量。

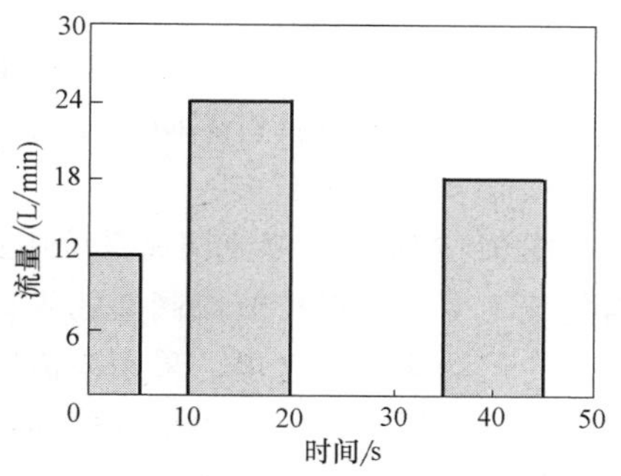

图6-34　液压系统流量需求

6-17　液压系统中，液压泵的工作参数如下：输出流量24L/min，最大工作压力7MPa，最低工作压力6MPa，液压泵总效率0.9。若液压系统在0.1s的短时峰值流量需求是48L/min，两个峰值流量需求的最小时间间隔是30s。

1）蓄能器的合适容量是多少？

2）在采用蓄能器和不采用蓄能器的条件下，液压泵的最大功率分别是多少？

6-18　液压系统的油管有几种类型？各有什么特点？

6-19　油管的管径是如何确定的？为什么需要对管路的液体流速进行限制？

6-20　液压系统吸油管路、压力管路、回油管路的流速范围通常是多少？

6-21　液压系统的管接头有几种类型？各有什么特点？

6-22　集成油路块的功用是什么？使用集成油路块有什么优点？

6-23　常用的密封装置有几类？各有什么特点？

第7章

液压基本回路

所谓液压基本回路，就是由有关液压元件所组成，用来完成某种特定功能的基本回路。任何机械设备的液压传动系统，都是由一些液压基本回路组合而成的。

液压基本回路按实现的功能不同，可分为压力控制回路、调速回路、快速运动回路、速度换接回路和多缸控制回路。本章介绍常用的液压基本回路。

7.1 压力控制回路

压力控制回路是利用压力控制阀来控制系统中油液的压力，从而完成系统所需要的特定功能。这类回路包括调压、卸荷、减压、平衡和保压等多种回路。

7.1.1 调压回路

调压回路用来控制液压系统的工作压力，使之不超过压力控制阀的调定值，或使执行机构在工作各个阶段具有不同的压力。

1. 溢流阀定压回路

图 7-1a 所示为节流调速系统中典型的溢流阀定压回路。由节流阀调节流量的原理可知，当负载不变时，保持节流阀 2 的入口压力恒定，调节开口量，即可调节流量，从而调节液压缸 5 的运动速度。这里，采用溢流阀 3 保持液压泵 1 出口压力恒定。溢流阀在节流调速系统中起定压作用时，其压力设定值为液压缸的最大工作压力、阀的压降和管路上其他各种压力损失的总和。

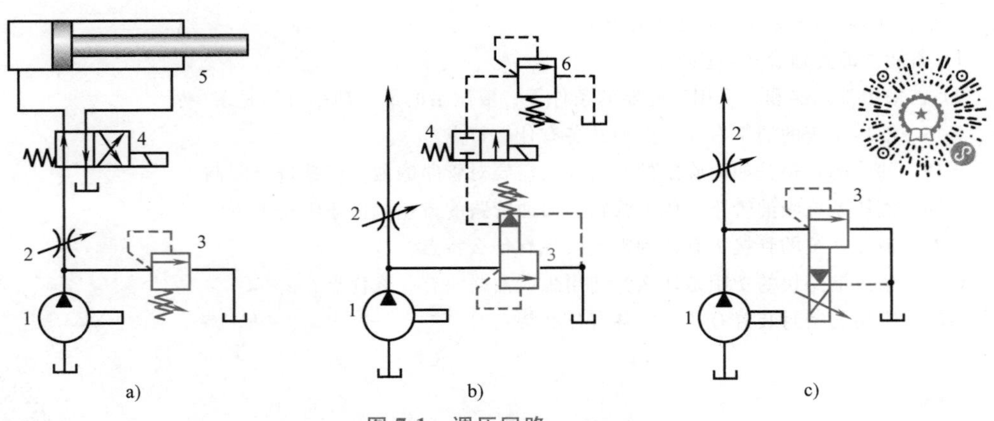

图 7-1 调压回路

a）溢流阀定压回路 b）两级调压回路 c）比例调压回路

1—液压泵 2—节流阀 3—溢流阀 4—换向阀 5—液压缸 6—远程调压阀

2. 两级调压回路

图 7-1b 所示为两级调压回路。先导式溢流阀 3 的遥控口串接二位二通换向阀 4 和远程调压阀 6。远程调压阀 6 的设定值应低于先导式溢流阀 3 中先导阀的设定值。当换向阀 4 处于左端位置时，远程调压阀 6 与先导式溢流阀 3 切断，液压泵 1 的出口压力由先导式溢流阀 3 控制；当换向阀 4 处于右端位置时，远程调压阀 6 与先导式溢流阀 3 并联，液压泵 1 的出口压力由调压设定值较低的远程调压阀 6 控制。

3. 比例调压回路

图 7-1c 所示为比例调压回路。用比例溢流阀 3 调节液压泵 1 出口的压力。改变比例溢流阀 3 的输入电流，即可调节压力。这种调压回路压力变换平稳，调节方便，适用于对系统压力进行远距离的调整和程控。

7.1.2 卸荷回路

卸荷回路的功用是使液压泵输出的油直接回油箱，因此液压泵输出油的压力很低，这种情况称为液压泵卸荷，也称为系统卸荷。在液压系统中，当系统不需要流量（如执行元件停止工作）时，如果液压泵输出的油是经溢流阀流回油箱，则必然会产生功率损失。溢流工作时的压力越大，产生的功率损失也越大。此时，若采用卸荷回路对液压泵卸荷，使液压泵在很低的压力下运转，可有效减少系统的功率损失。

1. 用换向阀的卸荷回路

图 7-2a 所示为采用三位四通换向阀的卸荷回路。利用三位四通换向阀 3 的中位 M 型（或 K、H 型）滑阀机能，使液压泵 1 输出的油液流回油箱，实现液压泵 1 的卸荷。这种卸荷方法结构简单，但电磁换向阀只适用于小流量的卸荷。如果系统是大流量的卸荷，需要增大换向阀的规格，可采用电液换向阀，但电液换向阀体积较大，成本会增加。

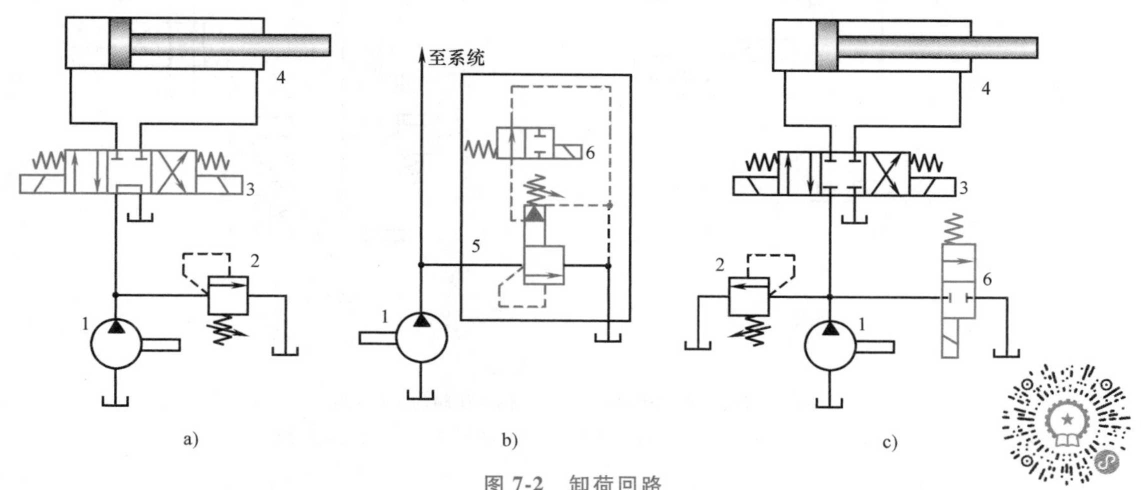

图 7-2 卸荷回路

a）采用三位四通换向阀的卸荷回路 b）电磁溢流阀的卸荷回路 c）二位二通换向阀的卸荷回路

1—液压泵 2—溢流阀 3—三位四通换向阀 4—液压缸 5—电磁溢流阀 6—二位二通换向阀

2. 用电磁溢流阀的卸荷回路

图 7-2b 所示为二位二通电磁换向阀和先导式溢流阀组成电磁溢流阀的卸荷回路。当

电磁溢流阀5断电时，遥控口通过换向阀接通油箱，则溢流阀全打开，液压泵1输出的油液经溢流阀流回油箱，实现液压泵的卸荷。当电磁溢流阀5通电时，电磁换向阀换向，遥控口通油箱的油路被切断，电磁溢流阀5起定压控制作用，即保持液压泵1出口压力恒定。

3. 用二位二通换向阀的卸荷回路

图7-2c所示为采用二位二通换向阀的卸荷回路。当三位四通换向阀3处在中位，液压缸4停止运动时，二位二通换向阀6通电，这时液压泵1输出的油液经二位二通换向阀6流回油箱，液压泵1卸荷。由于二位二通换向阀6电磁铁吸力有限，故这种卸荷回路只适用于小流量系统。

7.1.3　减压回路

减压回路的功用是采用减压阀使系统中某一支路的压力低于主油路的工作压力，并保持恒定。减压回路多用于机床的工件夹紧油路、润滑油路及控制油路等。

如图7-3a所示为普通减压阀减压回路，焊接质量好坏与点焊液压缸5加压的压力是否适当有很大关系。当换向阀3处于中位时，液压泵1卸荷；当换向阀3处于左位时，夹紧液压缸6的压力由溢流阀2调节，而点焊液压缸5的压力由单向减压阀4调节；当换向阀3处于右位时，夹紧液压缸6和点焊液压缸5均缩回，但点焊液压缸5缩回时排油是通过单向阀旁路流回油箱的，这样，排油腔阻力小。

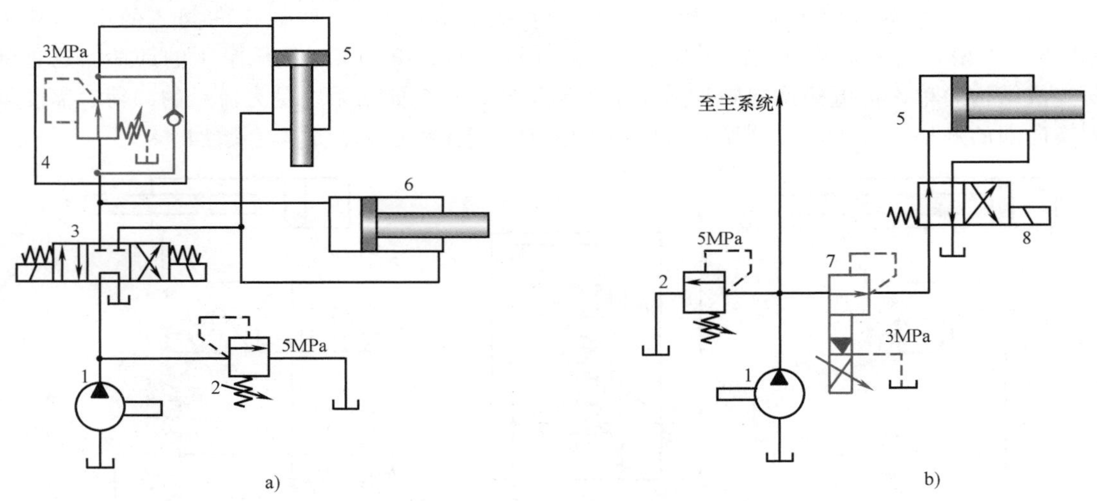

图7-3　减压回路

a）普通减压阀减压回路　b）比例减压阀的减压回路

1—液压泵　2—溢流阀　3—换向阀　4—单向减压阀　5、6—液压缸　7—比例减压阀　8—二位四通换向阀

图7-3b所示为采用比例减压阀的减压回路。通过改变比例电磁铁的输入电流，可连续调节比例减压阀7减压后的压力值。比例减压回路适用于自动化操纵系统以及要求随时调整减压后压力值的场合，但价格比常规减压阀高。

由于减压阀是基于节流原理进行工作的，节流口的压力损失是必需的，因此，为保证减压阀可靠工作，其调整压力最低应不低于0.5MPa，最高应至少比主系统压力小0.5MPa。

7.1.4 平衡回路

平衡回路的功用是使执行元件保持一定的背压，以平衡重力负载，防止运动部件因自重而超速下滑。平衡回路的基本要求是闭锁性能好，工作可靠。

1. 采用液控单向阀的平衡回路

图 7-4a 所示为采用液控单向阀锁紧的平衡回路。当换向阀 3 处于中位时，液压泵 1 卸荷，而液压缸 6 下腔由液控单向阀 4 闭锁，活塞在停止的位置上锁住不动。当换向阀 3 处于左位时，液压缸 6 上腔进油，同时液控单向阀 4 在控制油作用下打开，则液压缸 6 下腔的回油经单向节流阀 5、液控单向阀 4 后流回油箱。单向节流阀 5 在液压缸 6 伸出时节流阀起作用，可调节下降速度，而液压缸 6 缩回时单向阀旁路节流阀，使液压缸 6 快速缩回。图 7-4b 所示为换向阀、液控单向阀、单向节流阀集成装置结构的平衡回路。

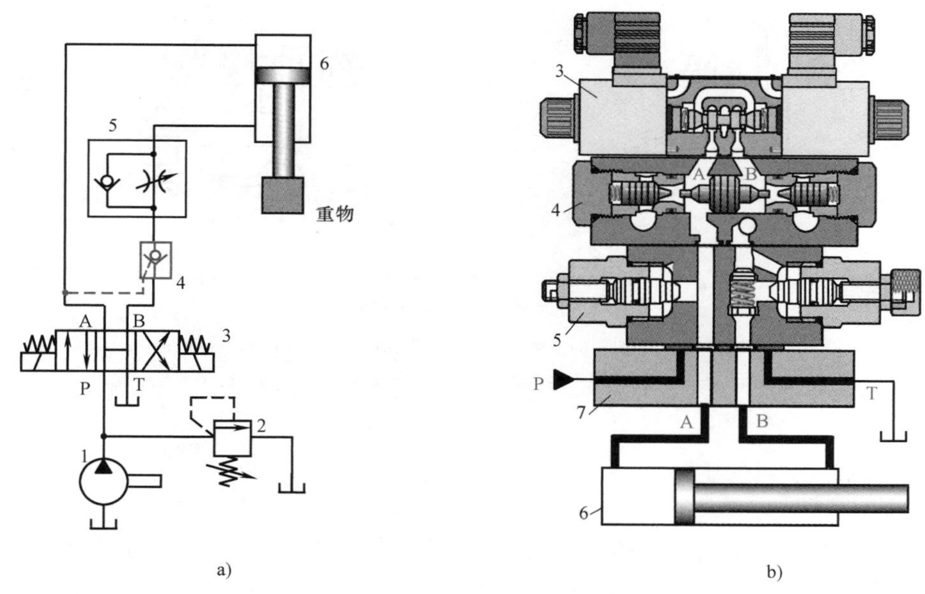

图 7-4 平衡回路

a）液控单向阀平衡回路 b）换向阀、液控单向阀、单向节流阀集成装置

1—液压泵 2—溢流阀 3—换向阀 4—液控单向阀 5—单向节流阀 6—液压缸 7—集成油路块

2. 采用平衡阀的平衡回路

图 7-5a 所示为采用外控式平衡阀的平衡回路。当换向阀 3 处于右端位置时，液压泵输出的油经单向节流阀 4、平衡阀 5 中的单向阀进入液压缸 6 下腔，活塞外伸；当换向阀 3 处于中位时，平衡阀 5 闭锁，重物停住不动；当换向阀 3 处于左端位置时，液压泵输出的油进入液压缸 6 上腔，并作用在平衡阀 5 的控制腔，当压力达到平衡阀 5 的设定值时，平衡阀 5 开启，活塞缩回，其缩回速度由单向节流阀 4 调节。

若活塞超速下降，则液压缸 6 上腔压力减小，即平衡阀 5 控制压力减小，导致平衡阀 5 关闭，液压缸急停，而当液压缸无杆腔压力再升高后，平衡阀 5 又打开，就会出现快降、停止交替的不连续跳跃、振动等现象。

图 7-5b 所示为采用内控式平衡阀的平衡回路，平衡阀 5 调定压力略大于运动部件自重在液压缸 6 下腔中形成的压力，由于内控平衡阀 5 的作用，在液压缸无杆腔产生了背压，从而可防止液压缸超速下降。这种平衡回路能建立稳定的背压，工作平稳，但是当重物负载变化时，需要重新设定平衡阀压力。

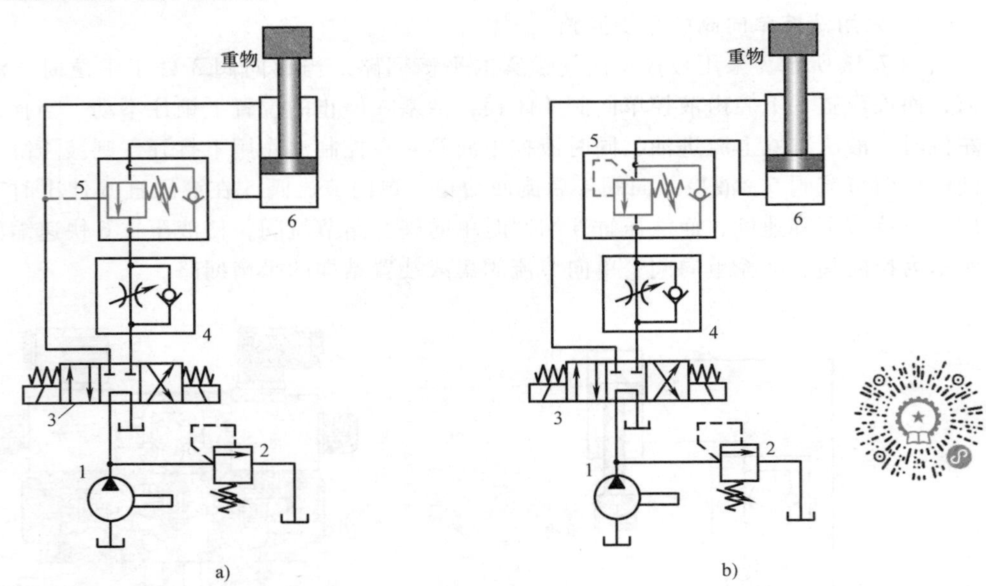

图 7-5 平衡阀平衡回路

a）采用外控式平衡阀的平衡回路 b）采用内控式平衡阀的平衡回路

1—液压泵 2—溢流阀 3—换向阀 4—单向节流阀 5—平衡阀 6—液压缸

7.1.5 保压回路

液压执行元件在工作过程中的某一阶段，需要保持恒定压力一段时间，可采用保压回路。

1. 用蓄能器-压力继电器保压的回路

如图 7-6a 所示，当换向阀 3 处于左位时，电磁溢流阀 2 通电，液压泵 1 向蓄能器 5 和液压缸 7 的无杆腔充油，系统升压；当压力升至压力继电器 4 的设定值时，压力继电器 4 发出电信号使电磁溢流阀 2 断电，则液压泵 1 卸荷。当换向阀 3 处于中位时，液控单向阀 6 关闭，液压缸 7 则由蓄能器 5 保压。若保压压力降低，压力继电器 4 发出信号电磁溢流阀 2 通电，则液压泵 1 继续向蓄能器 5 和液压缸 7 的无杆腔供油，压力上升至压力继电器 4 的设定值。当换向阀 3 处于右位时，液压泵 1 向液压缸 7 的有杆腔供油，液压缸 7 缩回。

2. 用蓄能器-卸荷阀保压的回路

如图 7-6b 所示，当换向阀 9 处于左位时，液压泵 1 向蓄能器 5 和液压缸 7 的无杆腔充油，卸荷阀 8 关闭，系统升压；当压力升至卸荷阀 8 的设定值时，卸荷阀 8 打开，则液压泵 1 卸荷，卸荷阀 8 中的单向阀关闭，液压缸 7 则由蓄能器 5 保压。若保压压力降低，卸荷阀 8 又关闭，则液压泵 1 继续向蓄能器 5 和液压缸 7 的无杆腔供油，压力上升至卸荷阀 8 的设

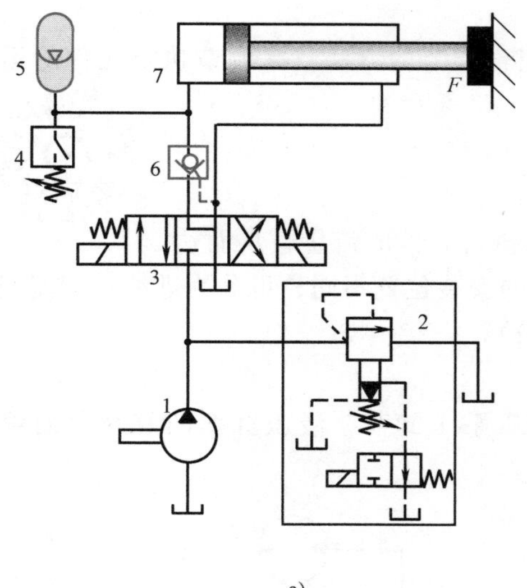

a)

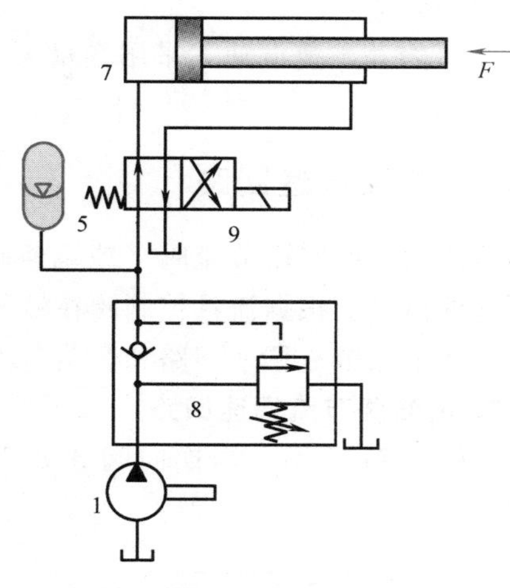

b)

图 7-6 保压回路

a）用蓄能器-压力继电器保压的回路 b）用蓄能器-卸荷阀保压的回路

1—液压泵 2—电磁溢流阀 3、9—换向阀 4—压力继电器 5—蓄能器 6—液控单向阀 7—液压缸 8—卸荷阀

定值。当换向阀 9 处于右位时，液压泵 1 和蓄能器 5 同时向液压缸 7 的有杆腔供油，液压缸 7 快速缩回。

7.2 调速回路

调速回路是最基本的速度控制回路，它是通过控制输入执行元件的流量，来实现对执行机构运动速度进行调节的回路。

在不考虑液压油的压缩性和泄漏的情况下，液压缸的运动速度为

$$v=\frac{q}{A} \tag{7-1}$$

液压马达的转速为

$$n=\frac{q}{V_{\mathrm{i}}} \tag{7-2}$$

式中，q 为输入液压缸或液压马达的流量；A 为活塞有效面积；V_{i} 为液压马达的排量（$\mathrm{m}^3/\mathrm{rad}$）。

由式（7-1）和式（7-2）可知，改变输入液压缸或液压马达的流量 q（或液压马达的排量 V_{i}），可以达到调节运动速度的目的。

液压系统的调速方法有以下三种：

（1）节流调速　采用定量泵供油，由流量阀调节进入执行元件流量的方法，来调节执行元件的运动速度。

（2）容积调速　采用改变变量泵、变量马达排量或定量泵转速的方法，来调节执行元

件的运动速度。

(3) 容积节流调速 采用变量泵和流量阀相配合调节的方法，来调节执行元件的运动速度。

7.2.1 节流调速回路

节流调速回路用节流阀（或调速阀）控制进入执行元件的流量，从而达到调速的目的。根据流量控制阀在液压系统回路中的安装位置不同，可分为进油路节流调速回路、回油路节流调速回路和旁路节流调速回路三种。

1. 进油路节流调速回路

如图 7-7a 所示，当换向阀 3 处于中位时，液压泵 1 卸荷，液压缸 5 两腔封闭而停止运动。

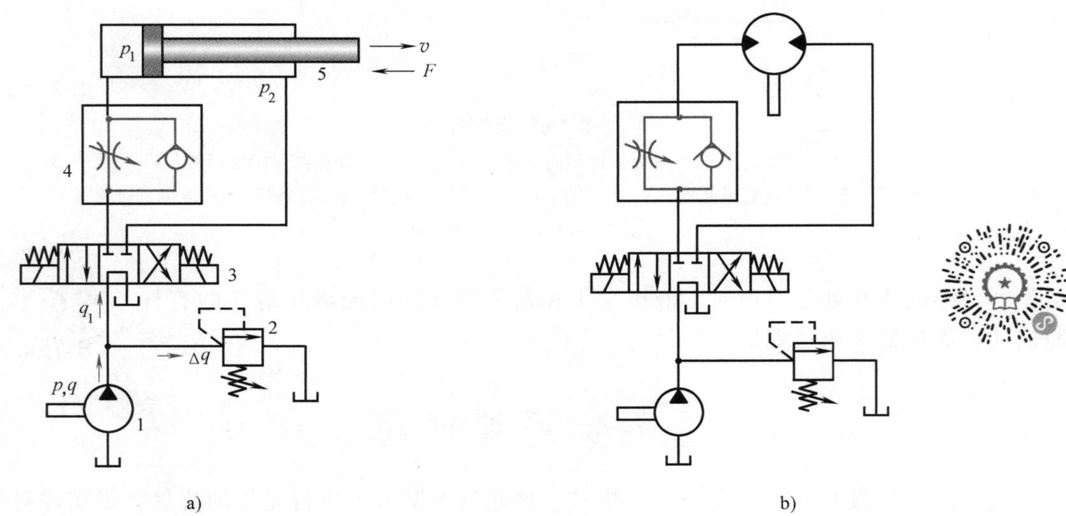

图 7-7 进油路节流调速回路

a) 液压缸的进油路节流调速回路 b) 液压马达的进油路节流调速回路

1—液压泵 2—溢流阀 3—换向阀 4—单向节流阀 5—液压缸

当换向阀 3 处于左位时，液压泵 1 输出油液的流量 q 分为两部分：一部分流量 q_1 经单向节流阀 4 中节流阀的调节后，进入液压缸 5 的无杆腔，液压缸 5 外伸；另一部分流量 Δq 经溢流阀流回油箱，即有

$$q=q_1+\Delta q \tag{7-3}$$

由流量的连续性原理可知，通过单向节流阀 4 的流量等于进入液压缸 5 的流量。若不计液压缸 5 的泄漏，则液压缸 5 活塞外伸的运动速度 v 为

$$v=\frac{q_1}{A_1} \tag{7-4}$$

式中，A_1 为液压缸无杆腔的有效面积。

由式（7-4）可知，液压缸外伸的运动速度由输入的流量决定。若不计摩擦力，液压缸的力平衡方程为

$$p_1A_1=p_2A_2+F \tag{7-5}$$

式中，p_1、p_2 为液压缸无杆腔、有杆腔的压力；A_2 为液压缸有杆腔的有效面积；F 为外负载力。

若不计管路压力损失，且回油路直接通油箱，即有 $p_2=0$，则由式（7-5）可得

$$p_1=\frac{F}{A_1} \tag{7-6}$$

由式（7-6）可知，液压缸工作腔的压力 p_1 取决于外负载，因此，通常称此压力为负载压力。根据节流阀调节流量的基本原理，通过节流阀的流量 q_1 为

$$q_1=CA_T\sqrt{\frac{2}{\rho}(p-p_1)} \tag{7-7}$$

式中，C 为与节流口形状和油液黏度有关的系数；p 为节流阀的进口压力；A_T 为节流阀的开口面积。

由式（7-7）可知，当外负载力 F 不变时，p_1 也不变。而溢流阀 2 的定压作用，使液压泵 1 的出口压力 p 不变，也就是节流阀的进口压力 p 不变。因此，改变节流阀的开口面积 A_T，即可调节通过节流阀的流量 q_1，由式（7-4）可知，也就调节了液压缸 5 的外伸运动速度。

当换向阀 3 处于右位时，液压泵 1 输出的油进入液压缸 5 的有杆腔，液压缸 5 无杆腔的排油经单向节流阀 4 中的单向阀流回油箱，液压缸 5 缩回，而此时没有进行节流调节，液压泵 1 输出的油全部进入液压缸 5 的有杆腔。在缩回过程中，只有当液压缸 5 有杆腔的负载压力大于溢流阀 2 的设定值时，溢流阀 2 才打开溢流，限制压力，起安全保护的作用。

从上述分析可知，在进油路节流调速系统中，定量液压泵输出的流量是一定的，其中一部分由节流阀调节输入液压缸，从而调节液压缸的运动速度；而剩余部分则通过溢流阀流回油箱。溢流阀在溢流的过程中，保持节流阀进口压力为溢流阀的设定压力值。这是进油路节流调速工作的基本条件。

由于改变执行元件的运动速度是靠节流阀调节进油路上的流量完成的，因此，称为进油路节流调速。图 7-7b 所示为液压马达的进油路节流调速回路。

对于图 7-7a 所示的进油路节流调速回路，当负载变化时，将引起节流阀进出口压差 $p-p_1$ 的变化，从而改变了通过节流阀的流量，使液压缸的运动速度发生变化，说明负载变化对速度有影响。节流阀进油路调速的速度负载特性曲线如图 7-8 所示。当节流阀的开口面积 A_T 一定时，随着负载力 F 的增加，运动速度下降。当 F 增加到最大值 $F_{max}=pA_1$ 时，节流阀进出口压差 $p-p_1=0$，没有流量通过节流阀，活塞停止运动。因此，节流阀进油路调速一般用于负载变化不大或对速度稳定性要求不高的场合。

在进油路节流调速系统中，当负载变化较大而对速度平稳性要求较高时，可用调速阀代替节流阀。由于调速阀具有压力补偿性，在负载变化的条件下也能保证节流口进、出口压差基本不变，即通过的流量基本不变，因此其速度负载特性好，即执行机构运动速度受外负载变化影响小。调速阀进油路节流调速的速度负载特性如图 7-9 所示。但是，当负载力增加到比较大时，调速阀进、出油口的压差减小，其中的压力补偿减压阀不起作用，这时，调速阀的特性和节流阀接近。

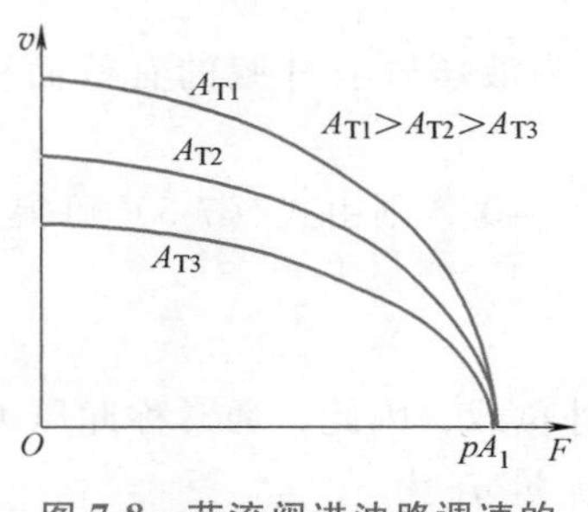

图 7-8 节流阀进油路调速的速度负载特性曲线

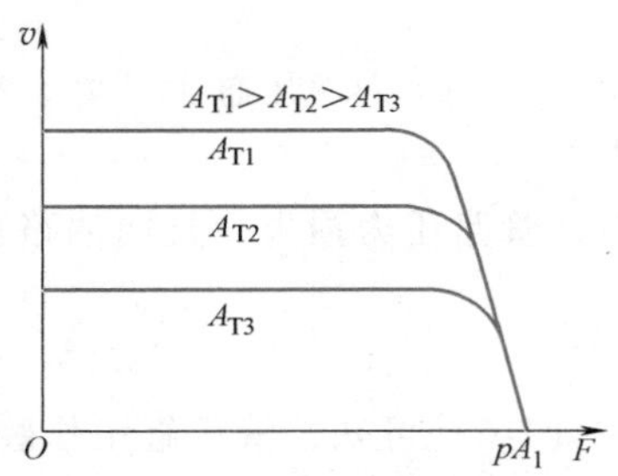

图 7-9 调速阀进油路节流调速的速度负载特性

采用进油路节流调速，由于节流口的阻力作用，其前后压差 $p-p_1$ 所产生的功率损失为

$$\Delta P_1=(p-p_1)q_1 \tag{7-8}$$

而溢流阀定压有溢流流量，溢流所产生的功率损失为

$$\Delta P_2=p\Delta q \tag{7-9}$$

由式（7-8）和式（7-9）可知，节流阀产生的功率损失与其进出口压降和通过的流量成正比，溢流阀溢流产生的功率损失与定压压力和溢流流量成正比。对于大功率的进油路节流调速，系统的流量、工作压力都很大，必然产生较大的节流和溢流功率损失，系统发热较大。因此，进油路节流调速多用于中、小功率的调速系统。

2. 回油路节流调速回路

如图 7-10a 所示，当换向阀 3 处于中位时，液压泵 1 卸荷，液压缸 5 两腔封闭而停止运动。

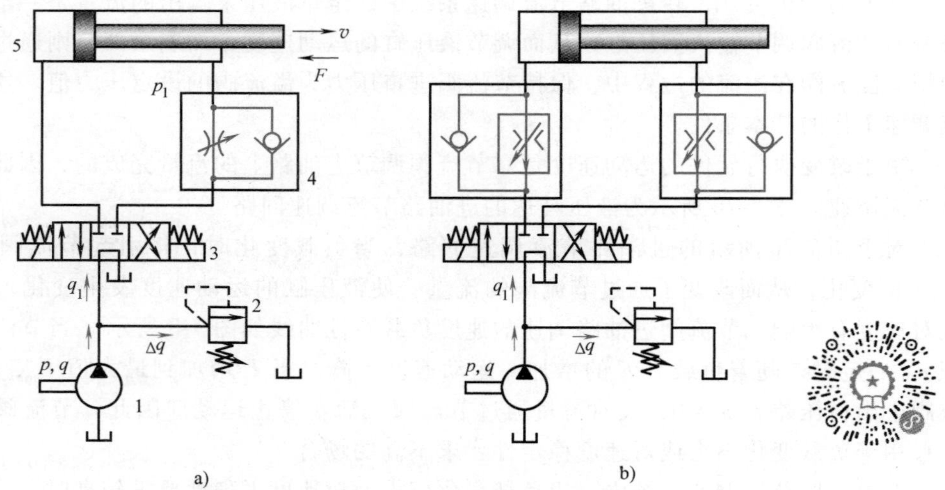

图 7-10 回油路节流调速回路

a）液压缸伸出节流阀回油路节流调速 b）液压缸伸、缩调速阀回油路节流调速

1—液压泵 2—溢流阀 3—换向阀 4—单向节流阀 5—液压缸

当换向阀 3 处于左位时，液压泵 1 输出油液的流量 q 分为两部分：一部分流量 q_1 输入液压缸 5 的无杆腔，液压缸 5 外伸，液压缸 5 有杆腔的排油经单向节流阀 4 中的节流阀回油

箱；另一部分流量 Δq 经溢流阀流回油箱。在液压缸外伸时，单向节流阀 4 在液压缸 5 的回油路上起调节作用，当节流口减小时，回油阻力增大，液压缸 5 的有杆腔压力 p_1 增大，则短时引起无杆腔压力 p 增加，溢流阀 2 的开口也增大，溢流流量 Δq 增大，以保持定压值 p 不变；当溢流流量 Δq 增大时，输入液压缸 5 的流量 q_1 减少，使液压缸 5 的速度降低；而当速度降低时，有杆腔压力 p_1 随之降低，直到与无杆腔压力 p、负载力 F 平衡。

该回路通过调节回油路上的节流阻力，间接调节输入液压缸的流量，从而达到调节液压缸运动速度的目的，因此称为回油路节流调速回路。

当换向阀 3 处于右位时，液压泵 1 输出的油通过单向节流阀 4 中的单向阀进入液压缸 5 的有杆腔，液压缸 5 无杆腔的排油直接流回油箱，液压缸 5 缩回，而此时没有进行节流调节，液压泵 1 输出的油全部进入液压缸 5 的有杆腔。在缩回过程中，只有当液压缸 5 有杆腔的负载压力大于溢流阀 2 的设定值时，溢流阀 2 才打开溢流，限制压力，起安全保护作用。

与节流阀进油路调速一样，节流阀回油路调速的速度稳定性也受负载变化的影响，速度刚性差。为提高速度负载特性，可采用调速阀回油路节流调速。图 7-10b 所示为液压缸伸、缩调速阀回油路节流调速。

由于回油路节流调速也存在必然的溢流功率损失和节流阀的压降功率损失，因此，回油路节流调速一般也只适合于中、小功率的调速系统。

回油路节流调速虽然与进油路节流调速有些相同之处，但也有不同之处：

1）对回油路节流阀调速回路而言，液压缸的回油腔要产生一定的背压（$p_1 \neq 0$），提高了运动的平稳性，特别是低速下的平稳性；由于回油腔有背压，还能承受负向负载。

2）长期停机后，液压缸内的油液流回油箱，当重新向液压缸供油时，回油路节流调速因进油路上没有节流阀，会使活塞产生前冲；而进油路节流调速则基本上没有前冲现象。

3. 旁路节流调速回路

如图 7-11a 所示，节流阀 3 安装在与液压缸 5 并联的支路上。液压泵输出的流量 q，一部分流量 q_1 进入液压缸 5，另一部分流量 Δq 经节流阀 3 流回油箱。即有

$$q_1 = q - \Delta q \tag{7-10}$$

由式（7-10）可知，液压泵是定量泵，其输出的流量 q 不变；改变节流阀 3 的过流面积，即可调节经节流阀 3 流回油箱的流量 Δq，也就调节了进入液压缸 5 的流量 q_1，从而实现调速。

根据节流阀的工作原理可知，通过节流阀 3 的流量为

$$\Delta q = CA_{\mathrm{T}}\sqrt{\frac{2}{\rho}p} \tag{7-11}$$

由于节流阀 3 进油路的压力 p 直接受液压缸 5 工作腔压力的影响，也就是负载力 F 的影响，因此，负载变化对节流阀 3 进油路压力 p 影响较大。这样，在节流阀的开口面积 A_{T} 不变时，负载变化对调节流量 Δq 的影响大，从而影响速度的稳定性，即调速回路的速度刚性差。此外，负载增大时，也使液压泵的泄漏增加，从而对液压缸运动速度的平稳性产生影响。因此，节流阀旁路调速回路的速度刚性较节流阀进、回油路调速差，尤其是在大负载下的低速稳定性差。

该回路通过节流阀对旁路流量的调节，间接调节输入液压缸的流量，从而达到调节执行元件的运动速度的目的，因此称为旁路节流调速回路。旁路节流调速也可采用调速阀来提高

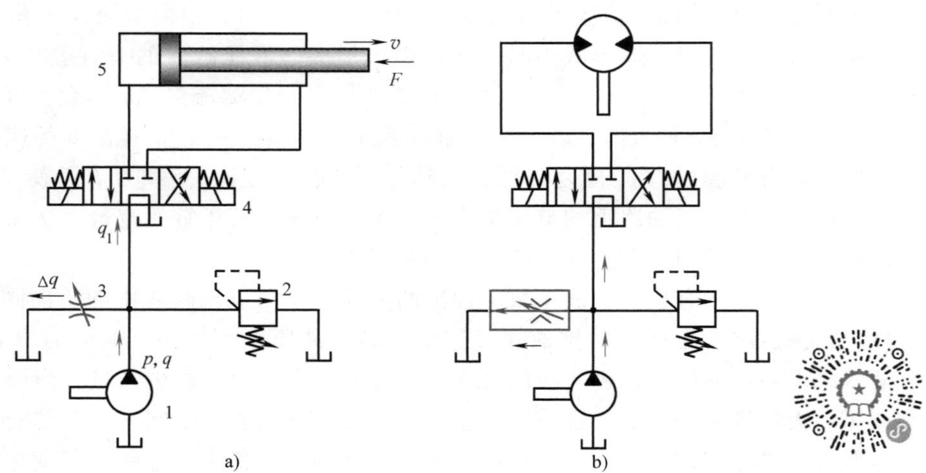

图 7-11　旁路节流调速回路

a）采用节流阀的旁路节流调速　b）采用调速阀的旁路节流调速

1—液压泵　2—溢流阀　3—节流阀　4—换向阀　5—液压缸

速度刚性，如图 7-11b 所示的液压马达调速阀旁路节流调速回路。

在旁路节流调速回路中，液压泵 1 的出口压力 p 取决于负载 F 大小，溢流阀 2 起安全阀的作用，正常工作过程中是关闭的，只有当过载时，溢流阀 2 才打开，限制液压泵 1 出口压力升高。因此，旁路节流调速只有节流阻力产生的功率损失，而无溢流功率损失。由于液压泵出口压力是随负载变化而变化的，即负载增大，液压泵出口压力增大；负载减小，液压泵出口压也减小。这样，节流压降产生的功率损失随负载变化而变化。

因此，旁路节流调速回路比进、回油路调速回路效率高，可适用于对速度平稳性要求不高的大功率调速系统。

例 7-1　试分析图 7-12 所示的三种节流调速回路是否正确。

解　图 7-12a、c 错误，图 7-12b 正确。

图 7-12a 中液压泵为定量泵，其输出流量 q 为定值。液压泵的输出流量经节流阀 1 后全部进入液压缸无杆腔，活塞以速度 $v=q/A$ 伸出。当调节节流阀开口面积时，液压泵出口压力随之改变，液压泵输出流量 q 仍全部进入液压缸无杆腔，活塞速度 $v=q/A$ 不变。实际上，如果节流阀关闭，则液压泵出口油压升高，会致使液压泵或其他元件损坏。

图 7-12b 比图 7-12a 加设了溢流阀 2，溢流阀 2 保持液压泵出口压力恒定，即节流阀 1 入口压力为设定恒值。当调节节流阀开口面积时，溢流流量随之改变，但液压泵出口压力不变，从而使输入液压缸无杆腔的流量改变，达到调节液压缸运动速度的目的。当节流阀关闭时，溢流流量为液压泵输出流量的全部，液压泵出口压力仍为溢流阀的调定值，起到了安全保护的作用。

图 7-12c 中由于溢流阀 2 接在节流阀 1 之后，不论节流阀的开口大小，都必须通过液压泵的全部流量，节流阀失去了调速的意义。而当节流阀关闭时，液压泵的出口压力将失去控制，使液压泵或其他元件损坏。

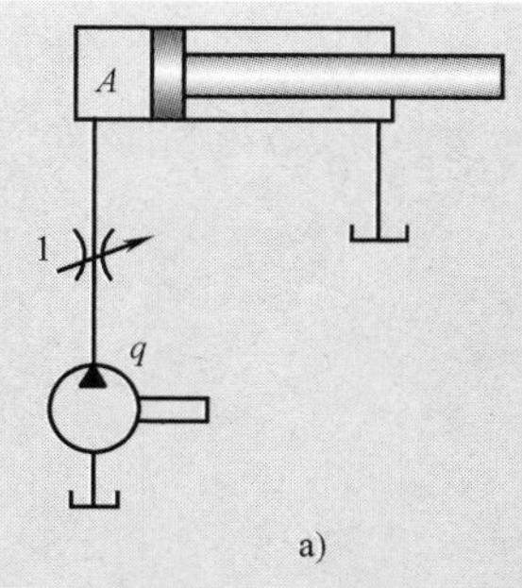

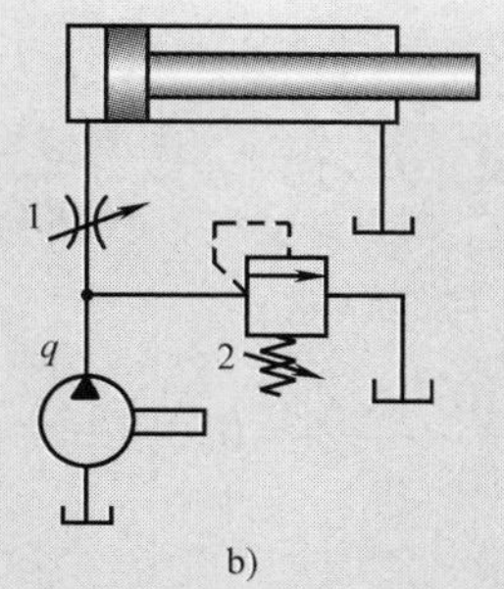

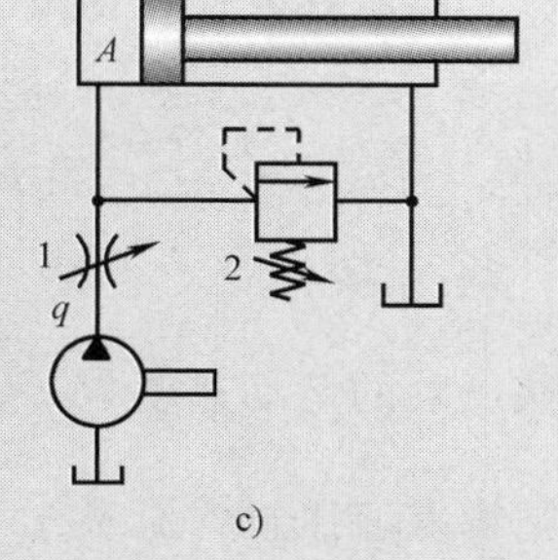

图 7-12　节流调速回路

1—节流阀　2—溢流阀

例 7-2　如图 7-13 所示的回油路节流调速回路，液压缸无杆腔面积 $A_1 = 100\mathrm{cm}^2$，有杆腔有效面积 $A_2 = 50\mathrm{cm}^2$，液压泵的输出流量 q 为 50L/min，溢流阀设定压力为 8MPa，求：

1）当负载 $F=0$ 时，液压缸运动速度 v 为 50mm/s，有杆腔压力 p_2 与无杆腔压力 p_1 各是多少？

2）p_2 的大小由什么决定？

3）当负载 $F=5\times10^4\mathrm{N}$ 时，调速阀节流口的开度 $A=0.04\mathrm{cm}^2$，则液压缸的运动速度 v 是多少？溢流阀的功率损失 ΔP 是多少？（$C=0.62$，$\rho=900\mathrm{kg/m}^3$）

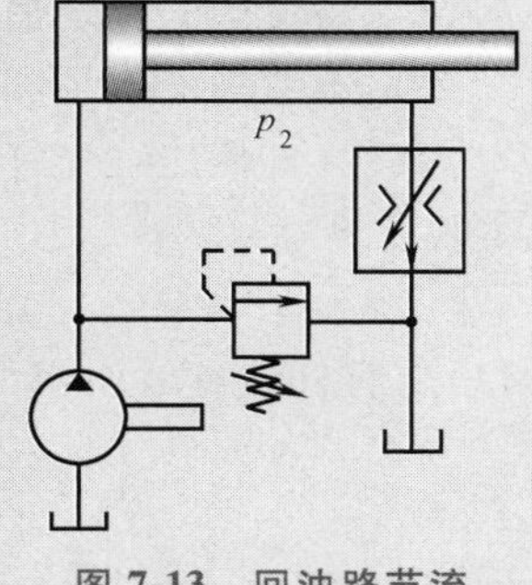

图 7-13　回油路节流调速回路

解　1）液压缸运动速度 v 为 50mm/s 时，输入液压缸的流量 q_1 为

$$q_1 = vA_1 = 0.05\mathrm{m/s}\times0.01\mathrm{m}^2 = 0.0005\mathrm{m}^3/\mathrm{s} = 30\mathrm{L/min}$$

由于 $q_1<q$，因此，溢流阀有溢流流量，则液压泵的出口压力为溢流阀的设定值。即液压缸无杆腔的压力 p_1 为

$$p_1 = 8\mathrm{MPa}$$

当负载 $F=0$ 时，可列出活塞的力平衡方程为

$$p_1A_1 = p_2A_2$$

因此

$$p_2 = 2p_1 = 16\mathrm{MPa}$$

2）p_2的大小由调速阀节流口的阻力决定，与节流口的开口大小有关。

3）当 $F=5\times10^4\mathrm{N}$ 时，其力平衡方程为

$$p_1A_1 = p_2A_2 + F$$

因此

$$p_2 = \frac{p_1A_1 - F}{A_2} = (8\times10^6\mathrm{Pa}\times100\times10^{-4}\mathrm{m}^2 - 5\times10^4\mathrm{N})/(50\times10^{-4}\mathrm{m}^2)$$
$$= 6\times10^6\mathrm{N/m}^2$$

液压缸有杆腔排出的流量 q_2 为

$$q_2=CA\sqrt{\frac{2}{\rho}\Delta p}=0.62\times0.04\times10^{-4}\mathrm{m}^2\times\sqrt{\frac{2}{900\mathrm{kg/m}^3}\times(6\times10^6\mathrm{Pa}-0)}$$

$$\approx2.86\times10^{-4}\mathrm{m}^3/\mathrm{s}\approx17.2\mathrm{L/min}$$

液压缸的运动速度为 $v=\frac{q_2}{A_2}=\frac{2.86\times10^{-4}\mathrm{m}^3/\mathrm{s}}{50\times10^{-4}\mathrm{m}^2}=0.0572\mathrm{m/s}$

则输入液压缸的流量 q_1 为

$$q_1=vA_1=0.0572\mathrm{m/s}\times100\times10^{-4}\mathrm{m}^2=5.72\times10^{-4}\mathrm{m}^3/\mathrm{s}$$

因此,溢流阀的溢流流量 Δq 为

$$\Delta q=q-q_1=50\times10^{-3}/60\mathrm{m}^3/\mathrm{s}-5.72\times10^{-4}\mathrm{m}^3/\mathrm{s}\approx2.61\times10^{-4}\mathrm{m}^3/\mathrm{s}$$

则溢流阀溢流的功率损失为

$$\Delta P=p\Delta q=8\times10^6\mathrm{Pa}\times2.61\times10^{-4}\mathrm{m}^3/\mathrm{s}=2088\mathrm{W}$$

例 7-3　如图 7-14 所示的调速回路中，液压缸缸径 $D=100\mathrm{mm}$，活塞杆径 $d=75\mathrm{mm}$，液压泵的输出流量 q 为 75L/min，液压缸伸出时，速度 v_1 为 30mm/s，负载力 F_1 为 50kN；而缩回速度 v_2 为 60mm/s，负载力 F_2 为 10kN。若节流阀的压力损失 Δp 至少为 3MPa。求：

1）溢流阀的设定值应为多少？

2）不考虑液压泵和液压缸的损失，液压缸伸出、缩回时溢流阀的功率损失是多少？

解　1）液压缸无杆腔有效面积为

$$A_1=\frac{\pi}{4}D^2=\frac{\pi}{4}\times100^2\times10^{-6}\mathrm{m}^2\approx0.00785\mathrm{m}^2$$

液压缸有杆腔有效面积为

$$A_2=\frac{\pi}{4}(D^2-d^2)=\frac{\pi}{4}\times(100^2-75^2)\times10^{-6}\mathrm{m}^2\approx0.00343\mathrm{m}^2$$

液压缸伸出时，有杆腔压力 $p_2=0$，则无杆腔压力为

$$p_1=\frac{F_1}{A_1}=\frac{50000\mathrm{N}}{0.00785\mathrm{m}^2}\approx63.7\times10^5\mathrm{Pa}$$

液压缸缩回时，无杆腔压力 $p_1=0$，则有杆腔压力为

$$p_2=\frac{F_2}{A_2}=\frac{10000\mathrm{N}}{0.00343\mathrm{m}^2}\approx29.15\times10^5\mathrm{Pa}$$

由于液压缸伸出运动时工作腔压力 p_1 大于缩回运动时工作腔压力 p_2，因此溢流阀的设定值 p 应为液压缸伸出运动时的工作腔压力值和节流阀的压降之和，即

$$p=p_1+\Delta p=6.37\mathrm{MPa}+3\mathrm{MPa}=9.37\mathrm{MPa}$$

2）当换向阀处于左位时，液压缸伸出，速度 v_1 为 30mm/s，则输入液压缸无杆腔的流量 q_1 为

$$q_1 = v_1 A_1 = 0.03\text{m/s} \times 0.00785\text{m}^2 = 2.355 \times 10^{-4}\text{m}^3/\text{s}$$

通过溢流阀的溢流流量 Δq_1 为

$$\Delta q_1 = q - q_1 = 75 \times 10^{-3}/60\text{m}^3/\text{s} - 2.355 \times 10^{-4}\text{m}^3/\text{s} = 10.145 \times 10^{-4}\text{m}^3/\text{s}$$

因此，溢流阀的溢流功率损失 ΔP_1 为

$$\Delta P_1 = \Delta q_1 p = 10.145 \times 10^{-4}\text{m}^3/\text{s} \times 9.37 \times 10^6\text{Pa} = 9506\text{W}$$

当换向阀处于右位时，液压缸缩回，速度 v_2 为 60mm/s，则输入液压缸有杆腔的流量 q_2 为

$$q_2 = v_2 A_2 = 0.06\text{m/s} \times 0.00343\text{m}^2 = 2.058 \times 10^{-4}\text{m}^3/\text{s}$$

通过溢流阀的溢流流量 Δq_2 为

$$\Delta q_2 = q - q_2 = 75 \times 10^{-3}/60\text{m}^3/\text{s} - 2.058 \times 10^{-4}\text{m}^3/\text{s} = 10.44 \times 10^{-4}\text{m}^3/\text{s}$$

因此，溢流阀的溢流功率损失 ΔP_2 为

$$\Delta P_2 = \Delta q_2 p = 10.44 \times 10^{-4}\text{m}^3/\text{s} \times 9.37 \times 10^6\text{Pa} = 9782\text{W}$$

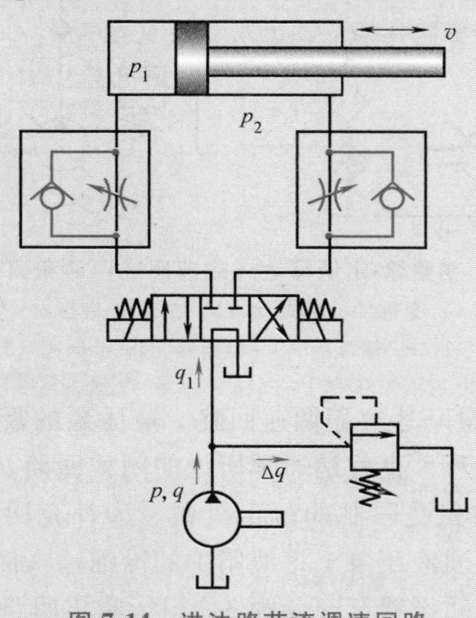

图 7-14 进油路节流调速回路

7.2.2 容积调速回路

容积调速是通过改变液压泵或液压马达的排量来实现调速的。由于容积调速没有节流损失和溢流损失，因而效率高，系统发热少，主要用于大功率液压系统的调速。

根据变量控制方式的不同，容积调速回路有三种组合形式：变量泵-定量马达（或液压缸）、定量泵-变量马达、变量泵-变量马达。

1. 变量泵-液压缸容积调速回路

图 7-15 所示为变量泵-定量马达（或液压缸）容积调速回路。液压泵从油箱吸油，执行元件的回油直接流回油箱，这就是通常所说的开式回路。开式回路通过油箱和管路表面散

热，油液能得到较好的冷却，但油箱体积较大。

如图 7-15b 所示，液压泵的转速 n^{P} 不变，排量 V^{P} 可调节，液压缸活塞面积为 A_1，液压泵的容积效率为 $\eta_{\mathrm{V}}^{\mathrm{P}}$，则液压缸伸出的运动速度 v 为

$$v=\frac{q}{A_1}=\frac{V^{\mathrm{P}}n^{\mathrm{P}}\eta_{\mathrm{V}}^{\mathrm{P}}}{A_1} \tag{7-12}$$

由式（7-12）可知，通过改变液压泵的排量或转速，可调节液压泵的输出流量，也就是调节输入到液压缸的流量，从而实现对液压缸运动速度的调节。在这个系统回路中，液压泵 1 出口处的工作压力由负载决定，溢流阀 2 不起定压作用，而作为安全阀使用，防止系统超压；液压缸 5 回油路上的溢流阀 6 作为背压阀使用，可提高液压缸低速运动的平稳性。

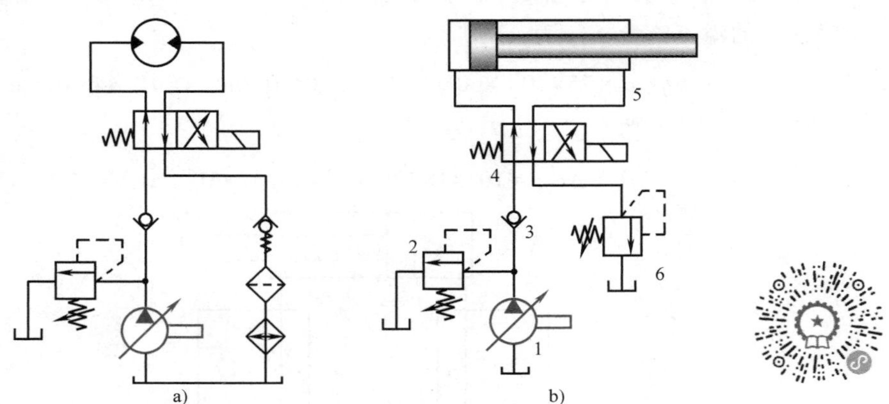

图 7-15 变量泵-定量马达（或液压缸）容积调速回路

a）变量泵-定量马达 b）变量泵-液压缸

1—液压泵 2、6—溢流阀 3—单向阀 4—换向阀 5—液压缸

图 7-16 所示为变量泵-定量马达容积调速回路。液压泵的吸油口与液压马达的回油路直接连通，油液在封闭的回路循环，也就是通常所说的闭式回路。闭式回路结构紧凑，但油液散热条件差，主要用于油箱体积受限制的行走机械。为补充回路中的泄漏，并进行换油冷却，通常采用小流量的辅助补油液压泵 1 将油箱中的冷油输入回路，而溢流阀 2 则溢出回路中的热油。在高、低压管路之间设置有安全阀 3，用于防止回路过载。

在这种回路中，液压泵的转速 n^{P} 和液压马达的排量 V^{M} 都为常数，液压泵、液压马达

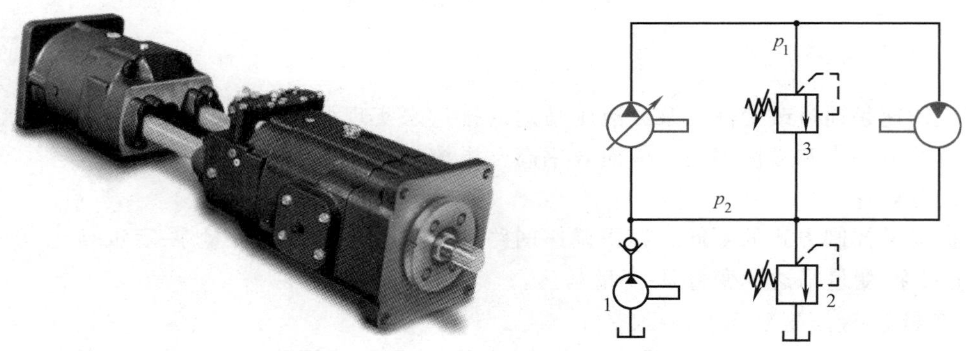

图 7-16 变量泵-定量马达容积调速回路

1—液压泵 2—溢流阀 3—安全阀

的容积效率分别为 η_V^P、η_V^M，液压马达的转速为

$$n^M = \frac{q\eta_V^M}{V^M} = \frac{V^P n^P \eta_V^P \eta_V^M}{V^M} \tag{7-13}$$

由式（7-13）可知，改变液压泵的排量 V^P 可使液压马达的转速 n^M 随之成比例地变化，即调节了转速。若考虑液压马达的转矩损失，液压马达的机械效率为 η_m^M，则有

$$T^M = (p_1 - p_2) V^M \eta_m^M \tag{7-14}$$

因此，液压马达的输出功率 P^M 为

$$P^M = 2\pi T^M n^M / 60 = \frac{2\pi(p_1 - p_2) V^M n^M \eta_m^M}{60} \tag{7-15}$$

由式（7-13）和式（7-15）可知，改变液压泵的排量 V^P，也可使液压马达的输出功率 P^M 随之成比例地变化。由于液压马达回油路的压力 p_2 是低压的常数，液压泵的出口压力 p_1 和液压马达的转矩 T^M 都是由负载决定的，不因调速而发生变化，因此也称为恒转矩调速回路，其调速输出特性曲线如图 7-17 所示。

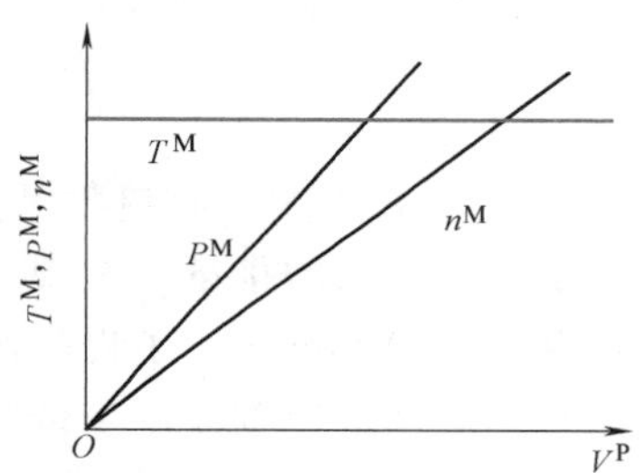

图 7-17　变量泵-定量马达输出特性曲线

当负载转矩增大时，液压泵出油路和液压马达进油路的压力 p_1 也增大，这将使液压泵和液压马达的泄漏增加，致使液压马达的运动速度减小，即速度刚度要受负载变化的影响，尤其是低速运动稳定性差。

图 7-18 所示为变量液压泵-定量液压马达组成的闭式容积调速系统在混凝土搅拌输送车拌筒驱动中的典型应用，其系统工作原理如图 7-19 所示。

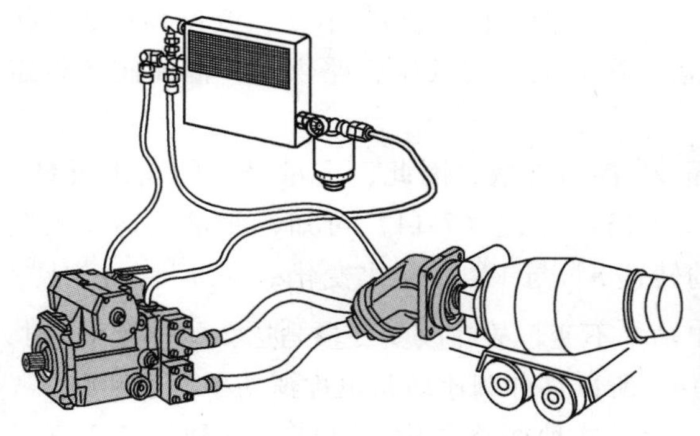

图 7-18　混凝土搅拌输送车闭式容积调速系统装置

发动机 BKM 通过取力器驱动变量泵 2 和补油泵 1，调节变量泵 2 的排量可调节定量马达 14 的转速，定量马达通过减速机驱动拌筒。由于变量泵 2 是双向变量泵，改变变量泵 2 的旋转方向，即可使定量马达 14 反转。单向阀 3、4 的作用是保证补油泵 1 输出的油液只能进入双向变量泵的吸油腔；液动滑阀 9 的作用是保证定量马达 14 的回油经背压阀 8 后流回油箱，以便对系统回路的热油进行冷却；当高、低压管路压差很小时，液动滑阀 9 处于中位，切断了背压阀 8 的油路，此时补油泵 1 供给的多余油液经溢流阀 5 流回油箱。安全阀

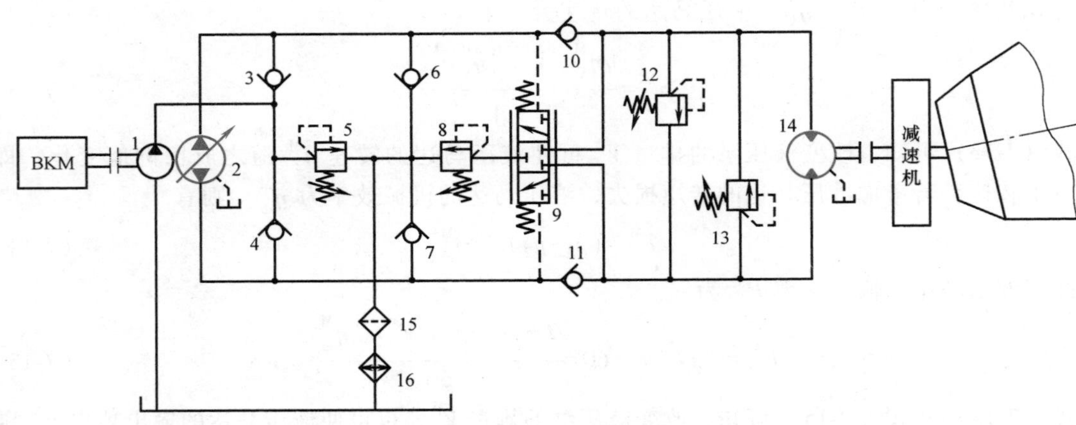

图 7-19　混凝土搅拌输送车闭式容积调速系统工作原理

1—补油泵　2—变量泵　3、4、6、7、10、11—单向阀　5—溢流阀　8—背压阀　9—液动滑阀　12、13—安全阀　14—定量马达　15—过滤器　16—冷却器

12、13 用于管路的双向超载保护。单向阀 10、11 与背压阀 8 保证定量马达 14 有一定背压。

改变变量泵的排量，常规的方案是通过手动调节。这种控制方式比较简单，但灵活性差，自动化程度低。为了提高操纵控制的舒适性，提高自动化程度，减少对车辆行走性能的影响，可采用电比例控制变量泵的排量。

图 7-20 所示为比例变量泵、控制放大器及其装置。指令电信号通过控制放大器的放大，并转换为电流信号，该电流信号作用在比例阀的比例电磁铁上，通过比例控制阀对变量泵的变量调节机构进行控制调节，从而改变液压泵的排量。

2. 定量泵-变量马达容积调速回路

图 7-21 所示为定量泵-变量马达容积调速回路。定量泵 1 排量 V^{P} 不变，变量马达 2 的排量 V^{M} 大小可调节，安全阀 3 防止高压管路超载，补油泵 4 向低压管路供油，溢流阀 5 设定低压管路压力。

在这种回路中，定量泵 1 的转速 n^{P} 和排量 V^{P} 都是常数，因此，定量泵 1 的输出流量 q 是常数，改变变量马达 2 的排量 V^{M} 时，由式（7-13）和式（7-14）可知，变量马达 2 的输出转矩 T^{M} 与 V^{M} 成正比变化，而变量马达 2 的转速 n^{M} 与 V^{M} 成反比变化，即 $n^{M}=q\eta_{V}^{M}/V^{M}$。在不计回路效率的情况下，由于定量泵 1 的输出功率不变，故在改变变量马达 2 的排量 V^{M} 时，变量马达 2 的输出功率也不变，即 $P^{M}=(p_1-p_2)q$，所以这种调速回路也称恒功率调速回路。

定量泵-变量马达调速特性曲线如图 7-22 所示。这种回路的优点是能在各种转速下保持输出功率不变，其缺点是调速范围小，而且当马达排量 V^{M} 减小到一定值时，马达输出转矩 T^{M} 不足以克服负载，马达便停止转动。这种调速方式往往不单独使用。

3. 变量泵-变量马达容积调速回路

图 7-23a 所示为变量泵-变量马达容积调速回路。由于液压泵的排量 V^{P} 和马达的排量 V^{M} 都可调，因此扩大了马达的调速范围。当改变液压泵的旋转方向时，液压泵的进、出油路互换，马达随之反转。

在液压传动的应用中，往往要求低速时马达输出转矩大，高速时马达输出转矩小，这种

a) 　　b)

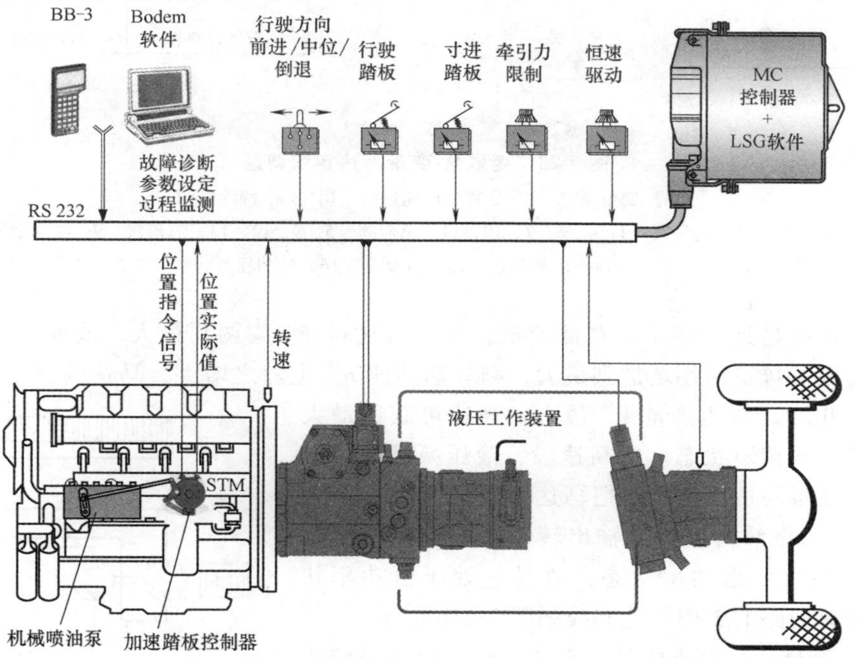

c)

图 7-20　比例变量泵、控制放大器及其装置

a）比例变量泵　b）控制放大器　c）采用比例变量泵的行走驱动装置

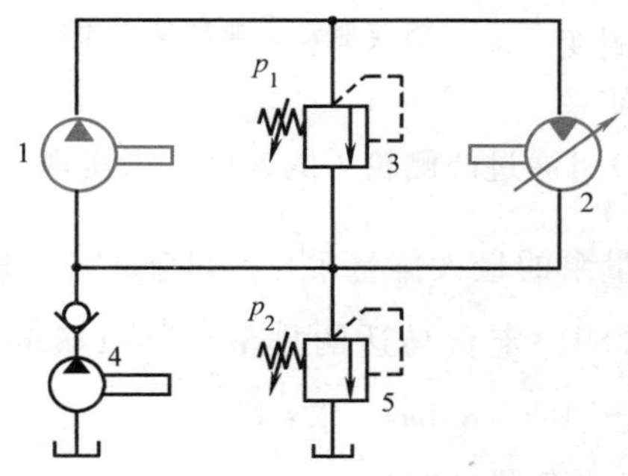

图 7-21　定量泵-变量马达容积调速回路

1—定量泵　2—变量马达

3—安全阀　4—补油泵　5—溢流阀

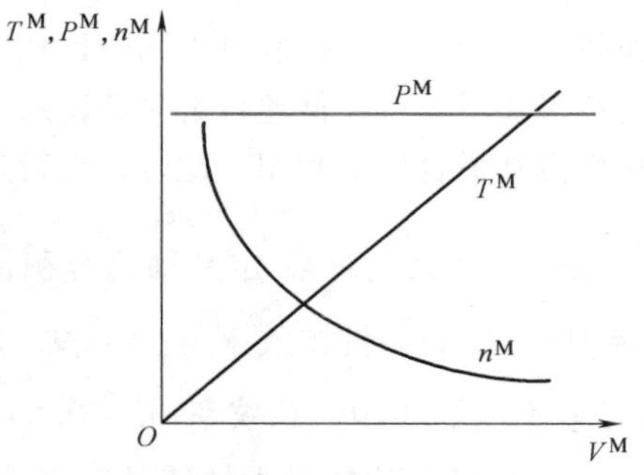

图 7-22　定量泵-变量马达调速特性曲线

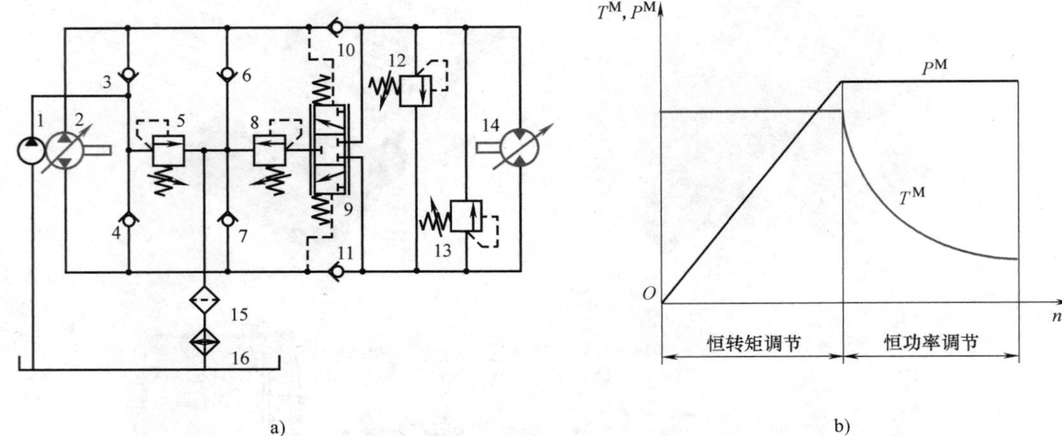

图 7-23 变量泵-变量马达容积调速

a) 变量泵-变量马达容积调速回路 b) 工作特性曲线

1—定量泵 2—变量泵 3、4、6、7、10、11—单向阀 5、8、12、13—溢流阀 9—液动滑阀 14—定量马达 15—过滤器 16—冷却器

调速回路恰好满足这一要求。在低速段，先把马达排量 V^M 调到最大，改变液压泵的排量 V^P，使液压泵的排量由小增加到最大，则马达转速 n^M 也随之增大，马达输出功率 P^M 随之线性增加，此时，马达排量 V^M 最大，马达可获得最大转矩，且处于恒转矩状态。在高速段，液压泵已达到最大排量，用变量马达调速，即把马达排量 V^M 由大调小，马达转速 n^M 将继续升高，而输出转矩 T^M 下降，此时，液压泵处于最大输出功率状态，故马达处于恒功率状态。这种调速回路的工作特性曲线如图 7-23b 所示。

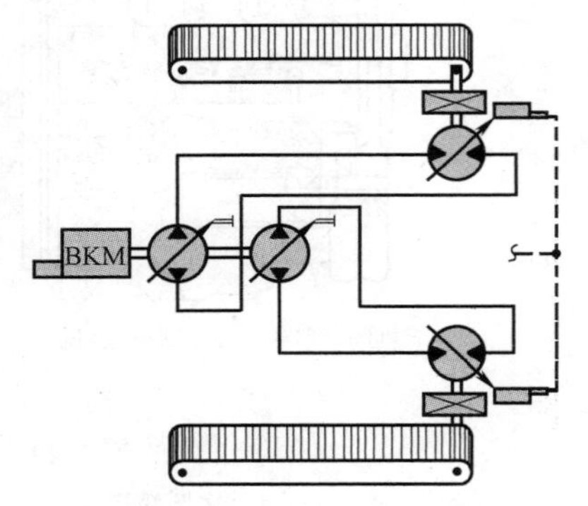

图 7-24 变量泵-变量马达静液压行走驱动的典型结构原理

变量泵-变量马达组成的闭式系统在行走机械静液压行走驱动中的应用很广。图 7-24 所示为变量泵-变量马达静液压行走驱动的典型结构原理。

这种静液压行走驱动采用变量泵-变量马达两套容积调速装置。变量调节控制可采用电比例变量泵和电比例变量马达来实现，可在低速行走时获得最大的牵引力，使系统功率得到最合理的利用。此外，在行走中进行转向，可通过两侧轮子的速度差来实现。

例 7-4 某变量泵-定量马达容积调速回路，变量泵的最大排量 $V_{max}^P = 115\text{cm}^3/\text{r}$，转速 $n^P = 1000\text{r/min}$，机械效率 $\eta_m^P = 0.9$，总效率 $\eta_t^P = 0.84$。定量马达的排量 $V_i^M = 148\text{cm}^3/\text{r}$，机械效率 $\eta_m^M = 0.9$，总效率 $\eta_t^M = 0.84$。回路的工作压力 $p = 83\text{bar}$。求：

1）定量马达的最大转速及其在该转速下的输出功率是多少？

2）变量泵的实际输入转矩是多少？

3）系统的传动效率是多少？

解 1）由于马达和液压泵的总效率、机械效率相等，因此其容积效率也相等，即

$$\eta_V^M=\eta_t^M/\eta_m^M=0.84/0.9\approx0.93=\eta_V^P$$

当液压泵的排量最大时，输出流量最大，并且与输入马达的实际流量相等，即有

$$V_i^P n^P \eta_V^P=\frac{V_i^M n^M}{\eta_V^M}$$

因此，马达的最大转速为

$$n_{max}^M=\frac{V_{max}^P n^P}{V_i^M}\eta_V^P\eta_V^M=\frac{115cm^3/r\times1000r/min\times0.93\times0.93}{148cm^3/r}\approx672r/min$$

马达的输出功率为

$$P_{out}^M=pq_{max}^M\eta_t^M=83\times10^5Pa\times\frac{148\times10^{-6}}{2\pi\times0.93}m^3/rad\times\frac{672\times2\pi}{60}rad/s\times0.84\approx12427W$$

2）液压泵的实际输入转矩为

$$T^P=\frac{T_i^P}{\eta_m^P}=\frac{pV_{max}^P}{\eta_m^P}=\frac{83\times10^5Pa\times115\times10^{-6}/(2\pi)m^3/rad}{0.9}\approx169N\cdot m$$

3）系统的传动效率为

$$\eta=\frac{P_{out}^M}{P_{in}^P}\times100\%=\frac{P_{out}^M}{T^P\omega^P}\times100\%$$

$$=\frac{12427W}{169N\cdot m\times1000\times2\pi/60rad/s}\times100\%\approx70.3\%$$

例 7-5 如图 7-23 所示的变量泵-变量马达容积调速回路，当变量泵的排量 $V_i^P=82cm^3/r$，转速 $n^P=1500r/min$ 时，容积效率 $\eta_V^P=0.96$，总效率 $\eta_t^P=0.9$。变量马达的排量 $V_i^M=66cm^3/r$，容积效率 $\eta_V^M=0.98$，机械效率 $\eta_m^M=0.93$，实际输出转矩 $T^M=60N\cdot m$。若马达低压腔的压力 p_2 为 0.6MPa。求：

1）变量马达的转速是多少？

2）在该转速下马达高压腔的压力是多少？

3）在该转速下马达的输出功率是多少？

4）在该转速下，液压泵的实际输入转矩是多少？

解 1）马达的输出转速为

$$n^M=\frac{V_i^P n^P \eta_V^P \eta_V^M}{V_i^M}=\frac{82cm^3/r\times1500r/min\times0.96\times0.98}{66cm^3/r}\approx1753r/min$$

2）马达高、低压腔的压降 Δp 为

$$\Delta p=\frac{T^M}{V_i^M\eta_m^M}=\frac{60N\cdot m}{66\times10^{-6}/(2\pi)m^3/rad\times0.93}\approx6.14\times10^6Pa$$

因此，马达高压腔的压力 p_1 为

$$p_1=\Delta p+p_2=6.14\times10^6\text{Pa}+6\times10^5\text{Pa}=67.4\times10^5\text{Pa}$$

3）马达的输出功率 P_{out}^M 为

$$P_{out}^M=T^M\omega^M=60\text{N}\cdot\text{m}\times1753\times2\pi/60\text{rad/s}\approx11008\text{W}$$

4）液压泵的实际输入转矩 T^P 为

$$T^P=\frac{T_i^P}{\eta_m^P}=\frac{\Delta pV_i^P}{\eta_m^P}=\frac{6.14\times10^6\text{Pa}\times82\times10^{-6}/(2\pi)\text{m}^3/\text{rad}}{0.9/0.96}\approx85.5\text{N}\cdot\text{m}$$

4. 容积调速回路的特点

容积调速回路是通过改变回路中变量泵或变量马达的排量，或变量泵的转速，来调节执行元件的运动速度。该回路有以下特点：

1）液压泵输出的油液直接进入执行元件，没有溢流损失和节流损失，而且工作压力随负载变化而变化，因此效率高、发热少，适合大功率液压系统的调速。

2）由于液压泵、液压马达存在泄漏，负载越大，工作压力越高，泄漏越大，从而引起液压马达转速下降，故这种调速回路具有转速随负载增加而下降的特性。

3）变量泵-定量马达容积回路的马达排量不变，当负载不变时，马达压差不变，所以马达的输出转矩恒定。

4）对于定量泵-变量马达容积回路，负载不变时，马达压差不变，当马达排量减小时，马达转速升高、转矩减小，马达的输出功率恒定。但是，当马达排量减小到一定值时，马达的输出转矩不足以克服负载，马达停止转动，调速范围小。

5）对于变量泵-变量马达容积回路，在低速段，变量马达的排量调节到最大，马达可以输出较大转矩，采用变量泵调速；在高速段，变量泵的排量调节到最大，采用变量马达调速，马达的输出转矩减小。这种调速回路采用变量泵和变量马达相结合的调速方式，调速范围较宽。

7.2.3 容积节流调速回路

容积调速回路虽具有效率高、发热小的优点，但是，随着负载增大，泄漏增大，这将影响执行元件的速度稳定性，特别是低速的稳定性。因此，在某些应用场合，为了减少功率损失，并满足速度稳定性的要求，常采用容积节流调速回路。

容积节流调速回路是用压力补偿变量泵作为液压源，用流量控制阀调节执行元件的速度。这种调速回路没有溢流阀的溢流能量损失，效率较一般节流调速高，而其速度稳定性较一般容积调速回路好。

图 7-25 所示为恒压变量泵 1 和比例调速阀 3 组成的容积节流调速回路。比例调速阀 3 安装在进油路上。恒压变量泵 1 输出的油经比例调速阀 3 进入液压缸 6。通过改变比例电磁铁输入电流的大小来按比例调节节流口的面积，即可调节进入液压缸 6 的流量，从而达到调速的目的。

恒压变量泵的特点是出口压力始终保持恒定。当比例调速阀 3 开口增大时，调节机构使恒压变量泵 1 的排量自动增大，以保持出口压力恒定；而当比例调速阀 3 开口减小时，调节机构又使恒压变量泵 1 的排量自动减小，以保持出口压力恒定。溢流阀 2 作为安全阀，而回油路上的溢流阀 4 作为背压阀，增加了液压缸 6 运动的平稳性。

图 7-26 所示为分级容积节流调速回路。当换向阀 7 处于左位时，液压缸 9 伸出。在伸出过程中，首先给比例调速阀 5 输入最大电流，使其节流口最大，这时，恒压变量泵 2 排量最大，以最大流量输出，并与定量泵 1 输出的流量汇合后，经换向阀 7 进入液压缸 9，使液压缸 9 快速运动。当快速运动到位后，液压缸 9 无杆腔压力升高，压力继电器 8 发出电信号，使换向阀 3 通电换向，定量泵 1 卸荷，而比例调速阀 5 输入电流减小，使节流口减小，这时，恒压变量泵 2 出口压力升高。当升高到恒压变量泵的恒压设定值时，排量随之减小，输出流量与比例调速阀 5 的调节流量相适应，使液压缸 9 慢速运动，在此过程中恒压变量泵 2 保持出口压力恒定。当换向阀 7 处于右位时，同样，双泵供油，液压缸 9 快速退回。

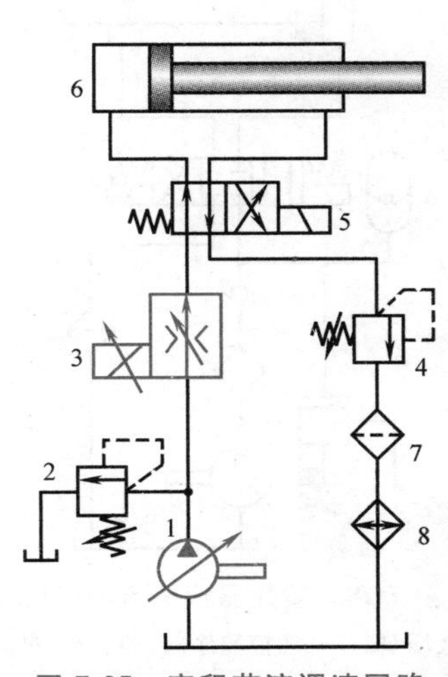

图 7-25　容积节流调速回路

1—恒压变量泵　2、4—溢流阀　3—比例调速阀　5—换向阀　6—液压缸　7—过滤器　8—冷却器

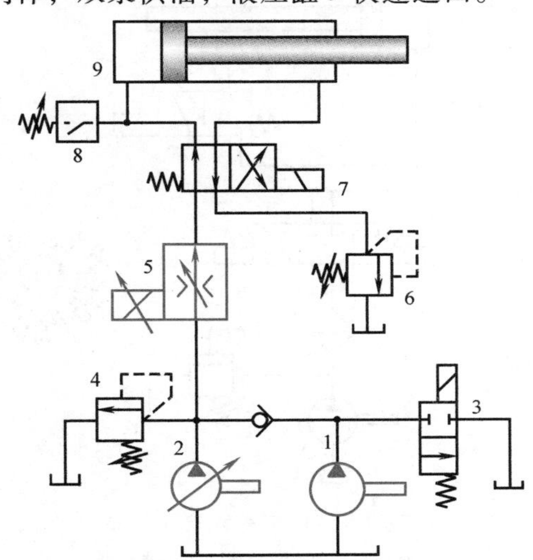

图 7-26　分级容积节流调速回路

1—定量泵　2—恒压变量泵　3、7—换向阀　4、6—溢流阀　5—比例调速阀　8—压力继电器　9—液压缸

这种调速回路在低压工作时，用大流量的定量泵来实现执行机构的快速运动，从而避免了直接采用大流量的变量泵，有效降低了成本。

7.3　快速运动和速度换接回路

7.3.1　快速运动回路

快速运动回路的功用在于使执行元件获得尽可能大的工作速度，以提高生产率或充分利用功率。一般采用液压缸差动连接、双泵供油和蓄能器来实现上述功能。

1. 液压缸差动连接快速运动回路

如图 7-27 所示，当换向阀 4 处于左位、换向阀 5 处于右位时，液压缸 6 有杆腔的回油和液压泵 1 供油合在一起进入液压缸 6 无杆腔。由于液压缸 6 无杆腔的作用面积大于有杆腔的作用面积，因此活塞快速伸出。而当换向阀 4 处于右位、换向阀 5 处于左位时，液压泵 1

向液压缸 6 有杆腔供油，使其缩回。这种回路结构简单，但液压缸的速度加快有限，差动连接与非差动连接的速度之比为 $A_1/(A_1-A_2)$。当这种回路仍不能满足快速运动要求时，常常和其他方法联合使用。

2. 采用蓄能器的快速运动回路

采用蓄能器的快速运动回路如图 7-28 所示。当换向阀 6 处于左位或右位时，液压泵 1 和蓄能器 5 同时向液压缸供油，实现快速运动。当换向阀 6 处于中位时，液压缸 7 停止工作，液压泵 1 经单向阀 4 向蓄能器 5 充液，蓄能器 5 压力升高到液控顺序阀 2 的调定压力时，液压泵 1 卸荷。这种回路用小流量的液压泵实现了执行元件的快速运动，适用于系统短时需要大流量的场合。

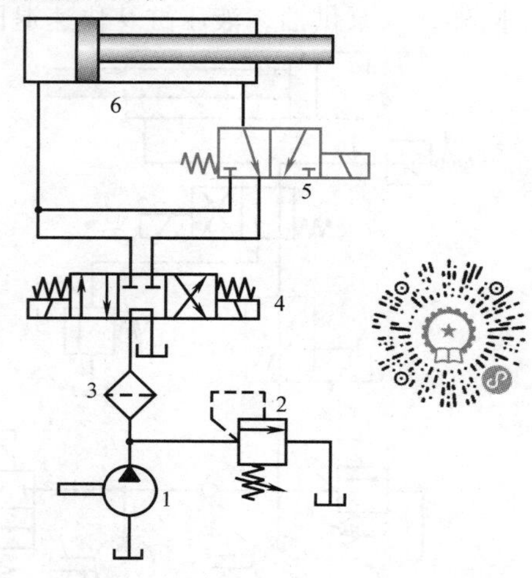

图 7-27 液压缸差动连接回路

1—液压泵 2—溢流阀 3—过滤器
4、5—换向阀 6—液压缸

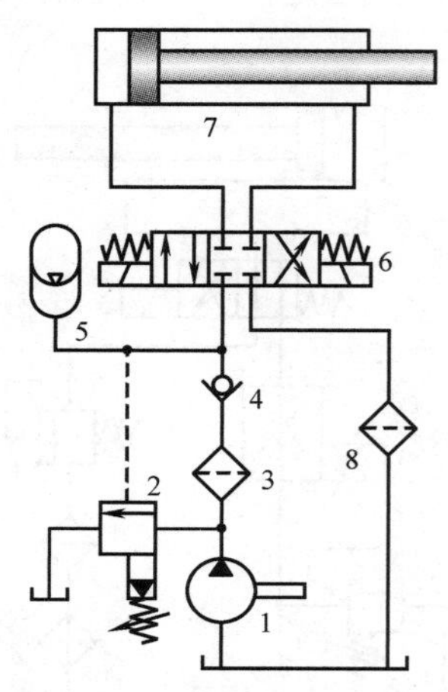

图 7-28 蓄能器快速运动回路

1—液压泵 2—液控顺序阀 3、8—过滤器
4—单向阀 5—蓄能器 6—换向阀 7—液压缸

3. 双泵供油回路

双泵供油回路如图 7-29 所示。当换向阀 7 工作在左位时，液压缸 8 活塞伸出，这时液压缸 8 工作腔压力低，低压大流量液压泵 1 和高压小流量液压泵 2 同时向系统供油，系统供油流量大，液压缸 8 快速伸出，液压缸 8 有杆腔的油经换向阀 9 直接流回油箱；当快速运动到位后，负载增大，换向阀 9 换向，节流阀 10 调节液压缸 8 运动速度，使其转入慢速工作行程中，系统需要的流量小，此时系统压力随负载增大也升高，液控顺序阀 4（卸荷阀）开启，使大流量液压泵 1 卸荷，这时系统仅由高压小流量液压泵 2 供油，也就是液压缸 8 进入回油路节流调速。液压泵 2 出口压力由溢流阀 5 调定。

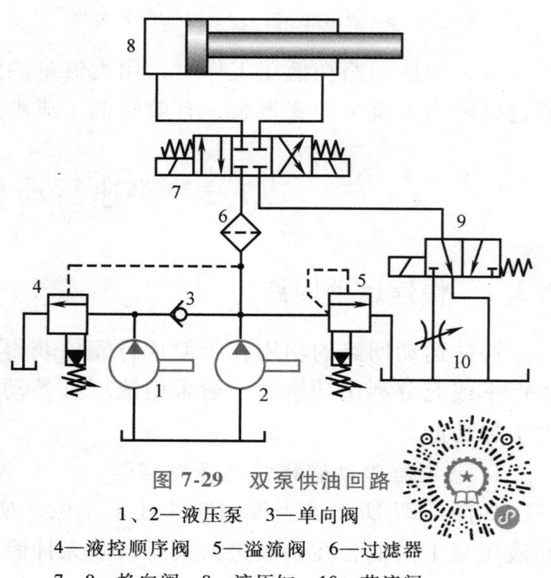

图 7-29 双泵供油回路

1、2—液压泵 3—单向阀
4—液控顺序阀 5—溢流阀 6—过滤器
7、9—换向阀 8—液压缸 10—节流阀

当换向阀7工作在右位时，液压缸8空载缩回，这时液压缸8工作腔压力低，低压大流量液压泵1和高压小流量液压泵2同时向系统供油，系统供油流量大，液压缸8快速缩回。

双泵供油回路采用低压大流量液压泵和高压小流量液压泵组合的供油方式，降低了成本，主要应用于空载要求快速运动，而有负载时又需要慢速运动的场合。由于大流量液压泵在负载的情况下处于卸荷状态，所以效率高，功率利用合理。

7.3.2　速度换接回路

速度换接回路的功用是使液压执行元件在一个工作循环中从一种运动速度变换到另一种运动速度。实现这种功能的回路应该具有较高的速度换接平稳性。

1. 用行程阀的速度换接回路

用行程阀的速度换接回路如图7-30所示。当换向阀4处于左位时，液压缸5快速伸出，当到达预定位置时，活塞上的挡块压下行程阀6，使行程阀6关闭，液压缸5有杆腔的油液必须通过调速阀7才能流回油箱，调速阀7调节活塞运动速度，使液压缸5快速伸出运动转为慢速行进。当换向阀4右位接入回路时，液压泵1输出的油经单向阀8进入液压缸5有杆腔，活塞快速缩回。

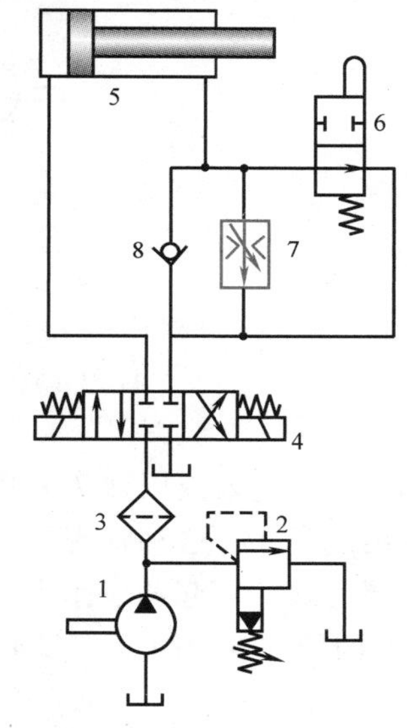

图7-30　用行程阀的速度换接回路

1—液压泵　2—溢流阀　3—过滤器　4—换向阀　5—液压缸　6—行程阀　7—调速阀　8—单向阀

这种回路由于行程阀的阀口是逐渐关闭的，因此速度切换比较平稳，换接点位置准确。其缺点是不能任意改变行程阀的位置，管路连接较为复杂。若将行程阀改换为电磁阀，并通过挡块压下电气行程开关来操纵，也可实现速度换接。这样，虽然阀的安装灵活、连接方便，但速度换接的平稳性、可靠性和换接精度均较差。

2. 用两个调速阀的速度换接回路

在某些液压系统的应用中，执行元件的运动有时需要两种工作速度，一般是第一种运动速度大，第二种运动速度小，以满足应用对象的使用要求。两种运动速度是通过两个流量控制阀来分别调节的。根据两个流量控制阀的安装方式不同，回路有串联和并联两种方式。

图7-31所示为采用两个调速阀的速度换接回路。图7-31a中两个调速阀并联，且各自独立调节流量，互不影响，执行机构的速度换接由二位三通换向阀控制。当换向阀6不通电时，调速阀4调节液压缸7的运动速度，实现液压缸7的第一种伸出速度，而另一个调速阀5被换向阀6切断，不起作用。当换向阀6通电时，调速阀5调节液压缸7的运动速度，实现液压缸7的第二种伸出速度，而调速阀4被换向阀6切断，不起作用。这种调速回路，不起作用的调速阀，其减压阀的开口处于最大状态，这时，在大流量通过的情况下进行速度换接将使执行机构产生前冲现象。因此，这种速度换接回路不适用于机床加工等要求速度换接平稳的场合。

图7-31b所示为采用两个调速阀串联的速度换接回路。当换向阀6不通电时，调速阀4调节液压缸7的第运动速度，实现液压缸7的第一种伸出速度，而另一个调速阀5被换向阀6短接，不起作用。当换向阀6通电时，液压泵1输出的油先经过调速阀4，再经过调速阀5

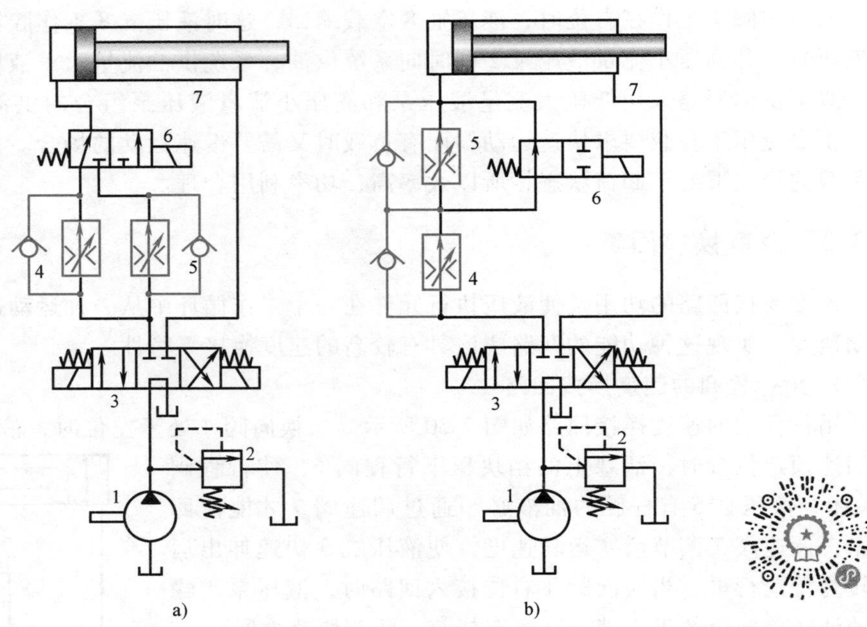

图 7-31 采用两个调速阀的速度换接回路

a）调速阀并联 b）调速阀串联

1—液压泵 2—溢流阀 3、6—换向阀 4、5—调速阀 7—液压缸

的调节后，进入液压缸 7 无杆腔，液压缸 7 运动速度由调速阀 5 调节，实现液压缸 7 的第二种伸出速度。在这种情况下，调速阀 5 开口量应比调速阀 4 开口量小，否则，调速阀 5 不起调节作用。这种回路速度换接的平稳性较好，但在调速阀 5 工作的情况下，因调速阀 4 和调速阀 5 串接工作，压力损失大。

7.4 多缸控制回路

在某些液压系统的应用中，有时往往需要两个或两个以上的执行元件进行同步运动或顺序动作。同步运动一般可用同步回路来完成，而顺序动作可用顺序动作回路来实现。

7.4.1 同步回路

同步回路是实现两个或多个执行元件在运动中以相同的位移或相同的速度运动。由于外负载不相等，而且受泄漏、摩擦阻力及制造误差等因素的影响，要实现执行元件精确的同步是很困难的。以下介绍几种常见的同步回路。

1. 用调速阀的同步回路

图 7-32 所示为采用调速阀的同步回路。在两个液压缸无杆腔进油路上分别安装单向调速阀。调节调速阀节流口的开度，可实现两个液压缸外伸运动时的速度同步。这种调速回路结构简单，但受调速阀本身性能和油温的影响，同步精度低，而且只能实现单方向运动的速度同步。这种同步回路一般应用于同步精度要求不高的场合。

2. 刚性连接同步回路

如图 7-33 所示，两个液压缸的活塞杆通过机械装置刚性连接在一起，两个液压缸并联，用一个单向调速阀实现两个液压缸伸出运动的速度同步。这种同步回路结构简单，同步可靠，但要求两个液压缸并行、运动方向相同。这种同步回路适用于距离近而偏载小的场合。

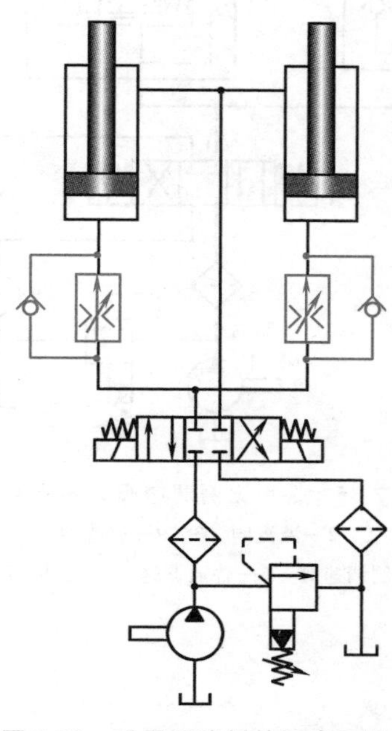

图 7-32 采用调速阀的同步回路

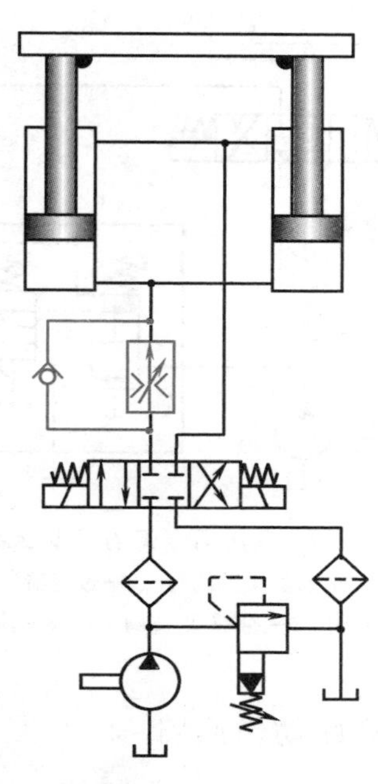

图 7-33 液压缸刚性连接同步回路

3. 用同步阀的同步回路

图 7-34 所示为采用同步阀（分流-集流阀）的同步回路。当换向阀 5 处于左位时，液压缸 7、8 伸出运动，分流-集流阀 6 起分流作用，保证输入液压缸 7、8 的流量相等，使液压缸 7、8 伸出速度同步。当换向阀 5 处于右位时，液压缸 7、8 缩回运动，分流-集流阀 6 起集流作用，保证液压缸 7、8 的回油流量相等，使液压缸 7、8 缩回速度同步。这种回路即使在两个液压缸承受不同负载时，仍能以相等的流量分流或集流，实现两个液压缸的速度同步。这种同步回路结构简单，偏载时仍能保证速度同步。但是，分流-集流阀压力损失大，效率低，同步精度受分流-集流阀精度的影响。

4. 用比例调速阀的同步回路

图 7-35 所示为采用比例调速阀的同步回路。由一个普通调速阀 6 和一个比例调速阀 5 分别控制两个液压缸 7、8 的伸出运动。当换向阀 4 处于左位时，普通调速阀 6 控制液压缸 7 的伸出运动，比例调速阀 5 控制液压缸 8 的伸出运动。当两个液压缸伸出运动出现位置误差时，通过位移传感器的检测，改变比例调速阀 5 的输入电流，即可调节比例调速阀 5 的阀口开度，从而使两个液压缸继续保持位置同步。当换向阀 4 处于右位时，两个液压缸有杆腔进油，快速缩回。这种同步回路的同步精度较高，但需要采用位移传感器，并用比例阀进行反馈控制，系统的价格高。

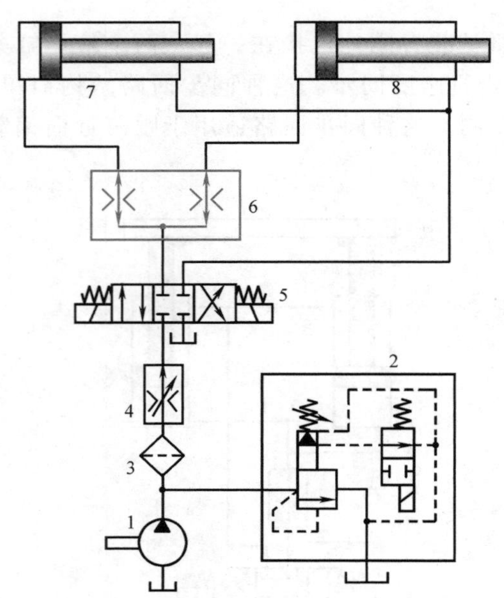

图 7-34　采用同步阀的同步回路

1—液压泵　2—电磁式溢流阀　3—过滤器　4—调速阀　5—换向阀　6—分流-集流阀　7、8—液压缸

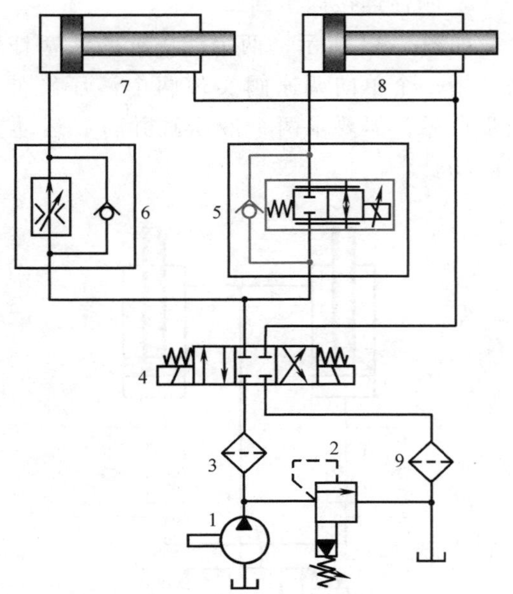

图 7-35　采用比例调速阀的同步回路

1—液压泵　2—溢流阀　3、9—过滤器　4—换向阀　5—比例调速阀　6—普通调速阀　7、8—液压缸

7.4.2　顺序动作回路

顺序动作回路是液压系统中有两个或两个以上的执行元件，按照一定的顺序依次动作的液压基本回路，如机床加工过程的定位、夹紧和切削加工，转位机构的转位和定位等。

1. 用顺序阀的顺序回路

图 7-36 所示为用单向顺序阀实现两个液压缸顺序动作的回路。当换向阀 4 左位接入回路时，液压泵输出的油首先进入液压缸 7 的无杆腔，使其外伸；当液压缸 7 运动到达行程终点后，液压缸 7 无杆腔油液压力升高，从而使单向顺序阀 6 打开，油液进入液压缸 8 的无杆腔，使液压缸 8 外伸。同理，当换向阀 4 右位接入回路时，液压缸 8 先缩回，并在行至终点后，液压油打开单向顺序阀 5 进入液压缸 7 有杆腔，液压缸 7 缩回。这样，通过两个单向顺序阀可使两个液压缸实现双向顺序动作。但是，这种回路功率损失大，而且系统压力的突变易产生误动作。

2. 用压力继电器的顺序回路

图 7-37 所示为用两个压力继电器控制两个电磁换向阀实现两个液压缸顺序动作的回路。当换向阀 4 处于左位时，液压泵 1 输出的油进入液压缸 8 无杆腔，使其外伸；当液压缸 8 外伸到达行程的终点后，其无杆腔压力升高使压力继电器 6 动作，压力继电器 6 发出电信号使换向阀 5 换向处于左位，此时液压缸 9 外伸。同理，当换向阀 5 换向到右位时，液压泵 1 输出的油进入液压缸 9 有杆腔，使其缩回；当液压缸 9 缩回到原位后，其有杆腔压力升高，压力继电器 7 动作，压力继电器 7 发出电信号使换向阀 4 换向处于右位，此时液压缸 8 再缩回。这种回路使用方便，顺序动作变换迅速，但系统的压力冲击会使压力继电器产生误信号，从而导致误动作。

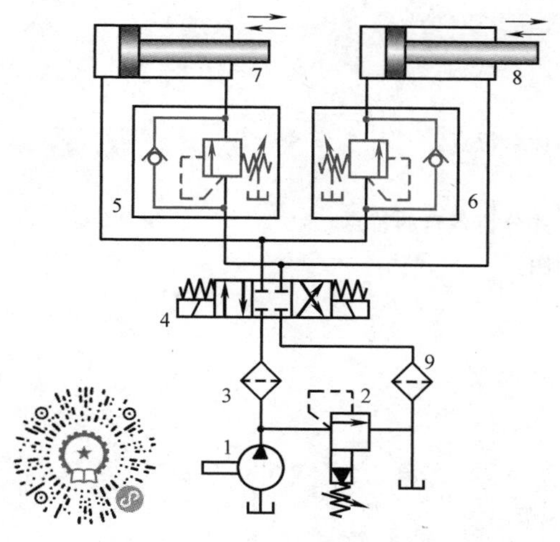

图 7-36 用单向顺序阀的顺序回路

1—液压泵 2—溢流阀 3、9—过滤器 4—换向阀
5、6—单向顺序阀 7、8—液压缸

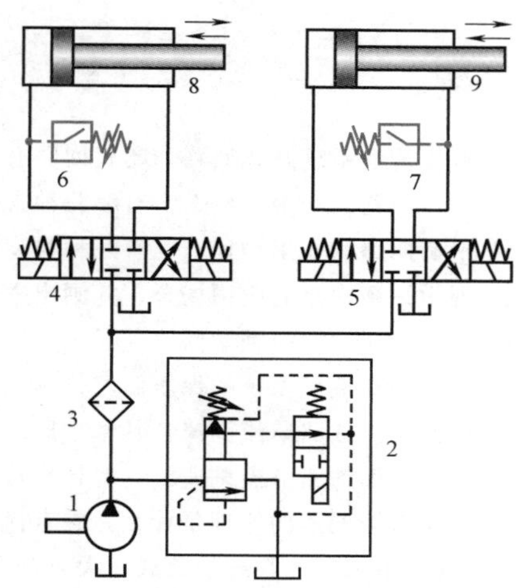

图 7-37 用压力继电器的顺序回路

1—液压泵 2—电磁式溢流阀 3—过滤器
4、5—换向阀 6、7—压力继电器 8、9—液压缸

3. 用行程开关的顺序回路

图 7-38 所示为用行程开关控制电磁换向阀通、断电的顺序回路。电磁换向阀 4 处于左位时，液压缸 6 向外伸出运动；当外伸活塞压下行程开关 S2 后，电磁换向阀 5 通电换向处于左位，使液压缸 7 向外伸出运动，直到活塞压下行程开关 S4，使电磁换向阀 4 换向处于右位，液压缸 6 缩回；当缩回压下行程开关 S1 后，使电磁换向阀 5 换向处于右位，则液压缸 7 再缩回，压下行程开关 S3 后，使电磁溢流阀断电，液压泵 1 卸荷。这种回路通过调整挡块位置可调整液压缸的行程，而且通过电控系统可任意改变液压缸的动作顺序，使用方便、灵活。

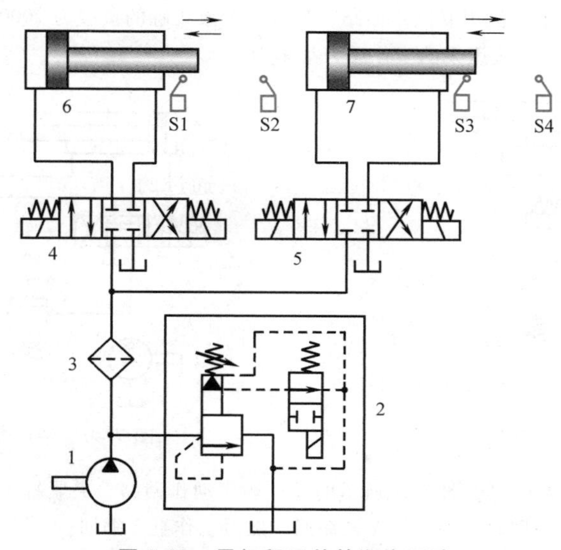

图 7-38 用行程开关的顺序回路

1—液压泵 2—电磁溢流阀 3—过滤器 4、5—电磁换向阀 6、7—液压缸

习题

7-1　液压传动系统开式回路和闭式回路有何不同？各有什么特点？

7-2　卸荷回路的作用是什么？有哪几种常见的卸荷回路？

7-3　平衡回路的作用是什么？有几种类型的平衡回路？并分析各自的特点。

7-4　列举平衡回路的应用场合，并画出平衡回路的原理图。

7-5　设计液压缸双向锁紧回路。

7-6　设计两种液压系统的保压回路。

7-7　什么是进油路节流调速？其基本原理是什么？

7-8　什么是回油路节流调速？它有什么特点？

7-9　旁路节流调速的原理是什么？它有何特点？

7-10　旁路节流调速系统的负载增大对调速性能有什么影响？

7-11　什么是容积调速？它有什么特点？

7-12　容积调速系统的负载增大对调速性能有什么影响？

7-13　液压缸差动连接回路是如何实现的？它有什么作用？

7-14　液压系统双泵供油回路有什么应用？

7-15　对液压执行元件进行调速有哪些基本的方法？

7-16　液压执行元件为什么要设置快速运动回路？实现快速运动有哪些方法？

7-17　实现液压执行元件的速度换接有哪些方法？

7-18　什么是同步回路？同步回路有哪些？

7-19　什么是顺序动作回路？顺序动作回路有哪些？

7-20　什么叫液压执行元件爬行？为什么会出现爬行现象？

7-21　某双作用液压缸连接成如图 7-39 所示的差动回路。若液压缸外伸和缩回时液压缸的工作压力均为 8MPa，活塞面积为 130cm^2，活塞杆面积为 65cm^2，液压泵输出流量为 95L/min 并全部进入液压缸，那么液压缸外伸和内缩时的速度分别是多少？外伸和缩回时的负载分别是多少？

7-22　如图 7-40 所示的液压缸串联同步回路，如果每个液压缸的负载为 20000N，并且液压缸 1 的活塞面积为 65cm^2，那么正常工作时液压泵的工作压力是多少？

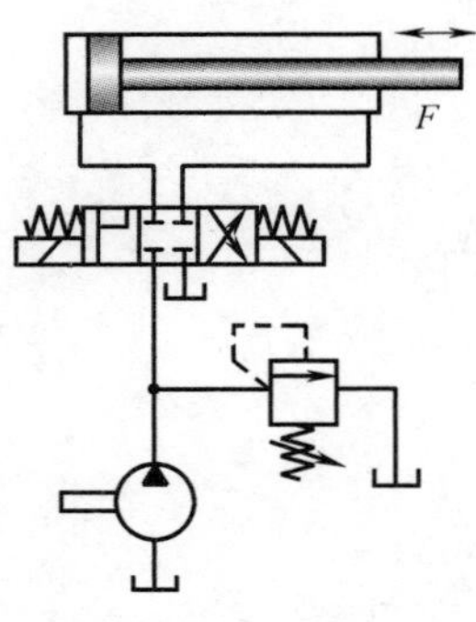

图 7-39　差动回路

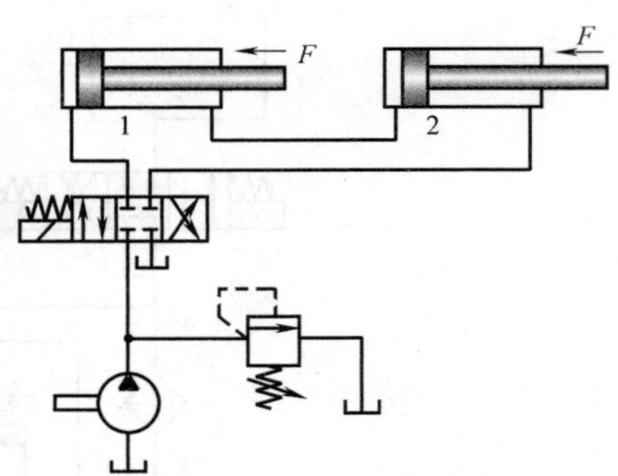

图 7-40　液压缸串联同步回路

7-23　用液压控制阀正确地完成图 7-41 所示的双缸顺序动作回路。夹紧缸 1 首先伸出把工件夹紧，然后工作缸 2 开始伸出工作；缩回时，夹紧缸 1 先缩回，然后工作缸 2 缩回。

7-24　正确地完成图 7-42 所示的负载升降回路。液压缸伸出靠液压油的作用实现，缩回在负载自重的作用下完成，在缩回过程中应防止负载因自重而超速下降。

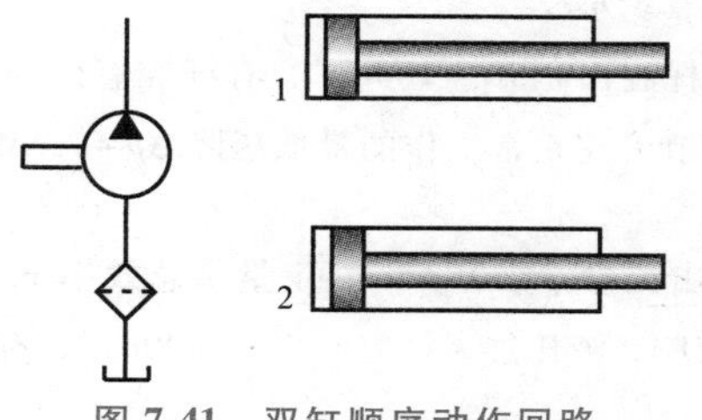

图 7-41 双缸顺序动作回路

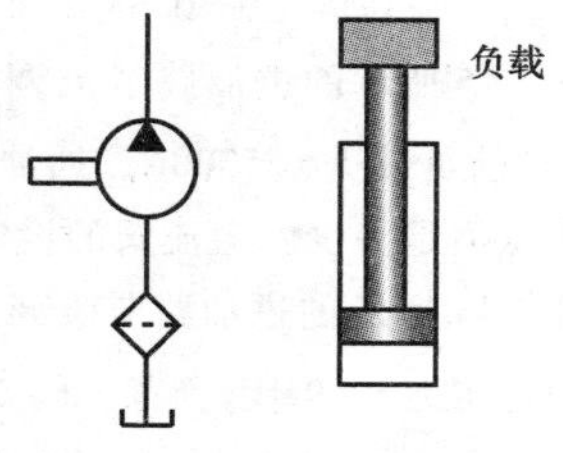

图 7-42 负载升降回路

7-25 试用一个液压泵、一个电磁式溢流阀、一个三位四通电磁换向阀、一个单向节流阀和一个单杆液压缸组成一个液压缸伸出进油路节流调速回路。

7-26 设置背压回路有什么作用？背压阀有哪些？背压回路与平衡回路有何区别？

7-27 已知一个节流阀的最小稳定流量为 q_{min}，液压缸两腔面积不等，且 $A_1>A_2$，液压缸的负载为 F。如果分别组成进油路节流调速和回油路节流调速回路，试分析：

1）进油、回油节流调速中的哪个回路能使液压缸获得最低运动速度？

2）在判断回路能否获得最低运动速度时，应将哪些参数保持相同，方能进行比较？

7-28 如图 7-43 所示的夹紧缸回路中，主工作缸 1 负载阻力 $F_1=2000\text{N}$，夹紧缸 2 在运动时负载阻力很小，可忽略不计。两缸大小相同，无杆腔面积 $A_{1d}=20\text{cm}^2$，有杆腔有效面积 $A_{1x}=10\text{cm}^2$，溢流阀调整值 $p_a=3\text{MPa}$，减压阀调整值 $p_b=1.5\text{MPa}$。试分析：

1）当夹紧缸 2 运动时，p_a 和 p_b 分别为多少？

2）当夹紧缸 2 夹紧工件时，p_a 和 p_b 分别为多少？

3）夹紧缸 2 最高承受的压力 p_{max} 为多少？

7-29 图 7-44 所示的卸荷回路有何错误？

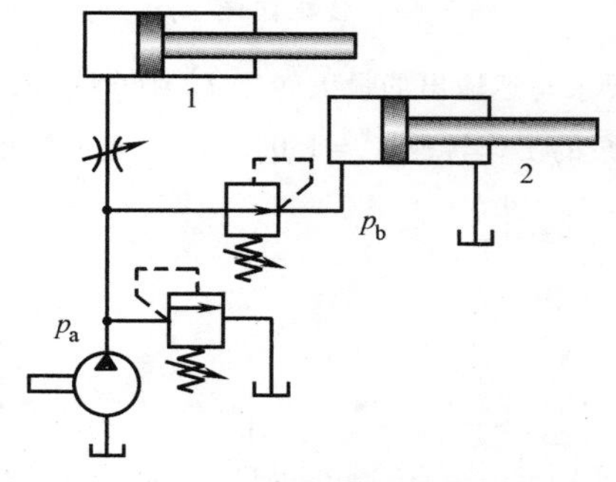

图 7-43 夹紧缸回路

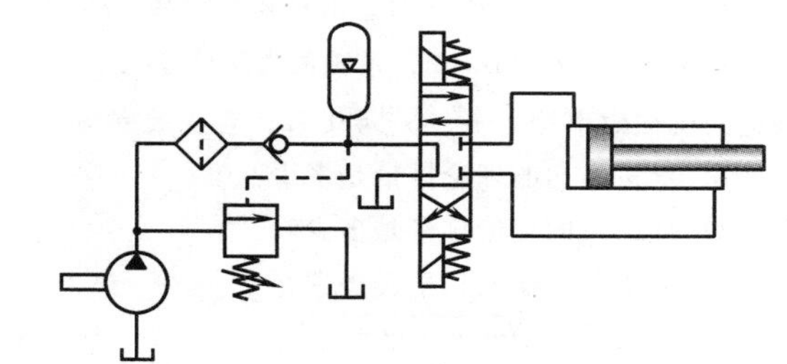

图 7-44 卸荷回路

7-30 如图 7-43 所示，两个液压缸的活塞面积均为 $A=20\text{cm}^2$，主工作缸 1 的阻力负载 $F_1=8000\text{N}$，夹紧缸 2 的阻力负载 $F_2=4000\text{N}$，溢流阀调定压力 $p_a=4.5\text{MPa}$。在减压阀有不同调定压力时（$p_b=1\text{MPa}$、$p_b'=4\text{MPa}$），两个液压缸的动作顺序是怎样的？为什么？

7-31 用两个节流阀，设计一个液压缸伸出运动的进油路节流调速回路，要求在伸出的不同阶段分别采用两种速度。试画出液压回路图。

7-32 在进油路和回油路节流调速回路中，液压泵的泄漏对执行元件的运动速度有无影响？为什么？液压缸的泄漏对速度有无影响？

7-33 容积调速回路中，液压泵和液压马达的泄漏对液压马达速度有无影响？

7-34 容积调速回路中，采用变量泵和变量马达联合调速有什么特点？

7-35 液压缸无杆腔面积 $A_1=100\text{cm}^2$，有杆腔有效面积 $A_2=50\text{cm}^2$，伸出时负载 $F=25000\text{N}$，采用回油

路节流调速。当节流压降 $\Delta p=0.5\mathrm{MPa}$ 时，溢流阀的设定压力是多少？

7-36　图 7-45 所示的进油路节流调速回路中，液压缸无杆腔面积 $A_1=100\mathrm{cm}^2$，有杆腔有效面积 $A_2=50\mathrm{cm}^2$，伸出时的负载 $F=25000\mathrm{N}$，回油背压 $p_2=0.4\mathrm{MPa}$。若节流阀正常工作的最低压降 $\Delta p=1.5\mathrm{MPa}$，则液压泵的工作压力是多少？溢流阀的设定压力是多少？

7-37　图 7-45 所示的进油路节流调速回路中，定量泵输出流量 $q=60\mathrm{L/min}$，定量泵总效率 $\eta_t=0.86$，溢流阀 1 的调定压力 $p=9\mathrm{MPa}$，背压阀 2 的调定压力 $p_2=0.4\mathrm{MPa}$，液压缸无杆腔面积 $A_1=40\mathrm{cm}^2$，有杆腔有效面积 $A_2=25\mathrm{cm}^2$。当液压缸运动速度为 50mm/s 时，求：

1）若负载 $F=26000\mathrm{N}$，该调速回路的效率是多少？

2）各阀上损耗的功率是多少？

7-38　如图 7-46 所示，由一个变量泵、一个定量马达和一个安全阀组成的容积调速系统中，变量泵的转速 $n^{\mathrm{P}}=1000\mathrm{r/min}$，输出最大流量 $q=125\mathrm{L/min}$，容积效率、机械效率分别为 $\eta_{\mathrm{V}}^{\mathrm{P}}=0.98$、$\eta_{\mathrm{m}}^{\mathrm{P}}=0.92$。马达的排量为 $V_{\mathrm{i}}{}^{\mathrm{M}}=80\mathrm{cm}^3/\mathrm{r}$，容积效率、机械效率分别为 $\eta_{\mathrm{V}}^{\mathrm{M}}=0.96$、$\eta_{\mathrm{m}}^{\mathrm{M}}=0.9$。系统的工作压力 $p=100\mathrm{bar}$。求：

1）马达输出的最大功率、最大转速和最大转矩各是多少？

2）当负载不变时，若马达输出功率 $P_{\mathrm{out}}^{\mathrm{M}}=15\mathrm{kW}$，试计算马达的转速。

3）马达在输出最大功率时，液压泵的输入转矩是多少？

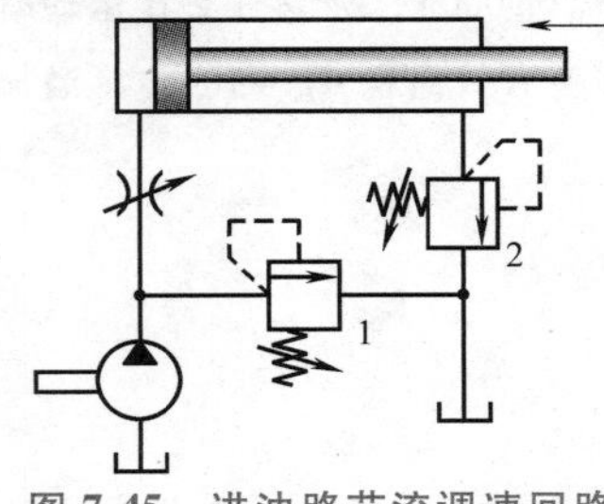

图 7-45　进油路节流调速回路

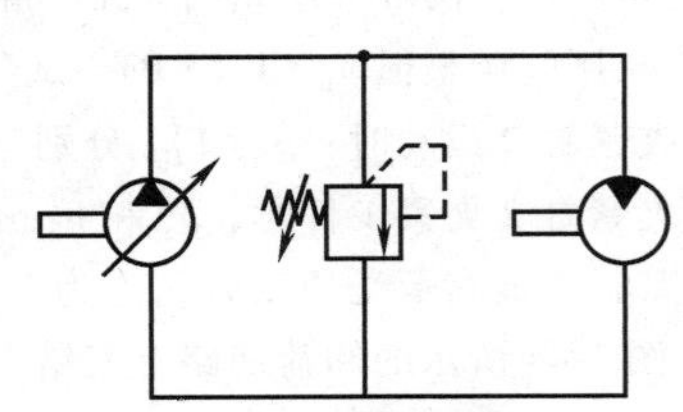

图 7-46　容积调速系统

7-39　如图 7-46 所示的变量泵和定量马达组成的系统，要求马达输出的最大转矩 $T_{\mathrm{o}}^{\mathrm{M}}=60\mathrm{N\cdot m}$，输出最大转速 $n_{\max}^{\mathrm{M}}=1000\mathrm{r/min}$，系统最大工作压力 $p_{\max}=14\mathrm{MPa}$。泵的工作转速 $n^{\mathrm{P}}=1500\mathrm{r/min}$，变量泵和定量马达的机械效率均为 $\eta_{\mathrm{m}}^{\mathrm{P}}=\eta_{\mathrm{m}}^{\mathrm{M}}=0.92$，容积效率均为 $\eta_{\mathrm{V}}^{\mathrm{P}}=\eta_{\mathrm{V}}^{\mathrm{M}}=0.98$。求：

1）定量马达的理论排量是多少？

2）变量泵的理论排量是多少？

3）液压泵的输入功率是多少？

4）系统的传动效率是多少？

7-40　如图 7-16 所示的容积调速系统中，变量泵的转速 $n^{\mathrm{P}}=1200\mathrm{r/min}$，排量 $V_{\mathrm{i}}{}^{\mathrm{P}}=0\sim8\mathrm{cm}^3/\mathrm{r}$；安全阀调定压力 $p=4\mathrm{MPa}$，$p_2=0$，变量马达排量 $V_{\mathrm{i}}{}^{\mathrm{M}}=4\sim12\mathrm{cm}^3/\mathrm{r}$。试求：马达在不同转速 $n^{\mathrm{M}}=400\mathrm{r/min}$、$1000\mathrm{r/min}$、$1600\mathrm{r/min}$ 时，该调速装置可能输出的最大转矩 T 和最大功率 P 是多少？

7-41　如图 7-47 所示的调速回路中，液压缸活塞面积 $A_1=40\mathrm{cm}^2$，活塞杆面积 $A_2=25\mathrm{cm}^2$，液压缸外伸和缩回驱动负载的力均为 $F=20000\mathrm{N}$，节流阀工作最小压降 $\Delta p=2\mathrm{MPa}$，回油路背压为 0.5MPa。不计管路、换向阀和液压缸功率损失。液压泵转速 $n^{\mathrm{P}}=1000\mathrm{r/min}$，容积效率为 98%，机械效率为 95%。求：

1）液压缸伸、缩运动时，溢流阀设定压力是多少？

2）当液压缸外伸速度 $v=80\mathrm{mm/s}$ 时，溢流阀的最小流量 $q=12\mathrm{L/min}$，则泵理论排量 $V_{\mathrm{i}}{}^{\mathrm{P}}$ 是多少？

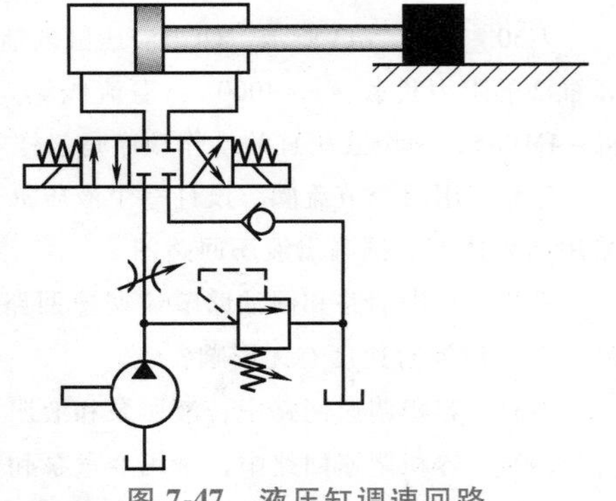

图 7-47　液压缸调速回路

3）液压泵和溢流阀的功率损失各是多少？

7-42　用一定量泵驱动单活塞杆液压缸，已知活塞直径 $D=100\text{mm}$，活塞杆直径 $d=70\text{mm}$，被驱动的负载为 $1.2\times10^5\text{N}$。有杆腔回油背压为 0.5MPa，设液压缸的容积效率 $\eta_V=0.99$，机械效率 $\eta_m=0.98$，液压泵的总效率 $\eta_t=0.9$。求：

1）当活塞运动速度为 100mm/s 时液压泵的流量。

2）电动机的输出功率。

7-43　有一液压泵，当负载压力为 $80\times10^5\text{Pa}$ 时，输出流量为 96L/min，而负载压力为 $100\times10^5\text{Pa}$ 时，输出流量为 94L/min。用该液压泵带动排量 $V_i^M=80\text{cm}^3/\text{r}$ 的液压马达，当负载转矩为 120N · m 时，液压马达的机械效率为 0.94，其转速为 1100r/min。求此时液压马达的容积效率。

7-44　单出杆双作用液压缸伸出、缩回均采用回油路节流调速，试用调速阀设计实现这一功能要求的最简单回路。

7-45　液压缸驱动重物往复运动，设计一个实际应用（包括空载起动、油液清洁度控制、油温控制、换向、调速）的液压系统，要求：绘出双泵供油回路，液压缸快进时双泵供油，工进时小流量泵供油、大流量泵卸载，请标明回路中各元件的名称。

第8章 液压传动系统的设计计算与应用实例

8.1 液压传动系统的设计计算

液压传动系统的设计计算，主要是根据主机对液压传动系统所提出的功能要求，从安全可靠、结构简单、使用维护方便、经济性好、使用寿命长以及节能、效率高等方面进行综合考虑的。

8.1.1 明确液压系统设计要求

首先要对主机工作情况进行分析，明确主机对液压传动系统的要求，包括以下几方面：

1）液压传动系统的动作和功能要求、负载条件。

2）液压执行元件的类型（直线运动、旋转运动或摆动）、数量以及工作范围。

3）液压传动系统工作的可靠性、安全保护、互锁等。

4）液压传动系统的工作环境（如室内或室外），环境温度、湿度、尘埃，冲击振动等。

5）液压装置安装空间、尺寸、经济性、节能性等。

8.1.2 制定液压传动系统设计方案

1. 分析液压传动系统工况，确定主要参数

根据主机对液压传动系统提出的动作要求和承载能力，分析在工作过程中各个执行元件的运动速度和负载变化规律、动作循环和动作周期，以确定液压传动系统的工作压力和执行元件的主要参数。

液压执行元件主要有液压缸和液压马达两大类，执行元件的主要参数是指液压缸的有效工作面积 A 或液压马达的排量 V_i，它们对执行元件的承载能力和工作速度都有直接影响。通常液压执行元件主要参数的确定是对液压系统工作压力和流量参数进行综合考虑。

（1）液压缸主要参数的确定　液压缸主要参数有液压缸内径、活塞杆直径、工作压力和工作行程等。

从满足驱动负载的要求来确定液压缸内径和活塞杆直径。以单活塞杆双作用液压缸为例，如图 8-1 所示。

如图 8-1a 所示，液压缸外伸驱动负载的推力 F_1 为

$$F_1 = p_1 \frac{\pi}{4} D^2 - p_2 \frac{\pi}{4}(D^2 - d^2) \tag{8-1}$$

式中，D 为液压缸内径（m）；d 为活塞杆直径（m）；p_1 为液压缸无杆腔工作压力（N/m²）；p_2

为液压缸有杆腔工作压力（N/m^2）。

如图 8-1b 所示，液压缸内缩驱动负载的拉力 F_2 为

$$F_2 = p_2 \frac{\pi}{4}(D^2 - d^2) - p_1 \frac{\pi}{4} D^2 \tag{8-2}$$

由于液压缸回油腔的压力一般都比较小，在设计计算中，普通液压缸可以忽略不计。因此，确定液压缸的尺寸参数首先需要确定它的工作压力。

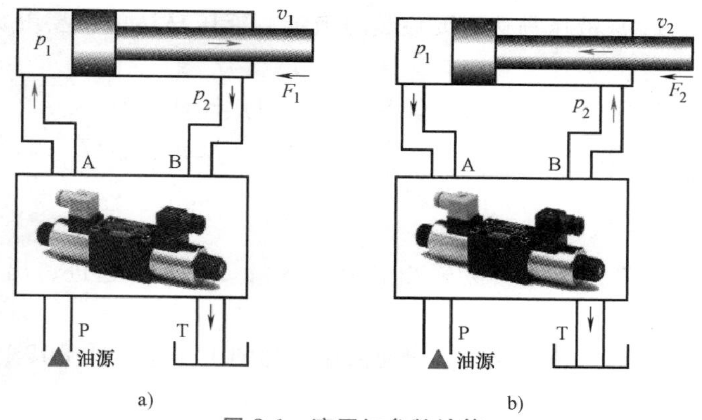

图 8-1 液压缸参数计算

a）液压缸外伸 b）液压缸内缩

选择适当的液压缸工作压力是设计中的一个重要问题，主要从结构尺寸、经济性、可靠性和使用寿命等方面来考虑。一般来讲，工作压力选大些，可以减小液压缸及液压系统中其他元件的尺寸，但对系统的密封性能要求高，同时还要选用高压液压泵，使系统的成本增加，而且对系统的可靠性和使用寿命都有不利的影响。相反，如果系统的工作压力选得低，就会增大液压缸内径和其他液压元件的尺寸，导致整个液压系统变得庞大。因此，必须合理确定液压缸的工作压力。

确定液压缸的工作压力以后，不考虑液压缸回油腔的压力，可根据所受的最大推力负载，由式（8-1）计算液压缸的内径，即

$$D = \sqrt{\frac{4F_1}{\pi p_1}} \tag{8-3}$$

在初步计算出液压缸的内径后，可以按往复运动时的速度之比 φ 来计算液压缸活塞杆的直径，即

$$\varphi = \frac{v_2}{v_1} = \frac{\frac{\pi}{4}D^2}{\frac{\pi}{4}(D^2 - d^2)} = \frac{D^2}{D^2 - d^2}$$

则

$$\frac{d}{D} = \sqrt{\frac{\varphi - 1}{\varphi}} \tag{8-4}$$

一般液压缸设计所推荐的速比见表 8-1。

表 8-1 液压缸的往返速比

往返速比 φ	1.25	1.33	1.46	1.61	2	2.5
活塞杆直径 d	$0.45D$	$0.5D$	$0.55D$	$0.62D$	$0.7D$	$0.77D$

如果计算的液压缸尺寸对工作机械来说太大了，则可考虑提高工作压力并重新进行计算。

当确定了液压缸的内径和活塞杆直径之后，应按液压缸产品的尺寸系列选取标准值。

此外，由于结构尺寸的限制等原因，液压缸内径、活塞杆直径事先已确定时，可按液压缸最大负载、液压缸内径、活塞杆直径计算工作压力。

确定液压缸的行程长度时，应满足工作机械的使用要求。

（2）液压马达主要参数的确定　液压马达的主要参数有排量、工作压力、转矩和调速范围等。

液压马达所需的排量 V_i（m^3/rad）计算式为

$$\Delta p V_i \eta_m = T$$

即

$$V_i = \frac{T}{\Delta p \eta_m} \tag{8-5}$$

式中，T 为马达实际输出转矩（N）；Δp 为马达进、出口压差（Pa）；η_m 为马达的机械效率。

在选择和设计时，应使液压马达的工作压力低于其额定工作压力，以保证液压马达有较长的使用寿命。

计算出马达的排量之后，应从液压马达产品的规格系列中选取标准值。

此外，确定了液压马达的型号、规格之后，还应确认液压马达的调速范围是否满足工作机械的使用要求。

（3）确定液压系统的流量　选择执行元件后，即可计算出系统所需的流量。

液压缸所需的流量 q_1（m^3/s）可根据其结构尺寸和运动速度来确定，即

$$q_1 = A v_{max} \tag{8-6}$$

式中，A 为液压缸进油腔有效面积（m^2）；v_{max} 为液压缸的最大运动速度（m/s）。

液压马达所需的流量 q_2（m^3/s）可根据其排量（m^3/rad）和旋转角速度来确定，即

$$q_2 = \frac{V_i \omega_{max}}{\eta_V} \tag{8-7}$$

式中，ω_{max} 为液压马达的最大旋转角速度（rad/s）；η_V 为液压马达的容积效率。

由式（8-6）和式（8-7）可知，如果液压缸的尺寸或液压马达的排量大，则系统所需的流量也随之增大，液压泵站的输出流量和体积也要增大。在这种情况下，为了降低系统的流量，可考虑提高系统的工作压力，使液压缸的尺寸或液压马达的排量减小。

2. 确定液压传动系统油路类型

液压传动系统可分为开式系统和闭式系统。

开式液压系统结构简单，散热条件好，控制油温比较方便，液压传动系统大多采用开式系统。但是，开式液压系统需要占用较大的空间，且油液直接与空气接触，空气容易进入系统而影响执行元件运动的平稳性。

闭式液压系统结构紧凑，空气不容易进入系统，但需要采用辅助泵补油，且散热条件差，油液温升高，需要通过换油来达到冷却的目的。闭式系统的执行元件通常是液压马达，采用容积调速，效率高。

3. 选择液压回路

根据系统的设计要求和实现的功能选择液压回路，主要考虑调压、卸荷、调速、换向等。然后再考虑其他辅助回路，例如，有垂直运动的系统要考虑平衡、锁紧回路，有快速运动的系统要考虑快速运动、缓冲回路，有多个执行元件的系统要考虑顺序、同步等回路。液压回路的设计也要考虑系统节能、减少发热和冲击等问题。

4. 拟订液压系统的工作原理图

根据液压系统工作性能的要求，确定液压系统的类型、液压执行元件的类型及数量，系

统的调速方法及所用的基本回路、回路的组合方式，选择液压泵，确定辅助性回路和元件，即可拟订出液压系统的工作原理图。

对于可靠性要求高的系统，在系统中还应设置备用元件或备用回路，以便在系统发生故障时能由备用设施保证其正常工作。

8.1.3 选择液压元件

1. 选择液压泵

选择液压泵时，首先应根据系统对液压油源的性能要求、节能性、经济性等综合因素来确定液压泵的型式，然后再根据液压泵所应保证的工作压力和提供的输出流量两个指标来确定它的规格。液压泵的工作压力和输出流量确定之后，即可计算电动机的功率。

（1）计算液压泵的工作压力　液压泵的工作压力 p_s 计算式为

$$p_s = p_{max} + \Delta p \tag{8-8}$$

式中，p_{max} 为执行元件的最大工作压力（Pa）；Δp 为进油路上的压力损失（Pa）。

p_{max} 由最大的外负载决定；Δp 主要包括进油路上的流量控制阀、减压阀的压力损失，此外还有方向控制阀和管路的局部压力损失、沿程压力损失等。

对于定量泵和流量控制阀所组成的进油路或回油路节流调速系统，液压泵的工作压力 p_s 就是溢流阀的调定压力值；而对于变量泵所组成的调速系统或旁路节流调速系统，液压泵的工作压力 p_s 是由外负载决定的，并随外负载的变化而变化。

为保证液压泵工作的可靠性和长使用寿命，液压泵的工作压力 p_s 应低于其产品规定的额定工作压力的 80%。

（2）确定液压泵的最大输出流量　液压泵的输出流量 q_s 计算式为

$$q_s = kq_{max} \tag{8-9}$$

式中，q_{max} 为执行元件同时动作时所需的最大流量（m^3/s）；k 为考虑系统泄漏和溢流阀最小溢流量的系数。

由于液压马达、液压缸和某些控制阀都有一定的泄漏流量，同时进油路或回油路调速系统的溢流阀在定压过程中有溢流流量损失，因此，液压泵输出的流量应大于执行元件所需的最大流量。考虑系统泄漏和溢流阀最小溢流量的系数 k 时，一般取 $k=1.1\sim1.3$。

在实际应用中，有时单个液压泵输出的流量不能满足系统所需流量的要求，此时可采用多个液压泵并联同时供油或液压泵与蓄能器组合的形式。

（3）确定电动机功率　如果工作循环由若干工况组成，可求出液压泵的压力和流量工况图，然后确定液压泵的压力和流量。确定液压泵的工作压力 p_s 和输出流量 q_s 后，可计算液压泵的输入功率 P_{in}，即

$$P_{in} = \frac{p_s q_s}{\eta_t} \tag{8-10}$$

式中，η_t 为液压泵的总效率。

确定液压泵的输入功率之后，可根据液压泵规定的额定转速选取驱动液压泵的标准电动机。

2. 选择液压控制阀

液压控制阀的规格主要应根据通过阀的最大流量和最高工作压力以及产品样本来选取。压力控制阀主要考虑调压范围和通过的最大流量。流量控制阀主要应考虑流量调节范围和额

定工作压力。方向控制阀主要考虑额定压力和额定流量。

3. 选择液压辅助元件

液压辅助元件主要包括油箱、管路、管接头、过滤器、蓄能器和冷却器等。

（1）确定油箱的结构型式和容量　油箱的结构型式主要有长方体、圆筒体等，但在行走机械或其他运动体上，由于受结构限制，油箱也可能采用便于安装的其他结构型式。在地面设备中，为了获得最大的散热面积，油箱通常选用长方体的结构型式，如图8-2所示。

图8-2　典型的长方体油箱结构

确定了油箱的结构型式之后，还需要合理地确定油箱的容量。若油箱容量较小，则散热性差，而且可能满足不了系统油液循环的要求；若油箱容量较大，则占用的体积也较大。通常，油箱的容量 V 可按经验公式确定，即

$$V=Kq \tag{8-11}$$

式中，q 为液压泵每分钟输出的流量（m^3/s）；K 为系数。

对于低压系统，K 可取2~4；对于中压系统，K 可取5~7；而对于高压、大功率的系统；K 可取6~12。当油箱的容量确定后，还应根据系统的发热、油箱表面和管路的散热进行油液温升的计算。若油液温升超过系统正常工作的允许值，则应增加冷却器进行强制冷却散热。

（2）确定油管内径　通过油管的流量 q 为

$$q=\frac{\pi}{4}d^2v$$

因此

$$d=\sqrt{\frac{4q}{\pi v}} \tag{8-12}$$

式中，d 为油管内径（m）；q 为管路中液体的流量（m^3/s）；v 为管路中液体的流速（m/s）。

通常，液体流速 v 在吸油管路中取0.5~1.5m/s，在压力管路中取2.5~5m/s，在回油管路中取1.5~2.5m/s。

（3）选择过滤器　过滤器的选择主要考虑过滤精度、通流能力和额定工作压力。过滤精度与液压系统的应用对象有关。通常，在液压泵的吸油管路上只能安装网式结构的粗过滤器或不安装过滤器，在液压泵的出油路安装高压精过滤器，在回油管路安装低压精过滤器，而在对污染敏感的伺服阀前安装高压精过滤器。与过滤器规格相关的额定流量也很重要，在选择时，它应比实际上通过的流量大2~4倍。

（4）选择冷却器 液压传动系统在工作过程中将产生功率损失，从而引起工作油液温度升高，当油液温度升高超过正常范围时，将引起液压系统及机器不能正常工作，并缩短液压元件和机器的寿命。因此，为了保证液压系统油液温度在合适的范围，在液压系统设计中需要选择匹配的冷却器。冷却器的选择主要考虑工作压力、通流能力和换热效率。从成本上考虑，冷却器通常安装在低压回油管路上，所以根据回油管路上的最大压力来选择冷却器。冷却器的通流能力根据回油管路上的最大流量来选择，如果通流能力选小，则回油流量增大将引起回油管路压力升高，可能造成冷却器损坏。冷却器的换热效率通常根据系统功率损失大小进行设计计算或校核。

例 8-1 某玉米果穗切割台上安装有 3 组（共 6 个）夹持轮马达，3 个切割刀马达，控制夹持轮和切割刀的工作以实现玉米果穗的摘取和秸秆粉碎功能。用于摘穗的夹持轮马达有 6 个，每个马达转速 $n_1=100\sim150\text{r/min}$，转矩 $T_1=50\sim70\text{N}\cdot\text{m}$，每两个夹持轮马达为一组，转速需要同步，同步精度为 10%。用于实现秸秆粉碎功能的切割刀马达有 3 个，转速 $n_2=1800\sim2400\text{r/min}$，同步精度为 15%，转矩 $T_2=10\sim20\text{N}\cdot\text{m}$。请设计液压传动系统并计算主要元件的参数。

解 1）确定液压传动系统的油路类型。

采用开式液压传动，选择定量泵供油，三位四通换向阀控制油液方向，液压马达为执行元件，分流集流阀同步回路控制夹持轮马达，进油路节流调速回路控制切割刀马达，其液压系统原理图如图 8-3 所示。

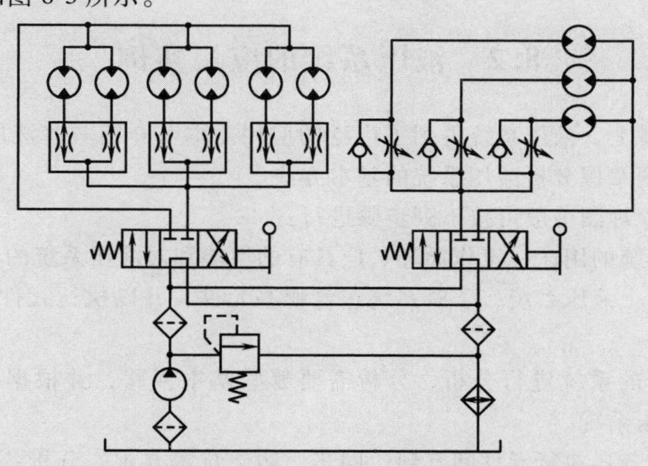

图 8-3 玉米果穗切割台液压系统原理图

2）确定液压马达的排量参数。

参照一般农业机械液压系统的工作压力，取液压泵工作压力 $p=16\text{MPa}$。液压马达机械效率 $\eta_m=0.95$，考虑分流集流阀、单向节流阀、管路的压力损失为 2MPa，则马达工作压力为 $p_m=16\text{MPa}-2\text{MPa}=14\text{MPa}$。

马达回油路压力为大气压，则

$$\text{夹持轮马达排量}\quad V_1=\frac{T_1}{p_m\eta_m}=\frac{70\text{N}\cdot\text{m}}{14\times10^6\text{Pa}\times0.95}=5.26\times10^{-6}\text{m}^3/\text{rad}=33.05\text{cm}^3/\text{r}$$

切割刀马达排量 $V_2=\dfrac{T_2}{p_m\eta_m}=\dfrac{20\text{N}\cdot\text{m}}{14\times10^6\text{Pa}\times0.95}=1.5\times10^{-6}\text{m}^3/\text{rad}=9.44\text{cm}^3/\text{r}$

3）确定液压泵的相关参数。

液压泵工作压力 $p=16\text{MPa}$，则液压泵的相关参数主要是排量和转速。

取液压马达容积效率 $\eta_v=0.92$，则

单个夹持轮马达的最大流量为

$$q_{1max}=V_1n_{1max}/\eta_v=33.05\text{cm}^3/\text{r}\times150\text{r/min}/0.92=5388.6\text{cm}^3/\text{min}=5.4\text{L/min}$$

单个切割刀马达的最大流量为

$$q_{2max}=V_2n_{2max}/\eta_v=9.44\text{cm}^3/\text{r}\times2400\text{r/min}/0.92=24626\text{cm}^3/\text{min}=24.63\text{L/min}$$

3 个切割刀马达和 6 个夹持轮马达的流量之和 q_{max} 为

$$q_{max}=6\times q_{1max}+3\times q_{2max}=6\times5.4\text{L/min}+3\times24.63\text{L/min}=106.29\text{L/min}$$

考虑溢流阀的最小溢流流量，取液压泵提供的流量 $q\geqslant1.2q_{max}$，则

$$q=1.2q_{max}=1.2\times106.29\text{L/min}=127.55\text{L/min}$$

取发动机转速 $n_p=2500\text{r/min}$，则液压泵的排量 V_p 为

$$V_p=\frac{q}{n_p}=\frac{127.55\text{L/min}}{2500\text{r/min}}=0.051\text{L/r}=51\text{cm}^3/\text{r}$$

8.2 液压系统的应用实例

在各种机械设备上，液压系统得到了广泛的应用。本节介绍一些液压系统应用的实例，以便掌握分析液压系统的基本方法。

阅读液压系统原理图一般可按下列步骤进行：

1）了解液压系统的用途、工作循环、应具有的性能和对液压系统的各种要求。

2）初步浏览整个液压系统，了解系统包含哪些元件，并以执行元件为中心，将系统分解为各个部分。

3）对各个部分的系统进行分析，分析需要哪些基本回路，并根据执行元件的动作要求，读懂各部分液压系统。

4）根据液压设备各执行元件间互锁、同步、防干扰等要求，分析各部分液压系统之间的联系。

5）在全面分析、读懂的基础上，对整个液压系统进行归纳和总结。

8.2.1 四柱液压压力机液压系统

四柱液压压力机是锻压、冲压、冷挤、校直、弯曲、成形等可塑性材料的压制工艺中广泛应用的压力加工机械，通常由横梁、立柱、工作台、滑块、液压缸、液压油源和电控装置等组成，液压机主运动为滑块运动，滑块由液压缸驱动。四柱液压压力机的典型结构如图 8-4 所示。

四柱液压压力机要求液压系统完成的功能有：主缸滑块空载快速压下，慢速加压、保压、泄压、快速回程及任意位置停止，顶出缸活塞的顶出、退回等。

1. 液压系统的工作原理

图 8-4 四柱液压压力机的典型结构

1—工作台 2—滑块 3—立柱 4—横梁 5—液压缸 6—液压油源

四柱液压压力机液压系统的原理图如图 8-5 所示，主泵采用恒功率变量泵，用来给液压系统提供高压油液，驱动主缸滑块向下运动并对工件进行压制。辅助泵为定量泵，用来给液压控制阀的控制油路供油。四柱液压压力机电磁铁的动作顺序表见表 8-2。

主缸运动过程如下：

（1）起动 起动主泵 1 和辅泵 18，主泵 1 通过电磁溢流阀 3、电液换向阀 5 和 19 卸荷，辅泵由溢流阀 16 控制压力并向控制油路供油。

（2）主缸空载快速压下 电磁铁 1YA 通电，电磁溢流阀 3 关闭。电磁铁 2YA、4YA 通电，使电液换向阀 5 和电磁阀 14 分别切换至右位，液控单向阀 13 在控制油的作用下打开，主泵 1 供油经电液换向阀 5、单向阀 7 进入主缸 26 上腔，而主缸 26 下腔油经液控单向阀 13、电液换向阀 5 回油箱。主缸滑块 25 在自重作用下快速下降，主泵 1 的流量不足以补充主缸 26 上腔空出的容积而在主缸 26 上腔形成真空，这时置于压力机顶部的充液箱 11 通过充液阀 10 向主缸 26 上腔补油。

表 8-2 四柱液压压力机电磁铁的动作顺序表

动作顺序		1YA	2YA	3YA	4YA	5YA	6YA
主缸	快速压下	1	1	0	1	0	0
	慢速接近工件、加压	1	1	0	0	0	0
	保压	1	0	0	0	0	0
	泄压、快速回程	1	0	1	0	0	0
	原位停止	1-0	0	0	0	0	0
顶出液压缸	顶出	1	0	0	0	1	0
	退回	1	0	0	0	0	1
	浮动压边	1	1	0	0	1-0	0

注：“1” 表示通电，“0” 表示断电。

（3）主缸慢速接近工件、加压 当主缸滑块 25 压下行程开关 2SQ 时，电磁铁 4YA 断电，电磁阀 14 切换至左位，液控单向阀 13 关闭，主缸 26 下腔油液经平衡阀 12、电液换向阀 5 流回油箱。在平衡阀 12 的作用下，主缸 26 慢速下降，上腔压力增加，充液阀 10 关闭。当主缸滑块 25 接触工件后阻力急剧增加，主缸 26 上腔压力进一步提高，主泵 1 的自动排量减小，对工件进行加压。

（4）主缸保压 当主缸 26 上腔的压力达到预定值时，压力继电器 6 发出信号，电磁铁 2YA 断电，电液换向阀 5 恢复中位，主缸 26 上腔由单向阀 7 保压，保压压力由压力继电器 6 控制的时间继电器调整。保压期间，主泵 1 经电液换向阀 5、19 的中位卸荷。

（5）泄压，主缸 26 快速回程 保压结束，时间继电器发出信号，3YA 通电，电液换向

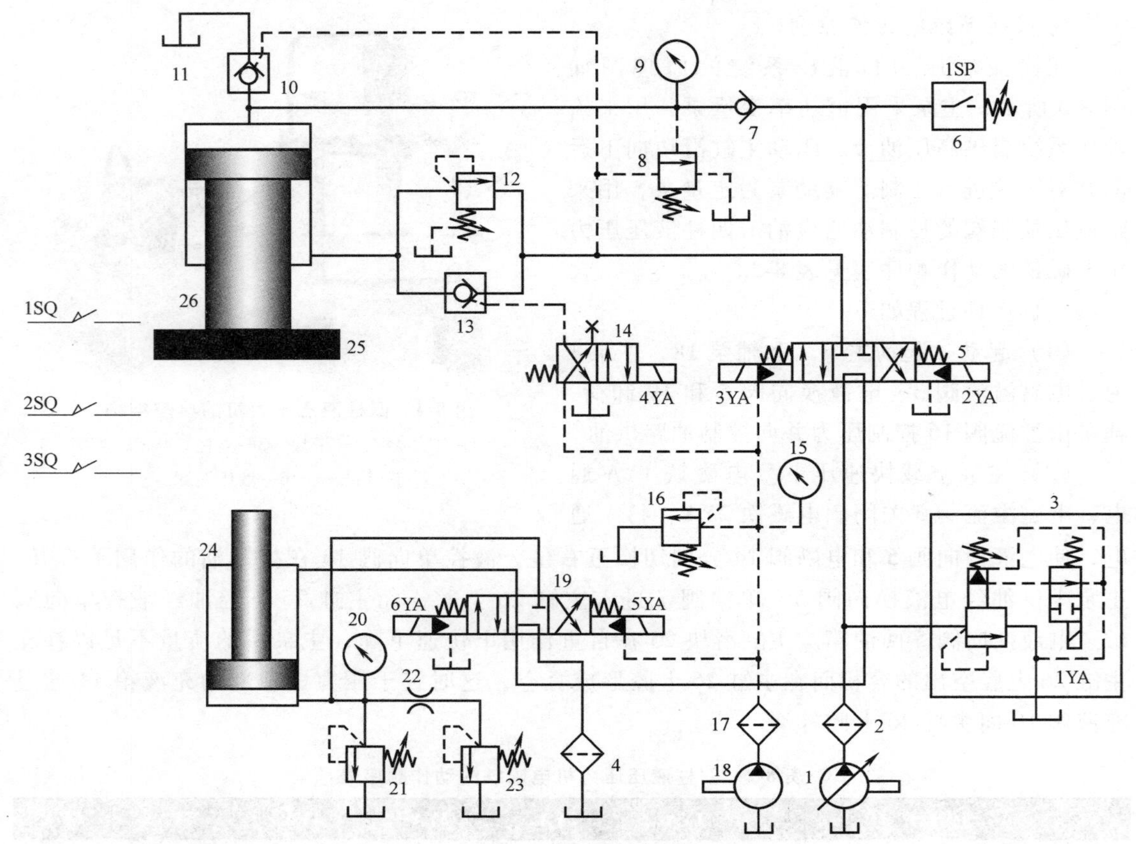

图 8-5　四柱液压压力机液压系统的原理图

1—主泵　2、4、17—过滤器　3—电磁溢流阀　5、19—电液换向阀　6—压力继电器　7—单向阀　8—外控顺序阀　9、15、20—压力表　10—充液阀　11—充液箱　12—平衡阀　13—液控单向阀　14—电磁阀　16、21、23—溢流阀　18—辅泵　22—节流器　24—顶出缸　25—主缸滑块　26—主缸

阀 5 切换至左位。由于主缸 26 上腔压力很高，外控顺序阀 8 开启，主泵 1 输出油液经外控顺序阀 8 回油箱，主泵 1 在低压下工作，此压力不足以打开充液阀 10 的主阀芯，而是先打开该阀的卸载阀芯，使主缸 26 上腔油液经此卸载阀芯开口面泄回充液箱 11，压力逐渐降低。

当主缸 26 上腔压力泄到一定值后，外控顺序阀 8 关闭，主泵 1 压力升高，液控单向阀 13 完全打开，主泵 1 向主缸 26 下腔供油，而主缸 26 上腔油液经充液阀 10 流回至充液箱 11，实现主缸 26 的快速回程。

（6）原位停止　当主缸滑块 25 压下行程开关 1SQ 时，3YA 断电，电液换向阀 5 切换至中位，液控单向阀 13 将主缸 26 下腔封闭，主缸 26 原位停止不动。主泵 1 输出油液经电液换向阀 5、19 中位卸荷。主缸 26 在回程过程中，可随时中断回程。

顶出缸 24 运动过程如下：

工件压制完毕后，通过顶出缸 24 把工件从模具中顶出。

（1）顶出　电磁铁 5YA 通电，电液换向阀 19 切换至右位，主泵 1 经电液换向阀 19 向顶出缸 24 下腔供油，上腔油液经电液换向阀 19 流回油箱，顶出缸 24 的活塞上升。

（2）退回　电磁铁 5YA 断电，6YA 通电，电液换向阀 19 切换至左位，主泵 1 经电液换向阀 19 向顶出缸 24 上腔供油，下腔油液经电液换向阀 19 流回油箱，顶出缸 24 的活塞下降。

（3）浮动压边　在薄板拉伸压边时，要求顶出缸 24 既能保持一定压力，又能随主缸滑块 25 的下降而下降。此时，电磁铁 5YA 通电，顶出缸 24 上升到顶住被拉伸的工件，电磁铁 5YA 断电切换至中位，顶出缸 24 下腔油液被封闭。主缸滑块 25 向下压制时，顶出缸 24 的活塞被迫随之下行，顶出缸 24 下腔油液经节流器 22 和溢流阀 23 回油箱，使顶出缸 24 下腔保持所需的压边压力，调整溢流阀 23 即可改变浮动压边压力，溢流阀 21 为顶出缸 24 的下腔安全阀。

2. 液压系统的特点

液压压力机液压系统的工作压力高，可达 35MPa，空载行程和压制行程的速度差异大，要求功率利用合理，对工作的平稳性和安全性要求高，具有以下特点：

1）采用高压、大流量恒功率变量泵向主缸供油，空载时泵的排量大，可实现主缸快速运动，系统压力升高时泵的排量逐渐减小，既符合工艺要求，又节省能量。

2）采用滑块自重加速、充液阀补油的快速运动回路，结构简单，功率利用合理。

3）采用单向阀保压，由顺序阀和带卸载阀芯的充液阀组成的泄压回路，减少了由保压到回程的液压冲击。

4）主缸和顶出缸的供油路串联，实现了互锁。

8.2.2 叉车液压系统

叉车是一种由自行轮式底盘和工作装置组成的装卸搬运车辆，广泛应用于港口、车站、机场、货场、工厂车间、仓库、流通中心和配送中心等，在船舱、车厢和集装箱内进行托盘货物的装卸、搬运作业，是托盘运输、集装箱运输中必不可少的设备。

叉车前面设有门架，门架上有运载货物的货叉，并具有使货叉垂直升降和为了在搬运或堆放作业时保持运载货物稳定的前后倾动功能。叉车及其组成结构如图 8-6 所示。叉车的动作系统主要有起升系统、门架倾斜系统、转向系统和行走系统等。各种型号叉车的货叉起升、门架倾斜和转向几乎都采用液压传动。而行走系统主要有机械传动和液压传动两种方式。行走系统采用液压传动的叉车被称为全液压叉车或静压传动叉车，该系统由变量泵、液压马达构成闭式回路；通过改变变量泵的斜盘倾角，控制马达的正反转速，驱动叉车前轮实现叉车前进、后退，调速性能好；全液压叉车节约能源，操作方便，但造价高。

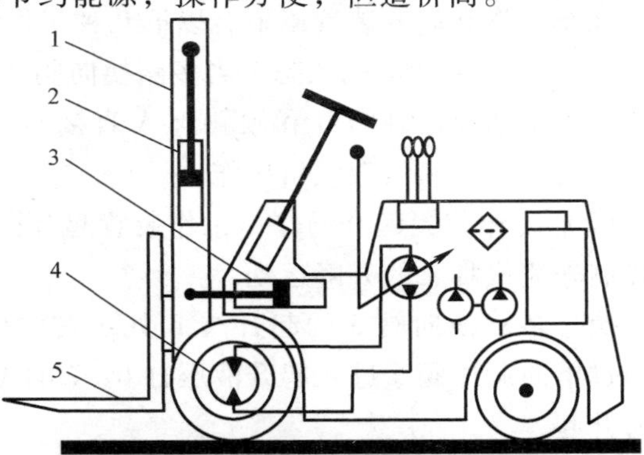

图 8-6　叉车及其组成结构

1—门架　2—起升液压缸　3—倾斜液压缸　4—行走液压马达　5—货叉

1. 液压系统的工作原理

图 8-7 所示为叉车工作及转向液压系统的原理图。叉车的工作装置完成货叉的起升和门架倾斜操作，货叉起升和门架倾斜操作均是独立操作完成的，互不影响。而转向装置则是完成叉车行走的转向操作。工作液压泵 1、转向液压泵 2 分别向工作装置和转向装置供油，两个液压系统的油路互不影响。

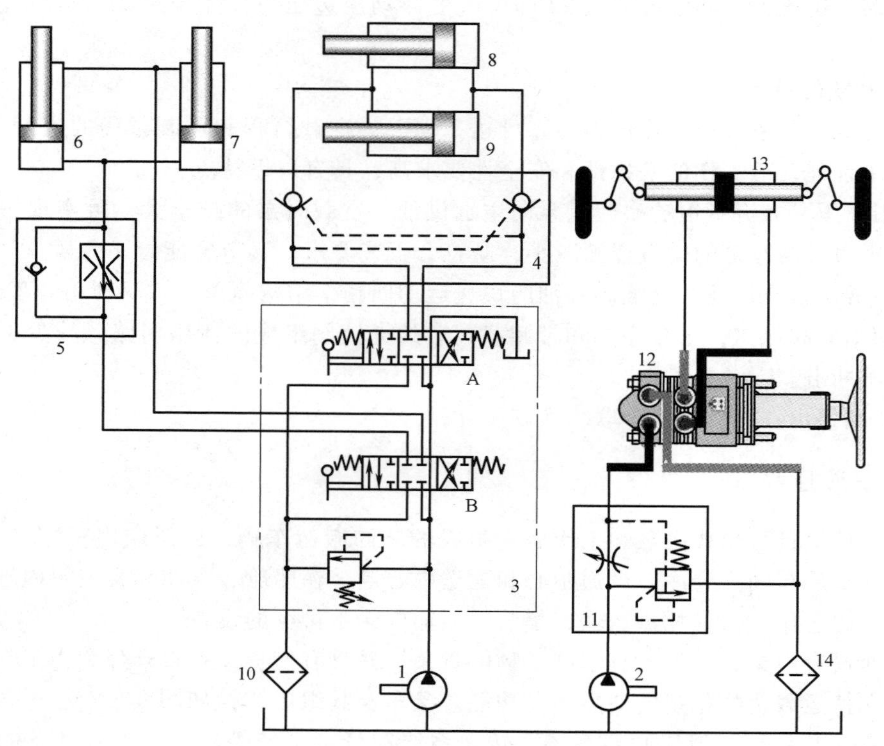

图 8-7　叉车工作及转向液压系统的原理图

1—工作液压泵　2—转向液压泵　3—多路换向阀　4—液压锁　5—单向调速阀　6、7—起升液压缸　8、9—倾斜液压缸　10、14—过滤器　11—转向控制流量阀　12—转向控制器　13—转向液压缸

叉车工作和起升装置主要有以下几种工作情况：

（1）工作装置待机状态　当多路换向阀 3 的起升阀 B 和倾斜阀 A 均处于中位时，工作液压泵 1 出油经起升阀 B 和倾斜阀 A 直接回油箱，系统卸荷，工作装置处于待机状态，不能进行货叉起升和门架倾斜操作。

（2）工作装置起升操作　工作装置起升操作是通过对两个并联起升液压缸 6 和 7 的伸、缩控制来完成货叉的升降运动。

操作多路换向阀 3 的起升阀 B 处于右端位置时，工作液压泵 1 的出油经起升阀 B 后，再通过单向调速阀 5 进入起升液压缸 6、7 的无杆腔，起升液压缸 6、7 同步外伸，从而带动货叉升起。

操作多路换向阀 3 的起升阀 B 处于左端位置时，工作液压泵 1 的出油经起升阀 B 后，直接进入起升液压缸 6、7 的有杆腔，起升液压缸 6、7 同步缩回，从而带动货叉下降。这时，起升

液压缸 6、7 无杆腔的油经单向调速阀 5 回油箱，从而限制了货叉重载时的下降速度。

（3）工作装置倾斜操作　工作装置倾斜操作是通过对两个并联倾斜液压缸 8 和 9 的伸、缩控制来完成门架的倾斜运动。

操作多路换向阀 3 的倾斜阀 A 处于左端位置时，工作液压泵 1 的出油经倾斜阀 A 后，再通过液压锁 4 进入倾斜液压缸 8、9 的无杆腔，倾斜液压缸 8、9 同步外伸，从而带动门架前倾。

操作多路换向阀 3 的倾斜阀 A 处于右端位置时，工作液压泵 1 的出油经倾斜阀 A 后，再通过液压锁 4 进入起升液压缸 8、9 的有杆腔，倾斜液压缸 8、9 同步缩回，从而带动门架后倾。这时，由两个液控单向阀组成的液压锁 4 可使门架倾角较长时间保持不变，以保证安全。

（4）转向装置转向操作　根据其工作特点，叉车采用前轮驱动，后轮转向。转向系统主要由转向液压泵、转向控制器和转向液压缸等组成。转向液压泵 2 的出油经转向控制器 12 控制转向液压缸 13 对车轮进行转向操作。转向控制流量阀 11 的作用是当转向液压泵 2 的转速随发动机变化时仍能保持以固定流量向转向控制器 12 供油，从而保证转向器操纵的稳定。转向控制器的操作是通过驾驶人对转向盘的操控进行的。

2. 液压系统的特点

叉车液压系统有以下几方面的特点：

1）起升和倾斜操作采用双液压缸刚性连接的同步方式，结构简单，可靠性高。

2）倾斜操作双液压缸采用液控单向阀锁紧，保证在前倾、后倾的任何位置可靠锁紧。

3）采用单向调速阀防止起升缸及货叉下降过快。

4）起升和倾斜操作采用弹簧对中手动操作，松开手柄则油路封闭，操作方便，安全可靠。

5）转向盘与转向控制器联动，带动转向控制器中的伺服阀阀芯动作，使转向液压缸的两腔分别与液压泵或油箱连通，转向液压缸动作，驱动转向轮旋转，叉车转向，直到转向液压缸缸筒的移动距离与阀芯的移动距离相同时，阀芯复位，转向停止。

8.2.3　注塑机液压系统

注塑机又名注射成型机或注射机。它是把粒状塑料加热熔融后，用高压把熔化的塑料注射到事先合模的金属模具中冷却固化，然后开模取出制品的成型加工设备。

1. 注塑机系统的组成

注塑机是塑料加工业中使用量最大的加工机械，通常由注射系统、合模系统、液压传动系统、电气控制系统、加热及冷却系统、润滑系统、安全监测系统等组成，如图 8-8 所示。

a)

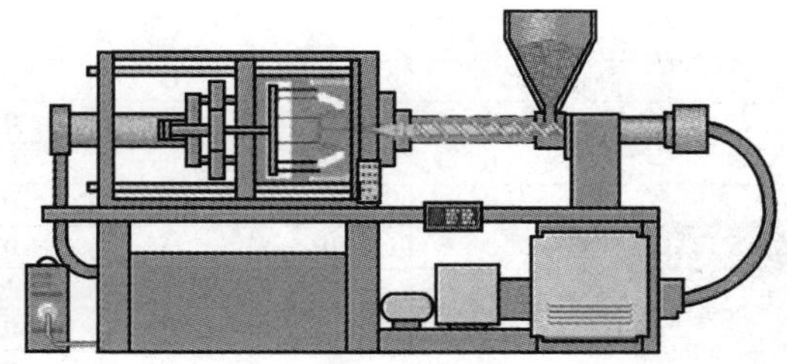

b)

图 8-8　注塑机及其结构

a）注塑机　b）注塑机结构

（1）注射系统 注射系统的作用是在规定的时间内将一定数量的塑料加热塑化后，在一定的压力和速度下，通过螺杆将熔融塑料注入模具型腔中。注射结束后，对注射到型腔中的熔料保持定型。

（2）合模系统 合模系统的作用是保证模具闭合、开启及顶出制品。同时，在模具闭合后，供给模具足够的锁模力，以抵抗熔融塑料进入型腔产生的型腔压力。

（3）液压传动系统 液压传动系统的作用是实现注塑机按工艺过程所要求的各种动作提供动力，并满足注塑机各部分所需压力、速度等的要求。

（4）电气控制系统 电气控制系统与液压系统合理配合，可实现注塑机的工艺过程要求（压力、温度、速度、时间）和各种程序动作。

（5）加热及冷却系统 加热系统用来加热料筒及注射喷嘴，注塑机料筒一般采用电热圈作为加热装置，电热圈安装在料筒的外部。冷却系统主要用来冷却料管下料口，防止原料在下料口熔化；另一处需要冷却的是油温。

（6）润滑系统 润滑系统是为注塑机的动模板、调模装置、连杆机铰等处有相对运动的部位提供润滑。

（7）安全监测系统 安全监测系统主要由安全门、安全挡板、液压阀、限位开关、光电检测元件等组成，实现电气-机械-液压的联锁保护。

2. 液压系统的工作原理

如图 8-9 所示，注塑机借助螺杆（或柱塞）的推力，将已塑化好的熔融状态（黏流态）的塑料注射入闭合好的型腔内，经固化定型后取得制品。其工作循环一般包括合模、注射保压、计量、开模、取出制品等五个工步。注塑机电磁铁动作顺序表见表 8-3。

（1）合模 电磁换向阀 7、8、9、10 处于中位；电磁铁 1YA 通电，电磁换向阀 6 处于左位，此时，小流量液压泵 1 和大流量液压泵 2 合流向合模缸 15 的无杆腔供油，合模缸 15 的有杆腔回油。因此，合模缸 15 外伸推动肘杆机构 16 闭合动模板 17。闭合动模板的合模压力由比例溢流阀 3 调节。调节比例电磁铁 EC3 的电流即可调节比例流量阀 5 的流量，从而调节合模缸 15 的外伸速度。

（2）注射座前移 电磁铁 5YA 通电，则电磁换向阀 8 处于右位，大流量液压泵 2 的输出油经比例流量阀 5 调节进入注射座移动缸 13 的有杆腔，注射座移动缸 13 无杆腔油液经电磁换向阀 8 回油箱，注射座前移使喷嘴与定模板接触。

表 8-3 注塑机电磁铁动作顺序表

动作顺序	1YA	2YA	3YA	4YA	5YA	6YA	7YA	8YA	9YA
合模	1	0	0	0	0	0	0	0	0
注射座前移	0	0	0	0	1	0	0	0	0
注射	0	0	0	0	0	0	1	0	0
保压	0	0	0	0	0	0	1	0	0
预塑	0	0	0	0	0	0	0	1	0
注射座后退	0	0	0	1	0	0	0	0	0
开模	0	1	0	0	0	0	0	0	0
顶出	0	0	1	0	0	0	0	0	0

注：“1”表示通电，“0”表示断电。

（3）注射 在注射过程中，合模压力由比例溢流阀 3 调节，注射系统压力由比例溢流阀 4 调节。电磁铁 7YA 通电，则电磁换向阀 9 处于右位，大流量液压泵 2 的输出油经比例

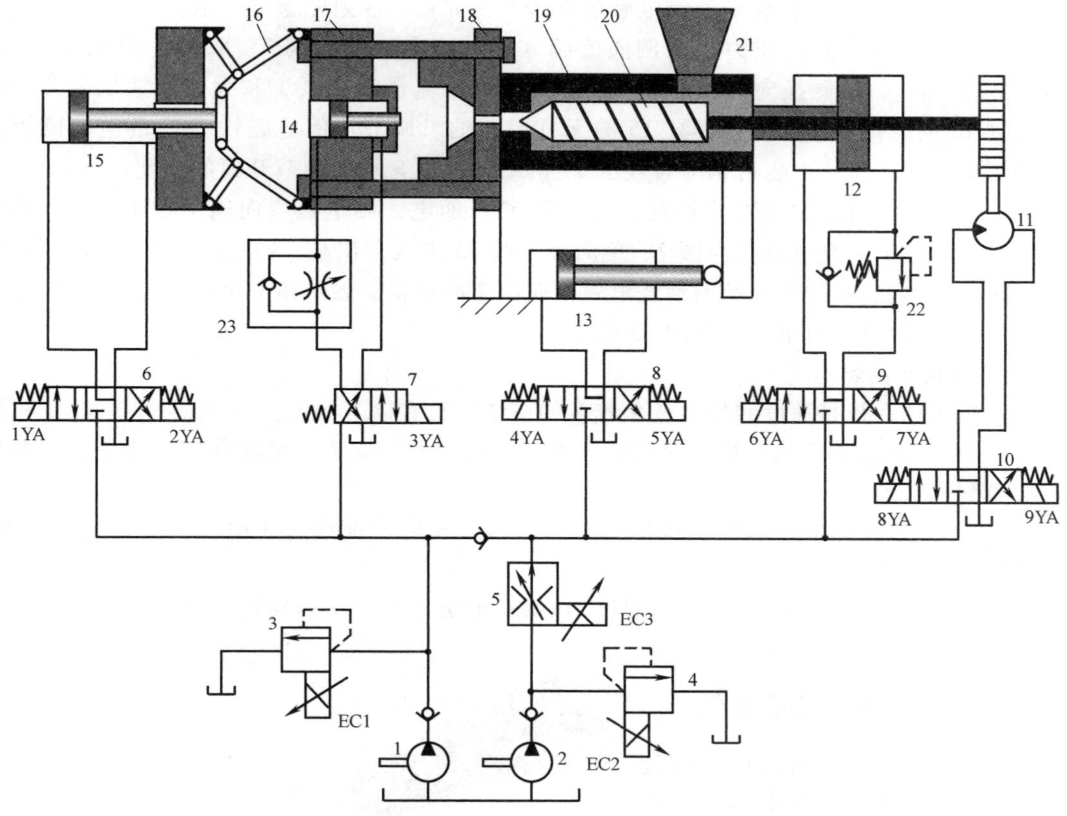

图 8-9 注塑机液压系统工作原理

1—小流量液压泵 2—大流量液压泵 3、4—比例溢流阀 5—比例流量阀 6、8、9、10—三位四通电磁换向阀 7—二位四通电磁换向阀 11—液压马达 12—注射缸 13—注射座移动缸 14—顶出缸 15—合模缸 16—肘杆机构 17—动模板 18—定模板 19—料筒 20—螺杆 21—料斗 22—背压阀 23—单向节流阀

流量阀 5 调节进入注射缸 12 的无杆腔，注射缸 12 有杆腔的油经电磁换向阀 9 回油箱，注射缸 12 外伸推动注射螺杆前移，通过喷嘴把已经熔融的塑料注入模具的型腔中。注射速度可通过比例流量阀 5 调节流量，对注射缸 12 的移动速度进行控制。

（4）保压 高温的熔料进入铁制的模具中，快速冷却；同时，采用冷却水对模具进行强制冷却，以加快冷却速度。注射缸 12 对型腔内的熔料实行保压并补塑；此时注射系统需要的流量小，可通过调节比例流量阀 5 减少注射系统需要的流量。保压压力由比例溢流阀 4 调节。

（5）预塑 保压完毕后，从料斗加入的物料随着螺杆的转动被带到料筒前端，进行加热塑化，并建立起一定的压力。当螺杆头部熔料压力达到能克服注射缸活塞退回的阻力时，螺杆开始后退。退到预定位置，即螺杆头部熔料达到所需注射量时，螺杆停止转动和后退，准备下一次注射。

螺杆转动是由液压马达 11 通过齿轮机构驱动的。电磁铁 8YA 通电，则电磁换向阀 10 处于左位，大流量液压泵 2 的输出油经比例流量阀 5 调节进入液压马达 11，螺杆头部熔料压力迫使注射缸 12 活塞退回时，注射缸 12 无杆腔油液经背压阀 22 和电磁换向阀 9 回油箱。

（6）注射座后退 注射系统压力由比例溢流阀 4 调节。电磁铁 4YA 通电，则电磁换向阀 8 处于左位，大流量液压泵 2 的输出油经比例流量阀 5 调节进入注射座移动缸 13 的无杆腔，注射座移动缸 13 有杆腔油液经电磁换向阀 8 回油箱，注射座整体后退。

(7) 开模 开模系统压力由比例溢流阀 3 调节。电磁换向阀 7、8、9、10 处于中位；电磁铁 2YA 通电，电磁换向阀 6 处于右位，此时，小流量液压泵 1 和大流量液压泵 2 合流向合模缸 15 的有杆腔供油，合模缸 15 的无杆腔回油。调节比例电磁铁 EC3 的电流既可调节比例流量阀 5 的流量，也可调节合模缸 15 的缩回速度，从而调节开模的速度。

(8) 顶出 大流量液压泵 2 卸荷，电磁铁 3YA 通电，则电磁换向阀 7 处于右位，小流量液压泵 1 的输出油经电磁换向阀 7、单向节流阀 23 进入顶出缸 14 的无杆腔，推动顶出杆顶出制品，顶出缸 14 的有杆腔的油经电磁换向阀 7 回油箱。系统压力由比例溢流阀 3 调节，顶出缸 14 的运动速度由单向节流阀 23 调节。

3. 液压系统的特点

注塑机液压系统是速度和压力变化较多的系统，具有以下特点：

1) 采用双泵供油系统，快速时双泵合流，慢速时大流量液压泵卸荷，小流量液压泵供油，功率利用合理。

2) 采用电液比例溢流阀对多级压力（开合模、注射座前移、注射、顶出）进行控制，油路简单，压力冲击小。

3) 采用电液比例流量阀对开模速度、顶出缸前进速度、注射速度、液压马达的转速进行控制，调节方便，速度变换无冲击。

8.2.4 汽车起重机液压系统

汽车起重机是装在普通汽车底盘或特制汽车底盘上的一种起重机，其行驶驾驶室与起重操纵室分开设置。如图 8-10 所示，起重机工作时，汽车的轮胎不受力，依靠四条液压支腿将整个汽车抬起来，并将起重机的各个部分展开，进行起重作业；当需要转移起重作业现场时，需要将起重机的各个部分收回到汽车上，使汽车恢复到车辆运输功能状态，进行转移。因此，汽车起重机机动性好，转移迅速，能在野外作业，操作简便灵活，是一种使用广泛的工程机械。

图 8-10 汽车起重机

1—支腿收放 2—回转机构 3—起升机构 4—吊臂变幅 5—吊臂伸缩

1. 液压系统的工作原理

汽车起重机液压系统包括支腿收放、起升机构、回转机构、吊臂伸缩和吊臂变幅等。液压泵为高压定量齿轮泵，其动力由汽车发动机通过装在底盘变速器上的取力箱提供。由于发动机转速可以通过加速踏板进行控制，因此液压泵输出的流量可以在一定的范围内通过控制汽车节气门开度来进行连续控制。液压泵输出的液压油经多路手动换向阀组，将液压油输送到各执行元件进行动作，一般为单个执行元件动作，少数情况下有两个执行元件的复合动作。当起重机不工作时，液压系统处于卸荷状态。其工作原理如图 8-11 所示。

(1) 支腿收放回路 由于汽车轮胎的支撑能力有限，在起重作业时必须放下支腿，以架空汽车轮胎。汽车行驶时，则必须收起支腿。在汽车起重机的底盘前后各有两条支腿，在

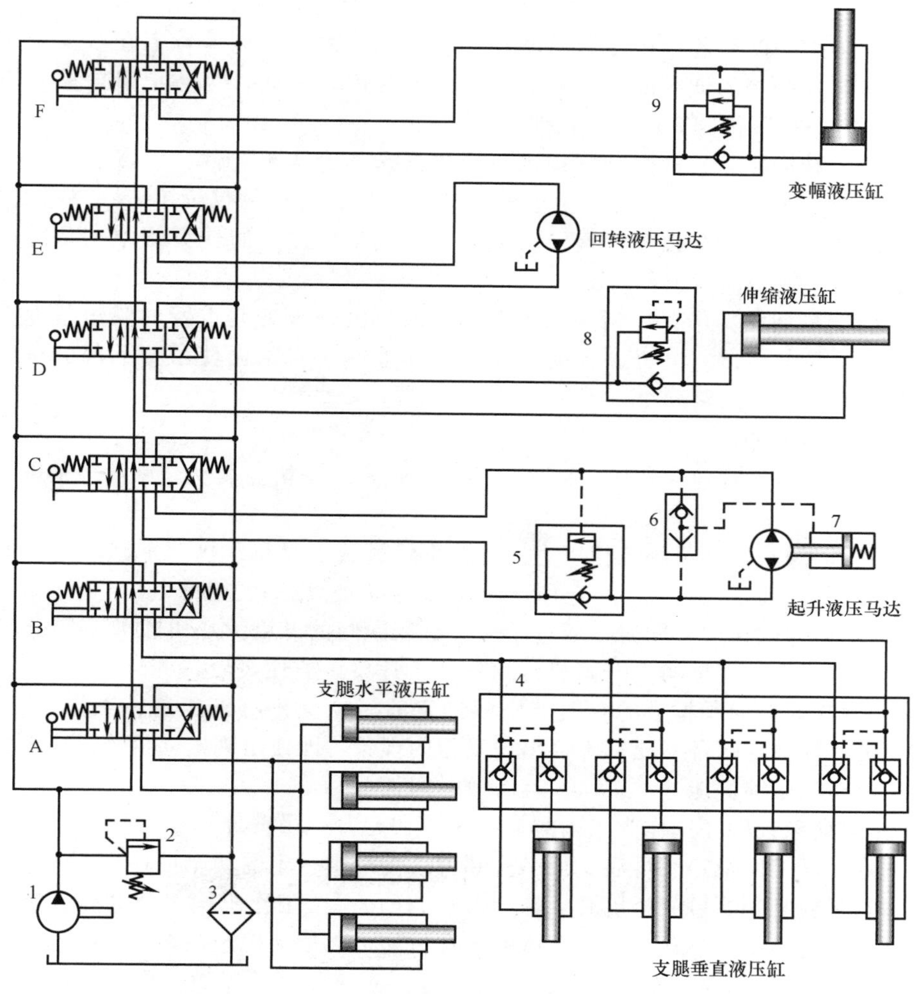

图 8-11 汽车起重机液压系统的工作原理

1—液压泵 2—溢流阀 3—过滤器 4—液压锁 5、9—外控平衡阀 6—梭阀 7—制动缸 8—内控平衡阀

每一条支腿上都装有一个水平液压缸和一个垂直液压缸。多路换向阀 A 和 B 分别控制四个并联水平液压缸和四个并联垂直液压缸的伸出或缩回。多路换向阀 A 和 B 油路采用并联方式，各个执行元件动作独立。支腿垂直液压缸采用双向液压锁的锁紧回路，以防止每条支腿在起重作业时发生“软腿”现象或行车过程中支腿在重力作用下自行伸落。

（2）起升回路 起升机构是汽车起动机的主要工作机构，它由一个低速大转矩定量液压马达来带动卷扬机工作。起升液压马达的正、反转通过多路换向阀 C 控制。起重机起升速度可通过改变汽车发动机的转速控制液压泵 1 的输出流量来调节。在起吊重物下降的回路上设有外控平衡阀 5 的平衡回路，使液压马达只有在进油路上有液压油的情况下才能旋转，并能防止重物超速下降。

由于起升液压马达的内泄，当负载吊在空中时，有可能产生“溜车”现象。为此，在起升液压马达上设有制动缸 7，以便起升马达停转时，用制动缸锁住起升液压马达。通过梭阀 6 使起升马达回路的液压油进入制动缸 7，使制动器张开，卷扬机在起升液压马达的驱动下旋转，重物起升或下降。

（3）吊臂伸缩回路 起重机吊臂由基本臂和伸缩臂组成，伸缩臂套在基本臂中，用一个由多路换向阀 D 控制的伸缩液压缸来驱动吊臂的伸出和缩回。为防止因自重而使吊臂下落，油路中设有内控平衡阀 8 的平衡回路。

（4）吊臂回转回路 吊臂回转机构采用液压马达作为执行元件。回转液压马达通过蜗轮蜗杆减速器传动来驱动转盘回转。由于转盘转速较低，每分钟仅为 1~3r，故回转液压马达的转速也不高，因此没有必要设置回转液压马达制动回路。回转系统中用多路换向阀 E 来控制转盘正、反转和停转三种工况。

（5）吊臂变幅回路 吊臂变幅是用一个变幅液压缸来改变起重臂的俯角角度。变幅液压缸由多路换向阀 F 控制。同样，为防止在变幅作业时因自重而使吊臂下落，在油路中设有外控平衡阀 9 的平衡回路。

2. 液压系统的特点

汽车起重机液压系统包含调压、调速、换向、锁紧、平衡、制动、卸荷等基本回路，有以下特点：

1）采用溢流阀来控制系统工作压力，防止系统过载，对起重机超重起吊起到安全保护的作用。

2）在手动换向阀换向的同时，通过手动调节换向阀的开度大小可以兼有限速和节流调速的作用，从而调整工件机构（升降机构除外）的速度，方便灵活。

3）采用由液控单向阀构成的双向液压锁锁定前后支腿垂直液压缸，工作可靠、安全，确保整个起吊过程中，每条支腿都不会出现软腿的现象，即使出现发动机熄火或液压管道破裂的情况，双向液压锁仍能正常工作，且有效时间长。

4）采用单向液控顺序阀作为平衡阀，以防止在起升、吊臂伸缩和变幅作业过程中因重物自重而下降，且工作稳定、可靠，但平衡阀背压会产生一定的功率损耗。

5）采用多路换向阀并联的油路结构，可以使任何一个工作机构单独动作，也可在轻载下使执行机构组合动作，手动多路换向阀的中位机能可以使液压泵卸荷。

6）采用梭阀选择油路使单作用缸松开制动器，使松开制动器的动作慢，可防止发生负重起重时的溜车现象，能够确保起吊安全，并且在汽车发动机熄火或液压系统出现故障时，能够迅速实现制动，防止被起吊的重物下落。

习题

8-1 液压系统的设计过程一般有哪些步骤？

8-2 液压系统的设计主要有哪些方面的计算？

8-3 图 8-12 所示为多缸顺序动作专用铣床液压系统原理图及工作循环图。根据工作循环图的动作要求，对专用铣床的动作循环工作过程进行分析。

8-4 图 8-13 所示为反坦克导弹发射车及其液压系统。反坦克导弹发射车的升降装置用液压技术来完成系统行军状态与战斗状态的转换。反坦克导弹发射车液压系统的工作可分为：液压缸上升、液压缸下降和手摇泵升降三种情况，请对这三种液压系统的工作情况进行分析。

8-5 图 8-14 所示为 X 光隔室透视站液压系统，可以实现荧光屏的升降、转盘的升降和转盘的回转运动。试读此液压系统图，并说明：

1）各元件的功用。

2）各动作机构的油路流动情况。

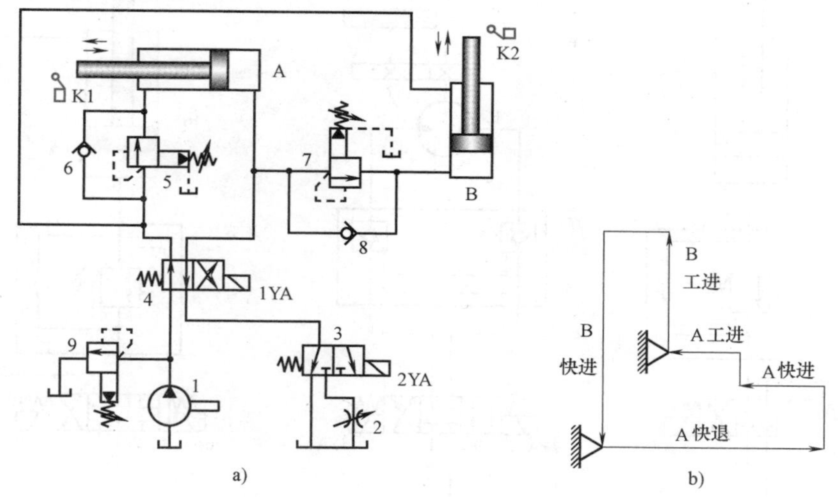

图 8-12　多缸顺序动作专用铣床液压系统原理图及工作循环图

a）液压系统原理图　b）工作循环图

1—液压泵　2—节流阀　3—二位三通换向阀　4—二位四通阀　5、7—顺序阀　6、8—单向阀　9—溢流阀　A、B—液压缸

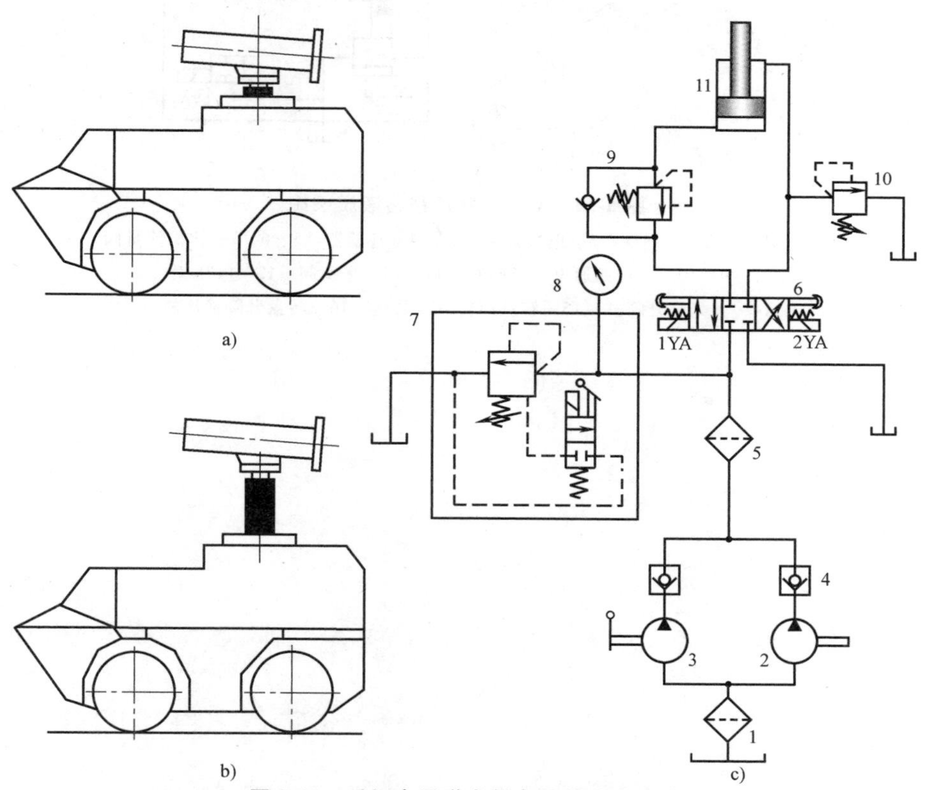

图 8-13　反坦克导弹发射车及其液压系统

a）发射车行军状态　b）发射车战斗状态　c）发射车液压系统

1—吸油过滤器　2—电动泵组　3—手摇泵　4—单向阀　5—排油过滤器　6—三位四通电磁换向阀　7—电磁式溢流阀　8—压力表　9—内控平衡阀　10—释压阀　11—升降液压缸

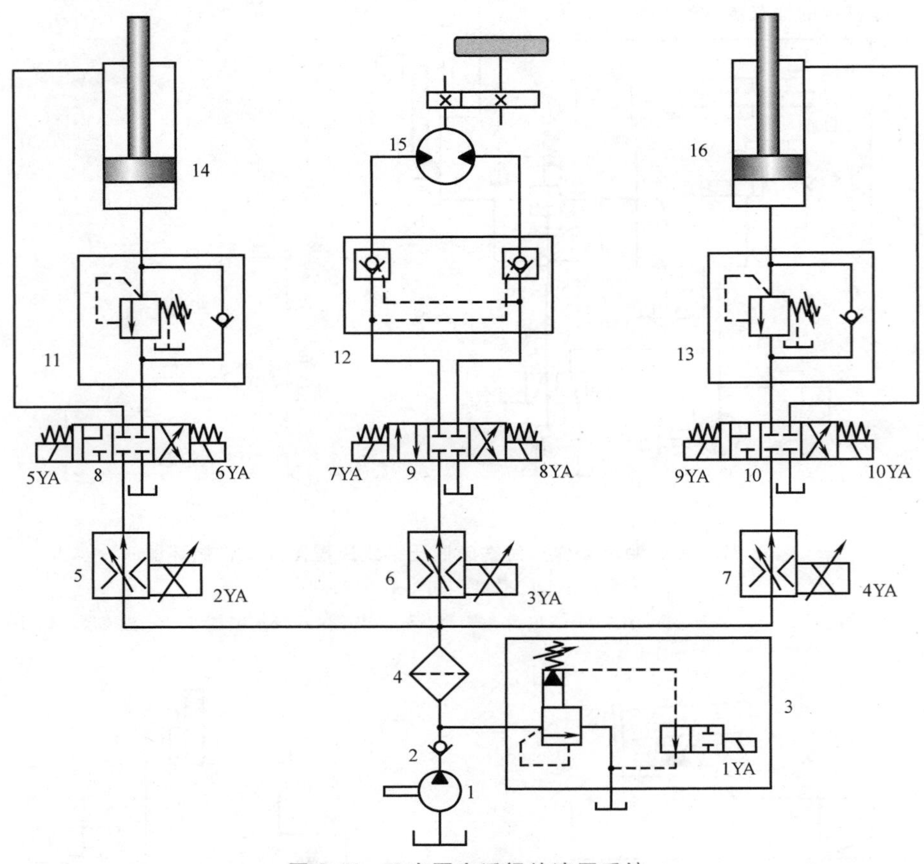

图 8-14　X 光隔室透视站液压系统

1—液压泵　2—单向阀　3—电磁式溢流阀　4—过滤器　5、6、7—比例流量阀
8、9、10—三位四通电磁换向阀　11、13—平衡阀　12—液压锁
14—荧光屏升降缸　15—转盘回转液压马达　16—转盘升降液压缸

第9章

气压传动的基础知识

9.1 气压传动技术的发展及应用

9.1.1 气压传动技术的发展

气压传动技术是以气体为工作介质传递信号与动力，以实现生产机械化与自动化的一门技术，在工业自动化领域得到了越来越广泛的应用。

气压传动技术的应用历史悠久，早在公元前埃及就开始利用风箱产生压缩空气用于助燃。18 世纪工业革命后，气压传动技术逐渐被用于产业中，1871 年采矿业开始采用气动风镐；1880 年美国的威斯汀豪斯利用压缩空气可以快速驱动的特点，研制了火车的制动装置，显示了气压传动简单、快速、安全、可靠的特点，开创了气压传动应用技术的先河。

由于气压传动技术采用空气作为工作介质，对环境无污染，气动元件结构简单，成本低且寿命长，并在易燃、易爆、多尘埃、强磁、辐射、振动等恶劣工作环境中工作时，安全可靠性优于液压传动和电气传动。因此，自 20 世纪 70 年代以来，气压传动技术在机械制造、汽车制造、电子半导体制造、生产自动化、包装自动化等领域得到了广泛的应用。在核工业、航空航天等尖端技术领域，气压传动技术也占据着重要的地位。

近年来，气压传动技术的发展方向是提高元件质量、增加元件功能和降低成本，并满足现代社会环保、高度集成、快速、使用方便等要求，进一步向低功耗、高速度、小型化、无给油化、智能化和机电一体化方向发展，新型气动元件不断涌现，如无给油润滑气缸和气阀、小型气缸、低功率电磁阀、伺服气缸、无杆气缸、柔性活塞气缸、步进式气动马达、气动手指以及包含传感器、总线接口、可编程序控制各种功能的阀岛等新型气动元件。

气压传动系统也从传统的点对点控制向高精度的闭环控制发展，气动伺服控制技术得到重视并应用于生产实际中，包括日本、德国和美国等工业发达国家竞相投入相当的人力、物力从事气压传动伺服控制技术的研究，并取得了较大的进展。同时，各种电-气伺服控制元件也得到了不断发展，品种日趋完善，国外著名的气动元件生产厂家，如 SMC 等公司相继开发成功了电-气比例阀或电-气伺服阀，为电-气伺服控制技术打下了必不可少的物质基础。目前，气压传动技术的应用几乎遍及各行各业，而电-气比例伺服控制系统已经成功地应用于机械手定位机构、工业机器人、食品机械、人造血泵、化学反应控制系统、包装自动化、柔性抓取机构等。随着微电子技术、计算机技术的迅猛发展以及控制理论的不断完善，廉价、功能强、性能高的集成电路大量涌现，气压传动技术与传感技术、微电子技术密切结合，发展成为包括传动、控制与检测在内的一门完整的自动化技术。

9.1.2 气压传动技术的应用

自20世纪80年代以来，自动化技术得到迅速发展和广泛应用，气压传动技术作为低成本易操作的自动化技术，在现代工业生产的各领域得到了广泛的应用。

1. 汽车制造行业

如图9-1所示，现代汽车制造工厂的生产线，尤其是主要工艺的焊接生产线，广泛采用了气压传动技术。如车身在每个工序的移动；车身外壳被真空吸盘吸起和放下，在指定工位的夹紧和定位；点焊机焊头的快速接近、减速软着陆后的变压控制点焊，都采用了气压传动控制系统。高频率的点焊、力控的准确性及完成整个工序过程的高度自动化，堪称是最有代表性的气压传动技术应用之一。

图9-1 汽车制造生产线

2. 电子半导体制造行业

半导体器件生产是一整套复杂、精密、严格的工艺流程，在各工艺中，大量使用由气压传动技术与产品衍生而来的新型气动元件及超高洁净、超纯气动元件和精密元件组成的气压传动系统，如图9-2所示。气动旋转取料装置用来实现芯片等片式元件的上料，并把它们送到相应的加工、装配或测试分类工位。石英晶体点胶机利用气压传动系统完成自动吸取晶片、自动点胶、自动装贴镜片等动作。编带机将陶瓷滤波器、电容、电感等径向引线的电子元件经机械装置送入基带与胶带，并热压成型后编带等。

3. 数控机床

由于气压传动技术具有高频率换向、大范围调速、节省空间体积、简化机床结构等优点，在数控机床（图9-3）中得到重要应用，包括主轴、工作台等机床部件的移动；自动换刀、工作台的夹紧松开、自动门的开合、吹气、工件夹紧、工件的自动上下料、搬送堆放辅助装置等，可以缩短加工辅助时间，减轻工人劳动强度，充分发挥数控设备的高效性能；工件、交换工作台、工具定位面等的自动吹屑；主轴箱的重力平衡装置、机械手、刀库等；工件位置、刀具缺损等检测装置。

4. 包装自动化

气压传动技术广泛应用于食品、饮料、药品、轻工等行业的包装自动化，如图9-4和图9-5所示。如啤酒生产过程中的分配、装瓶、灌装、检测、加盖、贴标、包装等自动化装置，以及对黏稠液体（如油漆、油墨、化妆品、牙膏等）和有毒气体（如煤气等）的自动计量灌装。

图 9-2 电路板生产工艺

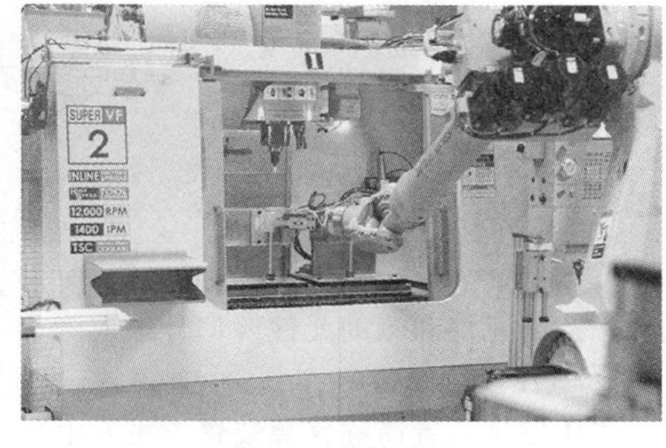

图 9-3 数控机床

图 9-4 啤酒灌装生产

图 9-5 机器人抓取

5. 生产自动化

为了减轻体力劳动、提高生产率及降低成本，在自动生产线上广泛使用了气压传动技术。如缝纫机、自行车、手表、洗衣机等许多行业的零件加工和组装线上，多自由度的抓取机械手完成工件的搬运、转位以及定位、夹紧、进给、装卸、清洗、检测等都使用气压传动，如图 9-6 所示。

6. 石油化工过程控制

在石油化工行业过程自动化系统中，石油提炼加工、气体加工、化工生产等管道输送液体、气体介质的阀门调节控制很多采用了气压传动，如图 9-7 所示。

图 9-6 零件组装

图 9-7 石化阀门控制

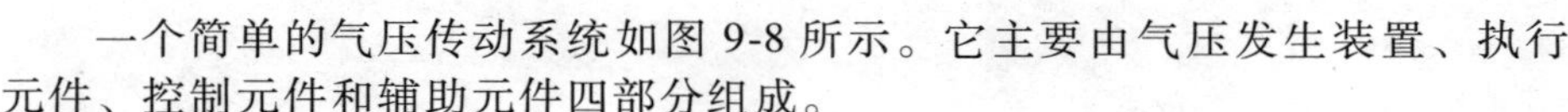

9.2　气压传动系统的组成及特点

9.2.1　气压传动系统的组成

一个简单的气压传动系统如图9-8所示。它主要由气压发生装置、执行元件、控制元件和辅助元件四部分组成。

1. 气压发生装置

气压发生装置简称气源装置，主要由空气压缩机与气源净化设备组成。空气压缩机的功能是把原动机（如电动机）供给的机械能转化为空气的压力能。气源净化设备用以降低压缩空气的温度，初步去除压缩空气中的水分、油分以及污染杂质等。一般厂矿企业都将气源装置集中为压气站（空压站），由压气站统一向各处供气，这样既可降低工作场所的噪声，也便于集中管理。

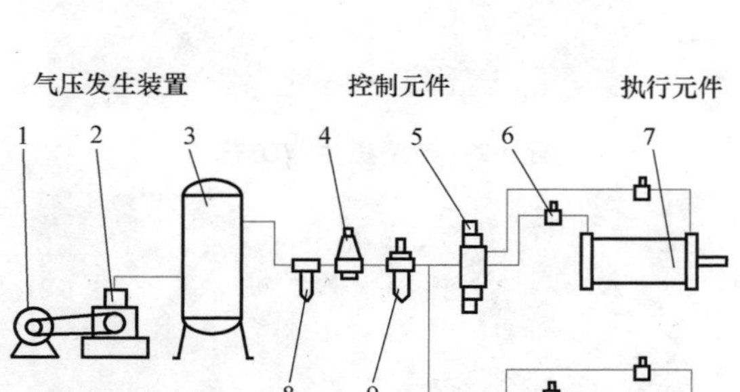

图9-8　一个简单的气压传动系统
1—电动机　2—空气压缩机　3—储气罐　4—调压阀　5—方向控制阀　6—节流阀　7—气缸　8—过滤器　9—油雾器

2. 执行元件

执行元件是将压缩空气的压力能转化为机械能的元件，它主要包括做直线运动的气缸，做连续回转运动的气马达、做不连续回转运动的摆缸及气动手爪等。

一般来讲，一个基本的气压传动系统主要由压缩空气产生和输送系统以及压缩空气消耗系统两部分组成，其基本结构如图9-9所示。

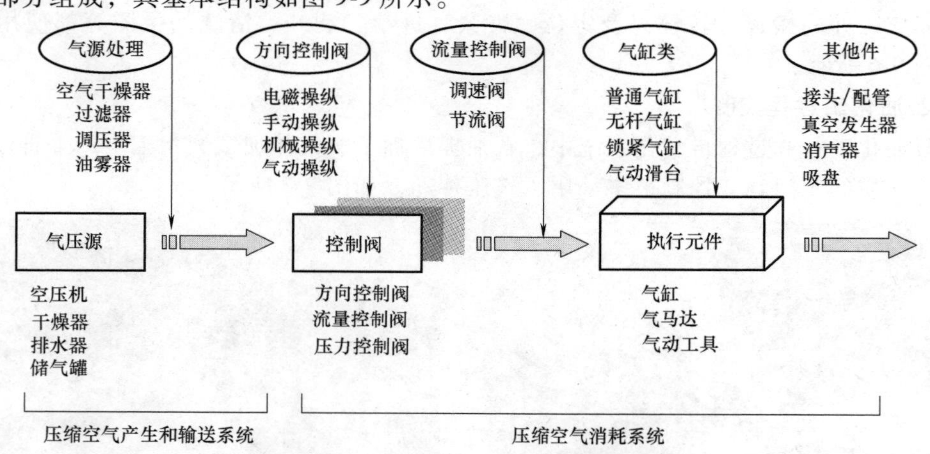

图9-9　气压传动系统的基本结构

3. 控制元件

控制元件是指气动系统中用来控制压缩空气的压力、流量及流动方向的元件。通过控制元件，可以控制执行元件的出力、速度大小及运动方向。控制元件包括各种压力阀、流量阀、方向阀、逻辑元件、各类转换器和传感器等。

4. 辅助元件

辅助元件是使压缩空气净化、润滑、消声以及元件间连接所需装置的总称。由气压装置出来的压缩空气在进入气动控制系统之前，一般需做进一步净化，去除压缩空气中的水汽、油污及灰尘。

9.2.2　气压传动系统的特点

1. 气压传动系统的优点

气压传动之所以能够得到迅速发展和广泛应用，是因为它具有如下优点：

1）气压传动装置结构简单，成本低，压力等级低，使用安全，安装维护简单，适于标准化、系列化、通用化。

2）工作介质是周围的空气，排气处理简单，不污染环境。

3）输出力及工作速度调节方便，气缸运动速度快，一般为200～800mm/s。

4）气动元件的有效动作次数为数百万次，可靠性高，使用寿命长。

5）在易燃、易爆、多尘埃、强磁、辐射、振动等恶劣环境中工作时，安全可靠性优于液压传动系统和电气传动系统。

6）利用空气的可压缩性，可储存能量实现集中供气；可短时间释放能量，以获得间歇运动中的高速响应；可实现缓冲；对冲击负载和过负载有较强的适应能力。在一定条件下可使气动装置有自保持能力。

7）由于空气黏度小，传输中流动损失小，压缩空气可集中供气和远距离输送。

2. 气压传动系统的缺点

与其他传动方式相比，气压传动也有以下一些缺点。

1）由于空气的可压缩性，气压传动的动作稳定性较差，其工作速度受外负载变化影响大，速度和位置控制精度较难提高。

2）由于空气工作压力低，气压传动只适用于负载较小的场合。在相同输出力的情况下，气动执行元件尺寸较大（相对于液压传动而言）。

3）排气噪声较大，一般需加消声器，减小噪声。

4）需要对气源中的杂质及水蒸气进行净化处理。

9.3　空气的基本性质

1. 空气的组成

自然界的空气是由多种气体混合而成的，其主要成分是氮气和氧气。空气里含有少量水蒸气。含有水蒸气的空气称为湿空气，完全不含水蒸气的空气称为干空气。

基准状态下（即温度 t=0℃，压力 p=0.1013MPa）干空气的组成见表9-1。

表9-1　干空气的组成

成分	氮气(N_2)	氧气(O_2)	氩气(Ar)	二氧化碳(CO_2)	其他气体
体积分数(%)	78.03	20.93	0.932	0.03	0.078
质量分数(%)	75.50	23.10	1.280	0.045	0.075

2. 密度和质量体积

单位体积内所含气体的质量称为密度，用 ρ 表示，单位为 kg/m^3。

密度的倒数即单位质量的气体所占的体积，称为质量体积，用 v 表示，单位为 m^3/kg。

3. 压力

压力是由于气体分子热运动而互相碰撞，在容器的单位面积上产生的力的统计平均值，用 p 表示，单位为 Pa、kPa 或 MPa，$1Pa=1N/m^2$。

压力可以用绝对压力、相对压力（表压力）和真空度来表示。

4. 温度

温度表示气体分子热运动动能的统计平均值，有热力学温度、摄氏温度等。

热力学温度用符号 T 表示，其单位名称为开尔文，单位符号为 K。

摄氏温度符号用符号 t 表示，其单位名称为摄氏度，单位符号为℃。摄氏温度的定义是

$$t=T-T_0 \tag{9-1}$$

其中 $$T_0=273.15K$$

5. 压缩性

一定质量的静止气体，由于压力改变而导致气体所占容积发生变化的现象，称为气体的压缩性。由于气体的压缩性大，因此容易压缩而便于储存。但是，压缩性大也影响了气缸运动的平稳性。

6. 黏性

由气体分子间的吸引力而产生阻碍气体流动的内摩擦力的性质，称为气体的黏性。由于气体有黏性，导致它在流动时有能量损失。

气体的黏性用动力黏度 μ 表示，单位是 Pa·s。气体的黏度受温度变化的影响，随着温度升高，气体分子间的动量交换加剧，黏度升高。空气的动力黏度 μ 与温度 t 的关系见表 9-2。由于气体的黏性比液体的小得多，因此，在相同流速的条件下，空气流动比液压油流动所产生的能量损失要小得多。

表 9-2 空气的动力黏度 μ 与温度 t 的关系

t/℃	-20	0	10	20	30	40	60	80	100
$\mu\times10^6$/(Pa·s)	16.1	17.1	17.6	18.1	18.6	19.0	20.0	20.9	21.8

没有黏性的气体称为理想气体。实际上，理想气体是不存在的。当气体的黏性较小，由黏性所产生的黏性力与气体所受的其他作用力（如压差力）相比可以忽略时，气体便可视为理想气体。理想气体将使分析、计算大为简化，并可得到基本正确的结果。必要时，黏性力的影响可通过对计算结果进行修正来解决。因此，研究理想气体的流动具有重要的实用价值。

7. 湿空气

（1）绝对湿度 单位体积的湿空气中所含水蒸气的质量，称为湿空气的绝对湿度，也就是水蒸气密度。

空气中水蒸气的含量是有极限的，在一定的温度和压力下，空气中所含水蒸气达到最大可能含量时的状态称为饱和状态，这时的空气称为饱和空气。

在 2MPa 以下，可近似认为饱和空气中水蒸气的密度 ρ_b 与压力大小无关，只取决于温度。

可近似认为湿空气中的水蒸气完全服从气体的状态方程，故饱和水蒸气的分压力为

$$p_b = \rho_b R_b T \quad (9\text{-}2)$$

式中，R_b 为水蒸气的气体常数，$R_b = 461\text{J/(kg} \cdot \text{K)}$。

（2）相对湿度　绝对湿度只能说明湿空气中所含水蒸气的多少，但不能说明湿空气所具有的吸收水蒸气的能力。

相对湿度则是指空气中水蒸气的实际含量（即未饱和空气的水蒸气密度 ρ_{vb}）与同温度下最大可能的水蒸气含量（即饱和空气的水蒸气密度 ρ_b）之比，用 ϕ 表示，即

$$\phi = \frac{\rho_{vb}}{\rho_b} \quad (9\text{-}3)$$

相对湿度表明了湿空气中水蒸气含量达到饱和的程度。当 $\phi=0$ 时，$\rho_{vb}=0$，空气绝对干燥；当 $\phi=1$ 时，即 $\rho_{vb}=\rho_b$，空气中水蒸气达到饱和，其吸收水蒸气的能力为零，此时的温度称为露点温度，简称露点。达到露点时，湿空气将有水分析出。通常，空气的相对湿度为60%~70%时人体感觉舒适。但是，气动系统中空气的相对湿度越低越好，不应大于90%。

9.4 理想气体状态方程及变化过程

9.4.1 理想气体状态方程

理想气体是指没有黏性的气体。一定质量的理想气体在状态变化的某一稳定瞬时，有如下气体状态方程成立，即

$$\frac{pV}{T} = \text{const} \quad (9\text{-}4)$$

或

$$p = \rho RT \quad (9\text{-}5)$$

式中，p 为绝对压力（Pa）；V 为气体体积（m^3）；T 为热力学温度（K）；ρ 为气体的密度（kg/m^3）；R 为气体常数［J/(kg·K)］，$R_g = 287.1\text{J/(kg} \cdot \text{K)}$。

9.4.2 气体状态变化过程

气体从状态1（指压力、温度、体积）变化到状态2称为气体的状态变化。在状态变化以后或在变化过程中，当处于平衡状态时，这些参数（指压力、温度、体积）都应服从状态方程。下面介绍几个简单的状态变化过程。

1. 等容过程

一定质量的气体，在体积不变的条件下，所进行的状态变化过程称为等容过程。根据式(9-4)得

$$\frac{p_1}{T_1} = \frac{p_2}{T_2} = \text{const} \quad (9\text{-}6)$$

在等容过程中，气体对外不做功，气体随温度升高而压力增加，系统内能增加。

2. 等压过程

一定质量的气体，在状态变化过程中，其压力始终保持不变，这个过程称为等压过程。根据式（9-4）有

$$\frac{V_1}{T_1}=\frac{V_2}{T_2}=\text{const} \tag{9-7}$$

式（9-7）表明，压力不变时，气体温度上升必然导致体积膨胀，温度下降导致体积缩小。

3. 等温过程

一定质量的气体，在其状态变化过程中，其温度始终保持不变的过程，称为等温过程。因为 $T_1=T_2$，所以气体状态方程为

$$p_1V_1=p_2V_2=\text{const} \tag{9-8}$$

在等温过程中，无内能变化，加入系统的热量全部变成气体所做的功。气压传动系统中，气缸工作、管道输送空气等均可视为等温过程。

4. 绝热过程

一定质量的气体和外界没有热量交换时的状态变化过程称为绝热过程。气压传动系统的快速充、排气可视为绝热过程。在绝热过程中，状态参数之间有如下关系，即

$$\frac{p_1}{p_2}=\left(\frac{\rho_1}{\rho_2}\right)^{\kappa} \tag{9-9}$$

或

$$p_1V_1^{\kappa}=p_2V_2^{\kappa} \tag{9-10}$$

式中，κ 为等熵指数，对于空气来说，$\kappa=1.4$。

习题

9-1 气压传动有哪些优缺点？

9-2 气压传动系统有哪些应用？

9-3 气压传动由哪几部分组成？

9-4 空气的基本性质有哪些？

9-5 温度升高对空气的黏度有什么影响？

9-6 什么是理想气体？研究理想气体有什么意义？

9-7 如何理解空气的绝对湿度和相对湿度？

9-8 如何理解理想气体的等温过程和绝热过程？

9-9 把绝对压力为 0.1MPa、温度为 10℃、体积为 V 的干空气压缩为 $1/10V$，试分别按等温、绝热过程计算压缩后的压力和温度。

9-10 一定质量的气体状态变化过程有哪几种类型？

第10章

气动元件与基本回路

由第 9 章可知，气压传动系统由四部分组成，即气源系统、气动执行元件、气动控制元件和气动辅助元件。本章介绍各部分主要元件的工作原理、作用、特点和元件组成的基本回路。

10.1 气源系统及气动辅助元件

10.1.1 气源系统

产生、处理和储存压缩空气的设备称为气源设备；由气源设备组成的系统称为气源系统。

1. 对压缩空气的要求

空气压缩机从大气中吸入含有水分和灰尘的空气，经压缩后，空气温度较高，并混有水汽、灰尘及润滑油等杂质，如果将此压缩空气直接输送给气动装置使用，将会产生下列不利影响。

(1) 高温的影响　空气被压缩时，释放出大量的热量，空气压缩机出口空气温度在 80℃以上，最高时达 140~170℃。如果高温空气直接进入气动回路，将引起密封件、膜片和软管等材料的老化。

(2) 油蒸气的影响　油蒸气进入系统后，部分冷凝成油垢，与气动元件的润滑脂结合，降低了元件的润滑性能。另外，油蒸气随压缩空气排入大气，将污染工作环境。

(3) 水分的影响　压缩空气中的水分，在一定的压力、温度条件下会饱和而析出水滴。气动系统中的水分将使气缸、阀等元件润滑条件恶化，引起故障，并缩短元件的使用寿命。

(4) 灰尘的影响　空气中的灰尘等污染物沉积在系统内，与凝聚的油分、水分混合形成胶水物质，堵塞节流孔和气流通道，使系统不能正常工作；同时，胶水物质作用还将导致阀换向与气缸行程不到位，使系统不能稳定工作。

因此，为保证气动系统正常工作，气源系统必须设置一些冷却、除油、除水和除尘的辅助设备，使空气品质达到要求后才能使用。

2. 气源系统的组成

气源系统主要包括产生压缩空气的空气压缩机和使气源净化的辅助设备，系统的组成如图 10-1 所示。其工作原理为：由空气压缩机 4 产生的一定压力和流量的压缩空气进入小储气罐 1，以减小空气压缩机 4 排出压缩空气的脉动。当小储气罐 1 内的压力超过允许限度时，安全阀 3 自动打开向外排气，以保证安全；压力开关 6 的作用是根据压力的大小来控制电动机 5 的起、停；压缩空气进入后冷却器 10 后，将压缩空气温度从 120~140℃ 降至 40~50℃；同时，使压缩空气中的部分高温汽化油分和水蒸气冷凝出来。油水分离器 11 进一步将压缩空气中的水、油分分离出来。最后，压缩空气进入储气罐 12。储气罐 12 的主要作用在于降低压缩空气的压力脉动，储存一定量空气，以供短时较大耗气的需要，以及停电时起安全作用。

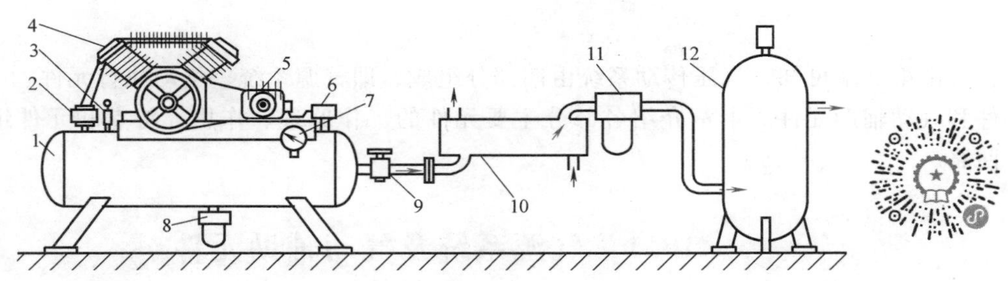

图 10-1　气源系统的组成

1—小储气罐　2—单向阀　3—安全阀　4—空气压缩机　5—电动机　6—压力开关　7—压力表　8—自动排水器　9—截止阀　10—后冷却器　11—油水分离器　12—储气罐

（1）空气压缩机的分类　空气压缩机简称空压机，它把原动机（如电动机）输出的机械能转化为气体的压力能。空气压缩机的种类很多，按工作原理可分为容积式和速度式两大类。在气压传动系统中，一般采用容积式空气压缩机。

按输出压力高低来分，空气压缩机的分类见表 10-1。

表 10-1　空气压缩机的分类

空气压缩机的分类	输出压力范围	应用
鼓风机	$p \leqslant 0.2\text{MPa}$	
低压空气压缩机	$0.2\text{MPa} < p \leqslant 1\text{MPa}$	小型系统中常用
中压空气压缩机	$1\text{MPa} < p \leqslant 10\text{MPa}$	工厂压气站用
高压空气压缩机	$10\text{MPa} < p \leqslant 100\text{MPa}$	
超高压空气压缩机	$p > 100\text{MPa}$	

按输出流量来分，空气压缩机可分为微型空气压缩机（$q \leqslant 1\text{m}^3/\text{min}$）、小型空气压缩机（$1\text{m}^3/\text{min} < q \leqslant 10\text{m}^3/\text{min}$）、中型空气压缩机（$10\text{m}^3/\text{min} < q \leqslant 100\text{m}^3/\text{min}$）、大型空气压缩机（$q > 100\text{m}^3/\text{min}$）。

（2）空气压缩机的工作原理　气压传动系统中最常用的是往复活塞式空气压缩机，其工作原理如图 10-2 所示。当活塞 3 向右移动时，气缸 2 左腔的压力低于大气压力 p_0，吸气阀 9 打开，空气在大气压力作用下进入气缸 2 左腔，此过程称为吸气过程；当活塞 3 向左移动时，吸气阀 9 在气缸 2 左腔内压缩气体的作用下关闭，气缸 2 左腔内气体被压缩，此过程称为压缩过程。当气缸 2 左腔内气压力升高到略大于输出管路内的压力 p 后，排气阀 1 打开，压缩空气排入输气管道，此过程称为排气过程。

活塞 3 的往复运动是由电动机带动曲柄 8 转动，通过连杆 7、滑块 5、活塞杆 4 转化成

直线往复运动而产生的。图 10-2 所示为单缸单活塞的工作情况，大多数空气压缩机是多缸多活塞工作。

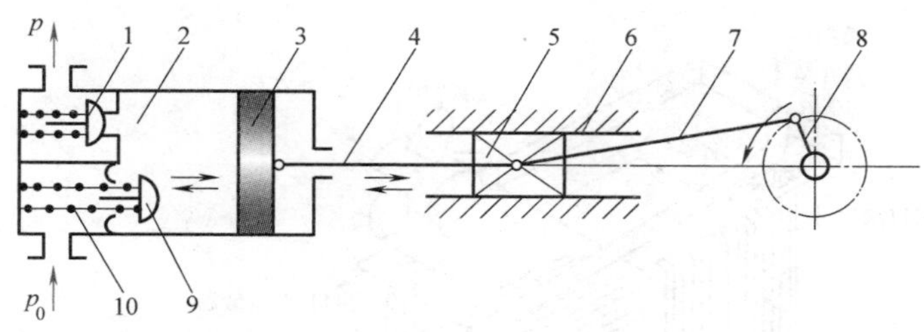

图 10-2　活塞式空气压缩机的工作原理

1—排气阀　2—气缸　3—活塞　4—活塞杆　5—滑块　6—滑道　7—连杆　8—曲柄　9—吸气阀　10—弹簧

（3）空气压缩机的选型　选择空气压缩机的主要依据是气动系统所需要的工作压力和流量两个参数。在确定空气压缩机的输出压力时，应考虑管道的压力损失。一般而言，空气压缩机输出压力应大于工作压力 0.15~0.2MPa。空气压缩机的输出流量可根据气动系统工作平均耗气量选取，同时考虑管道泄漏及新增气动设备的可能性等因素，一般输出流量按 1.6~3.3 倍平均耗气量选取。

10.1.2　空气处理元件

1. 后冷却器

后冷却器安装在空气压缩机排气口处的管道上，其作用是冷却空气压缩机出口压缩空气的温度，使其从 140~170℃ 降到 40~50℃，同时使大部分的水汽凝聚成水滴和油滴，以便除去。

后冷却器按工作原理分通常有两种：水冷式和风冷式。以水为冷却介质对压缩空气进行冷却的称为水冷式后冷却器；以空气为冷却介质对压缩空气进行冷却的称为风冷式后冷却器。

水冷式后冷却器主要有列管式、散热片式和蛇管式等。图 10-3 所示为蛇管式后冷却器的工作原理及图形符号。高温压缩空气在管内流过，冷却水在管外的水套中流动进行冷却。这种冷却器结构简单，应用比较广泛。

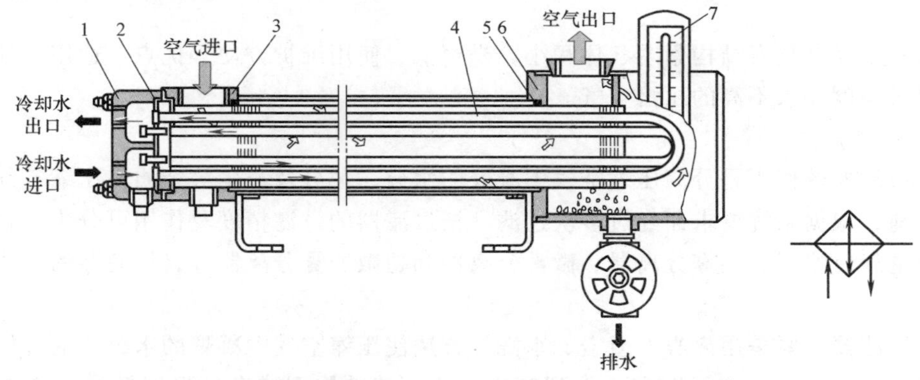

图 10-3　蛇管式后冷却器的工作原理及图形符号

1—水室盖　2、5—垫圈　3—外筒　4—带散热片管束　6—气室盖　7—出口温度计

图 10-4 所示为风冷式后冷却器的工作原理及图形符号，由风扇吹动空气循环冷却压缩空气。

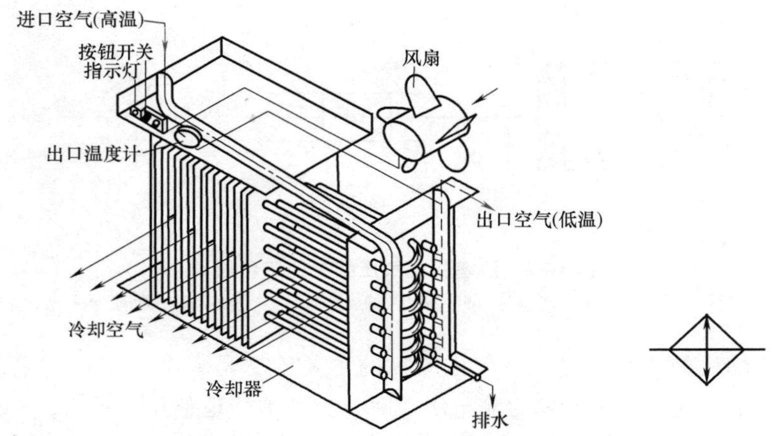

图 10-4 风冷式后冷却器的工作原理及图形符号

由于水的热容大于空气，因而水冷式后冷却器的冷却效果好于风冷式后冷却器。但是，由于水冷式后冷却器必须考虑进水与排水，结构复杂、成本高，因而对于小型压气站而言，使用不是很方便。风冷式后冷却器结构简单，安装方便，因而在中小系统中得到了较广泛的应用。

后冷却器的选择依据主要是其额定流量及压力。当入口空气温度超过 100℃ 或处理空气量很大时，只能选用水冷式后冷却器。

2. 干燥器

干燥器是吸收和排除压缩空气中的水分、部分油分与杂质，使湿空气变成干空气的装置。干燥器的种类主要有冷冻式、吸附式和高分子隔膜式等。

图 10-5 所示为冷冻式干燥器的工作原理及图形符号。潮湿的热压缩空气，经风冷式后冷却器冷却后，进入热交换器的外筒被预冷，再流入内筒被空气冷却器冷却到压力露点（2~10℃）。在此过程中，水蒸气冷凝成水滴，经自动排水器排出。除湿后的冷空气，通过热交换器外筒的内侧，吸收入口侧空气的热量，使空气温度上升。提高输出空气的温度，可避免输出口结霜，并降低相对湿度。处于不饱和状态的干燥空气从输出口流出，供气动系统使用。

冷冻式干燥器具有结构紧凑、体积小、噪声低、使用维护方便等优点，适用于处理空气量大，对干燥度要求不高的压缩空气。

3. 空气过滤器

空气过滤器的作用是分离压缩空气中凝聚的水分、油分及灰尘等杂质。压缩空气进入气动系统之前，根据系统要求而经过多次过滤。按过滤器的过滤精度及作用可分为主管路过滤器、普通空气过滤器、油雾分离器、微雾分离器和超微油雾分离器等，过滤器的过滤特性见表 10-2。

空气过滤器主要是用离心、撞击、水洗等方法使压缩空气中凝聚的水分、油分等杂质从压缩空气中分离出来，使压缩空气得到初步净化。其结构型式有环形回转式、撞击并折回式、离心旋转式、水浴式以及以上型式的组合使用等。

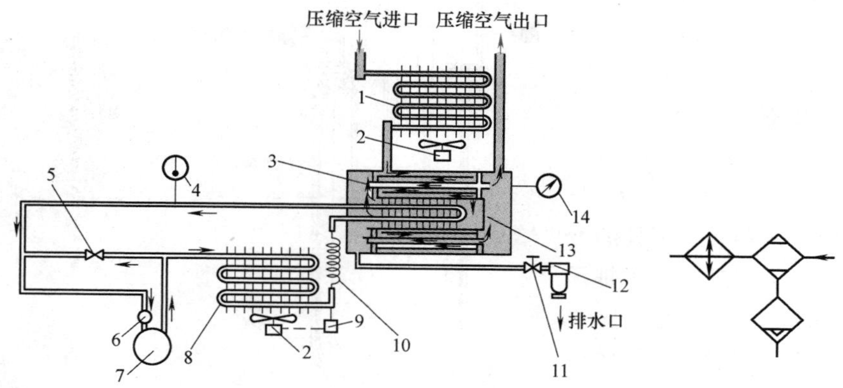

图 10-5 冷冻式干燥器的工作原理及图形符号

1—后冷却器 2—风扇 3—空气冷却器 4—蒸发温度计 5—容量控制阀 6—抽吸储气罐 7—压缩机 8—冷凝器 9—压力开关 10—毛细管 11—截止阀 12—自动排水器 13—热交换器 14—出口压力表

表 10-2 过滤器的过滤特性

项目	主管路过滤器	普通空气过滤器	油雾分离器	微雾分离器	超微油雾分离器
作用	清除油污、水分和粉尘	去除固态杂质、水滴和油污等	去除 0.3~5μm 气状溶胶油粒子及大于 0.3μm 的锈末、炭粒微粒	去除 0.01μm 以上的气状溶胶油粒子及 0.01μm 以上的炭粒和尘埃	去除气态油粒子
过滤精度	3μm	5(或 2、10、20、40、70、100)μm	0.3μm	0.01μm	0.01μm
应用	安装在主管路中提高下游干燥器的工作效率，提高精密过滤器的工作效率	一般用于气动设备	装在电磁先导阀及间隙密封阀的气源上	用于高洁净空气及洁净室等场合	用于涂装线、洁净室及无油程度要求很高的场合

图 10-6 所示为撞击环形回转式空气过滤器的过滤原理及图形符号。气流以一定的速度经输入口进入分离器内，经导流片的切线方向的缺口强烈旋转，液态油水及固态杂质受离心力作用，被甩到水杯的内壁上，再流至底部，除去液态油水和杂质的压缩空气，通过滤芯进一步清除微小固态颗粒，然后从出口流出。

滤芯下的挡水板能防止液态油水被卷回气流中。按手动排水阀按钮，即可排出聚集在水杯内的冷凝水。滤芯有金属网型、烧结金属型和纤维聚结型等。这种过滤器油水分离效果好。

4. 储气罐

储气罐主要用来调节气流，减少输出气流的压力脉冲，使输出气流具有流量连续和气压稳定的性能。必要时，还可以作为应急气源使用。储气罐也能分离部分油污和水分。

储气罐一般采用焊接结构，有立式和卧式两种。其中立式储气罐应用较多，它的高度为其直径的 2~3 倍，进气管在下，出气管在上，并尽可能加大进、出气管口之间的距离，以进一步分离空气中的油污和水分。储气罐应安装有安全阀，用于限制罐中最高压力；通常罐中压力为正常工作压力的 1.1 倍，并用压力计显示。图 10-7 所示为立式储气罐。

5. 自动排水器

自动排水器（图 10-8）用于自动排除管道低处、油水分离器、储气罐及各种过滤器底部等处的冷凝水，可安装于不便进行人工排污水的地方，如高处、低处、狭窄处，并可防止人工排水被遗忘而造成压缩空气被冷凝水重新污染。

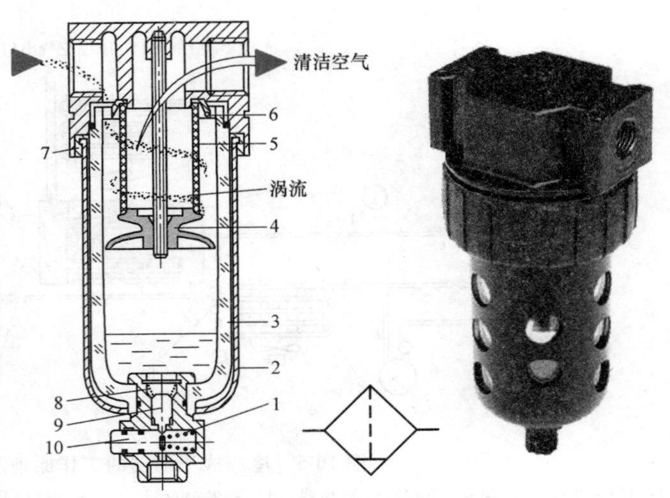

图 10-6 撞击环形回转式空气过滤器的过滤原理及图形符号

1—回位弹簧 2—保护罩 3—水杯 4—挡水板 5—滤芯 6—导流片 7—卡圈 8—锥形弹簧 9—阀芯 10—按钮

浮子式自动排水器的气流以一定的速度经输入口进入分离器内，经导流叶片的作用强烈旋转，液态油水及固态杂质受离心力作用，被甩到水杯的内壁上，再流至水杯底部，当水杯内的水位升到一定位置时，在浮力作用下浮子上移与上节流孔脱离，排水口被打开排水；当水位下落至一定位置时，节流孔又被关闭；当水杯内无气压时，浮子靠自重落下，关闭节流孔。

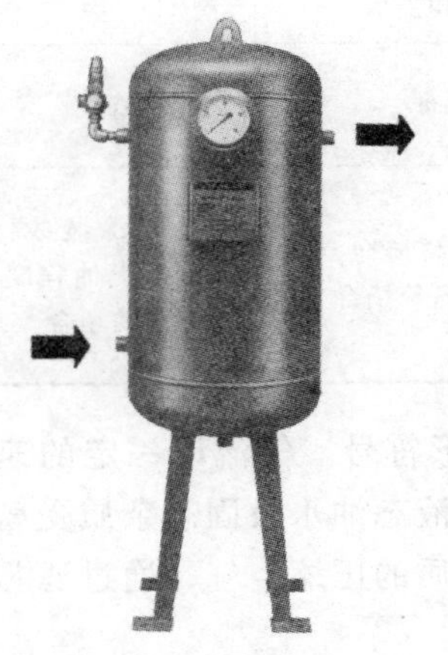

图 10-7 立式储气罐

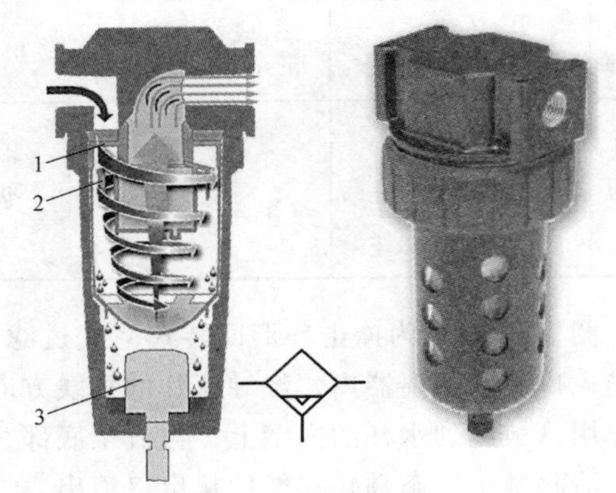

图 10-8 自动排水器

1—导流叶片 2—撞击器 3—浮子

10.1.3 其他辅助元件

气动系统中，除了空气处理元件，其他辅助元件也是不可缺少的，如消声器、管道和管接头等。

1. 消声器

压缩空气在排向大气的过程中急速膨胀，引起气体振荡，产生强烈的排气噪声。噪声的强弱随排气速度、排气量和换向阀前后空气通道的形状变化而变化，最高可达 100dB。排气

噪声严重恶化工作环境，危害人体健康，降低工作效率。为降低噪声，通常在排气口处安装消声器。

气动消声器主要有三种：吸收型消声器、膨胀干涉型消声器和膨胀干涉吸收型消声器。常见的是吸收型消声器，这种消声器是依靠吸声材料来消声的。当压缩空气通过多孔的吸声材料时，一部分声波被吸收转化成热能，从而降低了噪声。

图 10-9 所示为几种吸收型消声器，吸收型消声器结构简单，消除中、高频噪声性能良好，可降低气流噪声达到 25dB 以上。而消除中、低频噪声主要采用膨胀干涉型消声器。

2. 管道与管接头

气动系统中常用的管子有硬管和软管。硬管以钢管、纯铜管为主，常用于高温、高压和固定不动件之间的连接。软管有各种塑料管、尼龙管和橡胶管等，其特点是经济、拆装方便、密封性好，但应避免在高温、高压、有辐射的场合使用。

气动系统中使用的管接头与液压系统管接头基本相似，主要有卡套式、扩口螺纹式、卡箍式等。对于大通径管道，一般应采用法兰连接。图 10-10 所示为各种气动管接头。

图 10-9 几种吸收型消声器

图 10-10 各种气动管接头

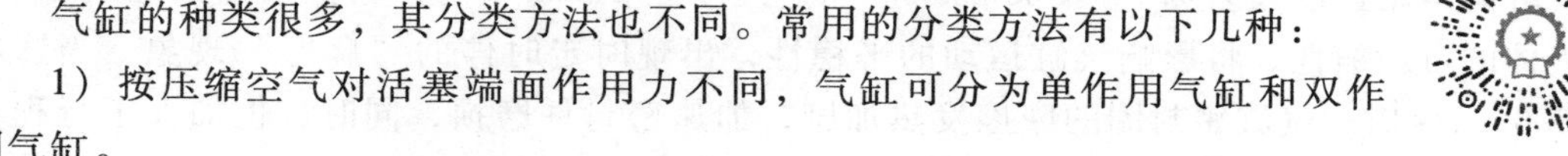

10.2 气动执行元件

在气压传动中，将空气的压力能转换为机械能的装置称为气动执行元件。气动执行元件包括气缸和气马达。气马达用于连续回转运动，气缸用于实现直线往复运动或摆动，气缸的应用更为广泛。

10.2.1 气缸的分类

气缸的种类很多，其分类方法也不同。常用的分类方法有以下几种：

1）按压缩空气对活塞端面作用力不同，气缸可分为单作用气缸和双作用气缸。

2）按结构特征不同，气缸可分为活塞式气缸、膜片式气缸、柱塞式气缸和摆动式气缸等。

3）按安装方式不同，气缸可分为脚座式气缸、法兰式气缸、耳环式气缸和耳轴式气缸等。

4）按功能不同，气缸可分为普通气缸和特殊气缸。普通气缸一般指活塞式气缸，用于无特殊要求的场合。特殊气缸用于有特殊要求的场合，如无杆气缸、锁紧气缸、薄型气缸、气动滑台、摆动气缸和气爪等。

10.2.2　普通气缸

1. 结构及工作原理

普通气缸的典型结构如图 10-11 所示，主要由缸筒、前端盖、后端盖、活塞、活塞杆等组成。端盖上设有进、排气口，端盖内设有缓冲机构。前端盖上的密封圈和防尘圈用以防止从活塞杆处向外漏气和防止外部灰尘混入缸内。前端盖上的导向套起导向作用，减小活塞杆伸出时的下弯量，延长气缸使用寿命。普通气缸工作原理与液压缸类似，此处不再赘述。

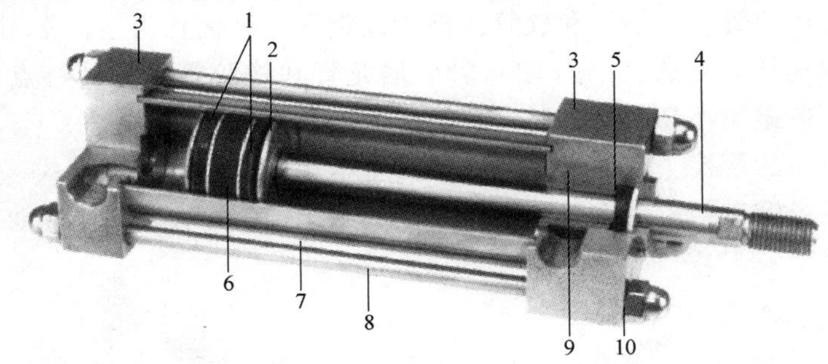

图 10-11　普通气缸的典型结构

1—活塞密封圈　2—活塞　3—后端盖　4—活塞杆　5—前端盖支承密封件　6—活塞耐磨环　7—缸筒　8—拉杆　9—前端盖　10—螺母

图 10-12 所示为几种不同型式的普通气缸。

图 10-12　几种不同型式的普通气缸

2. 气缸的速度特性

由于空气的压缩性影响，活塞在运动过程中的速度是变化的，速度的最大值称为最大速度。通常气缸的运动速度是指平均速度，即气缸的运动行程除以气缸的动作时间（通常按到达时间计算）。

气缸的运动速度大多为 50~500mm/s。当速度小于 50mm/s 时，摩擦阻力的影响增大，加上气体的可压缩性，将影响气缸运动的平稳性，出现时走时停的“爬行”现象。当速度高于 500mm/s 时，气缸密封圈的摩擦发热加剧，加速密封件磨损，同时，也加大了行程末端的冲击力，影响使用寿命。

3. 气缸的输出力

气缸的理论输出力 F_0 等于压缩空气作用在气缸活塞有效面积上产生的推力或拉力。其大小等于压缩空气在气缸前后活塞上的作用力之差，气缸推力计算简图如图 10-13 所示。

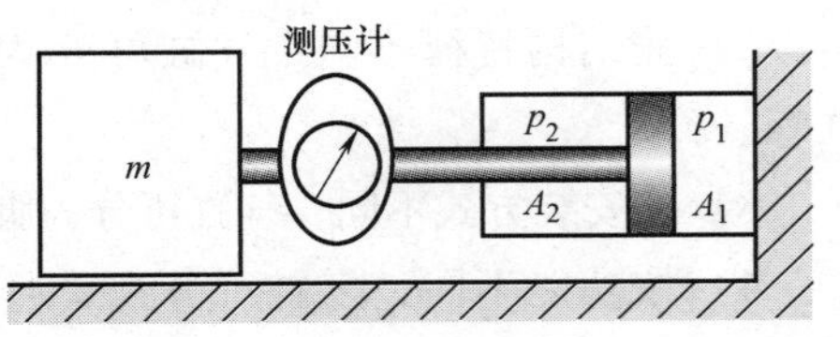

图 10-13　气缸推力计算简图

$$F_0=F_1-F_2=A_1p_1-A_2p_2 \tag{10-1}$$

式中，F_1、F_2 为作用于右、左活塞上的压缩气体推力（N）；A_1、A_2 为右、左活塞作用面积（m^2）；p_1、p_2 为右、左活塞腔气体压力（Pa）。

由于气缸活塞等运动部件的惯性力以及摩擦力的影响，气缸的实际输出力要小于理论输出力。因此，在实际使用中必须考虑气缸负载率 η。气缸的负载率 η 是气缸活塞杆受到的轴向负载力 F 与气缸的理论输出力 F_0 之比，即

$$\eta=F/F_0\times100\% \tag{10-2}$$

负载率是选择气缸时的重要参数，负载状况不同，气缸的负载率也不同。不同负载下的负载率见表10-3。

表10-3　不同负载下的负载率

负载的运动状态	静载荷（如夹紧低速压铆）	动载荷	
		气缸速度（50~500mm/s）	气缸速度（>500mm/s）
负载率	$\eta\leq70\%$	$\eta\leq50\%$	$\eta\leq30\%$

4. 气缸的耗气量

气缸的耗气量分为最大耗气量和平均耗气量。最大耗气量是指气缸以最大速度运动时所需的空气流量。平均耗气量是指气缸在气动系统的一个工作循环周期内所消耗的空气流量。平均耗气量用于选用空气压缩机，计算运转成本。最大耗气量用于选定空气处理元件、控制元件及配管尺寸等。最大耗气量与平均耗气量之差用于选定储气罐的容积。

例10-1　如图10-13所示，用气缸水平推动负载质量 $m=150\text{kg}$ 的台车。台车与床面间的摩擦因数 $\mu=0.3$，供给压力 $p=0.5\text{MPa}$，请选择气缸缸径。

解　轴向负载力 F 为

$$F=\mu mg=0.3\times150\text{kg}\times9.8\text{m/s}^2\approx450\text{N}$$

根据表10-3，预选负载率 $\eta=25\%$。由式（10-2）得气缸的理论输出力 F_0 为

$$F_0=F/\eta=1800\text{N}$$

把 $p_1=0.5\text{MPa}$、$p_2=0$ 代入式（10-1），可计算出缸径 D 为

$$D=\sqrt{\frac{F_0}{p_1}\frac{4}{\pi}}=\sqrt{\frac{1800}{0.5\times10^6}\times\frac{4}{\pi}}\text{m}\approx67.7\text{mm}$$

查气缸缸径标准系列可知，大于缸径67.7mm的标准缸径为80mm，故应选气缸缸径 $D=80\text{mm}$。

10.2.3　特殊气缸

1. 无杆气缸

普通气缸在沿行程方向的实际占有安装空间约为其行程的2.2倍，这使某些场合下气缸的安装较为困难，也不利于设备的小型化。无杆气缸正是在这种背景下开发出来的。无杆气缸的基本特征是没有活塞杆，因此，它的安装空间仅为行程的1.2倍左右。由于体积小，结构紧凑，无杆气缸已经广泛应用于数控机床、注射机、多功能坐标移动机械手和生产流水线

上工件的传送等工业自动化设备中。

无杆气缸可分为机械式无杆气缸和磁耦合式无杆气缸两种，如图 10-14 所示。机械式无杆气缸有较大的承载能力和抗力矩能力；磁耦合式无杆气缸自重轻，结构简单，占空间小。

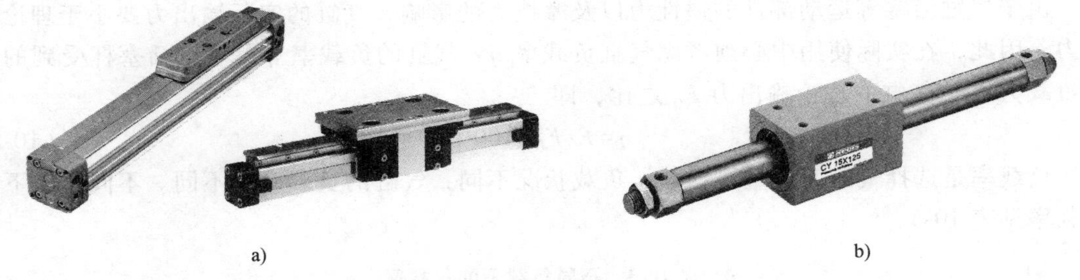

a)　　b)

图 10-14　两种不同型式的无杆气缸

a）机械式无杆气缸　b）磁耦合式无杆气缸

图 10-15 所示为无杆气缸在多功能坐标移动机械装置中的应用。

图 10-15　无杆气缸在多功能坐标移动机械装置中的应用

2. 气动滑台气缸

图 10-16 所示为几种不同型式的气动滑台气缸。导轨与气缸平行，工件安装在滑台上，通过气缸推动滑台运动。滑台通过导轨与气缸一体化，刚度高，并且采用了精密的直线导轨，因此，气动滑台气缸的直线运动位置精度高，主要用于位置精度较高的组装、定位和工件搬运等。

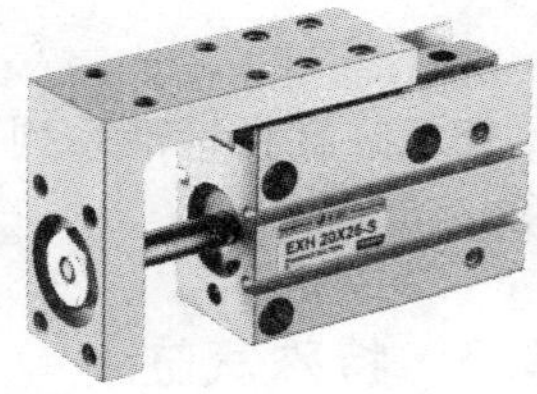

图 10-16　几种不同型式的气动滑台气缸

3. 带导杆气缸

图 10-17 所示为带导杆气缸。两根平行的导杆与气缸组成一体。由于两根平行导杆通过端板与活塞杆连在一起，可防止活塞杆的回转。带导杆气缸结构紧凑，导向精度高，能承受较大的横向负载力矩，可用于输送线上工件的推出、提升和限位等。

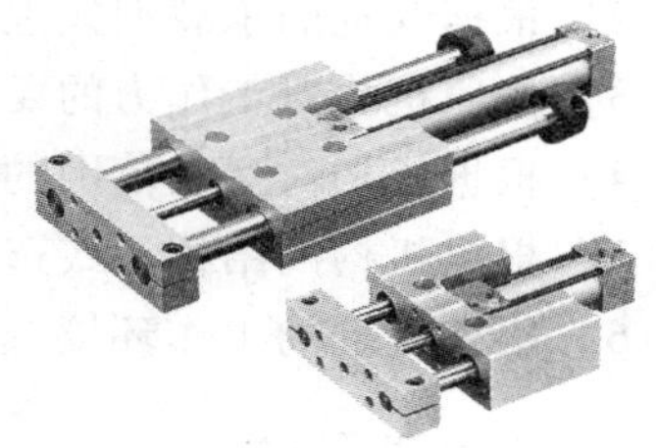

图 10-17　带导杆气缸

4. 气动手指

气动手指用于抓取工件。根据工件的形状、大小、使用环境及作业目的等方面要求的不同，气动手指的品种规格很多，常见的有支点开闭型气动手指和平行开闭型气动手指。一般是在气缸活塞杆上连接一个传动机构，来带动气动手指做直线平移或绕某支点开闭，以夹紧或释放工件。图 10-18 所示为不同型式的气动手指。

图 10-18　不同型式的气动手指

5. 摆动气缸

输出轴在一定角度内往复摆动的气动执行元件称为摆动气缸。它主要用于物件的转位、翻转，工件的夹紧，阀门的开闭以及机器人的手臂动作等。摆动气缸可分为叶片式摆动气缸和齿轮齿条式摆动气缸两种，如图 10-19 所示。

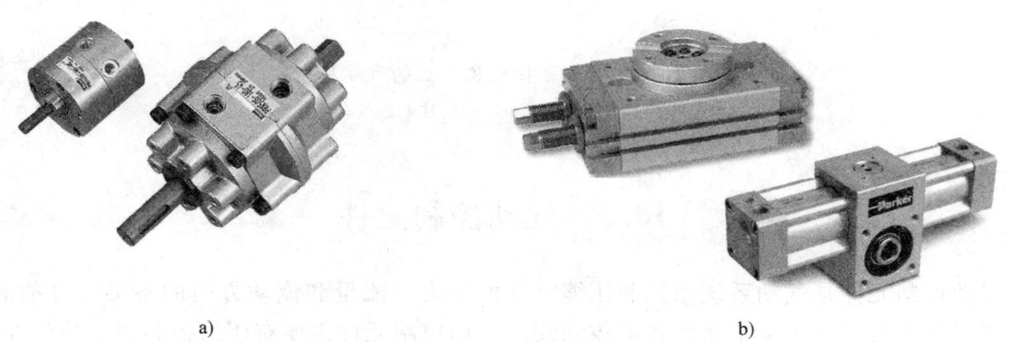

a)　　b)

图 10-19　两种不同结构型式的摆动气缸

a）叶片式摆动气缸　b）齿轮齿条式摆动气缸

6. 气缸的选用

气缸的选用应遵循以下原则：

1）根据工作任务对机构的要求选择气缸的种类。

2）根据气缸的承载型式选定气缸的负载率。

3）按照机构对工作力的要求及负载率选定气缸的缸径。

4）根据机构对运动范围的要求选定气缸的行程。

5）根据机构的结构型式选定气缸的安装方式、活塞杆结构、缓冲方法等。

6）根据气缸的工作环境选择气缸的合理工作温度以及确定是否采用防尘装置等。

10.2.4 气动马达

气动马达是做回转运动的气动执行元件，它把压缩空气的压力能转换为回转运动的机械能，并输出转矩和转速。气动马达多用于工作条件恶劣的矿山机械和旋紧螺母用等的气动工具中。

气动马达的优点是可长时间满载工作，温升较小；无级调速范围大，可为每分钟几转到每分钟上万转；工作安全可靠，适用于易燃、易爆场所，且不受高温、粉尘及振动的影响；结构简单，容易实现正反转，维修性好，成本低。其缺点是噪声大，耗气量大，效率低，速度难以稳定控制。

气动马达主要有滑片式气动马达、柱塞式气动马达和薄膜式气动马达等型式。图 10-20 所示为滑片式和径向柱塞式两种不同型式的气动马达，其工作原理与液压马达相类似。

a)

b)

图 10-20 两种不同结构型式的气动马达

a）滑片式气动马达 b）径向柱塞式气动马达

10.3 气动控制元件

气动控制元件是气动系统中控制压缩空气的压力、流量和流动方向的各类元件的总称，是保证气动执行元件正常工作的各类控制阀。气动控制元件主要有压力控制阀、流量控制阀和方向控制阀。

10.3.1 压力控制阀

压力控制阀主要用来控制系统中气体的压力。按阀的功用不同压力控制阀可分为三类：一是起降压稳压作用的减压阀、定值器；二是起安全保护作用的安全阀；三是根据气路压力

控制顺序动作的顺序阀。

1. 减压阀

由于气源空气压力往往比每台设备实际需要的压力高，同时压力波动值也比较大，因此需要减压阀将其压力减到每台设备所需要的压力。减压阀的作用是将输出压力调节在比输入压力低的调定值上，并保持稳定不变。其他减压装置（如节流阀）虽能降压，但无稳压功能。

减压阀按压力调节方式分，有直动式减压阀和先导式减压阀两种类型；按调节精度分，有普通型减压阀和精密型减压阀。

直动式减压阀通过手轮调节调压弹簧的压缩量来调节减压阀的出口压力，其工作原理和图形符号如图 10-21 所示。顺时针旋转手轮，调压弹簧被压缩，推动膜片组件下移，通过阀杆，打开阀芯，则入口压力经阀芯节流降压，有压力输出。出口压力气体经反馈节流口进入膜片下腔，在膜片上产生一个向上的推力。当此推力与调压弹簧力平衡时，出口压力便稳定在一个定值。

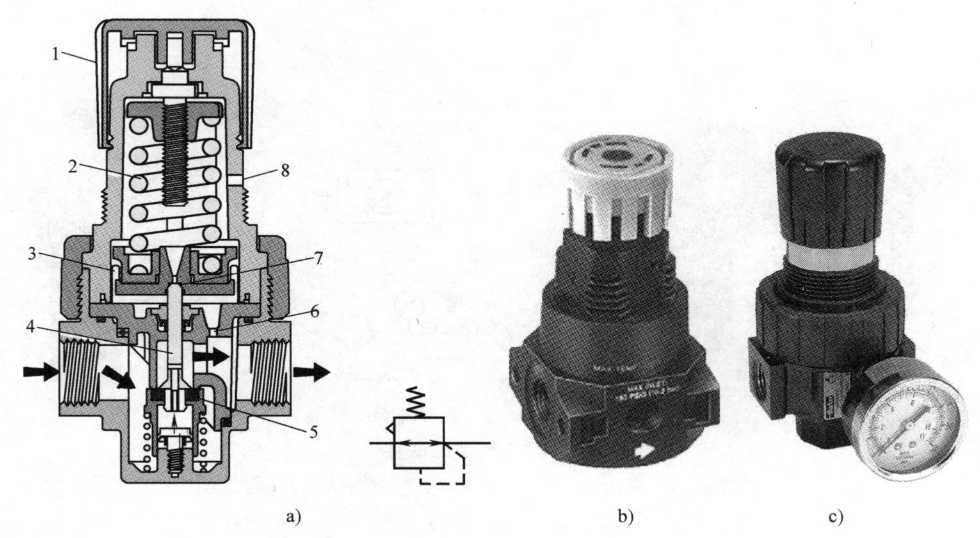

图 10-21 直动式减压阀的工作原理和图形符号

a）工作原理和图形符号 b）不带压力表的减压阀 c）带压力表的减压阀

1—手轮 2—调压弹簧 3—膜片组件 4—调节杆 5—阀芯密封圈 6—反馈节流口 7—组件溢流口 8—排气口

若入口压力瞬时升高，则出口压力也随之升高。作用在膜片上的推力增大，膜片上移，向上压缩弹簧，从膜片组件中间的溢流孔有瞬时溢流，并靠复位弹簧及压力的作用，使阀杆上移，阀门开度减小，节流作用增大，使出口压力回降，直至出口压力基本恢复至原设定值。

当入口压力不变，输出流量变化，使出口压力发生波动时，依靠溢流孔的溢流作用和膜片上力的平衡作用推动阀杆，仍能起稳压作用。当输出流量为零时，出口压力通过反馈管进入膜片下腔，推动膜片上移，复位弹簧力及气压力推动阀杆上移，阀芯关闭，保持出口压力一定。当输出流量很大时，高速流使反馈节流口处静压下降，即膜片下腔的压力下降，阀门开度加大，最后仍能保持出口压力一定。

逆时针旋转手轮，调压弹簧力不断减小，阀芯逐渐关闭，膜片下腔中的压缩空气经溢流孔不断从排气孔排出，直至最后出口压降为零。由于这种减压阀常常从溢流孔排出少量气体，因此也称为溢流式减压阀。

当减压阀输出压力较高或者配管口径很大时，相应的膜片等尺寸增大。若仍用弹簧调压，弹簧刚度必定较大，这时，输出流量变化将引起输出压力较大的波动。因此，对配管口径在 20mm 以上，调整压力在 0.7MPa 以上的减压阀，一般采用先导式减压阀。先导式减压阀是用调压气体代替调压弹簧调节输出压力。而调压气体一般由小型直动式减压阀供给。

减压阀的选择主要是根据调压精度和调压范围来确定的。安装减压阀时，应按气流方向和减压阀上所示箭头的方向，依照过滤器→减压阀→油雾器的次序进行安装；为方便应用，常常把这三个气动元件集成一体，通常称为气动三联件，如图 10-22 所示。

调压时应由低向高调，直至规定的调压值为止。当减压阀不使用时，应把手柄松开回零，避免膜片长期受压变形，影响调压精度。

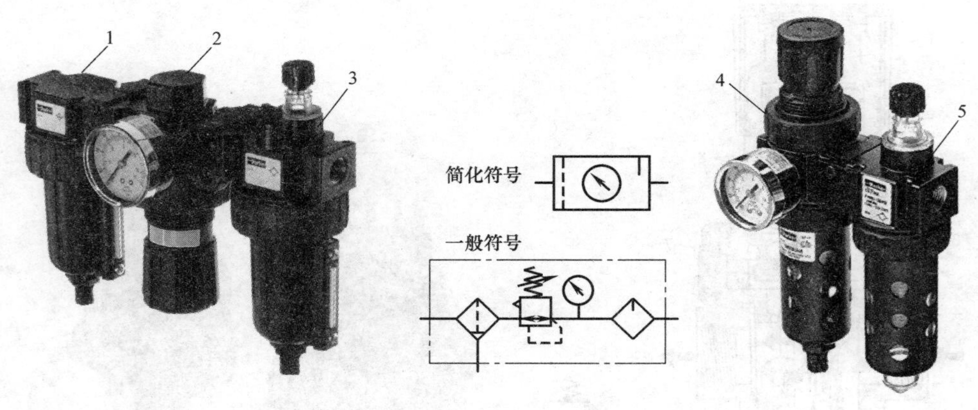

图 10-22　气动三联件

1—过滤器　2—减压阀　3、5—油雾器　4—过滤器/减压阀组合

2. 顺序阀

顺序阀是根据回路中气体压力的大小来控制各种执行机构按顺序动作的压力控制阀。顺序阀常与单向阀组装成一体，称为单向顺序阀，其工作原理如图 10-23 所示。当压缩空气由 A 口输入时，单向阀在压差和弹簧力的作用下处于关闭状态，作用在活塞上输入侧的空气超过弹簧的预紧力时，活塞被顶起，顺序阀被打开，压缩空气由 B 口输出；当压缩空气反方向流动时，A 口变为排气口，B 口变为进气口，进气压力将顶开单向阀，由 A 口排气。调节手柄，即可调节单向顺序阀的开启压力。

3. 安全阀（溢流阀）

安全阀主要用于储气罐或气动回路中，起过压保护的作用。安全阀有直动式安全阀和先导式安全阀两种。图 10-24 所示为直动式安全阀的工作原理。当系统工作压力低于调定值时，阀处于关闭状态。当系统工作压力大于安全阀的开启压力时，压缩空气推动活塞上移，阀口开启向大气排气，直到系统压力降低至调定值时，阀口又重新关闭。安全阀的开启压力可通过调整弹簧的预压缩量来调节。

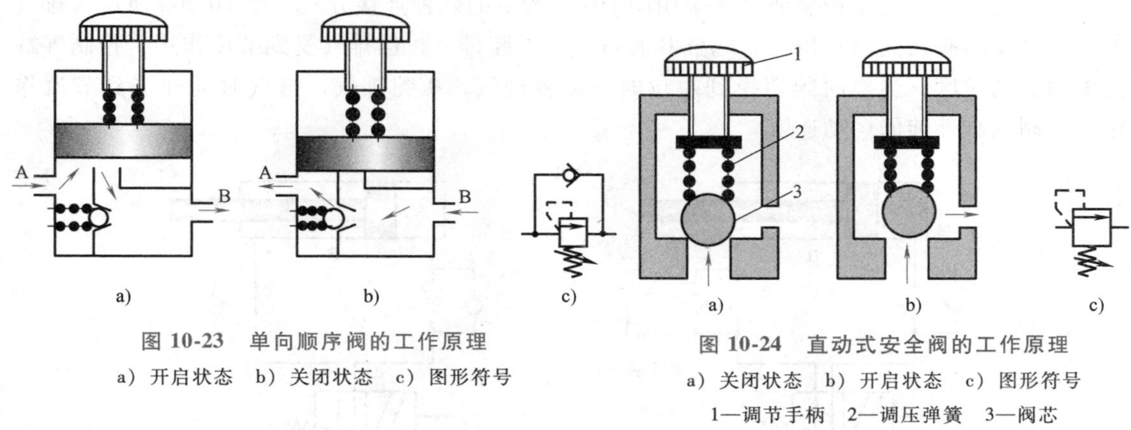

图 10-23　单向顺序阀的工作原理
a）开启状态　b）关闭状态　c）图形符号

图 10-24　直动式安全阀的工作原理
a）关闭状态　b）开启状态　c）图形符号
1—调节手柄　2—调压弹簧　3—阀芯

10.3.2　流量控制阀

控制压缩空气流量的阀称为流量控制阀。通过流量控制阀的调节，可以控制气缸的运动速度、信号的延迟时间、气缓冲器的缓冲能力等。流量控制阀主要有单向节流阀和流量比例阀等。

1. 单向节流阀

单向节流阀是单向阀和节流阀并联而成的流量控制阀，其结构原理如图 10-25 所示。单向节流阀常用于控制气缸的运动速度，故常称为速度控制阀。单向阀是靠单向型密封圈来实现单向流动的。当气流从 A 口流向 B 口时，单向型密封圈起密封作用，节流阀进行节流；反向流动时，单向型密封圈不起密封作用，气流从 B 口流入，经单向型密封圈流向 A 口，节流阀不节流。

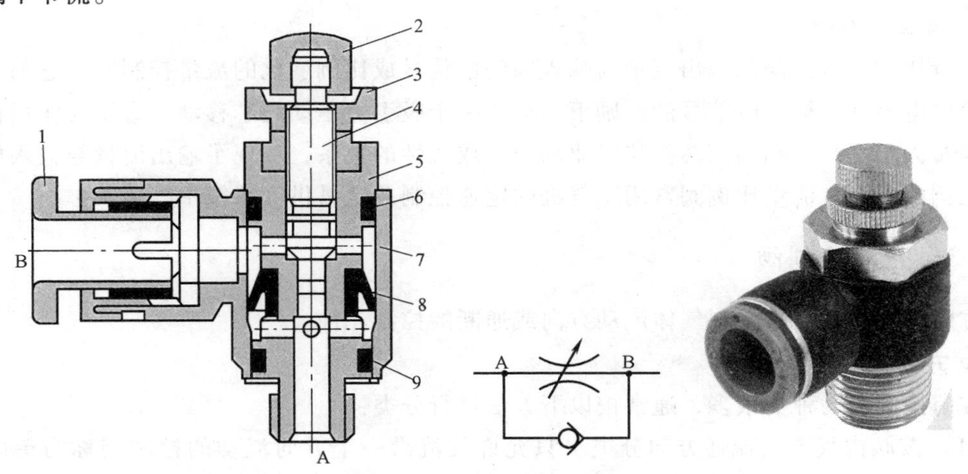

图 10-25　单向节流阀的结构原理
1—快换接头　2—手轮　3—锁母　4—节流阀杆　5—阀体 Ⅰ
6、9—O 形密封圈　7—阀体 Ⅱ　8—单向型密封圈

节流大小通过手轮调节：手轮开启圈数少时，节流口开度小；手轮开启圈数多时，节流口开度大。

双作用气缸的速度控制回路常采用图 10-26 所示的两种连接方式。图 10-26a 所示为排气节流。当换向阀切换到右位时，气缸 B 腔进气，A 腔排气，但排气受到节流作用，控制气缸内缩的运动速度；当换向阀切换到左位时，A 腔进气，B 腔排气，排气时同样受到节流作用，控制气缸外伸的运动速度。

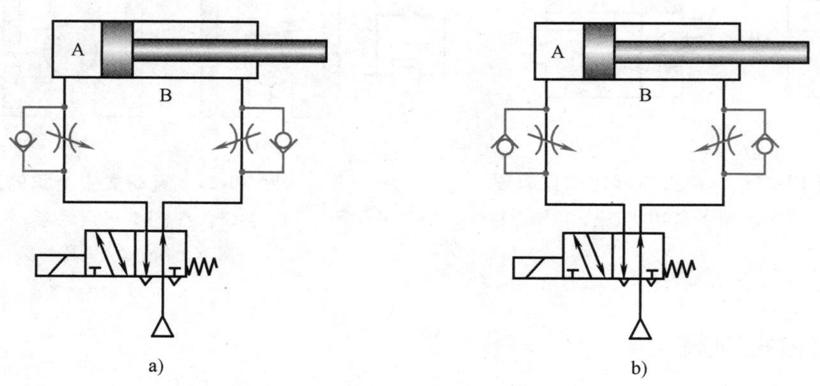

图 10-26　双作用气缸的速度控制回路

a）排气节流　b）进气节流

图 10-26b 所示为进气节流。当换向阀切换到左位时，A 腔进气，因进气被单向节流阀节流，A 腔压力上升较慢，而 B 腔气流通过单向阀快速排气，迅速降为大气压力，使活塞运动呈现不稳定状态。当 A 腔压力升高推动活塞时，B 腔的压力早已降为大气压力，活塞在克服摩擦阻力之后的惯性力作用下运动。随着活塞运动，A 腔容积增大，压力下降，可能会出现活塞停止，运动的现象。待压力升高后，活塞又开始运动，即所谓的“爬行”现象。因而，在速度控制回路中，通常不采用进气节流方式。

2. 流量比例阀

流量比例阀就是阀的输出流量与输入阀的电信号成比例变化的流量控制阀。它的工作原理是比例电磁铁在输入电信号的激励下，产生一个吸引力驱动阀芯移动，直至与作用在阀芯上的弹簧力相平衡。利用阀芯位移与驱动信号成线性的关系，实现了输出流量与输入信号成线性比例的关系。流量比例阀常用于气缸的定速控制及定量供气系统中。

10.3.3　方向控制阀

方向控制阀是用来控制气体流动方向或通断的控制元件。

1. 方向控制阀的分类

方向控制阀的种类很多，通常按以下方法进行分类：

（1）按阀内气流的流通方向分类　只允许气流沿一个方向流动的控制阀称为单向控制阀，如单向阀、梭阀和快速排气阀等。可以改变气流流动方向的控制阀称为换向型控制阀。

（2）按控制方式分类　按控制方式不同，方向控制阀可分为电磁控制阀、气压控制阀、人力控制阀、机械控制阀。

（3）按切换位置和通口数分类　按切换位置和通口数分类，方向控制阀可分成二位五通阀、三位五通阀等，见表 10-4。

表 10-4　二位阀和三位阀的图形符号

	二位	三位			
		中位封闭式	中位泄压式	中位加压式	中位止回式
二通					
三通					
四通					
五通					

2. 换向型控制阀

（1）气压控制换向阀　气压控制利用气体压力使主阀芯运动，从而改变气流的方向。按作用原理不同，气压控制可分为加压控制、泄压控制和差压控制等。

加压控制是指加在阀芯上的控制信号的压力值是渐升的。当压力升至某压力值时，阀芯移动换向。这是常用的气压控制方式。

泄压控制指加在阀芯上的控制信号的压力值是渐降的。当压力降至某压力值时，阀芯移动换向。

差压控制利用阀芯两端受气压作用的有效面积不等，在阀芯上产生推力差，使阀芯动作而换向。

图 10-27 所示为二位三通截止式单气控换向阀的工作原理。图 10-28 所示为二位五通滑阀式双气控换向阀的工作原理。

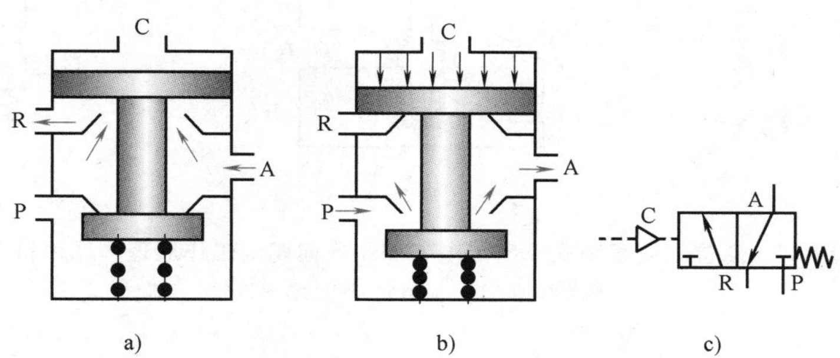

图 10-27　二位三通截止式单气控换向阀的工作原理

a）无气压控制信号　b）有气压控制信号　c）图形符号

（2）电磁控制换向阀　电磁控制换向阀依靠电磁铁产生的电磁吸力来实现阀的切换，以控制气流的流动方向。电磁控制适合于长距离遥控，因而在生产自动化领域中得到了普遍应用。

电磁控制换向阀可分为直动式电磁控制换向阀和先导式电磁控制换向阀两大类。

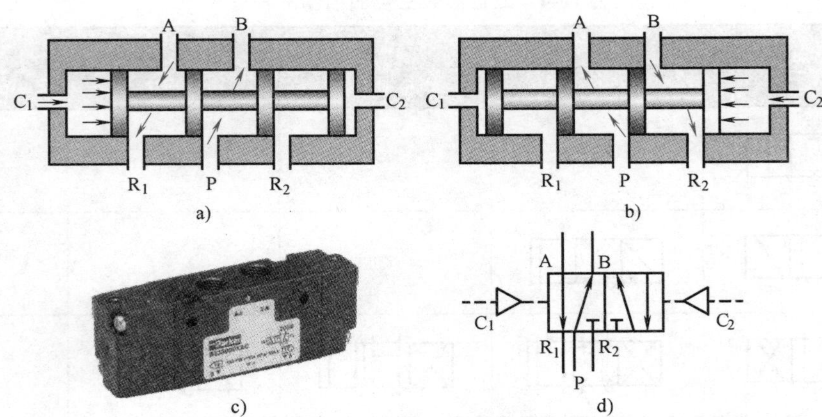

图 10-28　二位五通滑阀式双气控换向阀的工作原理

a）C_1 有气压控制信号　b）C_2 有气压控制信号　c）实物　d）图形符号

直动式电磁控制换向阀中电磁铁的动铁心在电磁力的作用下直接推动阀芯进行换向。图 10-29 所示为二位三通直动式单电控电磁控制换向阀的工作原理和图形符号。不通电时，复位弹簧将阀芯上推，封住 P 口，A 口与 R 口相通；通电时，动铁心推动阀芯下移，这时 P 口与 A 口相通，R 口封闭。

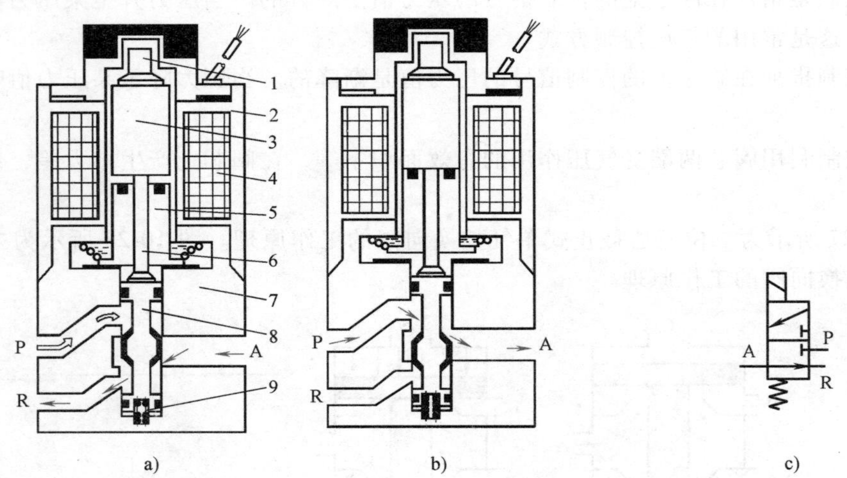

图 10-29　二位三通直动式单电控电磁控制换向阀的工作原理和图形符号

a）不通电时　b）通电时　c）图形符号

1—手动按钮　2—阀盖　3—动铁心　4—线圈　5—磁极片

6—推杆　7—阀体　8—阀芯　9—复位弹簧

如果把图 10-29 所示的复位弹簧改成电磁铁操纵，就成为直动式双电控电磁控制换向阀。双电控电磁控制换向阀的两个电磁铁只能交替得电工作，不能同时得电，否则会产生误动作。图 10-30 所示为两种型式的直动式电磁控制换向阀。

直动式电磁控制换向阀是由电磁铁直接推动阀芯进行换向的。但是，当阀的通径较大时，电磁铁的推力、耗电和体积都较大，为此可采用先导式电磁控制换向阀。

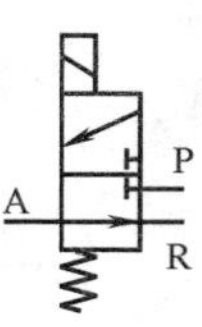

图 10-30 两种型式的直动式电磁控制换向阀

先导式电磁控制换向阀由电磁先导阀和主阀组成，它是利用先导阀输出的先导信号控制主阀阀芯换向。按控制方式不同，先导式电磁控制换向阀有单电控和双电控之分，如图 10-31 所示。

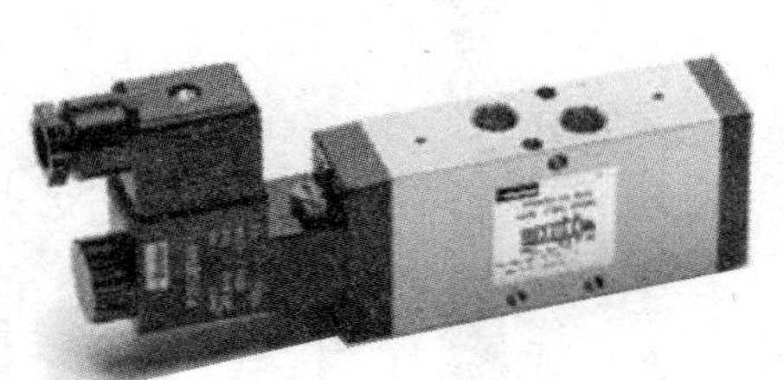

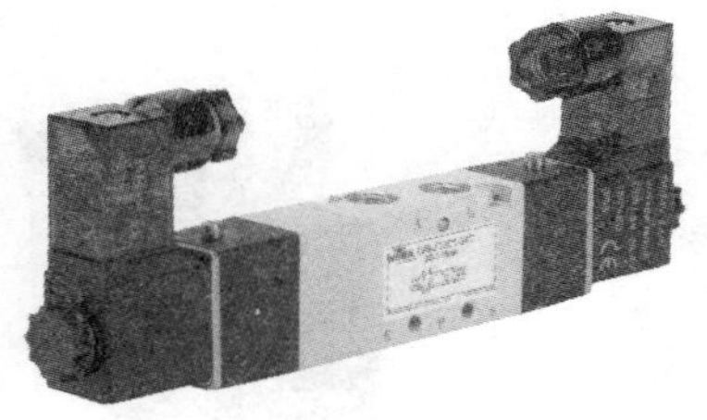

图 10-31 先导式电磁控制换向阀

图 10-32 所示为二位三通先导式单电控电磁控制换向阀的工作原理。当电磁先导阀断电时，先导阀的 C、A_1 口断开，A_1、R 口接通，即主阀的控制腔 A_1 处于排气状态。此时，主阀阀芯 2 在主阀复位弹簧 1 和 P 口气压的作用下向右移动，将 P、A 口断开，A、R 口接通，即主阀处于排气状态。当电磁先导阀通电时，C、A_1 口接通，即主阀控制腔 A_1 进气。当 A_1 腔气体作用于阀芯上的力大于 P 口气体作用在阀芯上的力与弹簧力之和时，将活塞推向左边，使 P、A 口接通，即主阀处于进气状态。

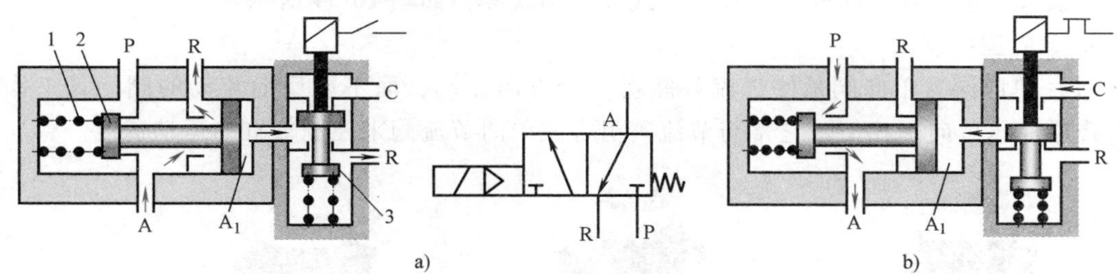

图 10-32 二位三通先导式单电控电磁控制换向阀的工作原理

a）先导式单电控换向阀断电 b）先导式单电控换向阀通电

1—主阀复位弹簧 2—主阀阀芯 3—先导阀阀芯

（3）机械控制换向阀 机械控制换向阀是靠外部机械力使阀芯移动进行换向的阀，也称行程阀。其主阀与电磁阀的主阀相似，操纵方式可分为直动式、滚轮式、横向滚轮式、杠杆滚轮式、可调杆式、可调杠杆滚轮式和可通过式等，如图 10-33 所示。

（4）人力控制换向阀 靠手或脚操纵使换向阀换向的阀称为人力控制换向阀。与机械

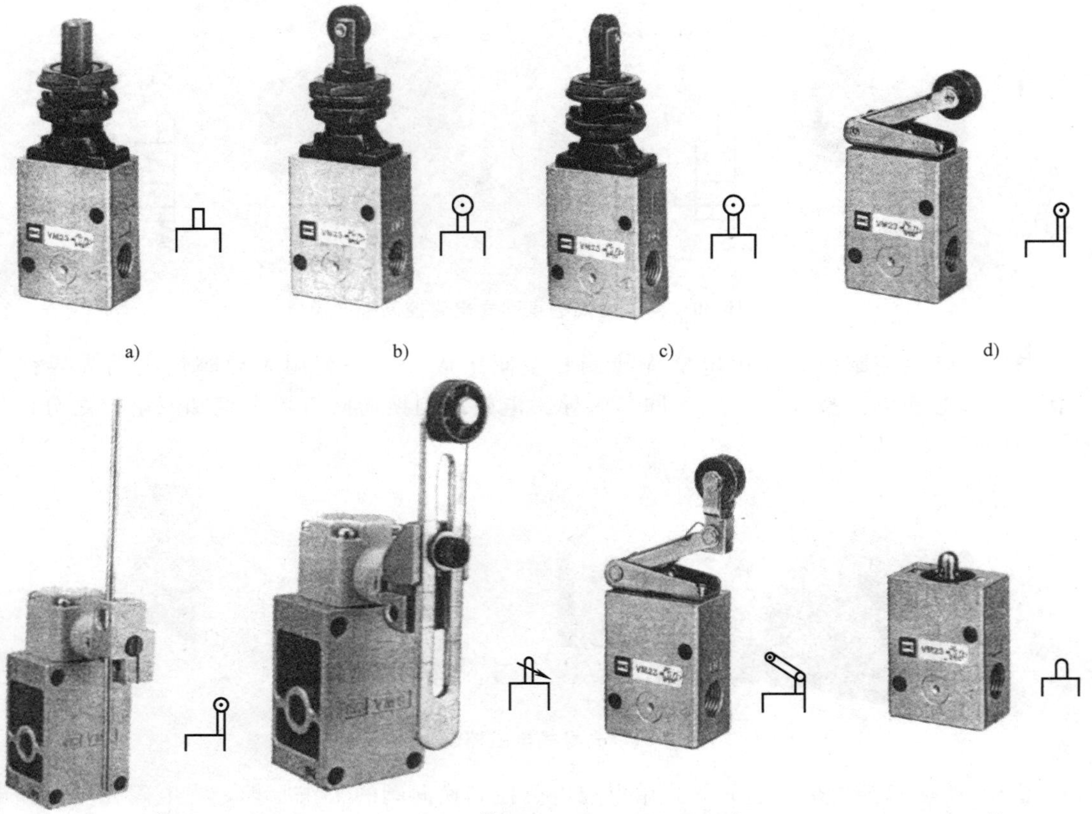

a)　b)　c)　d)

e)　f)　g)　h)

图 10-33　各种操纵机构的机械控制换向阀

a）直动式　b）滚轮式　c）横向滚轮式　d）杠杆滚轮式　e）可调杆式　f）可调杠杆滚轮式　g）可通过式　h）基本型

控制换向阀的区别是仅在操纵机构有所不同。人力控制换向阀的操纵方式主要有按钮式、旋钮式、锁式、推拉式、肘杆式、长手柄式和脚踏式等，如图 10-34 所示。

3. 单向型控制阀

（1）单向阀　单向阀是使气流只能朝一个方向流动，而不能反向流动的阀，其工作原理与普通液压单向阀相似。它常与节流阀组合成单向节流阀来控制气缸的运动速度。

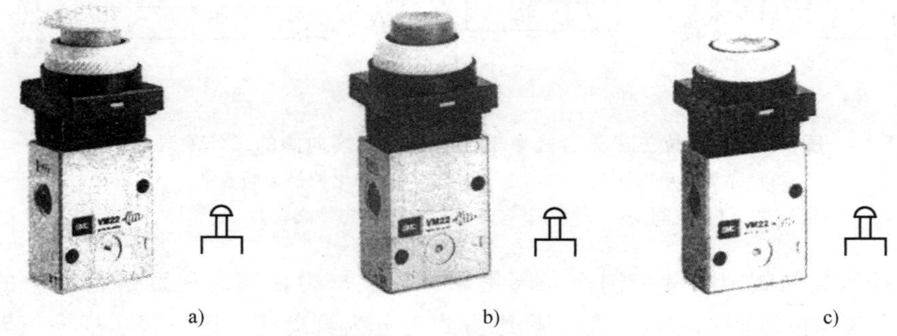

图 10-34　各种操纵机构的人力控制换向阀

a）蘑菇形按钮式　b）伸出形按钮式　c）平形按钮式

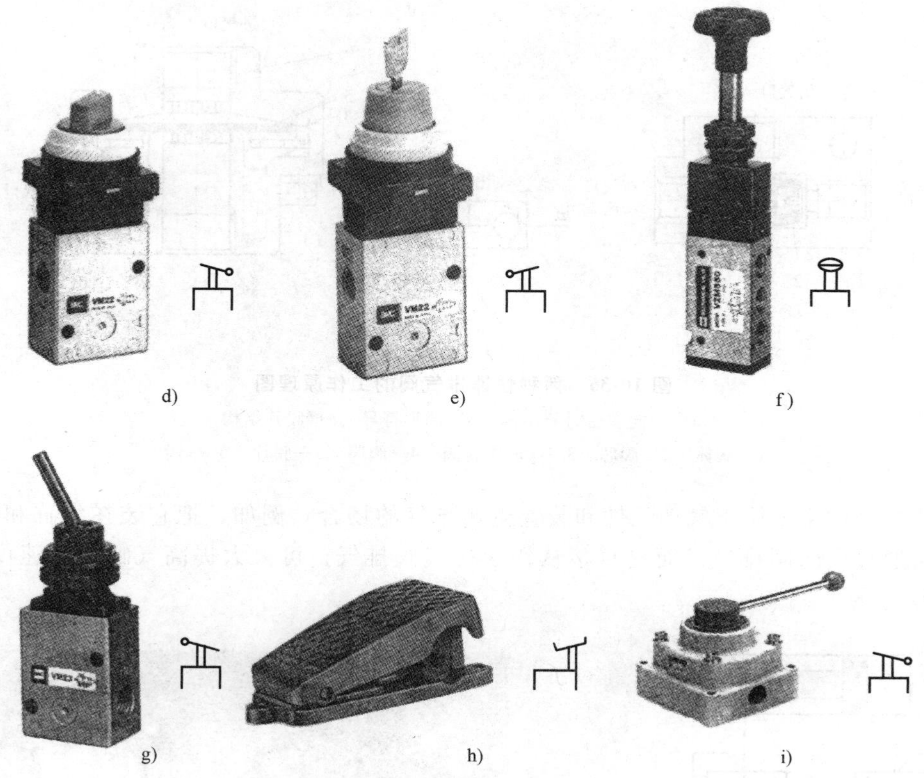

图 10-34 各种操纵机构的人力控制换向阀（续）

d）旋钮式 e）锁式 f）推拉式 g）肘杆式 h）脚踏式 i）长手柄式

（2）梭阀 如图 10-35 所示，梭阀有两个进口，一个出口。当进口中的一个有输入时，出口便有输出。若两个进口压力不等，则高压进口与出口相通。若两个进口压力相等，则先输入压力的进口与输出口相通。梭阀主要用于选择信号，也用于高、低压转换回路。

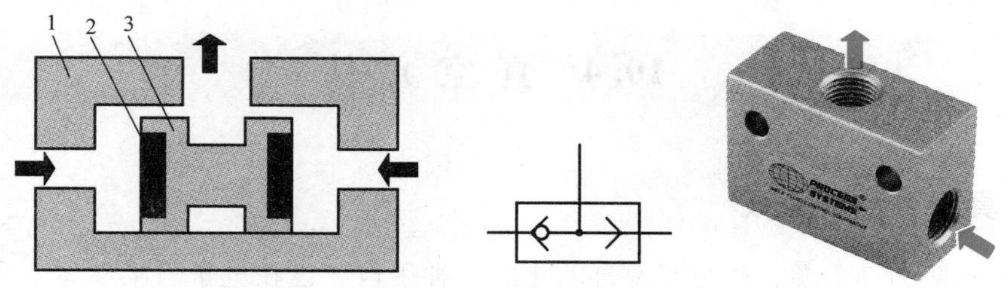

图 10-35 梭阀的工作原理

1—阀体 2—密封件 3—阀芯

（3）快速排气阀 快速排气阀就是当进口压力降到一定值（如大气压）时，出气口有压气体自动从排气口迅速排气的阀。图 10-36 所示为两种快速排气阀的工作原理图。当进气口有气压时，阀芯（单向型密封圈或膜片）被推开，封住排气口，并从出气口输出。当进气口排空时，出气口压力将阀芯顶起，封住进气口，出气口气体经排气口迅速排空。

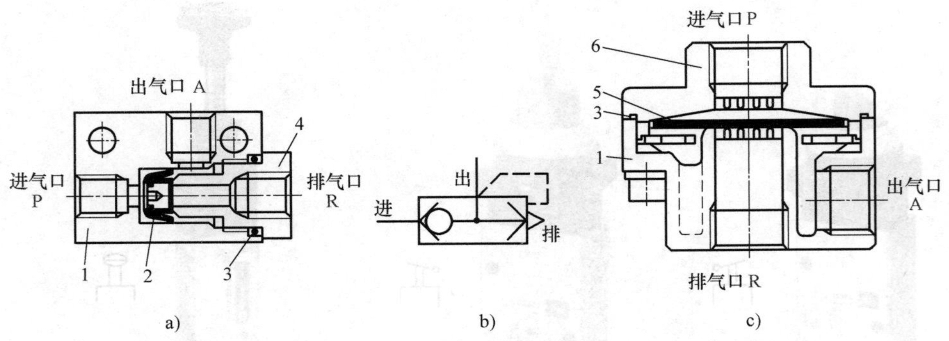

图 10-36　两种快速排气阀的工作原理图

a）单向型密封圈结构　b）图形符号　c）膜片结构

1—阀体　2—阀芯　3—O 形密封圈　4—阀座　5—膜片　6—阀盖

快速排气阀主要用于气动元件和装置迅速排气的场合。例如，把它装在气缸和阀之间，气缸不再通过换向阀排气，而是直接从快速排气阀排气，可大大提高气缸运动速度，如图 10-37 所示。

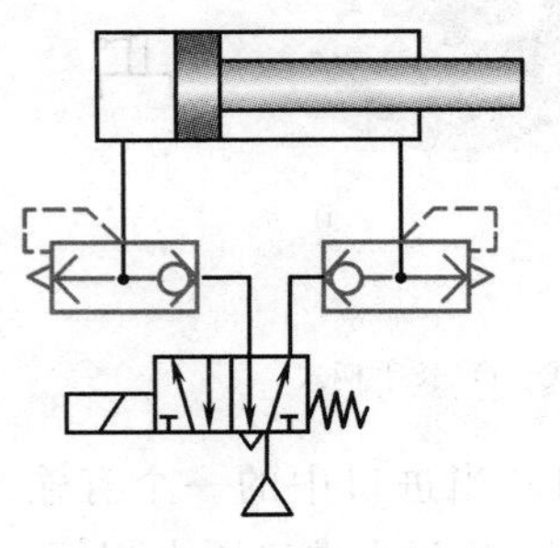

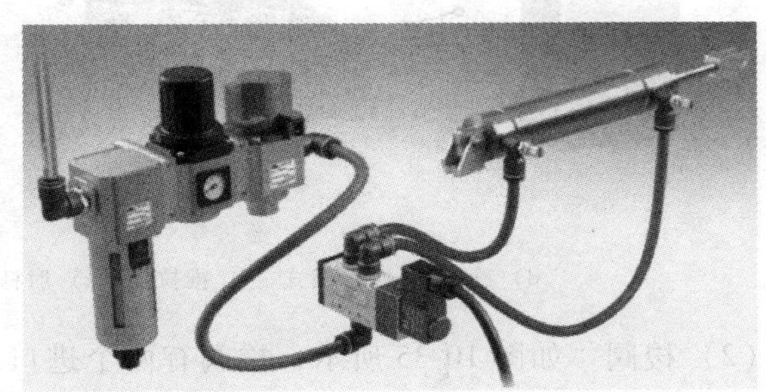

图 10-37　快速排气阀的应用

10.4　真空元件

10.4.1　真空系统的组成

以真空吸附为动力源，作为实现自动化的一种手段，已在电子、半导体元件组装、汽车组装、自动搬运机械、轻工机械、食品机械、医疗机械、印刷机械、塑料制品机械、包装机械、锻压机械、机器人等许多方面得到了广泛的应用。

真空系统一般由真空发生装置（真空发生器、真空泵）、吸盘、真空阀及辅助元件组成。部分元件在正压系统和负压系统中都能通用，如管接头、过滤器、消声器及部分控制元件。

真空发生装置有真空泵和真空发生器两种。真空泵是指利用机械、物理、化学或物理化学的方法对被抽容器进而抽气而获得真空的器件或设备，真空发生器是利用压缩空气的流动而形成一定真空度的气动元件。

10.4.2　真空发生器

1. 真空发生器的结构

典型的真空发生器的结构原理如图 10-38 所示，它由先收缩后扩张的拉瓦尔喷管 1、负压腔 2 和接收管 3 等组成，有供气口、排气口和真空口。当供气口的供气压力高于一定值时，拉瓦尔喷管 1 射出超声速射流。由于气体的黏性，高速射流卷走负压腔 2 内的气体，使该腔形成很高的真空度，在真空口安装真空吸盘，靠真空吸力便可吸起吸吊物。

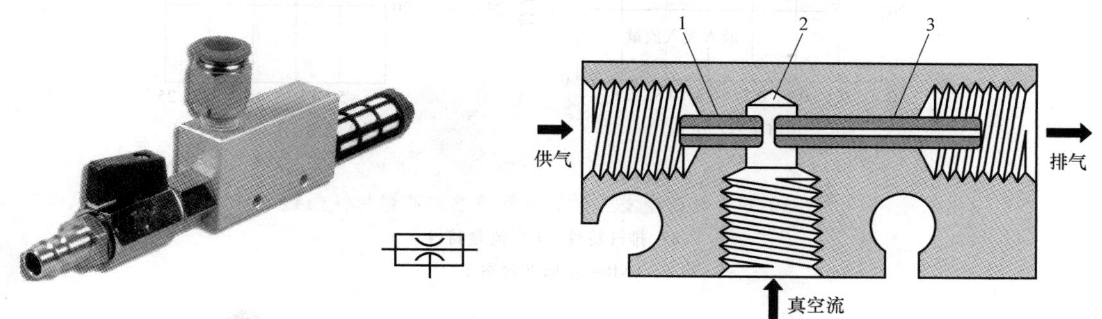

图 10-38　典型的真空发生器的结构原理

1—拉瓦尔喷管　2—负压腔　3—接收管

2. 真空发生器的特性

真空发生器的排气特性表示最大真空度、空气消耗量和最大吸入流量与供气压力之间的关系。最大真空度是指真空口被完全封闭时，真空口内的真空度；空气消耗量是折合到标准状态下通过喷管的流量；最大吸入流量是指真空口向大气敞开时，从真空口吸入的流量（标准状态下）。

真空发生器的流量特性是指供给压力为 0.45MPa 的条件下，真空口处于变化的不封闭状态下，吸入流量与真空度之间的关系。

图 10-39 所示为某真空发生器的排气特性和流量特性曲线。从图中可以看出，当真空口完全封闭时，在某特定供给压力下，最大真空度达到极限值；当真空口完全向大气敞开时，在某特定供给压力下的最大吸入流量达到极限值。达到最大真空度极限值和最大吸入流量极限值时的供给压力不一定相同。为了获得较大的真空度或较大的吸入流量，真空发生器的供给压力宜处于 0.25~0.6MPa 范围内，最佳使用范围为 0.4~0.45MPa。另外，真空发生器的使用温度范围为 5~60℃，不得给油工作。

10.4.3　真空吸盘

真空吸盘是直接吸吊物体的元件。真空吸盘通常由橡胶材料与金属骨架压制成型。不同的真空吸盘型式有其不同的应用场合。图 10-40 所示为几种真空吸盘及其应用。

10.4.4　真空系统其他元件

1. 真空减压阀

真空管路中使用的真空减压阀是调节设定侧的真空压力并保持其稳定的阀。真空减压阀

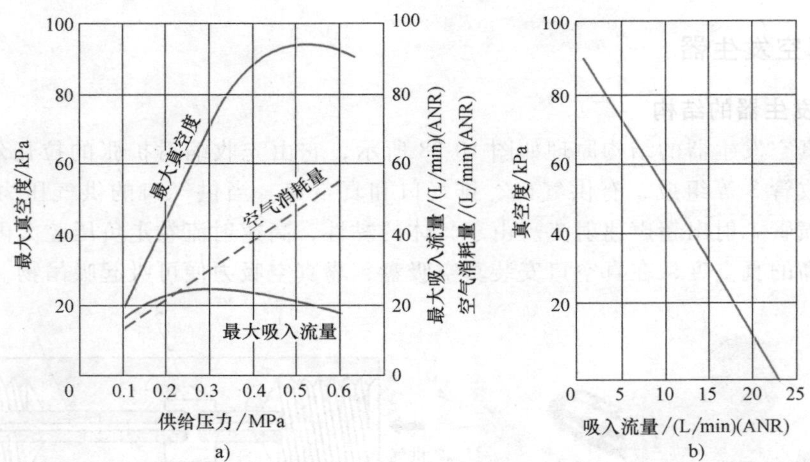

图 10-39　某真空发生器的排气特性和流量特性曲线

a）排气特性　b）流量特性

ANR—在标准状态下

a)　　b)

图 10-40　几种真空吸盘及其应用

a）几种真空吸盘　b）真空吸盘装置

的真空口接真空泵，设定口接负载用的真空罐。

2. 真空换向阀

真空发生器回路中的换向阀，有真空供给阀和真空破坏阀两种。真空供给阀是供给真空发生器压缩空气的阀，真空破坏阀是破坏吸盘内的真空状态，将真空压力变成大气压力或正压力，使工件脱离吸盘的阀。使用真空泵压力源回路中的换向阀，有真空切换阀和真空选择阀两种。真空切换阀就是接通或断开真空压力源的阀，真空选择阀可控制吸盘对工件的吸着或脱离，一个阀具有两个功能，以简化回路设计。

真空供给阀因设置在正压力管路中，可选用一般换向阀。真空破坏阀、真空切换阀和真空选择阀设置在真空回路或存在有真空状态的回路中，故必须选用能在真空压力条件下工作的换向阀。

3. 真空节流阀

真空节流阀用于控制真空破坏的快慢，节流阀的出口压力不得高于 0.5MPa，以保护真空压力开关和抽吸过滤器。进气节流型真空节流阀的螺纹接头应接在真空口一侧。

4. 真空单向阀

在真空系统中真空单向阀有两个作用：一是当供给阀停止供气时，保持吸盘内的真空压力不变，可节省能量；二是一旦停电，可延缓被吸吊工件脱落的时间，以便采取安全对策。

5. 真空压力开关

真空压力开关是用于检测真空压力的开关。当真空压力未达到设定值时，开关处于断开状态；当真空压力达到设定值时，开关处于接通状态，发出电信号，控制真空吸附机构动作。当真空系统存在泄漏、吸盘破损或气源压力变动等原因而影响到真空压力时，装上真空压力开关便可保证真空系统安全可靠地工作。

6. 真空过滤器

真空过滤器将从大气中吸入的污染物（主要是尘埃）收集起来，以防止真空系统中的元件受污染而出现故障。对真空过滤器的要求是，滤芯污染程度的确认简单，清扫污染物容易，结构紧凑，不增加达到真空的时间。

10.5　气动基本回路

与液压传动系统一样，气压传动系统也是由各种功能的基本回路所组成的。因此，掌握常用的基本回路是分析气动传动系统的基础。

气动基本回路按其功能可分为压力控制回路、速度控制回路和位置控制回路等。

10.5.1　压力控制回路

为调节和控制系统的压力，经常采用压力控制回路。

图10-41所示为气源压力控制回路。其工作原理是：起动电动机，空气压缩机1运转，压缩空气经单向阀2向储气罐3充气，罐内压力上升；当压力升至电触点压力表4的最高设定值时，电触点压力表4发出电信号使电动机停机，空气压缩机1不再运转，罐内压力不再上升；当储气罐3内的压力降至电触点压力表4的最低设定值时，电触点压力表4发出电信号使电动机起动，空气压缩机1运转，向储气罐3充气。如此反复。

在气动系统中，为了得到稳定的工作压力，通常把气源提供的压缩空气经减压阀调节输出，以保证气阀、气缸等气动元件得到所需要的稳定的工作压力。图10-42所示为提供两种稳定压力的工作压力控制回路。压力 p_1 由减压阀1调定，压力 p_2 由减压阀2调定。

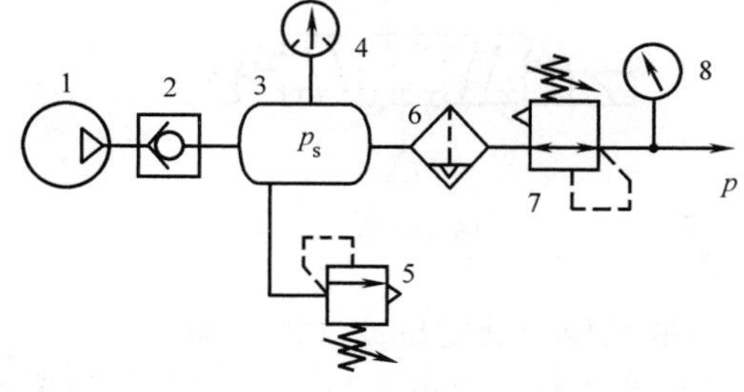

图10-41　气源压力控制回路

1—空气压缩机　2—单向阀　3—储气罐　4—电触点压力表　5—安全阀　6—过滤器　7—减压阀　8—压力表

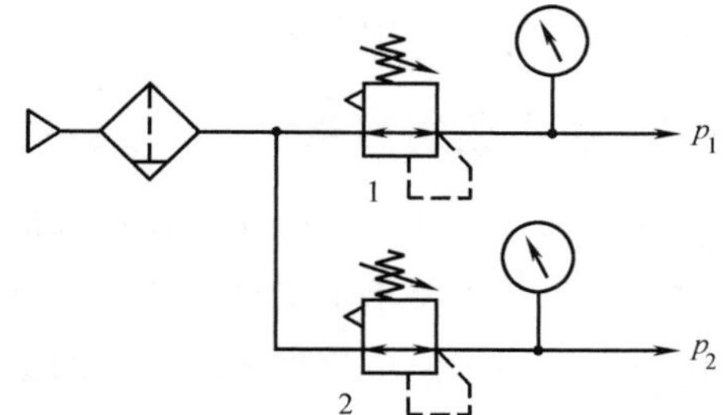

图10-42　提供两种稳定压力的工作压力控制回路

1、2—减压阀

压力控制回路的应用很广，凡是需要具有一定压力压缩空气的场合，都可以利用减压阀的调压功能来实现。如果把减压阀换成电控的压力比例阀，便可实现连续的压力控制和闭环压力控制，使压力控制精度得到很大的提高。

10.5.2　速度控制回路

由于气压传动的功率不大，因而通常采用节流调速。但是，气体的可压缩性远比液体大，因此气压传动中气缸的节流调速在速度平稳性上的控制比较困难，速度负载特性差。特别是在负载变化大而速度控制要求又高的场合，单纯的气压传动难以满足要求，此时可采用气液联动的方法。

有关进口和出口节流调速的特点，气压传动与液压传动基本相同，故此处不再赘述。

图 10-43 所示为单作用气缸的速度控制回路。回路中利用两个单向节流阀对活塞杆的伸出和缩回进行速度控制。调节节流阀的开度，可改变活塞运动速度。

图 10-44 所示为采用单向节流阀实现排气节流的双作用气缸速度控制回路。调节节流阀的开度实现气缸背压的控制，完成气缸往复运动速度的调节。

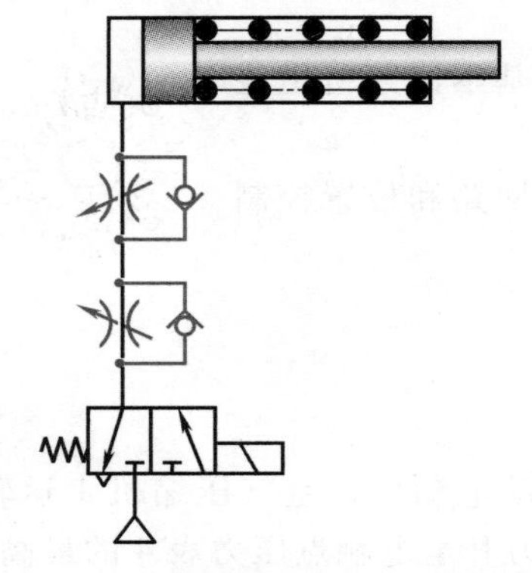

图 10-43　单作用气缸的速度控制回路

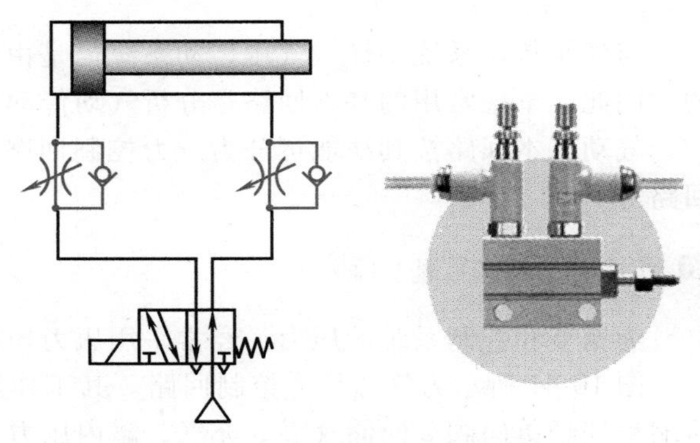

图 10-44　双作用气缸速度控制回路

图 10-45 所示为单向节流阀和行程阀配合的缓冲回路。当活塞向右运动时，气缸有杆腔气体经二位二通机控阀和三位五通阀排出，在活塞运动到末端碰机械控制换向阀时，迫使机械控制换向阀换向，有杆腔气体经节流阀排出，使活塞运动速度降低，达到缓冲的目的。这种回路常用于负载惯性力较大的场合。

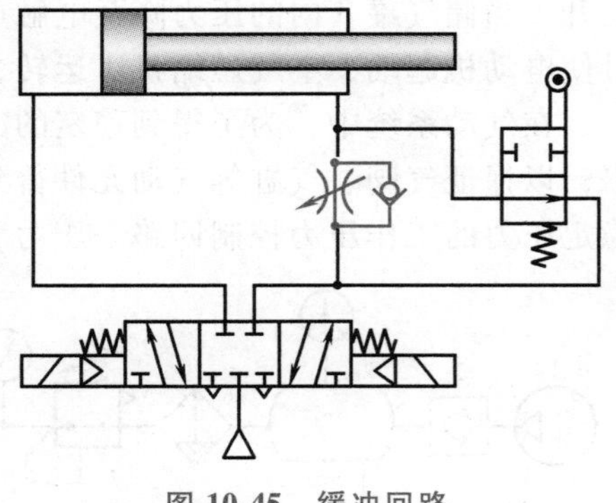

图 10-45　缓冲回路

10.5.3　位置控制回路

由于气体压缩性大，因而气动执行机构定位精度低。对于定位精度要求不严格的场合，可采用单纯的气动定位；而对于定位精度要求较高的场合，则要采取机械辅助定位或气液联动等方式。

图 10-46a 和图 10-46b 所示分别为使用中位封闭式主控阀、中位中压式主控阀的位置控制回路。当主控阀处于中位时，中位封闭式主控阀将使气缸两腔压缩空气被封闭，中位中压式主控阀将使气缸两腔连通气源。这样，可使活塞停留在行程中的任何位置。这种回路要求

系统和主控阀内部无泄漏现象，并且气缸负载较小。

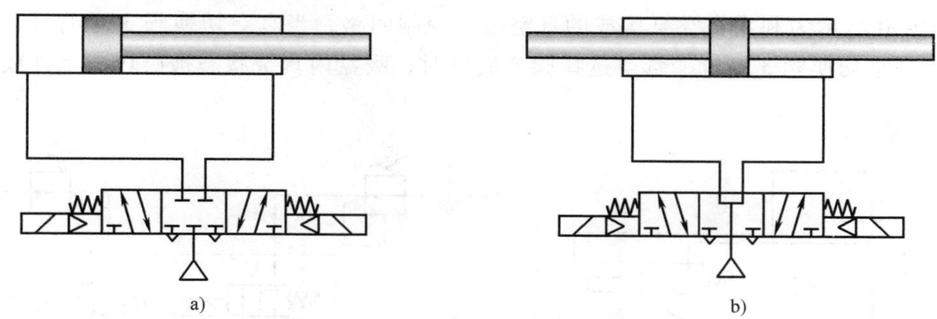

图 10-46　采用三位阀的位置控制回路
a）中位封闭式主控阀　b）中位中压式主控阀

图 10-47 所示为采用锁紧气缸的位置控制回路。控制气缸的主阀采用了三位五通封闭式电磁换向阀 1。锁紧装置采用的是弹簧锁，当电磁换向阀 2 通电时，制动解除，气缸便可在电磁换向阀 1 的控制下进行往复伸缩运动。当活塞杆运动至指定位置时，电磁换向阀 2 断电，活塞杆便被制动锁锁住。

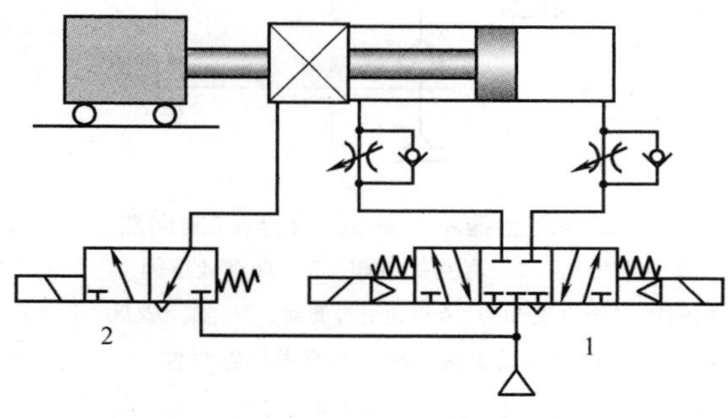

图 10-47　采用锁紧气缸的位置控制回路

10.5.4　换向回路

换向回路如图 10-48 所示，控制气缸的主阀是二位五通单电控或双电控换向阀，a、b 是装在气缸上的磁性接近开关。通过 PLC 的编程控制主阀电磁铁 1YA、2YA 的通断，即可控制气缸的启停和连续往复运动。

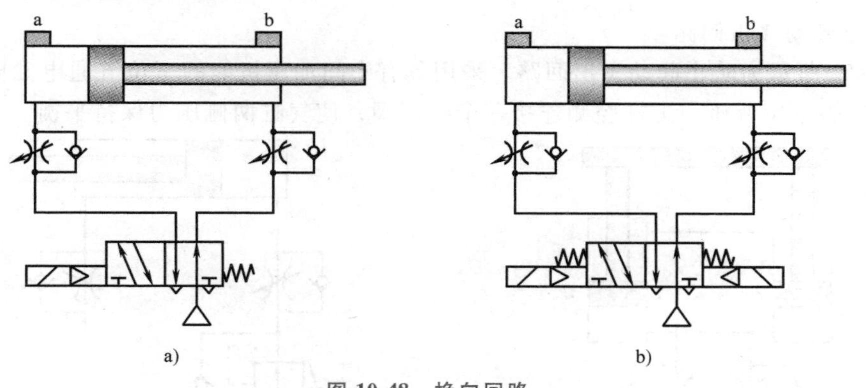

图 10-48　换向回路
a）单电控换向阀　b）双电控换向阀

10.5.5　真空回路

根据真空是由真空发生器产生的还是由真空泵产生的，真空吸盘控制回路分为两大类。图 10-49 所示为真空发生器构成的真空吸盘控制回路。当需要产生真空时，真空供给阀 2 通电；当需要破坏真空时，真空供给阀 2 断电，真空破坏阀 3 通电。

图 10-50 所示为利用真空泵构成的真空吸盘控制回路，当真空切换阀 3 通电时，吸盘抽真空，当真空切换阀 3 断电、真空选择阀 2 通电时，吸盘内真空状态被破坏，工件放下。

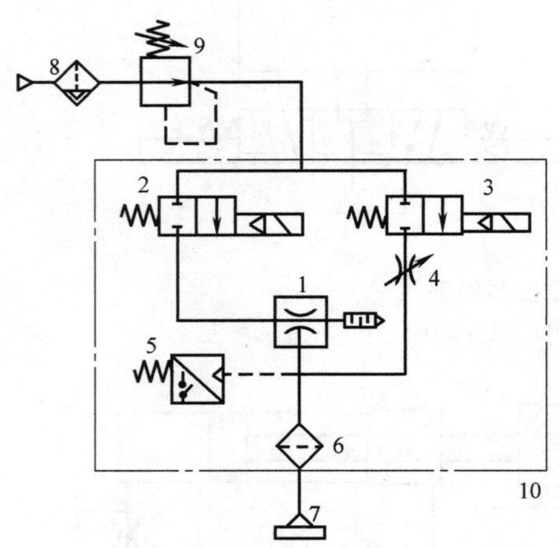

图 10-49 真空发生器构成的真空吸盘控制回路

1—真空发生器 2—真空供给阀 3—真空破坏阀 4—节流阀 5—真空开关 6—真空过滤器 7—真空吸盘 8—过滤器 9—减压阀 10—真空发生器组件

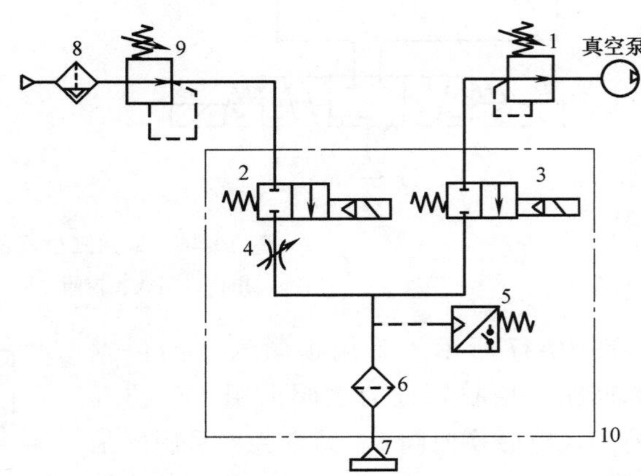

图 10-50 利用真空泵构成的真空吸盘控制回路

1、9—减压阀 2—真空选择阀 3—真空切换阀 4—节流阀 5—真空开关 6—真空过滤器 7—真空吸盘 8—过滤器 10—真空发生器组件

10.5.6 其他回路

1. 同步回路

图 10-51 所示为同步动作控制回路。采用刚性零件连接两个相同规格气缸的活塞杆，迫使 A、B 两缸同步。

2. 防止起动飞出回路

图 10-52 所示为防止起动飞出回路。采用具有中间加压机能的三位五通电磁阀在气缸起动前使排气阀产生背压。无杆腔侧连接一个减压阀，使气缸两侧压力保持平衡。

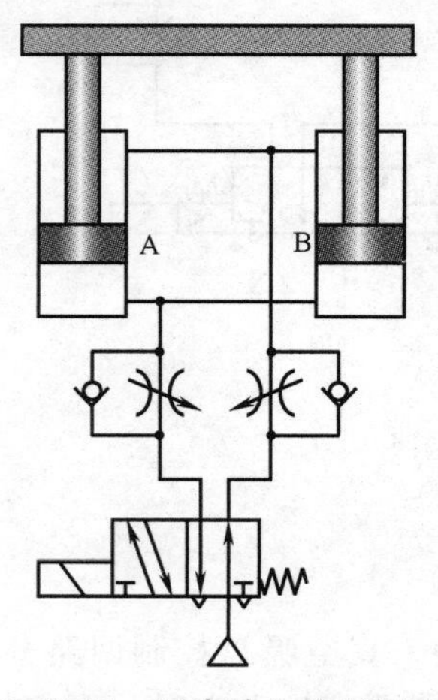

图 10-51 同步动作控制回路

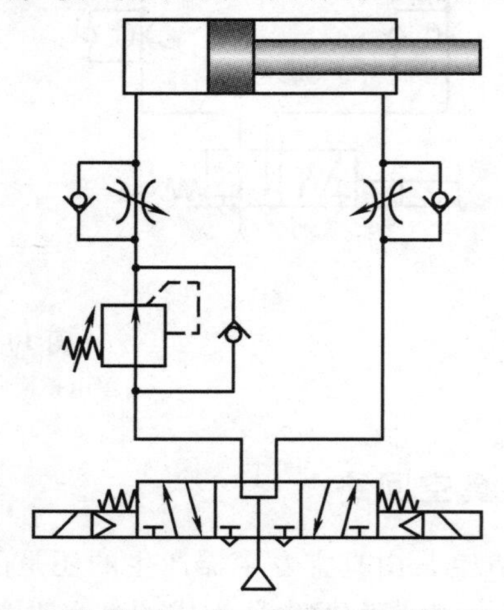

图 10-52 防止起动飞出回路

3. 防止落下回路

图 10-53 所示为防止落下回路，即利用端点锁定气缸防止落下的回路。单向减压阀调节平衡压力。在三位五通换向阀两端电磁铁断电的情况下，控制端点锁定气缸的锁定机构。此外，在气缸运动行程中，无论何时三位五通换向阀断电，可利用气控单向阀使气缸停止。

4. 节能回路

图 10-54 所示为节能回路。在换向阀与气缸无杆腔侧设置具有快排机能的速度控制阀，有杆腔侧设置具有调压机能的速度控制阀。在气缸返回时，有杆腔较小的压力也能使气缸平稳运动，同时节省用气量。

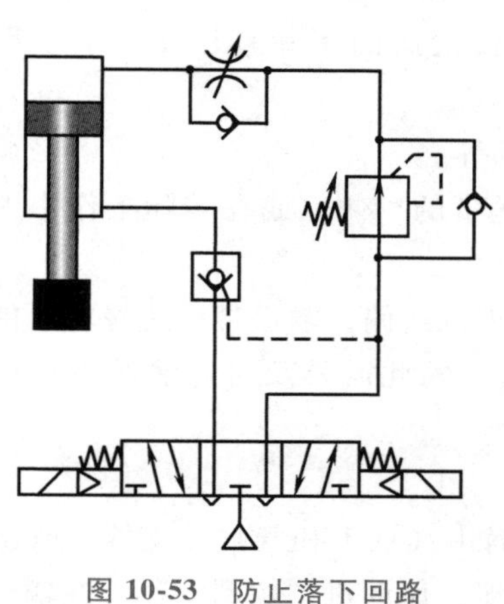
图 10-53 防止落下回路

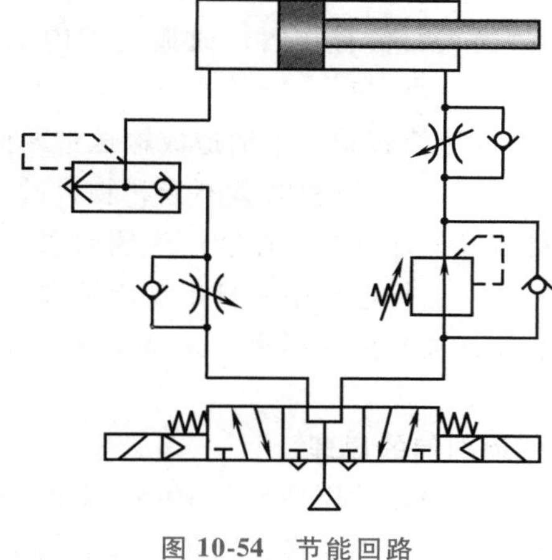
图 10-54 节能回路

10.6 气动系统在自动化装置中的应用

气动系统在自动化装置中得到了广泛的应用，主要应用有搬运、装配、定位、剔除、纠偏、转向、举升、气动检测等。

10.6.1 气动技术在平带纠偏中的应用

随着自动化技术的广泛应用，要求物料传送更迅速、位置更精确、效率更高。扁平输送带（平带）是传统的、有效的、连续运动的无端物料传送方式。输送带既是承载货物的构件，又是传递牵引的构件。依靠输送带与滚筒之间的摩擦力平稳地进行驱动，几乎可用于各种物料的输送。平带输送的一个重要技术问题就是带跑偏。解决平带跑偏有各种各样的纠偏方法，按照纠偏原理可以分为主动式纠偏与被动式纠偏两种。通常的纠偏方式采用被动式纠偏，纠偏效果难以保证，这影响了平带输送在高速、高精度物料传送装置中的应用。主动式纠偏的纠偏效果好，可靠性高，故其得到了迅速的发展。主动纠偏的执行装置有电气方式、液压方式和气动方式等。气动系统成本低、结构简单、控制方便，因而得到了广泛应用。这里介绍气压技术在平带输送纠偏中的应用。

1. 平带跑偏的原因

典型的平带输送装置的结构原理如图 10-55 所示。输送带绕过驱动滚筒 1 和张紧辊 2，并依工作需要选择滚筒 3，由电动机驱动滚筒转动带动输送带。

输送带在运行过程中偏向一侧（俗称跑偏），是带式输送的常见故障。引起输送带跑偏的原因很多，主要有以下几个方面：

图 10-55　典型的平带输送装置的结构原理

1—驱动滚筒　2—张紧辊　3—滚筒　4—物料

1）滚筒安装不正，即滚筒的轴线与带式输送机的中心线不垂直。

2）机架两侧高低不平。

3）输送带的裁制和连接不正，使制成后的输送带边与输送机的中心线不平行。

4）滚筒表面粘有物料，或输送带内侧粘有异物，使滚筒的实际直径发生了不规则的变化。

5）部分滚筒转动不灵活造成输送带两侧的阻力不相等。

6）输送带上的物料装载不当，物料过于集中于输送带的一侧，或在实际工作中因采用犁形卸料器等设计方式而可能产生侧向力。

输送带在运行过程中一旦出现跑偏现象，若不及时进行纠偏，输送带的边缘将可能与机架摩擦，使其被磨损或撕裂，造成输送带上的物料散落，因此需要及时对输送带进行纠偏控制。

2. 气动纠偏的原理

平带气动纠偏的原理如图 10-56 所示。输送带的滚筒由气缸 1 和气缸 2 支撑，气缸与滚筒的连接采用万向轴连接，以防止气缸纠偏时的机械干涉，保证机构顺利动作。在输送带相应的位置上设置四个光电开关 S1、S2、S3、S4，如图 10-56a 所示。光电开关的作用是检测输送带的位置。当输送带处于正常位置时，所有的光电开关没有输出，气缸 1、2 都处于缩回状态。当输送带向右出现跑偏时，光电开关 S3 输出信号，控制气缸 1 伸出，如图 10-56b 所示。滚筒向左倾斜了一定角度，这样平带就受到了一个向左的张紧力分力，平带在这个分力的作用下向左运动，纠正平带回到正常位置；同理，当输送带向左出现跑偏时，光电开关 S4 输出信号，气缸 2 伸出，如图 10-56c 所示，平带受到了一个向右的张紧力分力，平带在这个分力的作用下向右运动，纠正平带回到正常位置。

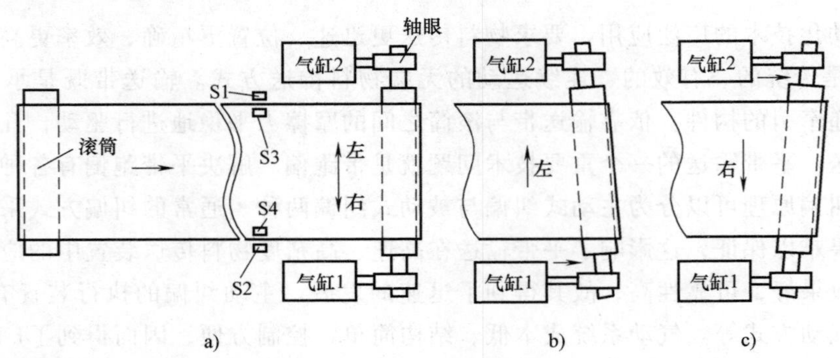

图 10-56　平带气动纠偏的原理

a）输送带正常　b）输送带跑偏　c）输送带纠偏

光电开关 S1、S2 的作用是限位，当纠偏系统不能将输送带纠正到正常位置，输送带持续向一侧跑偏时，S1、S2 发出信号，输送带停止运转并报警。

光电开关安装的位置由平带跑偏的允许值决定。气缸的行程由纠偏时的滚筒倾斜角度决定，它与输送带的宽度有关。

3. 气动系统原理

纠偏系统的气动系统原理如图 10-57 所示。气缸 1、2 分别由两个二位五通电磁换向阀控制。气缸的速度由单向节流阀进行调节，采用出口节流方式。对气缸速度的调节可有效避免气缸在快速伸出或缩回时平带张紧力的突然变化而导致的平带传动发涩或打滑。

4. 纠偏系统的控制

输送带通常为整个设备的一部分，一般采用可编程序控制器进行控制。根据气动纠偏原理，纠偏系统的控制流程如图 10-58 所示。

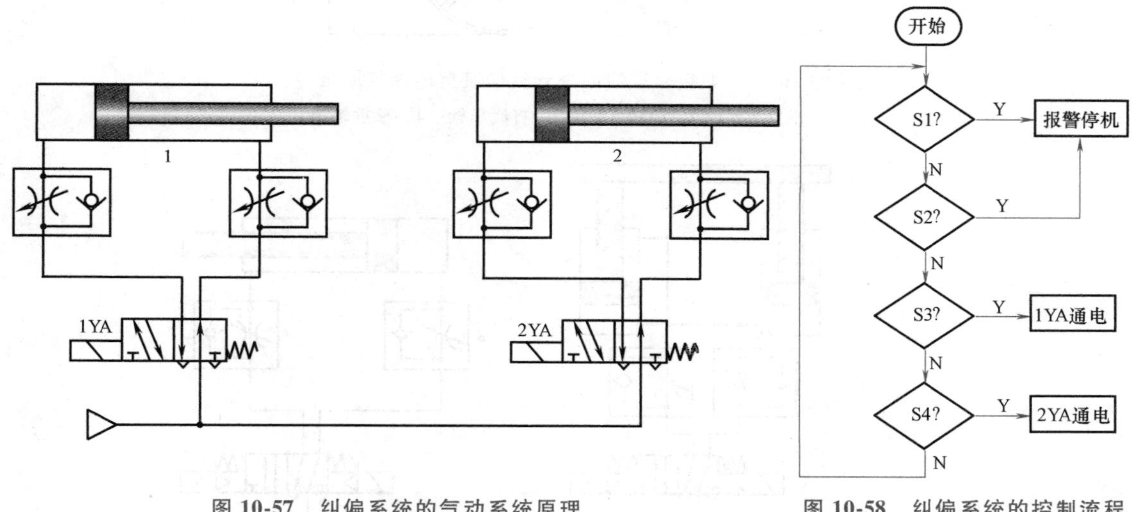

图 10-57 纠偏系统的气动系统原理

图 10-58 纠偏系统的控制流程

平带传动应用气动纠偏后，物料传送的可靠性得到了极大的提高，故在食品、烟草、电子等传送效率要求较高的行业得到了广泛的应用。

10.6.2 举升转向装置

自动传输线上经常需要把工件输送到其他输送线上，这就需要对工件在传输线上的位置进行调整。例如，在对十字交叉的两条输送线上的烟包进行传输时，需要将烟包转动 90°，而要实现转向功能，需要将烟包举升以后才能转向。图 10-59 所示为烟包输送线的举升转向装置的结构原理。

该装置的工作过程为：首先，把烟包举升到设定的高度；其次，把烟包转动 90°；最后，把烟包放置于输送线上，由输送线将烟包输送到相应的工位。该装置的气动系统原理如图 10-60 所示。烟包的举升由两个同步气缸来实现；而回转运动是由回转气缸实现的，该气缸的前出杆及缸筒中部由铰座连接，可以使气缸在一定范围内摆动。

由图 10-60 可知，两个举升气缸 7 采用的是双缸同步回路，回转气缸 10 通过减压阀 2

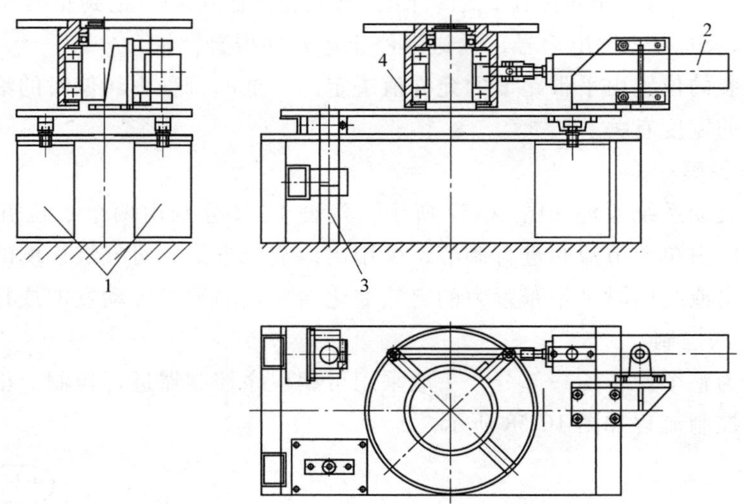

图 10-59　烟包输送线的举升转向装置的结构原理

1—举升气缸　2—回转气缸　3—直线导轴　4—承重轴承

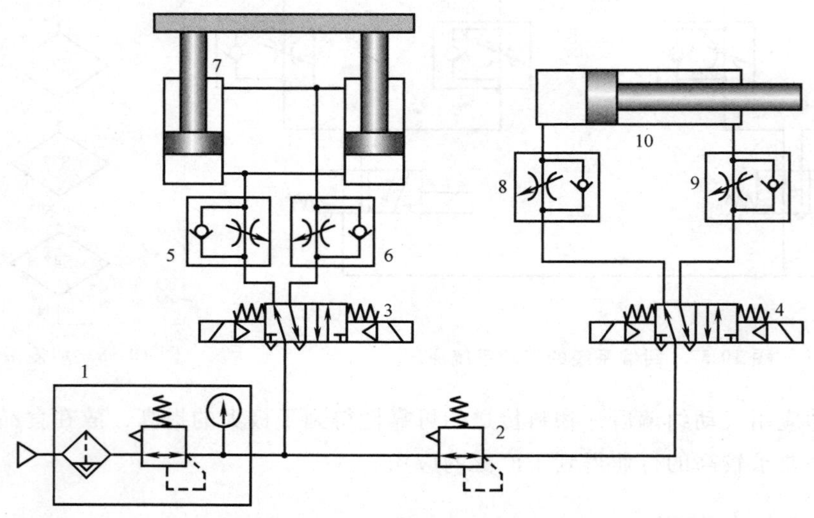

图 10-60　烟包输送线的举升转向装置的气动系统原理

1—气动两联件　2—减压阀　3、4—二位五通双电控电磁换向阀　5、6、8、9—单向节流阀　7—举升气缸　10—回转气缸

设定的工作压力来设定其输出力，避免压力过大而引起不必要的冲击。采用双电控电磁阀主要为了防止断电时，装置能够保持当前状态，防止烟包落下，引起故障及安全事故。

10.6.3　气动夹抱提升装置

1. 气动夹抱提升装置的结构原理

图 10-61 所示为气动夹抱提升装置的结构原理。首先，通过夹紧气缸 2 把工件 4 夹紧，然后提升气缸 1 将工件 4 提升到一定高度，使工件 4 与托盘 5 分离，将托盘 5 传输到另一条输送线，再通过回转气缸 3 驱动，使工件 4 回转 90°，然后把工件 4 落到输送线 6 上，即可

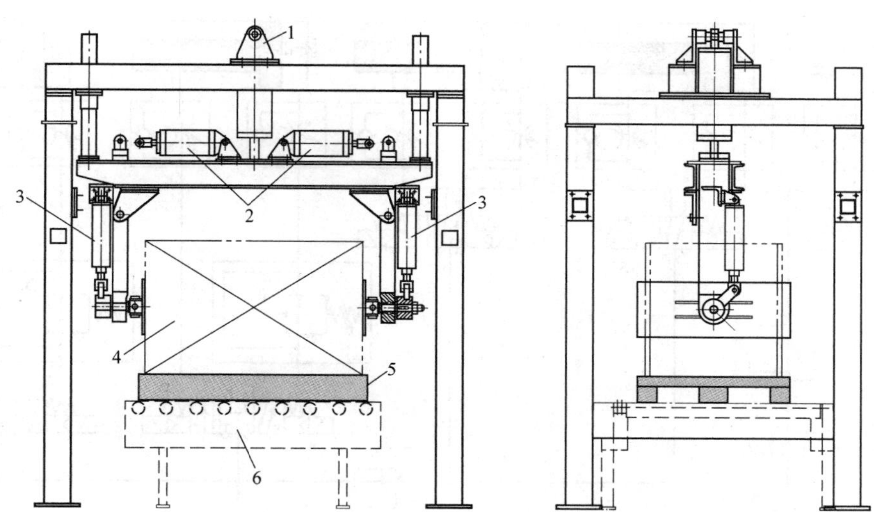

图 10-61 气动夹抱提升装置的结构原理

1—提升气缸 2—夹紧气缸 3—回转气缸 4—工件（箱体） 5—托盘 6—输送线

把工件 4 输送到相应的工位。

由气动夹抱提升装置的作用可知，该装置的气动系统必须满足以下几个功能：

1）提升气缸必须能实现行程中间定位，以使工件能停在适当的高度。

2）夹紧气缸必须能实现输出力大小的控制，该夹紧力既要使工件在提升过程中不能落下，又要避免夹紧力过大而损坏工件。

3）提升气缸在放下工件到输送线上时，不能将气缸的输出力作用到输送线上，以免损坏输送线。

4）由于工件的尺寸有一定的误差，因此回转气缸在工件夹紧时，其行程位置应该可以在一定范围内可调。

2. 气动系统原理

根据上述装置的特点所设计的气动系统原理如图 10-62 所示。

（1）提升气缸的气动回路　提升气缸 27 的气动回路采用了三位五通电磁阀 24。当提升气缸 27 向上运动到一定位置时，气缸上部的行程开关发出信号，使三位五通电磁阀 24 断电而工作于中位。由于三位五通电磁阀 24 是 O 型中位，因此气缸在该位置停止，这是一个典型的位置控制回路。当提升气缸 27 下降时，到达一定位置，安装于气缸下部的行程开关发出信号，使三位五通电磁阀 24 断电，二位二通电磁阀 22 得电，此时三位五通电磁阀 24 工作于中位，气源不再向该气缸供气，提升气缸 27 在负载自重及气缸上腔（无杆腔）残存压力的驱动下继续下行，通过调节减压阀 21 的压力大小平衡掉气缸上腔压力的输出力及机械结构的自重，从而使提升气缸 27 将工件放在输送线上时，对输送线的作用力只有负载的自重，达到保护输送线的目的。

（2）夹紧气缸的气动控制回路　为了使夹紧气缸 19、20 的输出压力可调，在二位五通电磁阀 13、14 的进气口加了一个减压阀 2，通过调节减压阀 2 的输出压力来设定夹紧气缸

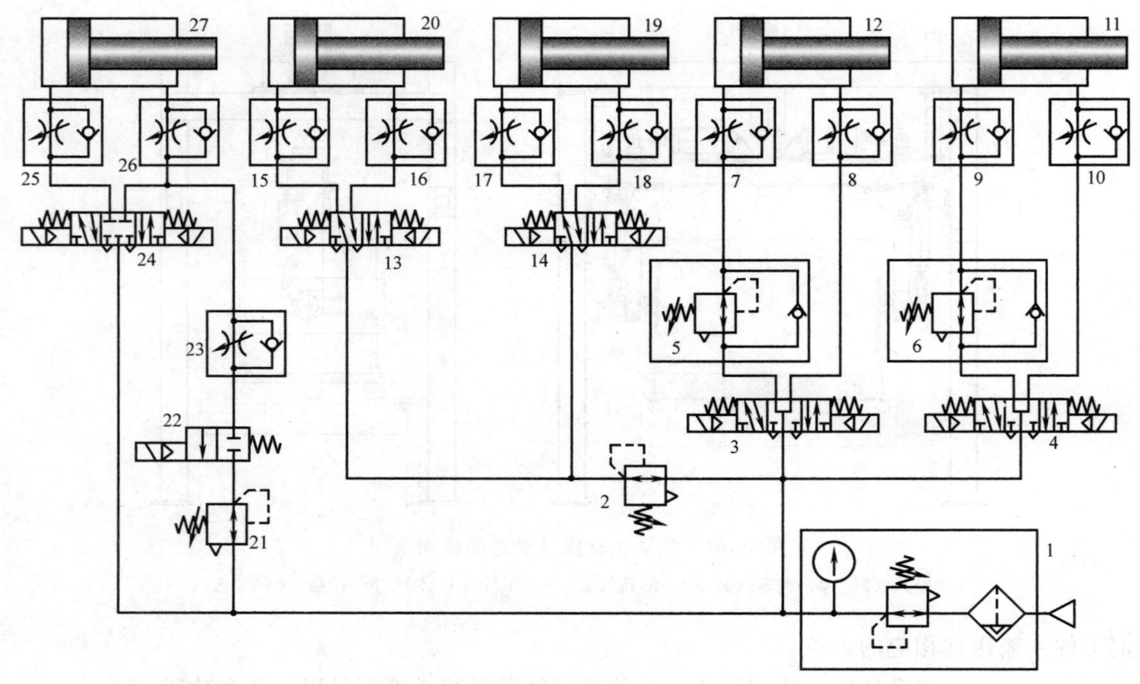

图 10-62　气动夹抱提升装置的气动系统原理

1—两联件　2、21—减压阀　3、4—三位五通电磁阀　5、6—单向减压阀　7、8、9、10、15、16、17、18、23、25、26—调速阀　11、12—回转气缸　13、14—二位五通电磁阀　19、20—夹紧气缸　22—二位二通电磁阀　24—三位五通电磁阀　27—提升气缸

的夹紧力，这是一个典型的力控制回路。为了防止举升过程中由于断电等原因而引起工件落下等故障，二位五通电磁阀13、14采用双电控式。双电控电磁阀具有输出记忆功能，是一个双稳态元件，可以起到安全保护的作用。

（3）回转气缸的气动控制回路　回转气缸11、12采用Y型中位机能的三位五通电磁阀3、4。当夹紧气缸19、20夹紧时，三位五通电磁阀3、4处于中位，通过调节单向减压阀5、6的输出压力，使回转气缸11、12有杆腔与无杆腔的输出压力相等，从而在夹紧过程中，使回转气缸11、12的行程在外力的作用下可以调整。

10.6.4　拾放装置

在生产线中工件的拾取和放下是制造加工过程中常见的自动化装置。图10-63所示为利用多种气动执行器实现物块抓取往复运动的结构原理。

*A-B*段：磁性无杆气缸带动自由安装型气缸、真空吸盘及工件做直线运动。

*C-D*段：普通气缸活塞杆带动真空吸盘上、下运动，真空吸盘提取、释放工件。

*E-F*段：气动手指抓取、释放工件，摆动气缸带动气动手指旋转180°。

*G-H*段：机械式无杆气缸带动工件做直线运动。

图10-64所示为物块抓取往复运动的气动原理。

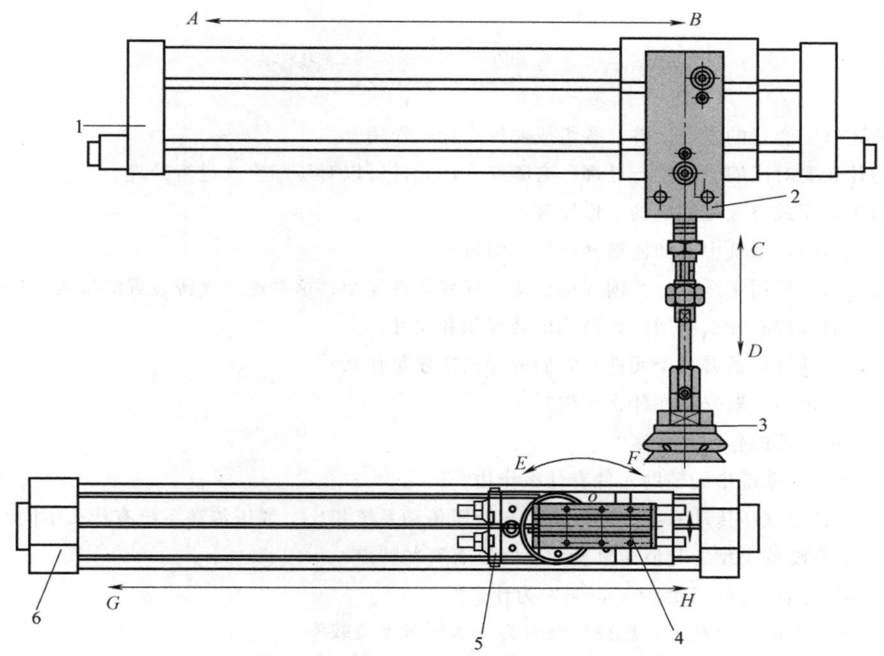

图 10-63　物块抓取往复运动的结构原理

1—磁性无杆气缸　2—普通气缸　3—真空吸盘　4—平行开闭气爪　5—摆缸　6—机械式无杆气缸

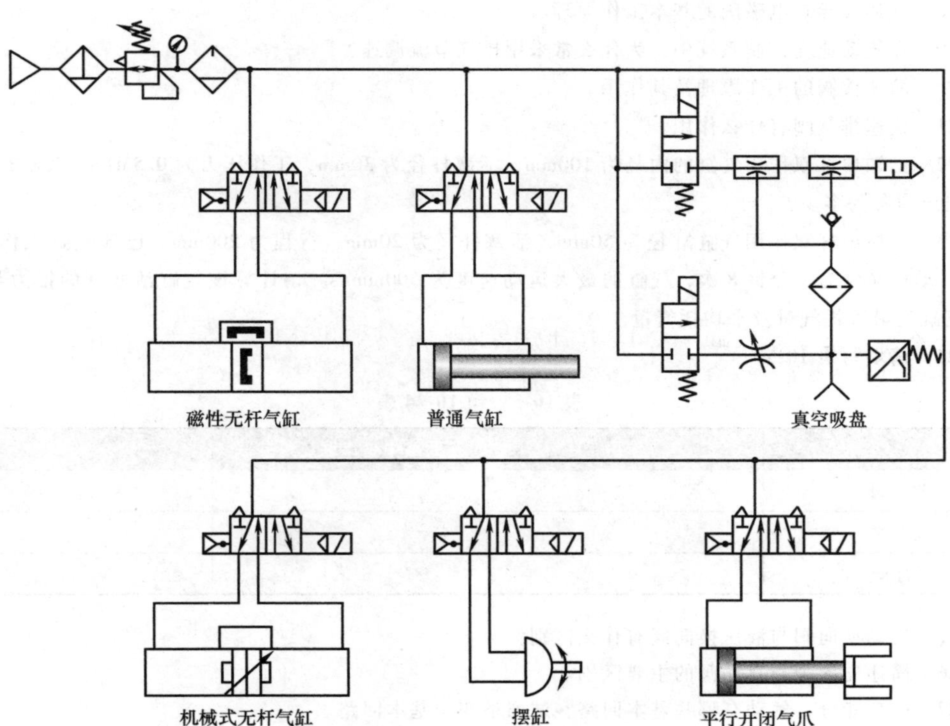

图 10-64　物块抓取往复运动的气动原理

习题

10-1　简述气源装置的组成元件。各组成元件有什么作用?

10-2　为什么要对压缩空气进行处理?有哪些处理元件可以对压缩空气进行处理?

10-3　简述容积式空气压缩机的工作原理。

10-4　在气压传动系统中，如何选择空气压缩机?

10-5　为什么要使用干燥器?我国幅员辽阔，气候条件复杂，这对选择气源装置的组成元件有何影响?

10-6　设置储气罐有什么作用?如何确定其容积和尺寸?

10-7　气动三联件包括哪几个元件?它们的连接次序是什么?

10-8　气动消声器一般安装在什么部位?

10-9　空气过滤器的作用是什么?

10-10　气压传动系统中的辅助元件有什么作用?

10-11　如何调节气压传动系统中的压力?与液压传动系统相比，气压传动系统有什么不同?

10-12　气缸有哪些类型?与液压缸相比，气缸有哪些特点?

10-13　气缸的运动速度满足 $v=q/\omega$ 吗?为什么?

10-14　什么是气缸的负载率?选择气缸时为什么要考虑负载率?

10-15　简述单出杆、双出杆、无杆气缸之间的区别与特点。

10-16　摆动气缸有什么特点?举例说明其用途。

10-17　气马达有哪些特点?

10-18　试述先导式电磁阀的基本工作原理。

10-19　在气动速度控制系统中，为什么常采用排气节流调速?

10-20　简述梭阀的工作原理及其作用。

10-21　快速排气阀有什么作用?

10-22　已知单杆双作用气缸的内径为100mm，活塞杆径为30mm，工作压力为0.5MPa。气缸往复运动时的输出压力各为多少?

10-23　某单出杆双作用气缸缸径为50mm，活塞杆径为20mm，行程为200mm。已知气缸工作压力为0.4MPa，动作频度为每分钟8次，气缸的最大运动速度为500mm/s。请计算该气缸活塞杆的推力与拉力，并计算气缸的最大耗气量及平均耗气量。

10-24　请填写表10-5。

表 10-5　题 10-24 表

	作用	在回路中是串联还是并联	符号
调压阀			
安全阀			
顺序阀			

10-25　气动换向阀与液压换向阀有什么区别?

10-26　简述先导阀与直动阀的主要区别。

10-27　按功能分，气动有哪些基本回路?试列举四个基本回路。

10-28　设计一种常用的快进—慢进—快退的气动控制回路。

10-29　设计一个气缸可以准确定位的气动回路图。

10-30　利用快速排气阀及带单向阀的减压阀实现气缸高速伸出和节气返回。

10-31　如图 10-65 所示的机床夹具气动系统，其工作循环是：垂直气缸 4 下降把工件 11 压紧，两侧气缸 9、10 同时前进，将被压紧工件 11 的两侧面夹紧后，进行钻削加工，然后各夹紧气缸退回，松开工件。试分析该气动系统的工作原理。

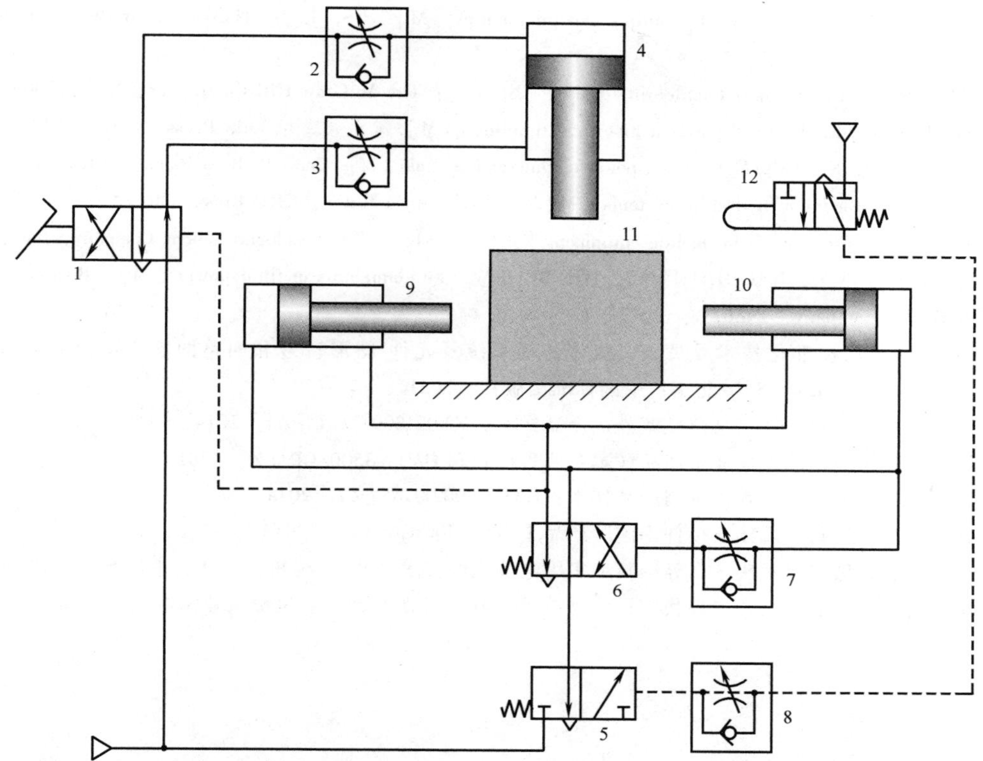

图 10-65　机床夹具气动系统

1—人力换向阀　2、3、7、8—调速阀　4—垂直气缸　5—二位三通气控换向阀
6—二位四通气控换向阀　9、10—两侧气缸　11—工件　12—机控换向阀

参考文献

[1] ANTHONY E. Fluid power with applications [M]. New Jersey: Pearson Education Inc., 2020.

[2] DAINES J R. Fluid power: hydraulics and pneumatics [M]. [S. L.]: The Goodheart-Wilcox Company, Inc., 2019.

[3] RABIE M G. Fluid power engineering [M]. [S. L.]: The McGraw-Hill Companies, Inc., 2009.

[4] STEVE S. Hydraulic fluid power-a historical timelines [M]. [S. L.]: Lulu Press, Inc., 2014.

[5] CUNDIFF J S, KOCHER M F. Fluid power circuits and controls [M]. 2nd ed. Boca Raton: CRC Press, 2019.

[6] ZHANG Q. Basics of hydraulic systems [M]. 2nd ed. Boca Raton: CRC Press, 2019.

[7] DELL. Hydraulic systems for mobile equipment [M]. [S. L.]: The Goodheart-Wilcox Company, Inc., 2015.

[8] WOLANSKY W D, NAGOHOSIAN J, HENKE R W. Fundamentals of fluid power [M]. Boston: Houghton Mifflin Company, 1986.

[9] 全国液压气动标准化技术委员会. 流体传动系统及元件 图形符号和回路图第 1 部分：图形符号：GB/T 786.1—2021 [S]. 北京：中国标准出版社，2021.

[10] 派克汉尼汾公司. 柱塞泵及柱塞马达产品样本：HY02-8001/CN [Z]. 2014.

[11] 派克汉尼汾公司. 工业液压产品样本：液压控制阀 HY11-3500/CP [Z]. 2014.

[12] 派克汉尼汾公司. 工程机械阀产品样本：HY02-8002/CN [Z]. 2014.

[13] 派克汉尼汾公司. 流体连接件中国区产品手册：3400-CN [Z]. 2014.

[14] 吴根茂，邱敏秀，王庆丰，等. 新编实用电液比例技术 [M]. 杭州：浙江大学出版社，2006.

[15] SMC（中国）有限公司. 现代实用气动技术 [M]. 3 版. 北京：机械工业出版社，2008.